Anthropologie – Technikphilosophie – Gesellschaft

Reihe herausgegeben von
K. Wiegerling, Kaiserslautern, Deutschland

Die Reihe *Anthropologie – Technikphilosophie – Gesellschaft* fokussiert auf anthropologische Fragen unter dem Gesichtspunkt der technischen Disposition unseres Handelns und Welterschließens. Dabei stehen auch Fragen der zunehmenden technischen Erschließung unseres Körpers durch Bio- und Informationstechnologien zur Diskussion. Der Wandel des Selbst-, Gesellschafts- und Weltverständnisses durch die Technisierung des Alltags und der eigenen körperlichen Dispositionen erfährt in der Reihe eine philosophische und sozialwissenschaftliche Reflexion. Geboten werden bevorzugt Monographien zu Schlüsselproblemen und Grundbegriffen an der Schnittstelle von Anthropologie, Technikphilosophie und Gesellschaft.

Weitere Bände in der Reihe http://www.springer.com/series/15203

Daniel Frank

Der Topos der Information in den Lebenswissenschaften

Eine Studie am Beispiel der Biosemiotik und der Synthetischen Biologie

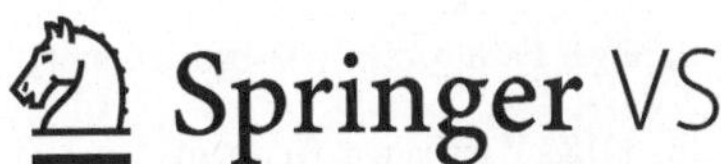

Daniel Frank
Eberhard Karls Universität Tübingen
Karlsruhe, Deutschland

Bei dem vorliegenden Band handelt es sich um eine von der KIT-Fakultät für Geistes- und Sozialwissenschaften des Karlsruher Instituts für Technologie (KIT) genehmigte Dissertation. Die Arbeit wurde unter dem Titel „Der Topos der Information in den Lebenswissenschaften am Beispiel der Biosemiotik und der Synthetischen Biologie" angenommen und das Promotionsverfahren mit dem Tag der mündlichen Prüfung am 10. April 2018 erfolgreich abgeschlossen.

ISSN 2524-3586　　　　　　　　ISSN 2524-3594　(electronic)
Anthropologie – Technikphilosophie – Gesellschaft
ISBN 978-3-658-24697-6　　　　ISBN 978-3-658-24698-3　(eBook)
https://doi.org/10.1007/978-3-658-24698-3

Die Deutsche Nationalbibliothek verzeichnet diese Publikation in der Deutschen Nationalbibliografie; detaillierte bibliografische Daten sind im Internet über http://dnb.d-nb.de abrufbar.

Springer VS

Springer VS ist ein Imprint der eingetragenen Gesellschaft Springer Fachmedien Wiesbaden GmbH und ist ein Teil von Springer Nature
Die Anschrift der Gesellschaft ist: Abraham-Lincoln-Str. 46, 65189 Wiesbaden, Germany

Meinen Eltern

und

für Steffi

Die heutige Biologie erhebt den Anspruch, nicht bloß ein bestimmtes Wissensgebiet zu umfassen, sondern auch eine ihr eigentümliche theoretische Grundlage zu besitzen, die keineswegs aus den physikalischen oder chemischen Grundbegriffen abgeleitet werden kann.

Jakob von Uexküll

… the proof of the explicability of any single life phenomenon is furnished as soon as it is successfully controlled unequivocally through physical or chemical means or is repeated in all details with nonliving materials.

Jacques Loeb

Vorbemerkungen

Die vorliegende Arbeit entstand während meiner Beschäftigung am Institut für Technikfolgenabschätzung und Systemanalyse (ITAS) des Karlsruher Instituts für Technologie (KIT). Sie wurde von der Fakultät für Geistes- und Sozialwissenschaften des KIT als Dissertation genehmigt und das Promotionsverfahren mit der mündlichen Prüfung am 10. April 2018 erfolgreich abgeschlossen.

Mein Dank gebührt einer Vielzahl von Personen aus ganz unterschiedlichen Gründen: Professor Dr. Dr. Mathias Gutmann möchte ich vornehmlich danken; dafür, dass er Interesse an meinem Vorhaben gefunden und es über mehrere Jahre engagiert betreut hat. Seine Worte waren mir stets Ermutigung und Ansporn. Daneben gilt mein Dank Professor Dr. Klaus Wiegerling für die fruchtbare Bürogemeinschaft und für die Möglichkeit, meine Arbeit in der vorliegenden Reihe publizieren zu dürfen. Dank sagen möchte ich auch PD Dr. Jörg Wernecke, der mich vor etlichen Jahren bei meinen ersten philosophischen Gehversuchen ermuntert und der sich auch nach so langer Zeit bereit erklärt hat, mich in diesem Vorhaben zu unterstützen und diese Arbeit zu begutachten. Reinhard Heil, Martin Sand und Ingo Günzler danke ich für die oft auch sehr spontane Bereitschaft Teile des vorliegenden Textes in seinen unterschiedlichen Fassungen immer wieder zu kommentieren und für die manchmal gefühlt endlosen Gespräche über mal diesen und mal jenen Aspekt dieser Arbeit. Genauso herzlich danke ich Dr. Harald König für seine biologische Expertise und dafür, dass er mir auch in Zeiten laufender Drittmittelprojekte und drohender Deliverables die nötigen Freiräume zum Verfassen dieser Arbeit geschaffen hat. Für letzteres bedanke ich mich gleichermaßen bei Christopher Coenen. Darüber hinaus gebührt ihm, gemeinsam mit Torsten Fleischer und der Leitung des Instituts für Technikfolgenabschätzung und Systemanalyse sowie erneut Mathias Gutmann, mein Dank für ihre „Verrenkungen" zur Sicherstellung der pekuniären Voraussetzungen, die diese Arbeit überhaupt erst möglich gemacht haben. Inge Böhm sei hier gedankt für ihren genauen Blick und Stefan Artmann für seine Hilfsbereitschaft und seine Ratschläge zur allerersten Konzeption dieser Arbeit. Mein besonderer Dank aber gilt Steffi – für alles, was sich hier nicht in Worte fassen lässt!

Karlsruhe, im Sommer 2018   D.F.

Inhalt

Einleitung

In den heutigen Biowissenschaften sind der Informationsbegriff und sein verwandtes semantisches Feld omnipräsent. Nicht nur, wenn davon die Rede ist, dass die DNA (deoxyribonucleic acid) unsere genetische Information enthält, sondern auch wenn davon gesprochen wird, dass Bakterien untereinander kommunizieren, Zellen Signale übermitteln oder Biotechnologen Organismen umprogrammieren wird ein ganzer Topos der Information aufgerufen. Häufig handelt es sich dabei jedoch nicht um theoretische Terme, sondern um alltagssprachliche Begriffe, die je nach Kontext zum Teil in sehr diverser Weise Verwendung finden. Dies ist nicht zuletzt dadurch bedingt, dass die Biowissenschaften in ihren Methoden, theoretischen Grundannahmen und Erkenntniszielen heterogen sind. Schon die Antwort auf die Frage, wie die Lebenswissenschaften – und vornehmlich die Biologie – zu betreiben sind und was als Gegenstand dieser Wissenschaften gelten darf, ist abhängig davon, zu welchem Zweck sie betrieben werden. Werden sie betrieben, um ein einheitliches Weltbild zu generieren, das Orientierung bereitstellt? Werden sie betrieben, um Erklärungen beobachtbarer Phänomene zu liefern und diese verständlich zu machen? Werden sie betrieben, um Prognosen über künftige Entwicklungen zu ermöglichen? Oder werden sie betrieben, um die Eingriffstiefe technischer Verfügbarkeit zu erweitern und den Raum unserer Handlungsoptionen auszuweiten? Sicherlich wird keiner dieser Zwecke exklusiv verfolgt. Sie stehen nicht separat nebeneinander, aber sie stellen doch unterschiedliche Fokussierungen dar, die in ein Spannungsverhältnis zueinander geraten können.

In der vorliegenden Arbeit werden mit der Biosemiotik und der Synthetischen Biologie zwei unterschiedliche, verhältnismäßig junge lebenswissenschaftliche Ansätze einander gegenübergestellt, die jeweils unterschiedliche Antworten auf diese Fragen geben und die in zwei unterschiedlichen Traditionen biologischer Forschung verwurzelt sind. Dabei unterscheiden sich die beiden Ansätze zum Teil fundamental in ihren (metaphysischen) Grundannahmen, weshalb die Differenz tiefer liegt, als es bei einem bloßen Streit um Methoden der Fall wäre. Vielmehr kann man in Bezug auf die Biosemiotik und die Synthetische Biologie begründet von unterschiedlichen Paradigmen der Biologie sprechen. Der Paradigmenbegriff ist dabei nicht strikt im Kuhn'schen Sinne zu verstehen sondern eher vage an diesen angelehnt – auch wenn man wohl behaupten kann, dass Biosemiotiker und Vertreter der Synthetischen

© Springer Fachmedien Wiesbaden GmbH, ein Teil von Springer Nature 2019
D. Frank, *Der Topos der Information in den Lebenswissenschaften*,
Anthropologie – Technikphilosophie – Gesellschaft,
https://doi.org/10.1007/978-3-658-24698-3_1

Biologie quasi in unterschiedlichen Welten leben. Der Paradigmenbegriff findet hier lediglich Anwendung in Ermangelung einer treffenderen Terminologie zur Bezeichnung der Unterschiede zwischen Biosemiotik und Synthetischer Biologie auf verschiedenen systematischen Ebenen.

Die Frage nach der Bedeutung des Informationsbegriffs und dem ihm verwandten semantischen Feld in den Lebenswissenschaften erweist sich damit zugleich als eine sehr spezielle und als eine sehr allgemeine. Denn einerseits können die beiden untersuchten Felder eher als Randphänomene der Biowissenschaften gelten. Andererseits können gerade an solchen Extrempositionen allgemeine Tendenzen der Lebenswissenschaften, wie unter einem Brennglas, fokussiert betrachtet werden. Denn der Topos der Information ist in beiden Feldern auf sehr unterschiedliche Weise von zentraler Bedeutung.

Wenn hier von einem Topos der Information anstelle von dem Informationsbegriff die Rede ist, dann hat dies noch einen weiteren Grund: nämlich den, dass in den Lebenswissenschaften und gerade an ihren Schnittstellen zu anderen Wissenschaften wie den Ingenieurswissenschaften, der Kybernetik oder der (Bio-)Informatik viele und z.T. sehr unterschiedliche Informationsbegriffe vorherrschen, die nur selten konkretisiert sind. Etymologisch leitet sich der Begriff der Information vom lat. informare ab, was so viel bedeutet wie „der Materie ihre Form verleihen". In seiner kulturgeschichtlich ursprünglichen Verwendung bedeutete der Begriff zunächst „kultiviert" oder „geformt" (Capurro 1978). Später fand der Informationsbegriff in unterschiedlichen Kontexten sehr unterschiedliche Bestimmungen; sei dies als rein syntaktischer, bedeutungsunabhängiger Informationsbegriff in der Nachrichtentechnik bei Shannon und Weaver (Shannon & Weaver 1964 [1949]) oder in sehr allgemeiner Form bei Gregory Bateson, der Information definiert als difference that makes a difference (G. Bateson 1972, 315). Während Wagner und Danchin unter biologischer Information Faktoren verstehen, die in solcher Weise auf den Phänotyp einwirken, dass dessen Fitness beeinflusst wird (Wagner & Danchin 2010), richtet Jablonka ihren Begriff der biologischen Information am Verhalten des Empfängers aus: „a source becomes an informational input when an interpreting receiver can react to the form of the source (and variations in this form) in a functional manner" (Jablonka 2002, 578). Aufgrund dieser äußerst heterogenen Verwendung des Informationsbegriffs, die manchmal gar den Anschein einer Homonymie erweckt, wird im Folgenden bewusst keine Definition des Informationsbegriffs vorgeschlagen und keine

Vorabklärung vorgenommen. Stattdessen wird versucht, dem Topos der Information im weiteren Fortgang der Arbeit immer mehr Profil abzugewinnen.

Teil I – Historische Verortungen

Im ersten Teil der Arbeit wird die Entstehung der beiden genannten Paradigmen exemplarisch an zwei prominenten Vorläufern zum Ende des 19. und Beginn des 20. Jahrhunderts untersucht. Während Jacques Loeb in seinem Wissenschaftsideal als Vorläufer der Synthetischen Biologie gesehen werden kann, gilt Jakob von Uexküll als Pionier der Biosemiotik. Um eine Verortung der beiden Paradigmen vornehmen zu können, wird die Diskussion der damaligen Zeit um Erklären und Verstehen als Folie entfaltet, vor der sich Grundsatzfragen biologischen Forschens formulieren lassen. Dabei zeigt sich, dass eine grundlegende Differenz darin besteht, welche Rolle kausalmechanischen bzw. zweckhaften Erklärungen im jeweiligen Paradigma eingeräumt wird. Während Loeb zunächst einem an Ernst Mach orientierten Ingenieursverständnis von Wissenschaft folgt und sich dann dem gängigen Naturerklären durch Auffinden objektiver, allgemeiner Gesetzmäßigkeiten anschließt, ist es von Uexküll daran gelegen in seiner Forschung Organismen als Subjekten gerecht zu werden, weshalb er Zeichen, Sinn und Bedeutung als Konzepte seiner verstehenden Biologie etabliert.

Beide Sichtweisen konvergieren in gewisser Weise im kybernetischen Denken, da hier einerseits erkannt wurde, dass auf teleologische Redeformen in kybernetischen Systemen nicht verzichtet werden kann, andererseits aber versucht wurde zu zeigen, dass sich diese naturalisieren bzw. reduzieren lassen. So wurde in der Kybernetik einerseits von Uexkülls Beschreibung eines Feedbackkonzepts aufgegriffen, andererseits wurde damit jedoch ein Ansatz zur Naturalisierung der Teleologie verfolgt, wie es von Jacques Loeb gefordert wurde. Dreh- und Angelpunkt dieser Überlegungen bildet das informationale Denken und das gesamte damit einhergehende semantische Feld, das spätestens ab den 1940er Jahren sukzessive die Biologie zu durchdringen begann. Der Weg über die Kybernetik ist aber nicht der einzige, über den informationales Denken in die Biologie Einzug gehalten hat.

Der zweite Weg erfolgte zunächst unabhängig von kybernetischen Ansätzen über die Genetik und die aufkommende Molekularbiologie. Daher wird in den Kapiteln 1.4 und 1.5 skizziert, wie sich einerseits mit der Molekularisierung ein reduktionistisch materialistisches Biologieverständnis verbreitete, gleichzeitig aber – ausgehend von den Problemen der Vererbung und der Embryologie bzw. der Ent-

wicklungsbiologie – die Rede von Information und weitere verwandte Begriffe in
der Biologie etabliert wurden.

Teil II – Zwei Doxographien

Im zweiten Teil der Arbeit werden die beide Paradigmen Synthetische Biologie und
Biosemiotik in ihren Grundannahmen dargestellt. Dabei ist zu berücksichtigen, dass
die beiden Paradigmen selbst eine Ansammlung unterschiedlicher Ansätze enthalten, die jedoch einen gemeinsamen Kern von Annahmen besitzen.

Die Biosemiotik bestimmter Provenienz folgt im Anschluss an Charles Sanders Peirce einem nichtreduktionistischen und nichtphysikalistischen Paradigma. In
der Biosemiotik drückt sich nicht nur eine bestimmte Auffassung von Biologie aus,
sondern auch eine entsprechende Erkenntnismetaphysik, was am Genbegriff verdeutlicht wird.

Als Technowissenschaft kann die Synthetische Biologie hingegen im Anschluss
an die Gentechnik als eine Fortschreibung und Zuspitzung des molekularbiologischen Paradigmas verstanden werden. Insofern unterliegen ihr ein instrumentalisti-
scher Erkenntnisbegriff und eine materialistische Metaphysik. Dies wird ebenfalls
am dort vorherrschenden Genbegriff näher ausgeführt.

Teil III – Wissenschaftsphilosophische Kritik

Im dritten Teil der Arbeit wird der Erklärungsbegriff wieder aufgegriffen und verschiedene Aspekte wissenschaftlicher Erklärungen beleuchtet. Ausgehend von der
Betonung der Gesetzesartigkeit erklärbarer Prozesse im Logischen Empirismus und
dem Wiedererstarken kausaler Argumentationen, wird ein zu diesen quer liegender
Ansatz – der der Erklärung durch Vereinheitlichung – vorgestellt. Neben dieser
Debatte der allgemeinen, insbesondere an der Physik orientierten Wissenschaftstheorie, hat sich in Bezug auf die Lebenswissenschaften ein weiterer Diskurs etabliert, der sich mit der Frage nach dem Status funktionaler Erklärungen befasst. Die-
ser wird anhand einiger Kernpositionen erläutert, um daran anschließend auf die
Erklärungsleistung von Metaphern, Analogien und Modellen zu sprechen zu kommen. Hierbei stellt sich unweigerlich die Frage nach der Adäquatheit analogischen
Denkens, die im Rückgriff auf die Ansätze der Methodischen Philosophie beantwortet wird. Dabei ist festzustellen, dass sowohl Biosemiotik als auch Synthetische
Biologie ihre Gegenstände als etwas betrachten, wobei beide Ansätze ontologische
Aussagen diesbezüglich treffen. Die Synthetische Biologie betrachtet Organismen
bzw. Zellen hingegen als Maschinen, Fabriken, Sensoren o.ä. Die Biosemiotik be-

trachtet Organismen bzw. Zellen als zeichenverarbeitende bzw. kommunizierende Entitäten. Abschließend können diese Betrachtungen wissenschaftlichen Erklärens dann genutzt werden, um eine Kritik der Erklärungsansprüche der Synthetischen Biologie und der Biosemiotik in Bezug auf ihren jeweiligen Informationsbegriff vorzunehmen.

Auch wenn die drei Teile dieser Arbeit einem überlegten Aufbau folgen, können sie auch jeweils separat rezipiert werden. Dennoch kann eine solche Arbeit keinen Anspruch auf eine vollständige Abarbeitung des ganzen Feldes erheben. Stattdessen gilt es Verbindungen und Zusammenhänge aufzuzeigen, die die jeweiligen Grundannahmen betreffen.

TEIL 1
Historische Verortungen

© Springer Fachmedien Wiesbaden GmbH, ein Teil von Springer Nature 2019
D. Frank, *Der Topos der Information in den Lebenswissenschaften*,
Anthropologie – Technikphilosophie – Gesellschaft,
https://doi.org/10.1007/978-3-658-24698-3_2

1.1 Einleitung – Die Erklären-Verstehen-Kontroverse

Der Grundgedanke der Biosemiotik besteht darin, dass Leben wesentlich im Vollzug von Zeichenprozessen besteht. Die Kernthese der Synthetischen Biologie lautet hingegen, dass Organismen lediglich lebende Maschinen seien – wenn auch solche von enorm hoher Komplexität. Und diese ließen sich nur dadurch verstehen, dass man sie zunächst nachbaut und im nächsten Schritt nach Maßgabe der entdeckten Prinzipien von Grund auf neu entwerfen kann. Sowohl Zeichenprozesse[1] als auch Maschinen werden jedoch in der klassischen Natur-Kultur-Gegenüberstellung als Kulturprodukte gesehen.

Demgegenüber wird die Synthetische Biologie allerdings den Einwand erheben, dass Maschinen zwar Kulturprodukte seien, deren Konstruktion jedoch fundierte naturwissenschaftliche Kenntnisse voraussetze. Es müsse eine Einsicht in die Mechanismen vorliegen, wie einzelne Teile zusammenwirken, damit die Maschine in dieser oder jener Weise funktioniert. Die Biologie sehe sich demgemäß in derselben Lage wie ein Ingenieur, der das Produkt eines Kollegen vor sich liegen hat, jedoch nicht dessen Pläne. Organismen seien zwar nicht Produkt eines Ingenieurs – sondern der Evolution – doch letztendlich ist nur der vorliegende Organismus in seiner materiellen Verfasstheit von Interesse. Es sei daher zunächst Aufgabe der Biologie, einerseits eine Analyse vorzunehmen, d.h. Organismen in ihre Teile zu zerlegen und Kenntnisse über die Mechanismen ihres Zusammenwirkens zu erlangen. Dies leistet die Molekularbiologie schon seit vielen Jahrzehnten. Nun, so die Argumentation weiter, sei man andererseits soweit, diese Kenntnisse zur Anwendung zu bringen und selbst derartige Organismen herzustellen. Gelingt dies, so sei damit belegt, dass die gewonnenen Erkenntnisse richtig sind. Erst wenn man in der Lage sei entsprechende Organismen herzustellen, könne man sich sicher sein, verstanden zu haben, wie diese funktionieren.

Die Biosemiotik hat es hingegen, nimmt sie den Begriff des Zeichens ernst, stets mit Sinn- und Bedeutungszusammenhängen zu tun. Diese sind jedoch nicht auf Erklärungen, d.h. kausal-mechanische Beschreibungen von Prozessen angelegt,

---

[1] Erinnert sei hier etwa an Ernst Cassirer, Charles S. Peirce oder an Max Webers Verständnis von Kultur als symbolisches Beziehungsgeflecht.

die auf die Enthüllung von Ursache-Wirkungs-Relationen abzielen. Ihr muss stattdessen an Verstehensprozesse gelegen sein.

Damit ist ein Spannungsverhältnis benannt, das die Biologie bereits seit Anbeginn verfolgt und in dem prima facie (!) auch Synthetische Biologie und Biosemiotik stehen. Auf der einen Seite eine mechanistische, physikalistische, materialistische Auffassung von dem, wie Biologie zu sein hat. Dieser wäre demnach die Synthetische Biologie zuzuordnen. Auf der anderen Seite eine vitalistische, holistische, organizistische oder teleologische Auffassung von Biologie, der die Biosemiotik entspringt.

1.1.1   Von Vico zu Diltey

Um diesen Konflikt näher zu bestimmen, sei hier ein kurzer Rekurs in die sogenannte Erklären-Verstehen-Kontroverse unternommen. Zu diesem Zweck soll nicht die gesamte Debatte in ihren vielfältigen Verästelungen rekonstruiert werden. Es werden lediglich einige für die Einordnung der Biosemiotik und der Synthetischen Biologie relevante Aspekte skizziert.[2] Zwar war der primäre Gegenstand dieser Kontroverse nicht die Biologie, sondern die Frage nach dem richtigen wissenschaftlichen Umgang mit menschlichem Handeln aus geschichts- und sozialwissenschaftlicher Perspektive. Es lassen sich aber anhand dieser Debatte prominente Problemstellungen aufweisen, die auch in der Gegenüberstellung von Biosemiotik und Synthetischer Biologie zutage treten. Denn das Eintreten für das Verstehen als gerechtfertigter Zugangsweise gründet in der Kritik des Alleingültigkeitsanspruchs kausalen Erklärens positivistischer Provenienz. In ähnlicher Weise lassen sich in der Biologie immer wieder Positionen finden, die sich dezidiert durch ihre Kritik am erklärenden Paradigma physikalisch-chemischer Reduktionismen und dem Hinweis auf dessen Unzulänglichkeiten für den Bereich der Biologie formierten. Zu diesen gehören die Umweltlehre Jakob von Uexkülls und die später daran anschließende Biosemiotik. Von Uexküll, dessen Lehre in Kapitel 1.2.2 vorgestellt wird, wird kontrastiert mit der Position des Biologen und Physiologen Jacques Loeb, von dem er sich in seinen Schriften an einigen Stellen explizit distanziert. Dieser, so die hier

---

[2]   Diese Skizze stützt sich weitgehend auf die umfangreichen Aufarbeitungen der weitaus komplexeren Kontroverse durch (Apel 1979; Haussmann 1991; von Wright 2000 [1971]).

vertretene These, kann als Repräsentant des Paradigmas des reduktionistischen Erklärens angesehen werden, dem die Synthetische Biologie folgt.

Was denn Erkenntnis ist, ist ebenso Gegenstand immerwährender philosophischer Dispute, wie auch der Weg, der zu ihr führt. Dass durch Verstehen Erkenntnisse erlangt werden können scheint unbezweifelbar. Und der Gedanke, dass man die Dinge verstehen müsse, um sie zu erkennen, hat eine lange Tradition in der abendländischen Philosophie. So ist es kaum verwunderlich, dass der Begriff des Verstehens eine weit zurückreichende Begriffsgeschichte aufweist (vgl. Apel 1955). Dass auch die Synthetische Biologie mit einem Erkenntnisanspruch des Verstehens auftritt, zeigt sich insbesondere an einem credohaft geäußerten Diktum Richard Feynmans. Allzu häufig wird im Umkreis der Synthetischen Biologie unreflektiert der angeblich letzte Tafelanschrieb zitiert, den Feynman zum Gegenstand der letzten Vorlesung vor seinem Tod gemacht hatte: „What I cannot create, I do not understand". Dieser Leitgedanke der Synthetischen Biologie findet sich als Grundlage eines ganzen Gedankengebäudes wohl erstmals bei Giambattista Vico. Entgegen dem Trend der damaligen Zeit richtet sich Vicos Kritik zunächst (in seinem Essay *De antiquissima Italorum sapientia*; Vico 1988 [1710]) gegen die neu aufkommende Wissenschaft von der Natur. Vico will zeigen, dass wir von der Natur keine mit letzter Gewissheit wahre Erkenntnis erlangen können. Um dies zu belegen führt er zunächst in der Tradition von Cusanus die Mathematik an, die die Gewissheit ihrer Erkenntnis daraus schöpfe, dass sie ihre Elemente – Zahlen wie geometrische Figuren – ganz aus sich hervorbringe. Der Geist des Mathematikers sei deren Ursache und frei und unabhängig von der materiellen Welt. Er erschaffe sich seine Gegenstände wie aus dem Nichts und sei frei, sie nach seinem Belieben zu definieren. In der Physik hingegen, als beispielhafter Naturwissenschaft, könne keine völlige Gewissheit herrschen, da sie die außermenschliche Natur zum Gegenstand habe. Diese sei aber wiederum nicht vom Menschen, sondern von Gott abhängig, so Vicos Gedanke. Da die Gegenstände der Natur ihren Ursprung in Gott haben und nicht im Menschen, bleiben sie daher in letzter Konsequenz unzugänglich. Der Physiker könne nie selbst die Ursache seiner Gegenstände sein. Allerdings sei hier bemerkt, dass Vico sich auf die mathematisch-deduktive Physik Descartes' bezieht. Der experimentellen Physik Bacons steht er positiv gegenüber und versucht auf deren Grundlage eine neue Theorie der Natur zu entwerfen. Im Experiment wird der Mensch zur partiellen Ursache einer Natur und kann diese insofern erkennen. Doch die Physik stellt nicht den Hauptgegenstand von Vicos Überlegungen dar.

Auch in seinem Hauptwerk, der *Neuen Wissenschaft* von 1725 (Vico 1924 . [1725]), hält Vico an seinem Kerngedanken des *verum ipsum factum* fest und entfaltet diesen weiter – doch nun nicht mehr auf die Abstrakta der Mathematik bezogen. Als Gegenposition zu Descartes Rationalismus entwickelt Vico eine Rückbesinnung auf die topische Philosophie des Humanismus und der Renaissance (Grassi 1968). Nicht das cartesische *cogito ergo sum* stellt Vicos ewige Wahrheit dar sondern, dass die „historische Welt ganz gewiß von den Menschen gemacht worden ist: und darum können (denn sie müssen) in den Modifikationen unseres eigenen menschlichen Geistes ihre Prinzipien aufgefunden werden" (Vico 1924 [1725], 125). Demgegenüber ist er geradezu verwundert,

> „wie alle Philosophen voll Ernst sich bemüht haben, die Wissenschaft von der Welt der Natur zu erringen; welche, da Gott sie geschaffen hat, von ihm allein erkannt wird; und vernachlässigt haben nachzudenken über die Welt der Nationen, oder historische Welt, die die Menschen erkennen können, weil sie die Menschen geschaffen haben" (ebd.).

In ähnlicher Weise wie die Gegenstände der Geometrie bringe der Mensch auch die Kultur hervor: Kulte und Gebräuche, (religiöse) Sitten wie Ehe und Begräbnisse, Politik und Geschichte. Es sei uns damit nach Vico prinzipiell möglich, wenn auch mit entsprechender Anstrengung, die älteren Zeiten, sprich die Historie zu verstehen, da diese aufgrund ihres Gemachtseins der unseren auf bestimmte Weise ähnlich sei.[3] In Gott fallen Machen und Erkennen in eins. Dies ist die christlich-theologische Prämisse, das metaphysische Fundament von Vicos Grundsatz, der jedoch von späteren Rezipienten säkularisiert wurde. Lange Zeit wurde dem Verstehensbegriff weniger Beachtung zuteil. Doch insbesondere ab dem Historismus der Mitte des 19. Jahrhunderts erlangte der Verstehensbegriff erneut philosophische Relevanz. Positivistische Denker wie Henry Thomas Buckle, Hippolyte Taien und John Stuart Mill propagierten ein naturwissenschaftliches Erkenntnisideal, dem die Geisteswissenschaftler den Verstehensbegriff entgegensetzten und der ihnen „zu ihrem erkenntnistheoretischen Selbstbewusstsein verhilft", so Apel (Apel 1955, 172). Eine Fortsetzung der Debatte läutete etwa Johann Gustav Droysen ein, als er

---

[3]   Tatsächlich handelt es sich dabei um eine starke Vereinfachung von Vicos Argumentation. Vicos Gedankengebäude ist deutlich vielschichtiger und komplexer (vgl. hierzu Amoroso 2006). Allerdings ist dies der Kerngedanke wie er über Benedetto Croces Abhandlung *La filosofia di Giambattista Vico* (Croce 1922) ab 1922 weithin rezipiert wurde. Croce lässt aber beispielsweise die Rolle der göttlichen Vorsehung für Vico unberücksichtigt. Zur geistesgeschichtlichen Rezeption des *verum et factum convertuntur* siehe (Löwith 1968).

1858 in seinem *Grundriß der Historik* (Droysen 1868)[4] drei wissenschaftliche Methoden unterschied: nämlich die Spekulation, die er der Theologie und – vor dem Hintergrund des deutschen Idealismus – auch der Philosophie zuschrieb, die mathematisch-physikalische Methode, die die Naturwissenschaften verfolgten, sowie die historische Methode. Diese zielten auf unterschiedliche Zugangsweisen ab. So führe die erste zum Erkennen, die zweite brächte Erklären hervor und der dritten ordnete er das Verstehen zu. Die Möglichkeit des Verstehens sah er darin gegeben, von historisch überlieferten Äußerungen Rückschlüsse auf das Innere eines Handelnden zu ziehen. Verstehen bedeutet in diesem Zusammenhang also Einblick in die Gründe der handelnden Personen geben zu können. Wilhelm Dilthey griff diese Differenzierung 1883 in seiner *Einleitung in die Geisteswissenschaften* auf, und begründete mit der Gegenüberstellung von Erklären und Verstehen seine Gegenposition zum positivistischen Programm Mills, der für die Unterordnung der *moral sciences* unter das naturwissenschaftliche Ideal kausaler Erklärungen argumentierte. Mit der Unterscheidung von Verstehen und Erklären war für Dilthey damit nicht nur eine unterschiedliche Methode benannt. Diese waren auch konstitutiv für unterschiedliche Typen von Wissenschaftlichkeit. Dilthey prägte, verbunden mit dem Verstehen, gleichsam den Begriff der Geisteswissenschaften, die er den Naturwissenschaften gegenüberstellte. Unter die Geisteswissenschaften fasste er all jene Wissenschaften, „welche die geschichtlich-gesellschaftliche Wirklichkeit zu ihrem Gegenstande haben" (Dilthey 1883, 5). Und im Anschluss an Vico vertrat auch Dilthey diesbezüglich den methodischen Grundsatz, dass wir die Geschichte gerade deshalb verstehen können, da sie unser Machwerk ist.

> „Die Geisteswissenschaften haben als ihre umfassende Gegebenheit die Objektivationen des Lebens [...]. Ihr Umfang reicht so weit wie das Verstehen, und das Verstehen hat nun seinen einheitlichen Gegenstand in der Objektivation des Lebens. So ist der Begriff der Geisteswissenschaft nach dem Umfang der Erscheinungen, der unter sie fällt, bestimmt durch die Objektivation des Lebens in der äußeren Welt. Nur was der Geist geschaffen hat, versteht er. Die Natur, der Gegenstand der Naturwissenschaft, umfaßt die unabhängig vom Wirken des Geistes hervorgebrachte Wirklichkeit. [...] Jetzt können wir sagen, daß alles, worin der Geist sich objektiviert hat, in den Umkreis der Geisteswissenschaften fällt" (Dilthey 1970 [1910], 178f.).

---

4   Die Druckfassung erschien erst gut zehn Jahre nach der ersten vollständigen handschriftlichen Fassung.

1.1.2 Wilhelm Windelband

Auch Wilhelm Windelband widmet seine Straßburger Rektoratsrede über *Geschichte und Naturwissenschaft* 1894 der Frage nach der Erkenntnis und deren Methoden. Zunächst unterscheidet Windelband zwischen den „rationalen" Wissenschaften einerseits, also der Mathematik und Philosophie, deren Einsichten sich im Allgemeinen nicht auf Wahrnehmung und Erfahrung stützen. Diese trennt er von den Erfahrungswissenschaften andererseits, deren Aufgabe es sei „eine irgendwie gegebene und der Wahrnehmung zugängliche Wirklichkeit zu erkennen" (Windelband 1984, 8). Weiter verweist Windelband darauf, dass es im Anschluss an Dilthey geläufig geworden sei, die Erfahrungswissenschaften wiederum in Naturwissenschaften und Geisteswissenschaften zu unterscheiden.[5] Er sieht es jedoch kritisch, die Unterteilung anhand des jeweiligen Objekts der Wissenschaften vorzunehmen. Diese dichotome Gegenüberstellung von Geisteswissenschaften und Naturwissenschaften – Geist und Natur – sei zwar denkgeschichtlich verwurzelt. Aus ihr ergebe sich jedoch eine gewisse Problematik, die er am Fall der Psychologie aufweist. Im Hinblick auf ihren Gegenstand sei diese zwar den Geisteswissenschaften zuzuordnen, deren methodisches Vorgehen sei jedoch „vom Anfang bis zum Ende dasjenige der Naturwissenschaften" (ebd., 10). In dieser Verlegenheit gründet seiner Meinung nach die Notwendigkeit systematisch eine andere Einteilung der Erfahrungswissenschaften vorzunehmen. Und so orientiert sich Windelband in seiner Unterteilung an der Art und Weise, wie die Wissenschaften verfahren. Sowohl die Psychologie als auch die Naturwissenschaften seien damit befasst Tatsachen festzustellen und versuchten anschließend „die allgemeinen Gesetzmäßigkeiten zu verstehen, welchen diese Tatsachen unterworfen sind" (ebd.). Wie dies in den einzelnen Wissenschaften zu bewerkstelligen sei unterscheide sich zwar, aber die Suche nach den Gesetzen des Geschehens sei ihnen gemein. In dieser Hinsicht sei „der Abstand der Psychologie z.B. von der Chemie kaum grösser, als etwa der der Mechanik von der Biologie" (ebd.). Diese Wissenschaften bezeichnet Windelband daher als nomothetisch verfahrende Wissenschaften. Jene Wissenschaften hingegen, die darauf gerichtet seien „ein einzelnes, mehr oder minder ausgedehntes Geschehen von einmaliger, in der Zeit begrenzter Wirklichkeit zu voller und erschöpfender Darstellung zu bringen" (ebd., 10f.), also vornehmlich die historisch orientierten Geisteswissen-

---

[5] Interessanterweise ordnet Windelband die Philosophie eben nicht, wie heute üblich, den Geisteswissenschaften zu.

schaften, versieht er mit dem Begriff idiographische Wissenschaften. Zwar sei beiden erfahrungswissenschaftlichen Zugängen gemein, dass sie nach dem Auffinden von Tatsachen strebten, doch in deren Verwertung suche erstere nach Gesetzen, letztere nach Gestalten (ebd., 16). In dieser Unterscheidung drückt sich aber auch ein bestimmtes Verhältnis von Einzelnem und Allgemeinem aus. Während die Gesetzeswissenschaften am einzelnen Objekt nur als Repräsentant eines „Typus, als Spezialfall eines Gattungsbegriffs" [6] (ebd.) interessiert seien, ist „das Einzelne in der geschichtlich bestimmten Gestalt" (ebd., 12) Gegenstand der Ereigniswissenschaften.

Für eine umfassende wissenschaftliche Betrachtung müssen beide Betrachtungsweisen aufeinander bezogen bleiben. Zwar sei das Einzelne, das Einzigartige dasjenige, das für eine Wertbestimmung bzw. Wertbeurteilung von Relevanz sei. Es bleibe jedoch „Objekt müssiger Kuriosität, wenn es kein Baustein in einem allgemeineren Gefüge zu werden vermag" (ebd., 20). Auch idiographische Wissenschaften bedürfen folglich allgemeiner Sätze, die sie den nomothetischen Wissenschaften entnehmen. Doch für eine Kausalbetrachtung im Windelband'schen Sinne sind diese allgemeinen Sätze nicht hinreichend. Diese geben zwar die „zeitlose Notwendigkeit" an, doch bedarf es darüber hinaus der Angabe der besonderen Bedingungen, um – vergleichbar einem Syllogismus – ein Ereignis erklären zu können (ebd., 24f.).

Mittlerweile ist die Unterscheidung der nomothetisch bzw. idiographisch verfahrenden Wissenschaften zum Gemeinplatz geworden und bildet den Ausgangspunkt einer Kontroverse, die als Erklären-Verstehens-Kontroverse bis in den Methodenstreit der Sozialwissenschaften der 1960er Jahre Eingang finden sollte. In diesen Grundgedanken Windelbands ist bereits die Problematik angelegt, die sich in der wissenschaftsphilosophischen Debatte um den Erklärungsbegriff im Anschluss an den Neopositivismus entfalten sollte und die im dritten Teil der vorliegenden Arbeit noch ausführlicher diskutiert wird. In Bezug auf das Thema der vorliegenden Arbeit ist besonders von Interesse, dass Windelband darauf hinweist, dass es sich bei der Unterscheidung zwischen nomothetischen und idiographischen Wissenschaften – im Unterschied zu Diltheys Differenzierung von Natur- und Geisteswis-

---

[6] „Für den Naturforscher hat das einzelne gegebene Objekt seiner Beobachtung niemals als solches wissenschaftlichen Wert; es dient ihm nur soweit, als er sich für berechtigt halten darf, es als Typus, als Spezialfall eines Gattungsbegriffs zu betrachten und diesen daraus zu entwickeln; er reflektiert darin nur auf diejenigen Merkmale, welche zur Einsicht in eine gesetzmäßige Allgemeinheit geeignet sind" (Windelband 1984, 12).

senschaften – um eine Unterscheidung handelt, die sich nicht aus der Unterschied-lichkeit der jeweiligen Gegenstände ergibt. Derselbe Gegenstand lässt sich, je nach Interesse, mittels beider Verfahren erforschen. Denn es zeigt sich, dass dieselben Gegenstände sowohl zum Objekt idiographischer als auch nomothetischer Unter-suchungen gemacht werden können, wodurch „das historische Prinzip auf das Gebiet der Naturwissenschaften hinübergetrieben" (ebd., 13) wird. Gerade die Wissenschaft von der organischen Natur weist Windelband als klassisches Beispiel dafür aus, dass derselbe Gegenstand – die Welt der Organismen – sowohl nomothe-tischen als auch idiographischen Betrachtungen unterzogen wird:[7]

> „Als Systematik ist sie nomothetischen Charakters, insofern als sie die inner-halb der paar Jahrtausende bisheriger Beobachtung sich stets gleichbleibenden Typen der Lebewesen als deren gesetzmäßige Form betrachten darf. Als Ent-wicklungsgeschichte, wo sie die ganze Reihenfolge der irdischen Organismen als einen im Laufe der Zeit sich allmählich gestaltenden Prozess der Abstam-mung oder Umwandlung darstellt, für dessen Wiederholung auf irgendeinem anderen Weltkörper nicht nur keine Gewähr, sondern nicht einmal eine Wahr-scheinlichkeit vorhanden ist, – da ist sie eine idiographische, historische Dis-ziplin" (ebd.).

Somit ist es in diesem Fall eine Frage der betrachteten Zeiträume, die darüber be-stimmt welche Zugangsweise geeignet ist. Das scheinbar Unveränderliche kann bei einer erweiterten Perspektive zum Einmaligen werden. Die Wahl der Mittel ist da-mit für Windelband relativ zur Beobachtungsperspektive zu treffen. Hieran zeigt sich schon ein Problem der Biologie. Wenn Typen der Lebewesen nur über „ein paar Jahrtausende" bestehen, dann kann es sich dabei nicht um Klassen handeln, die jedoch Gegenstand von Naturgesetzen sind.

1.1.3 Heinrich Rickert

Neben Windelband trifft auch Heinrich Rickert – ein weiterer Mitbegründer des Südwestdeutschen Neukantianismus – in seiner Abhandlung über *Kulturwissenschaft und Naturwissenschaft* 1899 eine ähnliche Unterscheidung. Darin gibt Rickert die

---

[7] Hier kann freilich gefragt werden, ob es sich dann überhaupt noch um dieselben Gegenstände handelt. Auf die Frage der der Gegenstandskonstitution bzw. –konstruktion wird im dritten Teil der Arbeit näher eingegangen.

Vieldeutigkeit des Wortes „Verstehen" zu bedenken. Gerade aufgrund seiner Vieldeutigkeit bedarf dieser Begriff einer genaueren Bestimmung. Diese nimmt Rickert vor, indem er das Verstehen dem Wahrnehmen gegenüberstellt und von diesem absetzt. Als Gegenstände der Wahrnehmung kann seiner Ansicht nach „die gesamte Sinnenwelt, d.h. alle unmittelbar gegebenen physischen und psychischen Vorgänge" gelten (Rickert 1926 [1899], 19). *Ex negativo* bestimmt Rickert dann gerade das zum Objekt des Verstehens, was eben nicht der „Sinnenwelt" angehörig ist. Und dies sind „unsinnliche Bedeutungen oder Sinngebilde" (ebd.), was natürlich nicht bedeuten soll, dass es sich dabei um bloße Einbildungen handelt. Sinngebilde kommen nach Rickert zwar nur zusammen mit wahrnehmbaren Objekten vor; doch weisen sie über diese hinaus. Damit klassifiziert Rickert die Objekte der Wissenschaft wie folgt:

> „[E]s gibt für die Wissenschaft einerseits Objekte, die wie die Kultur eine Bedeutung oder einen Sinn haben, und die wir um dieser Bedeutung und dieses Sinnes willen verstehen, und es gibt andererseits Objekte, die wie die Natur uns als völlig sinn- und bedeutungsfrei gelten und daher unverständlich bleiben" (ebd., 20).

Das „bedeutungsfreie, nur wahrnehmbare, unverständliche" Sein der Natur stellt für Rickert den Gegenstand der Naturwissenschaften dar, das „bedeutungsvolle, verstehbare Sein" hingegen den der Kulturwissenschaften (ebd.). Zentral wird an dieser Stelle der Begriff des Wertes für Rickert, der auch schon bei Windelband an das Einzigartige gebunden war. Denn mit dem Sinn- und Bedeutungsbezug der Kultur ist – im Gegensatz zur wertindifferenten Natur – gleichsam eine Wertbehaftung verbunden.

Wie dies zu verstehen ist, wird verständlich im Hinblick auf Rickerts Biologismuskritik. In seiner *Philosophie des Lebens* von 1920, einer der bedeutendsten Auseinandersetzungen mit der Lebensphilosophie, wendet sich Rickert gegen die Modeerscheinung des Biologismus[8] und dessen Versuch aus biologischen Prinzipien (kulturelle) Werte abzuleiten. Ein Biologismus als Kulturphilosophie steht für Rickert „im schroffen Widerspruch zum echt naturwissenschaftlich biologischen Denken" (Rickert 1920, 127). Nicht nur ließen sich aus der Biologie keine Werte für das den Bereich des Menschlichen ableiten. Auch innerhalb der naturwissenschaftlichen Biologie sei der Wertbegriff verfehlt, wie sich aus seiner Kritik des biologisti-

---

8 Der Begriff „Biologismus" stammt von Rickert selbst. Er führte ihn 1911/12 in seiner Abhandlung *Lebenswerte und Kulturwerte* (Rickert 1912) ein.

schen Wertprinzips herauslesen lässt. Die naturwissenschaftliche Biologie verpflichtet er darauf, mit der „wertteleologischen Begriffsbildungen gründlich aufzuräumen" (ebd., 124). Sie erwecke zwar den Anschein, als Quelle für die Begründung von Kulturzielen dienen zu können. Letztendlich beruhe der Versuch jedoch auf einer Fehldeutung des Begriffs der Teleologie – nämlich dann, wenn der Begriff im Sinne von „Zwecke" anstatt als „Ende" gelesen wird – und auf einer Anthropomorphisierung der nichtmenschlichen Natur. Diese zu überwinden und die Biologie durch die „Ausscheidung von Werten und Zwecken" (ebd., 124f.) von der Teleologie zu befreien sei das Verdienst der Neuzeit und Sinn der Darwin'schen Theorie:

> „[N]icht wegen ihrer Zweckmäßigkeit sind die Organismen gerade so, wie sie nun einmal sind, und können sich in diesem ihrem Dasein so erhalten, sondern: weil sie so geworden sind, wie sie sind, und sich deshalb auch so erhalten können, werden sie von sich selbst in diesem ihnen wertvollen Dasein als zweckmäßig aufgefasst. Das ist der Gedanke, in dem alle teleologischen Zusammenhänge in der Sache selbst schwinden und die kausalen alleine übrig bleiben sollen. Der Zweck wird aus den biologischen Objekten in die wertende Auffassung des Menschen verlegt, wo er die kausale Forschung nun nicht mehr stört" (ebd., 125).[9]

Dabei scheint Rickert zu übersehen, dass es eines menschlichen Subjektes bedarf, nämlich des Wissenschaftlers, das überhaupt erst Wissenschaft betreibt.[10]

---

[9] Interessant ist hier der Zusammenhang zwischen Technik und Physik einerseits sowie Gesundheit und Biologie andererseits. Technik ist für Rickert kulturalisierte Physik, Gesundheit wertgedeutete Biologie. Maschinen und Gesundheit sind Produkte des wertenden Willens, wenn er schreibt: „Für uns ist der Unterschied zwischen Biologie und Physik jedenfalls nur in der Hinsicht wichtig, daß die Technik bei ihrer Normgebung für den Bau von Maschinen die physikalischen Kausalreihen erst in konditionale Zusammenhänge verwandeln muß, um dann wertteleologische Zusammenhänge aus ihnen zu machen, während die Therapie in der Biologie selbst schon konditionale Reihen fertig vorfindet. So entsteht der Schein, als stünden biologische Begriffe auch der Wertteleologie näher. Aber dieser Schein trügt. Die Verbindung des Endeffektes mit einem Werte, also die Zwecksetzung und die daraus hervorgehende Verwandlung der Bedingungen in wertvolle Mittel, ist nicht nur in der Technik, sondern auch in der Therapie ausschließlich Sache des Willens. Dort wertet der Wille Maschinen, hier wertet er das Leben oder die Gesundheit. Ohne ihn gäbe es weder Technik noch Therapie. Die Normgebung auch des Arztes liegt daher gänzlich außerhalb der biologischen Naturwissenschaft. Nicht von dieser, sondern allein vom Willen des Menschen, der Leben und Gesundheit wertet, wird sie getragen. Damit ist aber dem Biologismus jede Stütze genommen, auf Grund deren er den Anspruch erheben kann, Normen für die Lebensgestaltung aufzustellen, oder den Sinn des Lebens aus dem Leben selbst auf Grund der Biologie zu deuten" (Rickert 1920, 123f.).

[10] Siehe hierzu die Ausführungen zum Methodischen Kulturalismus in Kapitel 3.10.

Wie bei Windelband nimmt die Psychologie auch in Rickerts Abhandlung eine Sonderstellung ein. In systematischer Hinsicht stehe diese noch immer hinter den Körperwissenschaften zurück. Noch könne sie nicht deren Erfolge zeichnen und habe es nicht vermocht eine „allgemein anerkannte Theorie vom Seelenleben" (Rickert 1926 [1899], 48) zu erarbeiten. Dennoch bediene auch sie sich der naturwissenschaftlichen Methode, insofern auch sie zur generalisierenden Begriffsbildung greife. Allerdings gesteht er zu, „daß bestimmte Arten des Seelenlebens wegen der an ihnen haftenden Bedeutungen oder Sinngebilden sich generalisierend nicht erschöpfend behandeln lassen" (ebd., 50f.). Mit der Einführung von Sinn und Bedeutung in die Thematik zeigt sich also Rickerts Anerkennen der Begrenztheit der naturwissenschaftlichen Methode im Hinblick auf die Sphäre menschlicher Interaktionen. Dies sei daher Gegenstand der geschichtlichen Kulturwissenschaften, die gegenüber den Naturwissenschaften jedoch noch „jünger und deshalb unfertiger" (ebd., 7) seien. Sie betrieben kaum Methodenreflexion und seien in ihrem Vorgehen am Handeln einzelner herausragender Forscherpersönlichkeiten orientiert. Der Rückgriff auf Sinn und Bedeutung könne somit als methodische Verlegenheit verstanden werden, die aus einer noch nicht zur vollen Reife gelangten Wissenschaft resultiert. [11] Allerdings sind es ebendiese Kategorien Sinn und Bedeutung, die durch Jakob von Uexküll in ihrem Geltungsbereich über die Kulturwissenschaften hinaus bis in die Biologie erweitert und gerade damit zum Gründungselement der Biosemiotik werden (Vgl. Kapitel 1.2.2). Bei Rickert kommt der Biologie innerhalb der Naturwissenschaften wieder eine sonderbare Zwischenstellung zu. Sie scheint seiner Auffassung nach aufgrund ihrer evolutionär-naturgeschichtlichen Dimension einerseits und ihres zweckhaften Organismusbegriffs andererseits quasi noch nicht ganz Naturwissenschaft geworden zu sein:

> „Wenn wir von einem Teil der biologischen Forschung absehen, in dem die Unklarheit über die naturwissenschaftliche Bedeutung des ursprünglich durchaus historischen Entwicklungsprinzips einige Verwirrung angerichtet hat, und in dem der mit dem Begriff des Organismus verknüpfte Zweckgedanke noch immer zu den höchst bedenklichen metaphysisch-teleologischen Deutungen des „Vitalismus" führt, so erfreuen sich also die Naturwissenschaften einer festen Tradition; sie haben vor allem in der Erkenntnis des Natur ganzen auch ein

---

[11] In ähnlicher Weise war auch Sigmund Freud als Nervenarzt davon überzeugt, dass die Psychoanalyse lediglich ein Übergangsinstrument darstellt, solange die Physiologie noch nicht zur vollen Reife gelangt sei.

gemeinsames Ziel, zu dessen Erreichung jeder besondere Zweig seinen Teil beiträgt, und das ihnen Einheit und Zusammenhang gibt" (ebd.).

Auf die Arbeiten von Windelband und Rickert und die wissenschaftssystematische Unterscheidung von erklärenden und verstehenden Wissenschaften nahmen viele weitere Autoren Bezug, sodass sich eine Kontroverse entfaltete, die bis in die Wissenschaftstheorie der Mitte des zwanzigsten Jahrhunderts hineinreicht. Rickerts Grundkonzeption wurde etwa von Max Weber und dessen Konzept einer „Verstehenden Soziologie" aufgegriffen. Im Nacherleben und Einfühlen, d.h. ausgehend von der eigenen Erfahrung sei es möglich, zweckrationales Handeln zu erfassen, was insbesondere von den Logischen Empiristen scharf kritisiert wurde. Für Karl Bühler war das Verstehen gleichbedeutend mit dem Erfassen von Sinn (Bühler 1926). Für Karl Jaspers steht der sinnlichen Wahrnehmung „die anschauliche Vergegenwärtigung von Seelischem, der kausalen Erklärung, das psychologische Verstehen gegenüber" (Jaspers 1913, 160). Letztlich weitete sich die Debatte aus bis hin zu der Frage, was denn überhaupt als wissenschaftliche Erklärung gelten dürfe.

Was hier im Neukantianismus südwestdeutscher Provenienz bei Windelband als nomothetisch verfahrende Wissenschaft und bei Rickert als Natur behandelt wird, orientiert sich am naturwissenschaftlichen Ideal einer an Naturgesetzlichkeit orientierten Physik, während die Biologie häufig nur als noch defizitäre oder unreife Naturwissenschaft betrachtet wird. Aus heutiger Sicht scheint die Zuordnung der Biologie zu der Fakultät der Naturwissenschaften auf den ersten Blick hingegen unbezweifelbar.[12] Was, wenn nicht die „Lehre vom Leben", wie die Biologie häufig übersetzt wird, sollte als Naturwissenschaft gelten? Dann aber müsste sie in der Kontroverse um Erklären und Verstehen ebenso zweifelsfrei den erklärenden Wissenschaften zugerechnet werden. Doch dieser einfachen Zuordnung widersetzt sich die Lebenswissenschaft. Betrachtet man die Biologie am Ende des 19. und zu Beginn des 20. Jahrhunderts, so kann diese nicht eindeutig und in Gänze den nomothetischen Naturwissenschaften zugeschlagen werden. Denn zu dieser Zeit werden innerhalb der Biologie ähnliche Konflikte ausgetragen wie zwischen Geistes- und Naturwissenschaften. Und auch innerhalb der Biologie herrschen keine einheitlichen Ansichten darüber, welche Methoden und Herangehensweisen denn für die Untersuchung von Lebewesen angemessen sind. Daher ist es geradezu verwunder-

---

[12] Dies soll nicht bedeuten, dass heute diesbezüglich keine Kontroverse mehr zu führen wäre, wie beispielsweise die Diskussion um den Status funktionaler Erklärungsformen in der Biologie, die bis heute andauert, zeigt (Vgl. hierzu Kapitel 3.8.2).

lich, weshalb diese beiden Diskurse kaum Kenntnis voneinander nahmen. Im Folgenden werden mit dem Physiologen Jacques Loeb und dem Biologen Jakob von Uexküll zwei Repräsentanten unterschiedlicher Auffassungen von Biologie vorgestellt. Während Loeb als ein Vordenker der Synthetischen Biologie betrachtet werden kann, wirken die Schriften von Uexkülls bis heute auf die biosemiotische Forschung.

1.2 Die Vordenker – Jacques Loeb und Jakob von Uexküll

1.2.1   Jacques Loeb – *The Mechanistic Conception of Life* und die Lehre von den Tropismen

Ernst Mach, der „engineering standpoint" und die Tropismen

Weshalb wird hier ausgerechnet Jacques Loeb thematisiert? Zum einen steht er mit seinem quantifizierenden Biologieverständnis für das Erklärungsparadigma der Naturwissenschaften. Zum anderen weisen ihn seine zahlreichen Versuche Leben zu erschaffen als (geistigen) Vordenker der heutigen Synthetischen Biologie aus. Loeb ist daher nicht deshalb noch heute von Interesse, weil seine empirische Forschung entscheidende Impulse für den weiteren Verlauf der Biologie erbracht hätten. Dies taten sie nur in begrenztem Maße und viele seiner Ansätze fanden keinen Anschluss, obwohl er 1901 und 1924 für den Nobelpreis in Physiologie und Medizin nominiert worden war und er innerhalb der *scientific community* große Anerkennung genoss. Exemplarisch behandelt wird er hier vielmehr aufgrund seiner Geisteshaltung und seiner radikal reduktionistischen Ansichten darüber, was es heißt Biologie zu betreiben. In dieser Hinsicht ist Jacques Loeb eine der aufschlussreichsten Forscherpersönlichkeiten am Ende des 19. und Anfang des 20. Jahrhunderts. Auch wenn Loeb heute nicht mehr zu den bekanntesten Biologen dieser Zeit zählen mag, wird seine Bedeutung häufig unterschätzt.

1859, dem Jahr des Erscheinens von Darwins *Origin of Species*, in Koblenz geboren, studiert Loeb zunächst Medizin in Berlin, München und Straßburg, wo er sein Medizinstudium abschließt und von dem Sinnes- und Neurophysiologen Friedrich Glotz 1884 promoviert wird. Am Agrarkolleg in Berlin nimmt er zunächst Studien an Hirnläsionen auf, bevor er seine Karriere 1886 in Würzburg als Assistent bei Adolf Fick, einem der führenden Physiologen seiner Zeit, fortsetzt, dessen wissenschaftlicher Einfluss auf Loeb gering blieb. Die physiologischen Studien, die Loeb zu dieser Zeit betreibt, bleiben für ihn stets unbefriedigend und wenig erfolgreich. Stattdessen wird für ihn der Pflanzenphysiologe Julius von Sachs, den er in Würzburg kennenlernt, zu einer wichtigen Vorbildfigur. Von Sachs hatte sich zum einen vor seiner akademischen Tätigkeit mit Kultivierungsmethoden im agrartechnischen Bereich auseinandergesetzt und verfügte so über praktische Züchtungskenntnisse, die er an Loeb weitergab. Zum anderen machte von Sachs ihn mit exakten experimentellen Methoden der Pflanzenphysiologie vertraut, die er über die Jahre hinweg entwickelt hatte und die er unter anderem anwendete, um dem Problem der Pflanzenbewegungen, den Tropismen[13], beizukommen. Insbesondere die Ausrichtung pflanzlicher Bewegungen auf eine Lichtquelle hin faszinierte Loeb nachhaltig. Zwar hatte er sich schon während seiner Zeit in Straßburg bei Friedrich Glotz mit der Frage befasst, wie sich Organismen im Raum orientieren. Doch seine Studien an hirnlädierten Hunden waren mehr oder weniger erfolglos geblieben. Nun aber war er, inspiriert durch von Sachs Studien, zur Analyse einfacherer Organismen übergegangen und verfolgte so einen neuen Ansatz des Orientierungsproblems.

> „On the one hand, Sachs's tropism concept put the study of animal orientation into a much broader comparative framework than had been the case with the study of vertebrates. On the other, Sachs provided Loeb a rigorous intellectual structure that was independent of the mechanistic analysis of stimulus and response and that sidestepped the problem of consciousness in explaining purposeful behavior. Loeb would no longer need to appeal to the adaptiveness of reactions, and would no longer care about distinguishing natural from pathological phenomena. Loeb followed Sachs in his interest in manipulating vital phenomena—the motions of his caterpillars—in all possible ways. Successful experimental control was functionally equivalent to scientific explanation" (Pauly 1987, 40).

Während dieser Zeit beginnt Loeb sich intensiv mit den Arbeiten Ernst Machs auseinanderzusetzen, zu dem er 1887 Briefkontakt aufnimmt. Obwohl sich beide nie persönlich begegnen, wird Mach mit seiner Weltanschauung zum intellektuellen Lehrer für Loeb, dem er in einem Brief mitteilt: „[Y]our ideas are scientifically and ethically the basis on which I stand and on which according to my conviction the natural scientist has to stand [...]" (zitiert nach (Fangerau & Müller 2005, 211). Damit bezieht er sich insbesondere auf die Metaphysikkritik Machs, der er sich anschließt. In den *Beiträgen zur Analyse der Empfindungen* (Mach 1886) hatte Mach in empiristischer Manier statt der Erkundung des Wesens der Dinge die Relationen

---

[13] Als Tropismen bezeichnet man Bewegungen, deren Richtung von der Position der Reizquelle abhängt. Bewegungen, die zum auslösenden Reiz hin gerichtet sind werden als positiver Tropismus bezeichnet, während man bei Abwendungsbewegungen von negativem Tropismus spricht. Heute wird der Begriff des Tropismus quasi ausschließlich in Bezug auf die Bewegung von Pflanzen verwendet. Im Gegensatz dazu dient der entsprechende Reiz bei Nastien nur als Auslöser einer Bewegung, die jedoch nicht mit der Richtung des Reizes in Zusammenhang steht. Ein Beispiel hierfür wären die Öffnungsbewegungen der Spaltöffnungen (Stomata) der Blätter.

von Erfahrungen als Ziel wissenschaftlicher Erkenntnis ausgerufen. Zugleich kehrte er sich vom Materialismus ab und bezweifelte einen realistischen Standpunkt, demzufolge etwas Unwandelbares und Beständiges ganz unabhängig von unseren Empfindungen existiere.[14] Ein pragmatisches Primat wird zum Leitgedanken seiner wissenschaftlichen Arbeit, das sich auch Loeb zu eigen macht. Das Wissen über experimentelles Handeln, nicht mehr das theoretische Schlussfolgern, wird zum Inbegriff wissenschaftlichen Wissens. Und Loeb ging sogar noch einen Schritt weiter. Der zentrale Gedanke, den er stets weiter verfolgen sollte besteht in der Gleichsetzung von wissenschaftlichem Erklären mit der Möglichkeit, die in Frage stehenden Phänomene zu kontrollieren. Pauly urteilt:

> „Under Mach's influence Loeb expanded a rather narrow methodological reform of the study of animal motion enunciated in his first studies of tropisms into a radical revision of the nature of biology and its future purposes. He began to make strong claims to power over life. His experimental work of this period was in large part an implementation of this program" (Pauly 1987, 29).

Und schenkt man Hackenberg Glauben, dann war diese Suche nach Kontrolle auch prägend für Loebs Erklärungsbegriff:

> „Loeb embraced Mach's unique brand of scientific positivism, in which science is viewed as human social activity and effective practical action is taken as the basis of scientific knowledge. For Mach, explanations appealing either to hypothetical inner causes or to basic building blocks achieved through reductionistic analyses were resisted in favor of economical expressions of functional relations. The most efficient route to such functional relations was through experimental control, which Loeb, after Mach, came to equate with explanation. Thus, to control a phenomenon – to specify the conditions responsible for producing it – was to explain that phenomenon, and vice versa" (Hackenberg 1995, 227).

1888 kehrt Loeb kurzzeitig als Assistent zu Glotz nach Straßburg zurück, bricht dann aber seine Universiätskarriere ab und begibt sich auf eine marine Forschungsstation nach Neapel, wo er sich marinen Invertebraten zuwendet. Sei Interesse gilt den grundlegenden Wachstums- und Entwicklungsprozessen, doch seine Herangehensweise und seine Fragestellung lassen seinen Ingenieurszugang zu biotischen Phänomenen deutlich werden. Denn Loeb fragt sich: „Whether and by what means

---

14   Zur Kritik Machs an der mechanistischen Auffassung des Energieerhaltungssatzes vgl. (Schiemann 1999).

it is possible in animals to produce at will in the place of a lost organ a typically different one – different not only in form, but also in function" (Pauly 1987, 49). Die Forschungsstation stellte zu dieser Zeit ein Zentrum experimenteller biologischer Forschung dar, das Größen wie Hans Spemann, Theodor Boveri oder Thomas Hunt Morgan für ihre Embryonalstudien nutzten.[15] In den Jahren zwischen 1887 und 1891 entwickelte Loeb in Auseinandersetzung mit dem Positivisten Mach seine Epistemologie und seine Auffassung von Biologie als Ingenieurswissenschaft. Die Arbeit an den Tropismen und Machs Epistemologie beeinflussten Loeb nachhaltig.

Besonders deutlich artikuliert Loeb sein Wissenschaftsverständnis einige Jahre später in einem Vortrag über *Die Bedeutung der Tropismen für die Psychologie* auf dem VI. Internationalen Psychologenkongress 1909. Diesen leitet er mit den Sätzen ein:

> „Die wissenschaftliche Analyse der psychischen Erscheinungen muß meines Erachtens darauf ausgehen, dieselben auf physikalisch-chemische Gesetze zurückzuführen. Ich weiß recht wohl, daß viele behaupten werden, daß auch eine vollkommene physikalisch-chemische Analyse aller psychischen Vorgänge das ‚eigentlich Psychische' doch unerklärt lassen würde. Ich stimme einer solchen Ansicht nicht bei [...]" (Loeb 1909, 1).

Loeb fährt damit fort, dass sich diese Frage auf absehbare Zeit noch nicht entscheiden ließe, dass aber für eine solche notwendige Analyse psychischer Erscheinungen „dieselben Forschungsprinzipien erforderlich sind, wie für die physikalisch-chemische Analyse der weit einfacheren Vorgänge in der unbelebten Natur" (ebd.). Durch seine Tropismenstudien an Pflanzen bei Julius von Sachs war er zu der Überzeugung gelangt, dass es sich auch bei dem, was bei niederen Tieren gemeinhin als Wille bezeichnet wird, letztlich um nichts anderes handle als durch physiologische Reize ausgelöste Tropismen, wie sie auch bei Pflanzen zu finden sind.

> „Es schien mir, daß es eines Tages gelingen müsse, die scheinbar regellosen Bewegungen der Tiere ebenso sicher auf allgemeine Gesetze zurückzuführen, wie das für die Bewegung der Planeten möglich gewesen ist; und daß das Wort ‚tierischer Wille' nur der Ausdruck unserer Unkenntnis der Kräfte sei, welche den Tieren die Richtung ihrer anscheinend spontanen Bewegung ebenso uner-

---

[15] Dort kam Loeb auch in Kontakt mit Hans Driesch, zu dem er ein gutes Verhältnis hatte – solange sie Themen wie Vitalismus und Metaphysik aussparten. Außerdem lernte er während dieser Zeit der Neapel die Amerikanerin Anne Leonard kennen, die er später heiratet und mit der er 1891 in die USA auswandert, um eine Stelle am Bryn Mawr College in Pennsylvania anzunehmen (Pauly 1987, 28f.).

bittlich vorschreiben, wie die Schwerkraft den Planeten die Bewegung vorschreibt. Denn der primitive Mensch würde wohl, wenn er die Bewegung der Planeten direkt wahrnehmen könnte und anfinge über dieselben nachzudenken, auch zu der Annahme kommen, daß ein ,Wille' die Planeten treibt, sich in bestimmten Bahnen zu bewegen; gerade wie der zufällige Beobachter anzunehmen geneigt ist, daß der ,Wille' die Tiere veranlaßt, sich in bestimmten Richtungen zu diesem oder jenem Ziele zu bewegen.

Die naturwissenschaftliche Lösung des Willensproblems schien demnach darin zu bestehen, die Kräfte zu ermitteln, welche den Tieren ihre Bewegung eindeutig vorschreiben und die Gesetze zu finden, nach denen diese Kräfte wirken. Experimentell mußte die Lösung des Willensproblems die Form annehmen, *durch äußere Kräfte jede beliebige Zahl von Exemplaren einer gegebenen Tierart zu zwingen* [Hervorheb. DF], sich alle in bestimmter Richtung auf ein gegebenes Ziel mittels ihres Lokomotionsapparates zu bewegen. Nur wenn das gelingt, haben wir die Berechtigung, zu behaupten, daß wir die Kraft kennen, welche unter den gegebenen Bedingungen dem Laien als der Wille des Tieres erscheint" (ebd., 5f.).

Das Auffinden allgemeiner Gesetzmäßigkeiten, nach denen Kräfte – und hier können nur physikalische Kräfte gemeint sein – die Bewegungen der Tiere determinieren, wird zum Ziel seiner naturwissenschaftlichen Forschung. Hierfür bedarf es einer experimentellen Anordnung, die es wiederum erlaubt, die Kräfte so anzulegen, dass das Tier nicht anders kann als das gewünschte Verhalten zu zeigen. Nur dadurch kann die Allgemeingültigkeit dieser Gesetze gewährleistet werden. Was Loeb hier im Sinn hatte, waren etwa seine Versuche mit Aphiden, Blattläusen. Diese bewegen sich stets heliotropisch auf eine vorhandene Lichtquelle zu. Dieses Verhalten, das Loeb als „Zwangsbewegung" (ebd., 9) erkennt, vergleicht er mit der gesetzhaften Bewegung der Planeten, wobei die Lichtquelle die Rolle der Schwerkraft einnimmt. Die Preisgabe einer ontologischen Sonderstellung führt zu einer methodischen Gleichbehandlung.

Als Erklärung vermutet Loeb, dass das Licht, das auf lichtsensitive Zellen, etwa der Netzhaut trifft dort die Geschwindigkeit chemischer Reaktionen, insbesondere von Oxidationen modifiziert. Da das Licht nicht symmetrisch auf alle sensitiven Bereiche in gleichem Maße fällt laufen die Reaktionen im Körper asymmetrisch ab. Diese Asymmetrie pflanze sich vom sensorischen Apparat in den motorischen fort, wodurch sich ein asymmetrisches Verhalten und einer entsprechenden Bewegungsrichtung des Tieres ausdrückte. Hat das Tier sich in Richtung der Lichtquelle gedreht, so findet eine symmetrische Beleuchtung statt, es geht geradeaus auf die Lichtquelle zu. Loeb kommt zu folgendem Schluss:

> „Der Wille des Tieres, der ihm in diesem Falle die Richtung seiner Bewegung
> vorschreibt, ist das Licht, wie es beim Fallen des Steines oder der Bewegung
> eines Planeten die Schwerkraft ist. Nur ist die Wirkung der Schwerkraft auf die
> Bewegungsrichtung des fallenden Steines eine direkte, während die Wirkung
> des Lichtes auf die Bewegungsrichtung der Aphiden eine indirekte ist, insofern
> als erst vermittels der Beschleunigung von chemischen Reaktionen das Tier
> veranlaßt wird, sich in einer bestimmten Richtung zu bewegen" (ebd., 14).

Solche Bewegungen[16] ließen sich nicht nur bei niederen Tieren, sondern auch bei
Wirbeltieren wie jungen Fischen zeigen. Da nun aber nicht alle Tiere einen solchen
Heliotropismus zeigten, galt es für Loeb diese Tiere „künstlich heliotropisch zu
machen" (ebd., 15), um dadurch „einen weiteren Einblick in den Mechanismus der
Willenshandlung" (ebd., 16) zu erlangen. Dies gelang ihm etwa, indem er das Wasser mit Kohlensäure versetzte und dadurch den pH-Wert senkte. Kleine Crustaceen,
die zuvor keinerlei Heliotropismus gezeigt hatten, bewegten sich in angesäuertem
Wasser auf eine Lichtquelle zu – sie wurden zu „Lichtsklaven" (ebd., 17). Diesen
Sachverhalt erklärte sich Loeb mit einer Zunahme der photochemischen Substanz,
ausgelöst durch die Ansäuerung. In ähnlicher Weise wie die Ansäuerung des Was-
sers führt auch die Herabsetzung der Temperatur zur Verstärkung des Effektes. Die
photoaktive Substanz werde bei zu hoher Temperatur so schnell abgebaut, dass sie
kein hinreichendes Maß erreichen könne, um den Phototropismus auszulösen. Bei
gesenkter Temperatur hingegen zersetze sich der photoaktive Stoff langsamer als er
sich bilde und könne sich somit bis zur kritischen Menge anreichern. „Psychologi-
scher Verlegenheitserklärungen", die sich der naturwissenschaftlich ungebildete in
Ermangelung von Kenntnissen über die tatsächlichen Prozesse zurechtlege, verfehl-
ten daher „das Wesen der Sache, nämlich den chemischen Kern" (ebd., 23). Wo
dies fehlschlägt sucht Loeb die Ursache in einer Fehlerhaftigkeit der experimentellen Anordnung:

> „Einige Autoren haben, wie es scheint, nur mit Tieren gearbeitet, die nicht
> ausgesprochen heliotropisch waren und deren Empfindlichkeit gegen das Licht
> in der hier geschilderten Weise um die Reizschwelle herumschwankte. Ein
> physikalisch-chemisch geschulter Autor würde sich klar darüber gewesen sein,

---

[16]   Heute wird in Bezug auf tierische Bewegungen nicht mehr von Tropismen gesprochen. Bei auf
       einen Reiz gerichteten Bewegungen wird in der Biologie der Begriff Taxie verwendet – so etwa bei
       Chemotaxis, der Bewegung in Abhängigkeit von einem chemischen Stoff oder bei Phototaxis, d.h.
       lichtabhängiger Bewegung. Dabei kann es sich um positive oder negative Taxien handeln, d.h. auf
       den jeweiligen Reiz hin oder von diesem weg.

daß solche Tiere für Versuche über Heliotropismus ungeeignet sind, und daß es erst nötig ist, die Lichtempfindlichkeit derselben hinreichend zu erhöhen, wenn man die Gesetze der Wirkung des Lichtes bei ihnen untersuchen will.

Ich glaube auch, daß Beobachtungen an ungenügend lichtempfindlichen Tieren die Ursache dafür geworden sind, daß manche Autoren behaupten, daß die heliotropischen Tiere sich nicht direkt in die Richtung der Lichtstrahlen einstellen, sondern daß dieselben erst ihre richtige Orientierung ‚erlernen‘ oder ‚ausprobieren‘ müssen" (ebd., 22f.).

Hier wird erneut das Kontrollparadigma deutlich. Erst eine derartige Zurichtung der Bedingungen, die es erlaubt das intendierte Verhalten kontrolliert zu evozieren, ermöglicht das Auffinden der gesuchten allgemeinen Gesetze. Die Erklärung des Verhaltens wird somit mit dessen Kontrolle identifiziert, wie Loeb – unter Berufung auf Ernst Mach – vielfach äußert.

Da Loeb auf der Suche nach denjenigen fundamentalen Gesetzmäßigkeiten ist, die letztlich die gesamte (belebte) Natur erklären sollen, sind diese Erkenntnisse selbstverständlich auch im Hinblick auf den Menschen von großer Bedeutung. So nimmt er an, analoge Mechanismen auch für die Psychiatrie nutzbar machen zu können. Auch den Bereich dessen, was Loeb als Ethik bezeichnet, gilt es seiner Meinung nach physikochemisch zu untersuchen. So schließt er seinen Vortrag mit Überlegungen zu einer naturalisierten Ethik:

„Die höchste Entfaltung der Ethik, nämlich der Umstand, daß Menschen bereit sein können, ihr Leben einer Idee zu opfern, ist weder vom utilitaristischen Standpunkt noch von dem des kategorischen Imperativs zu verstehen. Auch hier dürfte es sich möglicherweise darum handeln, daß unter dem Einfluß gewisser Ideen chemische Veränderung, z.B. innere Sekretionen im Körper hervorgerufen werden, welche die Empfindlichkeit gewissen Reizen gegenüber in außergewöhnlicher Weise erhöhen, so daß derartige Menschen in demselben Grade Sklaven gewisser Reize werden, wie die Copepoden Sklaven des Lichtes werden. Daß das, was der Philosoph als eine ‚Idee‘ bezeichnet, ein Vorgang ist, der chemische Wirkungen im Körper ausüben kann, erscheint uns ja heute nicht mehr so befremdend, seit es Pawlow und seinen Schülern gelungen ist, Speichelsekretion beim Hunde durch optische und akustische Signale zu veranlassen" (ebd.).

Wenn Loeb behauptet gezeigt zu haben, dass der heliotrope Effekt bei Tieren identisch sei mit dem der Pflanzen und er diesen letztendlich bis in die Sphäre menschlicher Praxis hinein ausgeweitet haben möchte, so ist dies Ausdruck seiner Bemühungen einer vereinheitlichenden Wissenschaft, die diejenigen Prinzipien auffindet, die für alle Lebewesen gleichermaßen gelten. Auch dieses Ideal von der Einheit der Wissenschaft teilte Loeb – neben der Abneigung gegen das metaphysische Denken in der mechanistischen Wissenschaft – ebenfalls mit dem Positivisten Mach. Für Loeb kann dieses Ziel nur durch ein reduktionistisches Programm erreicht werden. Entgegengesetzten Tendenzen in der Biologie, die er ausmacht, begegnet er mit Polemik (ebd., 44f.). Der reduktionistische Ansatz Loebs spiegelt sich auch auf der begrifflichen Ebene wieder: Wille ist für ihn nichts anderes als eine photochemische Reaktion, wobei er auch den metaphysischen Begriff des Willens durch den der photochemische Reaktion ersetzt haben möchte. Der Kategorienfehler, den er damit begeht, ist Ausdruck sowohl seiner philosophischen wie seiner wissenschaftlichen Position.

> „Our wishes and hopes, disappointments and sufferings have their source in instincts which are comparable to the light instinct of the heliotropic animals. The need of and the struggle for food, the sexual instinct with its poetry and its chain of consequences, the maternal instincts with the felicity and the suffering caused by them, the instinct of workmanship, and some other instincts are the roots from which our inner life develops. For some of these instincts the chemical basis is at least sufficiently indicated to arouse the hope that their analysis, from the mechanistic point of view, is only a question of time" (Loeb 1912, 30).

Tropismus ist für Loeb jedoch nur ein Prinzip unter anderen, um das Verhalten von Organismen zu erklären. Zwar ist er bestrebt, psychische Erscheinungen und vielmehr alle Reaktionen der Tiere auf physikalisch-chemische Gesetze zurückzuführen, doch gehören dazu auch Phänomene wie die „Unterschiedsempfindlichkeit" oder das „assoziative Gedächtnis", deren Mechanismen er in *Comparative Physiology of the Brain and Comparative Psychology* (Loeb 1900) neun Jahre zuvor ausgeführt hat.

Künstliche Parthenogenese

Das Verhalten von Lebewesen zu erklären war *eines* der zentralen Probleme der damaligen Biologie. Und die Tropismenlehre, mit der Loeb sich bereits seit seiner Arbeit mit von Sachs befasst hatte und die er auch nach seiner Emigration nach Amerika ab 1892 an der Universität von Chicago fortführte, war ein wichtiges Forschungsfeld, das sein Kontrollparadigma belegt. Ein anderes war die artifizielle

Parthenogenese,[17] der er sich ab 1899 zuwandte. Deren grundlegende Problematik bestand für Loeb darin, entweder zu zeigen, wie man lebende Materie künstlich herstellen konnte oder, falls dies nicht gelänge, zu zeigen, weshalb es nicht möglich sei. Loebs Studien schließen hier an die Arbeiten Louis Pasteurs an, der in den 1860er Jahren den Glauben an die Spontanentstehung von Leben experimentell weitestgehend entkräftet hatte. Wenn Leben aber nicht einfach spontan entstehen konnte, dann ließen sich eventuell auch im Labor die Bedingungen herstellen, die zur Lebensentstehung nötig waren. 1899 gelang Loeb erstmals die Induzierung der Entwicklung eines Organismus aus einer unbesamten Eizelle. Loeb dachte, dass er dadurch, dass es ihm gelang auf diese Weise eine Entwicklung zu induzieren, Aufschluss darüber erhalten würde, welche Faktoren an der natürlichen Entwicklung beteiligt sind. Er wollte experimentell zum Ursprung des Lebens vordringen – an den Übergang von belebter und unbelebter Natur – und widmete sich daher der Befruchtung als dem Zeitpunkt der Entstehung neuen Lebens sowie der Abiogenese.

> „The question Loeb posed was: could cleavage be induced in unfertilized eggs by known chemical or physical agents? If that were possible, Loeb reasoned, it could lead to an investigation of the specific chemical and physical factors that are involved in normal fertilization" (G. E. Allen 2005, 272).

Hierfür experimentierte Loeb mit unbefruchteten Eiern mariner Organismen, insbesondere mit Seeigeln.[18] Während diese sich für gewöhnlich erst nach der Befruchtung zu einer Pluteus-Larve entwickeln, war es Loebs Ziel diese Entwicklung durch die Zugabe anorganischer Substanzen zu induzieren. Loeb setzte die unbefruchteten Eier von Seeigeln unterschiedlichen Zucker- oder Salzlösungen in unterschiedli-

---

17   Bei der Parthenogenese, auch Jungfernzeugung genannt, handelt es sich um eine relativ häufige, in vielen Stämmen und selbst bei Wirbeltieren auftretende Form der Reproduktion, die auch im 19. Jahrhundert schon bei vielen Arten bekannt war. Dabei handelt es sich um eine eingeschlechtliche Fortpflanzungsform bei der sich auch unbefruchtete Eizellen zu ganzen Organismen entwickeln. Fraglich war jedoch, wie Parthenogenese gezielt induziert werden kann und das auch bei Spezies, bei denen diese bisher noch nicht nachgewiesen worden war.

18   Dabei handelt es sich um einen sehr speziellen Modellorganismus, der in seiner Entwicklung einige Besonderheiten zeigt, die nicht einfach auf andere Stämme übertragbar sind. Die Wahl dieses Modellorganismus, der sich damals einiger Beliebtheit erfreute (auch Weismann führte an Seeigeln seine Befruchtungsstudien durch) und bis heute einer der bestuntersuchten Organismen bezüglich Studien der Embryonalentwicklung und der Eiaktivierung ist, hatte pragmatische Gründe. Denn bei ihm kann sehr einfach die Embryonalentwicklung induziert, manipuliert und aufgrund der absoluten Transparenz der Embryonen auch beobachtet werden.

chen, hypertonischen Konzentrationen aus. Nach zahlreichen Versuchen mit immer neuen Konzentrationen und Zusammensetzungen gelang es ihm schließlich, die Zellteilung und den anschließenden Differenzierungsprozess einzuleiten. Nachdem sie wieder in normales Meerwasser gesetzt wurden, begannen die eingeleiteten Entwicklungsprozesse sich bis zum Larvenstadium fortzusetzen, wobei einige sogar Darm und Skelett ausbildeten (Loeb 1912, 7). Schließlich gelang es Loeb nahezu alle Eier der Seeigel zur Entwicklung zu bringen. Er hatte eine erfolgversprechende Handlungsanweisung hierfür gefunden. Ein kurzes Bad in Butansäure-Meerwasser-Lösung, gefolgt von einer längeren Zeit in hypertonischem Salzwasser führte bei nahezu allen Eiern dazu, Entwicklungsprozesse einzuleiten. Dies veranlasste Loeb zu der These, dass die natürliche Befruchtung in ebenderselben, zweischrittigen Weise vonstatten geht:

> „We may, therefore, conclude that the spermatozoon causes the development of the egg in a way similar to that which takes place in the case of artificial parthenogenesis. It carries first a substance into the egg which destroys the cortical layer of the egg in the same way as does butyric acid; and secondly a substance which corresponds in its effect to the influence of the hypertonic solution in the sea-urchin egg after the membrane formation" (ebd., 13).

Pauly beschreibt die damit einhergehende Haltung und Zielsetzung Jacques Loebs in einer Art und Weise, wie sie sich ebenso für die Synthetische Biologie heute formulieren ließe:

> „Loeb was able to see that artificial initiation of parthenogenetic development was a possible task for biologists precisely because he considered the main problem of biology to be the production of the new, not the analysis of the existent. His success in this area gave him the confidence and the professional status to argue in a number of general scientific forums that biology in the twentieth century should be organized around engineering aims" (Pauly 1987, 7f.).

An Mach schreibt Loeb „it is in the end still possible that I find my dream realized, to see a constructive or engineering biology in place of biology that is merely analytical" (ebd., 93). Die Herstellung neuer Formen des Lebendigen erachtete er als primäres Ziel der Biologie, nicht die Analyse des Vorhandenen. Der technische Aufwand mit dem Loeb seine Studien betrieb war allerdings verhältnismäßig gering. Das eigentliche Kunststück war es, überhaupt einmal das Problem zu formulieren. Bereits 1906 schloss er seine Studie über *The Dynamics of Living Matter* (Loeb 1906) mit der Hoffnung, die kommende Generation von Wissenschaftlern möge doch erkennen, dass die experimentelle Abiogenese das Ziel der Biologie sei. Neben der Transformation von unterschiedlichen Spezies in andere galt für Loeb die Transformation von toter in belebte Materie als zentrales Problem der Biologie. Und um dieses anzugehen diente die artifizielle Parthenogenese als erster Schritt und vielversprechender Ansatz. Auch sein Verständnis von Organismen als „chemical machines" kommt dem der Synthetischen Biologie schon sehr nahe, auch wenn Loeb im wissenschaftlichen Horizont seiner Zeit noch davon ausging, dass es sich dabei um kolloidales Material handle, „which possess the peculiarity of developing, preserving, and reproducing themselves automatically" (Loeb 1904, 778). Aufgabe des Biologen sei es deren Mechanismen zu analysieren und sie zu kontrollieren, wofür sich dieser insbesondere der Methoden der Chemie und physikalischen Chemie bedienen müsse. Auf abstrakterer Ebene kann man mit Pauly sagen: „Loeb discovered artificial parthenogenesis because he was seeking to control life on its most basic level; it was a natural consequence of his conviction that biology was and should be an engineering science concerned with transforming the natural order" (Pauly 1987, 94). Loebs Erkenntnisinteresse bleibt damit wie das der heutigen Synthetischen Biologie ambivalent. Zum einen glaubt er durch sein Ingenieursverständnis mehr über die vorgefundenen Natur erfahren zu können, gleichzeitig will er über diese hinaus und Organismen herstellen, die die Natur nicht hervorgebracht hat.

Auch die Experimente zur artifiziellen Parthenogenese stehen wieder, wie seine Forschung zur Heteromorphosis[19], in Loebs Bestrebungen, Kontrolle über die Natur zu erlangen, um diese auch zu verbessern und den Spielraum des Machbaren zu erweitern. War die Natur bei der Fortpflanzung vieler Spezies auf die Befruchtung und damit einen männlichen Organismus angewiesen, so wollte Loeb zeigen, dass sich dieser durch eine einfache Salzlösung ersetzen ließ. Das ökonomische Ziel, auf das hin eine solche Verbesserung oder Optimierung stattfinden sollte, blieb allerdings unreflektiert. Nach Pauly hing Loeb einem Wissenschaftsideal an, demzufolge „biologists would consciously work to reconstruct the natural order to make it more rational, efficient, and responsive to the ongoing development of engineering science" (ebd.). Die künstliche Parthenogenese deutet er als einen Angriff auf das natürliche Modell der Fortpflanzung:

> „The invention of artificial parthenogenesis represented an attack on the privileged status of natural modes of reproduction. A race of fatherless sea urchins

---

[19] Loeb versuchte in Regenerationsstudien Teile von Lebewesen durch andere zu ersetzen.

was a nonnatural product completely outside the orderly structure and gradual evolution of the animal economy. Nature contained only a very restricted set of modes of reproduction; an engineering biology could lead to expansion of possibilities far beyond those that might appear through the process of evolution, or through a biology whose framework was bounded by evolutionism. For instance, artificial parthenogenesis proved that it was possible to separate the sperm's function as initiator of development from its role as carrier of the male hereditary characters. Loeb believed that it would be possible to manipulate each independently, and perhaps create hitherto unknown sets of hybrids by superimposing artificial parthenogenesis on eggs fertilized by foreign sperm that were normally unable to initiate development of those eggs" (ebd.).

Seeigel stellten zwar ein einfaches System für die Studie der Mechanismen der Parthenogenese dar. Es gelang Loeb darüber hinaus die parthenogene Entwicklung auch bei Würmern, Weichtieren und selbst Wirbeltieren wie Fröschen auszulösen, die sich bis ins adulte Stadium entwickelten. Auf lange Sicht bestand das Ziel darin, diese selbst beim Menschen zu ermöglichen. So ging Loeb davon aus, dass auch beim Menschen die Ionen im Blut die entscheidenden Faktoren der Befruchtung waren. Im Rahmen seines Kontrollparadigmas war Biologie nicht mehr Naturschau. Vielmehr verstand er sie als soziale Praxis im Hinblick auf gesellschaftliche Interessen zum Wohlergehen der Menschheit; ein Wissenschaftsverständnis, das er ebenfalls mit Ernst Mach teilte.

Um die Jahrhundertwende wurden die künstliche Parthenogenese und die Möglichkeit eingeschlechtlicher Fortpflanzung beim Menschen auch in der Öffentlichkeit zum Thema. Welche gesellschaftlichen Folgen mochte dies haben? In einer Diskussion mit dem Journalisten Carl Snyder teilte Loeb der Welt mit, sein Ziel sei es „to go to the bottom of things. I want to take life in my hands and *play* with it. […] I want to handle it in my laboratory as I would any other chemical reaction – to start it, stop it, vary it, study it under every condition, to direct it at my will!" (ebd., 102). Dieses Spielen mit dem Leben machte Snyder dann auch zum Aufhänger eines Artikels und stellte Loeb in eine Reihe mit Prometheus und Faust. Auch Frankenstein war schnell als Motiv von anderen Kollegen eingebracht – ein Zusammenhang, der Loeb von da an begleiten sollte. Das Nachdenken über artifizielle Abiogenese und technische Reproduzierbarkeit, auch in Bezug auf den Menschen im Fortschrittsoptimismus dieser Zeit auf weit weniger Kritik stieß, als dies später im 20. und 21. Jahrhundert im Zusammenhang mit der Synthetischen Biologie der Fall sein sollte. In Fachkreisen wurde mehr über die tatsächliche Umsetzbarkeit diskutiert, als über mögliche moralische Bedenken. Und so erfuhren Loebs Arbeiten zur artifiziellen Parthenogenese nicht nur in der Öffentlichkeit ein breites Echo, sie brachten auch seine Karriere voran und beschieden ihm eine ordentliche Professur in Chicago (ebd., 102f.), die er innehatte, bis er 1902 einem Ruf nach Berkeley folgte, wo er seinen Ansatz weiter verfolge.

Kurze Zeit nach seiner Ankunft dort sprach er in seinem ersten öffentlichen Vortrag,

> „on ‚the creative power of the human mind' and sought—as Popper-Lynkeus had years earlier—to draw his audience smoothly from aesthetics to technology. Creative zoologists, Loeb explained, were moving from classification to theories of the origin of species. Astronomers sought to uncover ‚the nature and origin of the celestial bodies.' Chemists and physicists, and, by implication, physiologists, were ‚no longer content to analyze what nature provides,' and instead of building theories, they were ‚utilizing the forces of nature to bring about new combinations, creating things which have never been created outside of nature's workshop.' The West Coast and the University of California, ‚unhampered by the traditions of Europe,' could be the setting for a ‚new Renaissance'" (ebd., 108).

Mit seinen Versuchen zur artifiziellen Parthenogenese waren auch Überlegungen zum Ursprung des Lebens und zu Abiogenese verbunden. Abiogenese war aufgrund ihrer methodischen Unzugänglichkeit, beispielsweise von Ernst Haeckel, als Problem der historisch orientierten Evolutionsbiologie betrachtet worden, nicht als Gegenstand der experimentellen Biologie. Pauly zufolge änderte sich dies jedoch mit Loebs Erfolgen auf dem Gebiet der artifiziellen Parthenogenese (ebd., 115ff.).

> „But the development of artificial parthenogenesis changed matters. It demonstrated the possibility of individually analyzing and controlling formative biological processes. If the mechanics of initiation of development could be imitated and in all probability manipulated, the same was likely true for other processes. Abiogenesis provided a focus for the study of these mechanisms, defining the final synthetic goal toward which these analytical endeavors would be oriented" (ebd., 117).

Kritik an der Darwinistischen Evolutionstheorie

Aus diesem, auf Synthese ausgerichteten Biologieverständnis heraus ist auch Loebs Verhältnis zur Evolutionsbiologie zu verstehen, mit der er sich in Kalifornien auseinanderzusetzen begann. So interessierte ihn Evolution gemäß seinem Kontrollparadigma kaum in ihrer historischen Dimension. Für Loeb war Darwins[20] Vorschlag der Erklärung der Artentstehung unbefriedigend und, da sie nicht auf quantitativ-experimentellen Belegen beruhte, wissenschaftlich unzulänglich bzw. Pseudowissenschaft (vgl. Fangerau 2010, 97). Seiner Meinung nach musste das Problem der Artentstehung experimentell gelöst werden und zwar – im Anschluss an de Vries – durch die Erzeugung von Mutanten mittels physikochemischen Methoden. Es bedürfte „experimental facts which shall establish whether and how species can be transformed. Such experiments must necessarily be conducted in a Physiological laboratory" (Loeb zitiert nach Pauly 1987, 92). Auch Loebs Beharren auf Laborexperimenten ist Teil seines Kontrollparadigmas. Während in der natürlichen Umwelt, etwa im Feldversuch, die Umwelt so hingenommen werden muss, wie sie eben ist, kann im Labor nicht nur mehr Einfluss genommen werden. Die Umwelt- und Existenzbedingungen werden überhaupt erst hergestellt. Mit diesem methodischen Ansatz wird die Erforschung von Umwelten jedoch von vornherein weitestgehend exkludiert. Umgekehrt ist die Untersuchung solcher Zusammenhänge für Loeb innerhalb seines Biologieverständnisses gar nicht von Belang, weshalb er im Fokus seines Erkenntnisinteresses methodisch auf den reduktiven Laborkontext zurückgreifen kann.

Evolution kann zwar nicht als retrospektive Naturgeschichtsschreibung Gegenstand von Loebs Forschung sein. Sie kommt allerdings vorwärtsgerichtet im Hinblick auf zukünftige Veränderungen von Spezies in Betrachtet. So ist Evolution für ihn insofern von Interesse, „to gain a deeper and more certain insight into the possibilities for the transformation of species beyond that which we have at present" (zitiert nach ebd., 112). Dies ist ein Versuch „of controlling at will the life phenomena of animals, and of bringing about effects which cannot be expected in Nature" (ebd., 115). Auch der Aspekt, über die Natur hinausgehen zu wollen, findet sich prominent in der heutigen Synthetischen Biologie wieder. Die Erkenntnis, welche evolutionären Prozesse stattfanden, um die rezenten Organismen hervorzubringen, wird zum Nebenprodukt (*by-product*), was völlig kohärent ist mit Loebs Primat der Synthese vor der Analyse.

---

[20] Tatsächlich richtete sich Loebs Kritik nicht im eigentlichen Sinne gegen Darwin, der sein Evolutionskonzept am Modell der Zuchtwahl entwickelt hat (Lefèvre 2009, 83ff.; Weingarten 1992, 46ff.), sondern gegen den Darwinismus, wie er sich insbesondere bei Ernst Haeckel findet. Denn auch in den Schriften Darwins finden sich Ansätze ingenieursparadigmatischen Denkens, die jedoch in darwinistischen Rezeptionen nicht mehr auftauchen.

Loeb gehörte schon früh zu den Anhängern der „exakten Erblichkeitslehre" Gregor Mendels, in der er die experimentellen Grundlagen evolutionärer Überprüfbarkeit sah, da hierin die Möglichkeit gegeben wurde, neue Spezies herzustellen. [21] Interessanterweise gedachte er solch neuartige Organismen erzeugen zu können, indem er Spezies miteinander kreuzte, die möglichst entfernt miteinander verwandt sind. Hierfür vereinigte er Ei- und Spermazellen der Spezies miteinander und versuchte und eine künstliche Befruchtung zu induzieren, nachdem er eine künstliche Parthenogenese eingeleitet hatte. Seine Versuche waren jedoch nicht von Erfolg gekrönt, da entweder die Nachkommen nicht lebensfähig waren oder schlicht nur eine Parthenogenese eingeleitet worden war. Enttäuscht von diesen Fehlschlägen wandte sich Loeb stattdessen wieder seinen Versuchen zu, durch radioaktives Material Mutationen hervorzurufen.

Kritisch zeigt sich Loeb auch gegenüber dem Darwin'schen Prinzip der natürlichen Zuchtwahl, das das Verhalten eines Tieres im Hinblick auf dessen Interessen interpretiert. Gegen diesen Erklärungsansatz verweist Loeb auf seine Tropismusstudien. Neben den bereits erwähnten Heliotropismusstudien untersuchte Loeb auch andere Tropismen, wie den sogenannten Galvanotropismus, d.h. die Ausrichtung tierischer Bewegungen nach einem angelegten Stromfluss in einem Wasserbecken. Diesen erachtete er als reines Laborphänomen, da solche Felder seiner Meinung nach in der Natur nicht vorkämen. Folglich könne ein Verhalten, das sich an diesem Phänomen des elektrischen Stroms ausrichte, den Organismen, die es an den Tag legen, keinen natürlichen Vorteil verschaffen bzw. es könne nicht in ihrem Interesse der Selbsterhaltung liegen. Zwar könne man sagen, dass ein Verhalten keinen Überlebensnachteil bringen dürfe; das umgekehrte, dass jedes Verhalten im Interesse liege, wäre jedoch eine zu weitgehende Behauptung (Loeb 1909, 30ff.). Später, nach dem Ausbruch des ersten Weltkriegs, verstärkt sich seine Kritik am Evolutionsdenken weiter. In diesem machte er eine pseudowissenschaftliche Begründung rassistischen Denkens aus, das er für unwissenschaftlich hielt und das er vehement ablehnte (vgl. Fangerau 2010, 95ff.).

Zugespitzt kann man an dieser Stelle sagen, dass Loeb – obwohl er die Kausalitätsmetaphysik (zunächst noch) ablehnte – sich in das Erklärungsparadigma des Neukantianismus einordnen lässt, da er versuchte das eigentlich Biologische (etwa

---

21 Auch wenn Loeb kein intimer Kenner der entstehenden Genetik war, so verfolgte er doch die Arbeiten T.H. Morgans mit großem Interesse und bezeichnete die experimentelle Bestimmung von Erbfaktoren auf den Chromosomen als „one of the most wonderful and ingenious pieces of work ever undertaken by a biologist" zitiert nach (Pauly 1987, 148).

evolutionäre Überlegungen) aus seiner Forschung herauszuhalten (vgl. Pauly 1987, 81ff.). Letztendlich stand hinter dem Kontrollparadigma aber auch das Verlangen eines bestimmten Rationalismus. Wie heute in der Synthetischen Biologie findet sich auch bei Loeb das Bestreben, das, was die Evolution „blind" geschaffen hat nun auf rationalem Wege zu verbessern.

> „The very fact that creation of life was a nonnatural act made it possible to specify the steps necessary for production. Scientists should create life just because nature could not do so; and on the way to such an achievement they would find the power to reconstruct the living world according to the principles of scientific reasoning" (ebd., 116f.).

Mit seinem Biologieverständnis verlässt er quasi das Feld der analytischen Naturbetrachtung und tritt über zu einer Betrachtung von Lebewesen als zweckmäßig zugerichtete Kulturprodukte. Dies ist geradezu paradox, da es gerade die Vorstellung eines Zweckhaften in der Natur war, gegen die er sein ganzes Forscherleben so vehement gekämpft hat.

Vom Ingenieursstandpunkt zum mechanistischen Denken

In diesen Jahren beginnt sich Loebs Wissenschaftsauffassung langsam zu verändern. Bis 1910 hatte sich Loeb primär mit experimenteller und kaum mit konzeptueller Arbeit auseinandergesetzt. Seine experimentelle Methode könnte man grob als induktives Trial-and-Error-Verfahren bezeichnen. Akribisch errichtete er bestimmte Versuchsanordnungen und hielt deren Ergebnis fest. Eine Theoriebildung aus den gewonnenen Erkenntnissen hat Loeb jedoch nicht verfolgt. Ebensowenig war er gewillt sich auf philosophische Diskurse einzulassen und sich ernsthaft etwa mit dem Teleologieproblem oder historischen Erklärungen auseinanderzusetzen (ebd., 138). Doch mit seinem Wechsel von der *University of California* ans *Rockefeller Institute for Medical Research* in New York sollte sich dies ändern, da er nun für seine Forschungsarbeit von weiteren Verpflichtungen befreit wurde. Simon Flexner, Leiter des 1901 eingerichteten Rockefeller Instituts, baute stark auf Loeb als zentraler Figur seiner Pläne, das Institut von der medizinischen Forschung zur biomedizinischen Wissenschaft am Paradigma des Reduktionismus umzugestalten. Die wissenschaftliche Freiheit, die Loeb dort unter Flexner genoss, brachte ihn zur Auseinandersetzung mit konzeptueller Arbeit. Dort begann er nun auch, sich vermehrt mit sozialen und politischen Fragen zu befassen.

Von 1890 an war Loeb öffentlich für das eingetreten, was Pauly als „the ‚enginee-ring standpoint' in biology" bezeichnet. 1903 antwortete Loeb auf die Frage des Herausgebers der *Umschau*, ob er denn glaube, dass alle Lebensphänomene vollstän-dig naturwissenschaftlichen Erklärungen zugänglich seien, dass die Antwort selbst-verständlich „ja" lauten müsse, wenn mit Erklärung, „the proof of the explicability of any single life phenomenon is furnished as soon as it is successfully controlled unequivocally through physical or chemical means or is repeated *in all details* with nonliving materials" (zitiert nach ebd., 114) gemeint sei. Um das Jahr 1915 verab-schiedete er sich jedoch sukzessive von seinem Verständnis vom Biologen als Inge-nieur. Stattdessen befasste er sich von nun an hauptsächlich damit, den mechanisti-schen Materialismus zu belegen und wandte sich im Zuge dessen die letzten Jahre von der Biologie ab und der Proteinchemie und Studien an Ionen, Membranen und an Gelatine zu. In diesen Jahren fällt Loeb ab vom Glauben an die Macht der Transformation und Herstellung durch die Biologie. Er schwächt sein Kontrollpa-radigma stark ab und gelangt Pauly zufolge zu der Überzeugung,

> „that scientists could do only one, rather passive, thing: to look at nature and try to see the hidden mechanisms underlying biological processes. This change in emphasis from action to vision, from practical positivism to an explicit epis-temological reductionism, was accompanied in Loeb's mind by a different im-age of the social role of scientists; […] after two decades as a leader in defining the science of biology, he became a chemist. By 1920 Loeb had become, in the words of his admirer Paul De Kruif, ‚the famous founder of the philosophy of a mechanistic conception of life' […]" (ebd., 130).

Wenn Pauly bei Loeb hier den Schritt vom aktiven Kontrollparadigma zum passi-ven Betrachten und Sichtbarmachen der tatsächlich vorhandenen, aber versteckten Naturmechanismen ausmacht, so kann dies nur eine Verschiebung der Perspektive bzw. der Prioritäten sein. Denn auch dieses Hinsehen, um die verdeckten Mecha-nismen zu entdecken ist für Loeb auf experimenteller Grundlage zu verstehen und somit selbstverständlich auf experimentellem Handeln beruhend.

Worauf Pauly aber abzielt ist eine Verschiebung in Loebs Verständnis. Deut-lich macht Loeb dies 1912 in der Schriftensammlung *The Mechanistic Conception of Life*.[22] Im gleichnamigen Essay widmet er sich erneut und dieses Mal ausführlicher der Frage „whether our present knowledge gives us any hope that ultimately life,

---

22   Loeb versuchte den Titel der Aufsatzsammlung noch ändern zu lassen in *The Control of Life Phenome-na: Biological Essays*, doch dafür war es schon zu spät (Pauly 1987, 141).

i.e., the sum of all life phenomena, can be unequivocally explained in physicochemical terms" (Loeb 1912, 3). Loeb gibt zu verstehen, dass die moderne Biologie keine deskriptive Wissenschaft mehr sei, wie etwa Zoologie und Paläontologie. Eine ähnliche Kritik richtete Loeb – wie auch andere Verfechter einer mechanistischen Biologie dieser Zeit – gegen den wiedererstarkenden Vitalismus, da die postulierten nichtchemischen und nichtphysikalischen Kräfte sich prinzipiell einer experimentellen Überprüfbarkeit mit den Methoden der Chemie und der Physik versperrten. Loeb hielt vitalistische Positionen daher für subjektivistischen Unsinn, der weder einer Forschungsagenda folgte, noch eine methodische Ordnung für Untersuchungen bereitstellte. Und alles, was den Anschein eines holistischen Ansatzes erweckte, wurde sofort dem Verdacht eine Variante vitalistischen Denkens zu sein anheimgestellt und war dadurch von vorn herein diskreditiert[23](G. E. Allen 2005, 266). Hier wird deutlich, dass einerseits die Wahl der Probleme die Wahl der Methoden bestimmt. Umgekehrt gelten aber, wenn dadurch festgelegt ist, welche Methoden überhaupt zulässig sind, auch entsprechende Probleme nicht mehr als wissenschaftliche Probleme.

Moderne Biologie bedeutet für Loeb nun experimentelle Biologie, die – beginnend mit Laplace und Lavoisier im späten 18. Jahrhundert – als Experimentalwissenschaft auf zwei Prinzipien beruht:

> „it is either possible to control a life phenomenon to such an extent that we can produce it at desire (as, e.g., the contraction of an excised muscle); or we succeed in finding the numerical relation between the conditions of the experiment and the biological result (e.g., Mendel's law of heredity) Biology as far as it is based on these two principles cannot retrogress, but must advance" (Loeb 1912, 3f.).

Hier stehen die Möglichkeit kontrollierten Herbeiführens von Ereignissen im Sinne des Ingenieursparadigmas als Form der Erklärung und Erklären im Sinne von Auffinden quantitativer Verhältnisse zwischen Ursache und Wirkung – oder, anders ausgedrückt, Synthese und Analyse noch nebeneinander. In den folgenden Jahren verschiebt sich der Blickwinkel immer mehr in Richtung analytisches Erklären. Wie

---

[23] Dabei gab es durchaus auch holistische Positionen wie den dialektischen Materialismus, der als Materialismus dem mechanistischen Denken insofern näher stand als dem Vitalismus, als auch er keine über die physikalischen Kräfte hinausgehenden Lebenskräfte annahm.

sehr sich diese beiden „Prinzipien" bedingen (siehe Kapitel 3.10) war Loeb nicht bewusst.

Was Loeb beibehält ist der gesamtgesellschaftliche Anspruch, mit dem er Biologie betrieb. Sollte sich nämlich herausstellen, dass eine solche Erklärung gelingen kann, so fordert Loeb den biologischen Lebensbegriff in seiner Signifikanz auch für den Bereich des Sozialen und der Ethik anzuerkennen. Wie auch in seinem Tropismen-Vortrag weitet er den Zuständigkeitsbereich biologischer und damit physikochemischer Gesetzeserklärungen bis in den Bereich sozialer Praxen hinein aus.

In dem Essay *Mechanistic Science and Metaphysical Romance* (Loeb 1915), der Loebs einziger philosophischer Text blieb, verschiebt sich Loebs Biologieverständnis weiter zugunsten der Analyse. Loeb distanziert sich damit auch explizit von seinem früheren Lehrmeister Ernst Mach, einem immerwährenden Kritiker des Mechanizismus und Materialismus. Mach hatte in einer langanhaltenden Kontroverse die kinetische Gastheorie Ludwig Boltzmanns ebenso wie die statistische Thermodynamik stets abgelehnt, da diese auf atomistischen Grundannahmen basierten. Die Annahme der Existenz von Atomen aber widersprach Machs Verständnis von Naturwissenschaft, da Atome, wie auch Moleküle, makroskopisch phänomenal nicht fassbar waren (vgl. etwa Fasol-Boltzmann & Fasol 2006). Nachdem sich die kinetische Gastheorie jedoch mehr und mehr bestätigte und die experimentellen Aufweise von Atomen für deren Existenz sprachen, erfuhr die Atomistik weitgehend wissenschaftliche Anerkennung. Die Tatsache, dass es nun möglich war die Anzahl von Atomen in einer bestimmten Stoffmenge zu bestimmen, führte auch bei Loeb zu einem Umdenken und er hielt es nun für eine Tatsache, dass Atome und Moleküle existieren. „The reality of the existence of molecules has been reached, and their number in a given mass of matter can be counted. This puts science for a long time, and probably irrevocably, on a mechanistic basis" (Loeb 1915, 768). Darin sieht er Grund genug, sich ebenfalls in seiner Wissenschaftsauffassung von seinem früheren intellektuellen Mentor Mach und dessen Positivismus abzuwenden. Mach war es, wie auch Wilhelm Ostwald, darum gegangen den Empfindungen eine Ordnung zu geben, indem er versuchte die Natur durch mathematische Formeln zu beschreiben. Beschreiben, nicht Erklären war nach Mach Ziel der Naturwissenschaften. Loeb hingegen begeht eine Abkehr von diesem Wissenschaftsverständnis, das in funktionaler Beschreibung besteht, die Kontrolle ermöglicht und sieht das Ziel der Wissenschaft fortan darin, „to visualize completely and correctly the phenomena of nature, of which our senses give us only very fragmentary and disconnected perceptions" (ebd., 768f.). Es gilt jetzt diejenigen versteckten und gesetzmäßigen Prozesse sichtbar zu machen, die sich hinter unseren unzusammenhängenden Wahrnehmungen verbergen und damit zum Eigentlichen vorzudringen. Loeb ist nun davon überzeugt, dass hinter unseren Empfindungen, die er mit Mach bisher als einzig nichtmetaphysisch zugängliche Realität anerkannt hatte, wechselwirkende Elementarteilchen verborgen sind: „Groupings and displacements of particles form the elements of our visual perceptions, and, in this way, mechanistic science and visualization of natural phenomena become identical" (ebd., 769). Zwar hatte Loeb auch schon 1909 geäußert, dass der naturwissenschaftliche Fortschritt „von dem Auffinden rationalistischer Elemente oder einfacher Naturgesetze" (Loeb 1909, 46f.) abhinge. Diese waren jedoch nur notwendiges Mittel im Betreiben von Wissenschaft, nicht aber deren eigentliches Ziel. Das bestand in der Kontrolle der Phänomene, die er mit Erklären gleichsetzte. Dies begann sich nun umzukehren: „As long as a life phenomenon has not yet found a physico-chemical explanation it usually appears inexplicable. If the veil is once lifted we are always surprised that we did not guess from the first what was behind it" (Pauly 1987, 5). Damit wandelte sich Loeb quasi vom Positivisten zu einem Anhänger eines mechanistischen Materialismus. Man kann mit Pauly sagen: „Loeb had been pushed toward a ‚metaphysical‘ reductionistic position that could be criticized with his own positivist principles" (ebd., 86). Von nun an war für Loeb Kontrolle über Lebensphänomene sekundär. Sie war Beiprodukt der gefundenen, entdeckten Mechanismen, die diesen zugrunde lagen. Kontrolle selbst bedeutete nicht mehr Verstehen. Damit machte Loeb den Schritt von einem pragmatischen Operationalismus zu einem Verständnis von Wahrheit als Abbild. Loeb entwickelte sich in diesen Jahren zu einer, wie es Pauly ausdrückt, „icon of reductionistic pure science" (ebd., 164).[24]

Ein weiterer Aspekt, der nicht unerhebliche Auswirkungen auf die Veränderungen in Loebs Denken hatte, war der Ausbruch des Ersten Weltkriegs. Mit seinem Essay *Mechanistic Science and Metaphysical Romance* verfolgte Loeb auch die Inten-

---

[24] Wenn Loeb hier als Reduktivist und Physikalist in der Biologie beschrieben wird, so ist damit gemeint, dass er sich physikalischer Größen wie Lichtintensität, pH-Wert oder elektrische Spannung als Größen der Manipulation bediente. Die biotechnologischen Methoden waren noch Jahrzehnte entfernt und selbst die molekularen Grundlagen der Vererbung lagen noch im Dunkeln. Loeb ist daher ein Reduktionist, der noch nicht mit dem Informationsparadigma konfrontiert war und tatsächlich einen reduktionistischen Ansatz ausschließlich mit physikochemischen Begrifflichkeiten unternahm. Anders verhält es sich bei reduktionistischen Vertreter der Molekularbiologie ab der Mitte des 20. Jahrhunderts (siehe Kapitel 1.4).

sion, der rassistischen Kriegspropaganda, in der er die Ursache des Kriegs sah, sein mechanistisches Biologieverständnis entgegenzusetzen. Seiner Ansicht nach reichte dieser Romantizismus, der sich auch hinter einer vitalistischen Biologie verbarg, über die Sphäre bloßer Naturwissenschaft hinaus. Metaphysischen Romantizisten, womit all diejenigen gemeint waren, die die großen Fragen nicht messend und experimentell zu beantworten suchten, warf er vor, die Bevölkerung mit wissenschaftlich unhaltbarem Denken in Begriffen zu emotionalisieren und zu verführen. Die Vorstellung der Überlegenheit einer Rasse über eine andere sei vom mechanistischen Standpunkt aus unhaltbar und ziele auf die emotionale Verführung. Loeb selbst hatte als Wissenschaftler mit jüdischen Wurzeln seine Erfahrungen gemacht, welche Probleme sich daraus etwa für seine wissenschaftliche Karriere ergeben haben. Gemeint war damit die kontinentaleuropäische und insbesondere die deutsche Biologie seiner Zeit. Die Biologie in Deutschland hatte damals eine Führungsrolle übernommen, die ihr Loeb abzunehmen erhoffte, indem er ihr eine „exakte Biologie" gegenüberstellen wollte, die ihre geistigen Wurzeln im amerikanischen Pragmatismus hatte. Er wollte dazu beitragen, kommende Biologengeneration von der „German Philosophy" zu befreien (ebd., 150). Diese sei das gerade Gegenteil von Wissenschaft, da sie weder experimentiere, noch Messungen unternehme, sondern rein „instinktiv" und „intuitiv" vorgehe. Die Unterlegenheit der metaphysischen Methode würde sich bei jedem abgegrenzten Problem zeigen, deren Prognosen überprüfbar seien. Die eigenen metaphysischen Voraussetzungen und Inkonsistenzen in seinem Denken machte sich Loeb nie bewusst. Problematisch sei dieser metaphysische Romantizismus ferner deswegen, da er im Gegensatz zur mechanistischen Wissenschaft keine wahre Visualisierung der Welt liefern könne. Wahrheit ist für Loeb die korrekte wissenschaftliche Abbildung der Wirklichkeit. Damit verbunden ist auch der Schritt vom aktiven Wissenschaftler zum passiven Betrachter:

„The scientist was a spectator whose experiments were designed to improve his mental vision and enable him to speak about the world – not to act upon it. Although Loeb had written *Mechanistic Science and Metaphysical Romance* as an intellectual basis for his antiwar activity, the essay's ideas – as he reflected on them over the next year – had the effect of discouraging such activity. In arguing that actions reflected belief systems, and that right political action depended upon the advance of mechanistic science, he greatly increased the immediate significance of developing and spreading a complete mechanistic account of life. As a result, explicitly political activity came to appear trivial, and he gave it up. [...] Beginning in 1916 Loeb devoted himself completely to the goal of developing a mechanistic conception of life and eliminating ‚romanticism‘ from biology" (ebd., 146f.).

Hier wird deutlich, dass die wissenschaftliche Position Loebs nicht losgelöst von weiteren gesamtgesellschaftlichen Prozessen beurteilt werden kann. Wissenschaft als reine Wissenschaft, wie sie Loeb einerseits propagierte, erweist sich an seiner eigenen Person als eine Illusion. An Jacques Loeb wird sichtbar, dass Wissenschaft nicht im soziokulturell luftleeren Raum betrieben wird. Vielmehr waren es – und sind es noch heute – stets politische und gesellschaftliche Interessen, die die Wissenschaft (mit)bestimmen. Diese sollen jedoch an dieser Stelle nicht weiter einbezogen werden.[25] In gewisser Hinsicht ist Loeb der Idealtypus des Wissenschaftlers pragmatistischer Vorstellung. Für Loeb war der deutsche Weg der Wissenschaft belastet vom romantizistischen Denken, das sich in der Metaphysik und insbesondere im Vitalismus wiederfand. Dass die ideologischen Wurzeln der Synthetischen Biologie im amerikanischen Pragmatismus liegen, während die Biosemiotik noch heute ein stark kontinentaleuropäisch geprägter Ansatz ist, ist zumindest bedenkenswert.

Zusammenfassend können drei Gründe ausgemacht werden, die bei Loeb eine Änderung seiner Epistemologie herbeiführten (ebd., 131): Zum einen der wissenschaftliche Erfolg des Atomismus in der Physik und der Chromosomentheorie in der Genetik, zum zweiten das Wiedererstarken des Vitalismus durch die Arbeiten von Hans Driesch und Henri Bergson, die gegen das mechanistische Denken polemisierten und zum dritten der Kriegsbeginn und der aufkeimende Rassismus und Antisemitismus.

In Verbindung mit diesem Wandel in der Epistemologie Loebs findet auch ein Wandel in dessen experimenteller Arbeit statt. In seinen späteren Jahren widmete sich Loeb weniger der Erforschung von Organismen als – auch noch in Berkeley – vielmehr Studien zur Interaktion von Ionen und Proteinen. Vom Verhalten von Organismen in seinen Tropismusstudien, über die Befruchtungs- und Entwicklungsprozesse von Organismen, kam Loeb schließlich zur physikalischen Chemie. Wie Fangerau feststellt entwickelte sich Loeb in seinen empirischen Arbeiten sukzessive „von einem Biologen, der chemisch arbeitete, zu einem physikalischen Chemiker, der die Grundlagen der Lebensprozesse auf Molekülebene erforschte"

---

[25]	Hier könnte jedoch wiederum die Brücke geschlagen werden zur handlungsorientierten, verstehenden Wissenschaft, da an dieser Stelle Werte wieder eine Rolle spielen.

(Fangerau 2010, 47), was ihn jedoch experimentell in eine Sackgasse führte und eine wissenschaftliche Orientierungslosigkeit hervorrief (vgl. Pauly 1987, 148).

Zusammenfassung

Das Erkenntnisinteresse Loebs ist hier zunächst auf ein Verfügungswissen ausgerichtet. Weiter noch besteht das eigentliche Verstehen für Loeb in der Möglichkeit der Kontrolle. Vicos Dictum vom *verum ipsum factum* wird damit umgedeutet bzw. weitergeschrieben. Da für Vico die Schaffung der Natur außerhalb der menschlichen Verfügbarkeit lag, war sie auch nie vollständig zu verstehen – im Unterschied zur menschgemachten Geschichte oder der Geometrie. Mit dem Anwachsen empirischen Wissens, das die Physik ab Newton lieferte, schien ab dem 19. Jahrhundert jedoch auch die Kontrolle der belebten Natur, d.h. der Organismen, greifbar. Es sind daher diese beiden Aspekte, die Loeb als interessanten Vorläufer der heutigen Synthetischen Biologen ausweisen. Zum einen das herstellende Ingenieursdenken, das zum anderen gleichzeitig mit einem reduktionistischen Kontrollparadigma verbunden bleiben muss.

Wenn Loeb im Zuge dessen aber gleichzeitig auch eine Ausweitung wissenschaftlicher Erkenntnisse auf die Gestaltung des Bereichs menschlicher Kultur und Zivilisation proklamiert, so stimmt er letztlich doch wieder mit Vico darin überein, dass dieser Bereich der gemachte und daher der gestaltbare und kontrollierbare ist. Nur Kultur ist verständlich und Natur wird zur Kultur. Eine Naturerkenntnis jenseits experimentell zugerichteter und kontrollierbarer Natur ist für Loeb rein spekulativ (im pejorativen Sinne). Für Loeb ist Kultur jedoch nicht aufgrund sinnhaften Handelns verstehbar. Vielmehr glaubt Loeb ganz in biologistischer Manier Werte aus der Natur selbst ableiten zu können, nach denen diese sich weiter verbessern lässt. Für Loeb muss sich der Bereich der Naturwissenschaften daher auch auf den Bereich menschlichen Handelns erstrecken. Denn „[d]ass wir eine Ethik besitzen, verdanken wir lediglich unseren Instinkten, welche in derselben Weise chemisch und erblich in uns festgelegt sind wie die Form unseres Körpers" (Loeb 1911, 255). Der Schritt von der Kontrolle von Naturprozessen zur Kontrolle des Kulturellen ist nur folgerichtig. Naturwissenschaft ist damit keinesfalls reine Naturschau.

Loeb ist hier auch von Interesse, da dies zeigt, dass sich nicht einfach mechanistisches und teleologisches Denken gegenüberstehen. Diese Differenzierung greift zu kurz, da sich die Betrachtung von Organismen als Artefakte als Ansatz ausweist, der nicht ohne eine Teleologie im Zweckbegriff auszukommen vermag. Was Loeb in dem hier vorliegenden Kontext auszeichnet ist nicht seine Forschungspraxis im eigentlichen Sinne. Quasi die gesamte Arbeit Loebs blieb im Rahmen der herkömmlichen experimentellen Biologie seiner Zeit. Was ihn jedoch auszeichnete, waren die Intention und die Haltung, mit der er diese betrieb und die ihn als Ingenieur auswies und die auch Grund für seine antidarwinistischen Anschauungen war.

Loebs Überzeugungen mögen, wie Donald Fleming in seiner Einführung zur Neuauflage von Loebs *Mechanistic Concept of Life* urteilt, philosophisch naiv und schon zur damaligen Zeit anachronistisch gewesen sein (vgl. Pauly 1987). Seine Arbeiten blieben dennoch nicht ohne Einfluss auf die nachfolgende Generation von Wissenschaftlern. Insbesondere Behavioristen wie John B. Watson und B.F. Skinner, aber auch Genetiker wie insbesondere Herman J. Muller verfolgten den Weg, den Loeb beschritten hatte, weiter. Muller bewunderte Loebs Arbeit und richtete seine Forschungsideale an ihm aus (vgl. Carlson 1981, 33).[26] Heute findet sich vieles von Loebs Biologieverständnis in Selbstbeschreibungen einiger Ansätze der Synthetischen Biologie nahezu wortgetreu wieder, wie in Kapitel 2.2 gezeigt wird.

1.2.2   Jakob von Uexküll – Funktionskreis, Zeichen und Bedeutung

Eine teilweise komplementäre, in vielem aber geradezu konträre, wenn auch vielleicht nicht gar so radikale Auffassung von Biologie findet sich im Werk Jakob von Uexkülls, der als „a starter and pioneer of the semiotic approach in biology in the twentieth century" (Kull 2001, 1) angesehen werden kann und dessen Bedeutung im Hinblick auf die Biosemiotik an verschiedenen Stellen herausgestellt und analysiert wurde (Augustyn 2009; Brentari 2015; Bunke 2001; Sebeok 1979), auch wenn dieser sich weder als Semiotiker verstand, noch die Biosemiotik unter diesem Begriff zur damalogen Zeit überhaupt existierte. [27] Von Uexküll wirkte nicht nur innerhalb der Biologie. Seine Schriften übten auch Einfluss auf Philosophen wie Plessner, Cassirer, Canguilhem und Heidegger aus. Letzterer setzte sich sehr kritisch mit von Uexküll auseinander (Potthast 2014). Doch nicht zuletzt wegen seiner ablehnenden Haltung dem Darwinismus gegenüber wurde innerhalb der Biologie seine Arbeit

---

[26]   Auch Loeb hatte versucht, durch Strahlung Mutationen bei Organismen hervorzurufen. Das, wofür Muller später den Nobelpreis erhalten sollte, wollte Loeb jedoch nicht gelingen. Muller stand Loeb intellektuell näher als seiner eigenen Arbeitsgruppe – den Genetikern um T.H. Morgan.

[27]   Sebeok bezeichnete von Uexküll daher als „cryptosemiotician".

häufig im Ganzen verworfen oder erst nicht zur Kenntnis genommen. Die Bedeutung von Uexkülls für die Biosemiotik hat als erster Thomas Sebeok erkannt – er bezeichnete ihn gar als den „chef architect" der Biosemiotik (Sebeok 2001a, 70) – und in seinen Schriften immer wieder darauf hingewiesen.[28] Der Weg von der Zeichenverwendung des Menschen in die Sphäre nichtmenschlicher Natur führt bei von Uexküll über die Verhaltensbiologie bzw. Verhaltensphysiologie, die Ethologie, und die Untersuchung kommunikativen Verhaltens. Wie Loebs Forschungen nahmen auch die Studien von Uexkülls ihren Ausgang beim Verhalten von Tieren. Sie sollten jedoch nicht an der „Bedeutungsblindheit" leiden, die er in anderen Arbeiten auszumachen glaubt.

Bauplan und Zweckhaftigkeit

Im Vorwort zu seinem *Leitfaden in das Studium der experimentellen Biologie der Wassertiere* (J. von Uexküll 1905) weist von Uexküll darauf hin, dass der menschliche Geist Erfahrungen nach zwei unterschiedlichen Prinzipien strukturiere: Ursächlichkeit und Zweckmäßigkeit. Während wir uns der ersteren bedienen um die unbelebte Welt zu ordnen, benötigten wir beide Prinzipien zur Erfassung der belebten Welt. Daraus leitet er ab, dass sich dementsprechend zwei verschiedene Wissenschaften der belebten Natur unterscheiden lassen. Während die Physiologie ihre Erfahrungen nach der Ursächlichkeit ordne, ordne die Biologie ihre nach der Zweckmäßigkeit. Hier zeigt sich bereits, dass von Uexküll Loebs Ansatz und experimentellem Vorgehen nicht prinzipiell ablehnend gegenübersteht.

Später, in der *Theoretischen Biologie*[29] trifft er eine ähnliche Unterscheidung, wenn er die Objekte der Physik von den Gegenständen der Biologie differenziert. Hier setzt er der Physik, welche Objekte kausal ordne, die Biologie entgegen, welche

---

[28] Zur Wichtigkeit, von Uexkülls Umweltlehre mit der Semiotik zu verbinden, siehe (Sebeok 2001b).

[29] Eine *Einleitung in die theoretische Biologie* verfasste schon 1901 Johannes Reinke. Allgemein wurde dieser Terminus später im neovitalistischen Umfeld gebraucht. Bereits hier macht sich die Biosemiotik in ihren Anfängen durch ihre Nähe zum Vitalismus verdächtig, auch wenn die Position von Uexkülls nur sehr eingeschränkt Überschneidungen mit dem Vitalismus aufweist. Zur Vitalismuskritik, die sich zumeist auf den Neovitalismus kapriziert und den Vitalismus des 19. Jahrhundert nicht zur Kenntnis nimmt (vgl. Kötter 1984, 5 FN 4). Nach Kötter Beschreiben physikalische Kräfte Einwirkungen, die eine Abweichung vom „Normalfall" herbeiführen, quasi disruptive Ereignisse. Die *Vis Vitalis* hingegen sollte „gerade ‚normale' oder ‚natürliche' Naturabläufe in Gang halten, d.h. sie ist Bildungskraft und nicht Trägerin störender Einflüsse. Ihr Analogon in der Physik könnte nur eine Kraft sein, die etwa die gleichförmig geradlinige Bewegung von Körpern aufrecht erhält, und gerade eine solche Kraft kennt die Mechanik nicht" (Kötter 1984, 13).

Gegenstände planmäßig ordne (J. von Uexküll 1973 [1928], 127).[30] Im Gegensatz zu Objekten seien Gegenstände nicht alleine aufgrund bloßer Kausalreihen verstehbar. Zwar bestehen beide aus Materie, d.h. aus Stoff, doch unterscheiden sie sich hinsichtlich dessen Anordnung und Organisation.[31] Was er hier anspricht ist die Organisation von Organismen. Während Sandhaufen und Wasser isomorph sind bzw. keine eigenständige Organisation aufweisen, die über ihre stoffliche Struktur hinausgeht, weisen Organismen[32] eine eigene Organisation, ein Gefüge auf (ebd., 124). Die Erforschung der Kausalität sei dann nur insofern Aufgabe der Biologie, wie sie zur Erforschung der Planmäßigkeit beitrage (ebd., 154), d.h. insofern auch Organismen materielle Entitäten sind. Untersucht man Organismen jedoch hinsichtlich ihrer organisierten Verfasstheit, dann sind sie nicht als Kausalregeln folgende Objekte, sondern hinsichtlich ihrer Planmäßigkeit zu betrachten. Dass von Uexküll mit seiner Rede von der Planmäßigkeit auf Sinnhaftigkeit abzielt wird anhand der Analogie deutlich, mit der er seine Unterscheidung illustriert:

> „Um den Streitfall zwischen Physik und Biologie in das rechte Licht zu setzen, muß man ganz scharf umrissene Ausdrücke wählen. Die Physik behauptet, daß die uns umgebenen Dinge der Natur nur der Kausalität gehorchen. Solche bloß kausal geordnete Dinge haben wir ‚Objekte‘ genannt. Im Gegensatz hierzu behauptet die Biologie, daß es außer der Kausalität noch eine zweite subjek-

---

[30] Die Unterscheidung entspricht auch den zwei unterschiedlichen Konzeptionen von Wissenschaft, wie sie Newton auf der einen Seite und Keppler auf der anderen Seite vertreten haben: „Kepler suchte nach dem Plan – Newton nach der Ursache der gleichen Erscheinung" (J. von Uexküll 1937, 188).

[31] Von Uexküll argumentiert hier für eine funktional erklärende Biologie: „daß die Biologie sich nur um die Planmäßigkeit zu kümmern hat und die Erforschung der Kausalität nur insofern in Frage kommt, als sie zur Erforschung der Planmäßigkeit mit beiträgt. Wir betrachten alle Dinge, die im Funktionskreis eines Tieres eine Rolle spielen, nur vom Gesichtspunkt der Funktion aus. Wir haben es daher ausschließlich mit Gegenständen zu tun und niemals mit Objekten. Der Stein, den ein Käfer erklettert, ist nur ein Käferweg und gehört nicht in die Mineralogie. Seine Schwere, seine stofflichen Eigenschaften, wie das Atomgewicht oder die chemischen Valenzen, sind uns ganz gleichgültig. Das sind alles begleitende Eigenschaften, die wir übersehen können, weil uns nur die leitenden Eigenschaften der Form und der Härte interessieren" (J. von Uexküll 1973 [1928], 154). Anders im Körper des Tieres. Dort entfällt die Unterscheidung zwischen leitenden und begleitenden Eigenschaften. Alle chemischen und physikalischen Eigenschaften sind gleichsam mit Lebenseigenschaften verbunden, mit anderen Worten: sie erfüllen eine lebenserhaltende Funktion.

[32] Von Uexküll unterscheidet nicht systematisch zwischen den Begriffen Lebewesen und Organismus. Allerdings benutzt er im Zusammenhang mit Maschinen tendenziell eher den Begriff des Organismus.

tive Regel gibt, nach der wir die Gegenstände ordnen – die *Planmäßigkeit*, die notwendig zur Vollständigkeit des Weltbildes hinzugehört.
Wenn das Hämmerchen eine Klaviersaite trifft und ein Ton erklingt, so ist das eine reine Kausalreihe. Wenn dieser Ton aber einer Melodie angehört, so ist er in eine Tonreihe hineingestellt, die gleichfalls eine Ordnung darstellt, die aber nicht kausaler Natur ist.
[…] Wir wollen nun diejenigen Objekte, deren Bauart durch bloße Kausalität nicht zu verstehen ist, weil bei ihnen die Teile zum Ganzen im gleichen Verhältnis stehen wie die Töne zur Melodie, ‚*Gegenstände*' nennen" (ebd., 127f.).[33]

Bloße Kausalanalyse von Organismen liefert für von Uexküll noch kein Verständnis, da dieses auf Sinnzusammenhängen gründet. Noch deutlicher wird dies in der zweiten Analogie:

„Äußerlich unterscheiden sich Objekte und Gegenstände gar nicht voneinander. […]; genau wie die Worte einer Sprache dem Kenner der Sprache wie dem Fremden den gleichen optischen Anblick darbieten. Nur kennt der eine die Gesetzmäßigkeit der Zusammenstellung der Buchstaben im Wort, während der andere ohne dies Hilfsmittel den Worten der fremden Sprache verständnislos gegenübersteht. Der eine sieht nur verschiedene Ansammlungen von Buchstaben vor sich, der andere liest Worte" (ebd., 128).

Die hier angesprochenen Gesetzmäßigkeiten der Sprache sind, wie in der Komposition der Musik, eben gerade keine kausalen Gesetze. Von Uexküll wählt hier mit Bedacht zweimal menschliche Kulturprodukte als Vergleich: Einmal eine Melodie, einmal einen Text. Nach der gängigen Auffassung sind nur solche Objekte Gegenstände, die durch den Menschen planmäßig als solche hergestellt wurden, nämlich Artefakte. Planmäßigkeit bedeutet demnach stets menschliche Planmäßigkeit, die auch der Physiker nicht leugnet. Bezüglich menschlicher Artefakte ist Planmäßigkeit geradezu Voraussetzung für deren Herstellung wie für deren Gebrauch. Die Planmäßigkeit der Organismen ist jedoch für von Uexküll weder menschliche Planmäßigkeit, noch das Resultat einer metaphysischen Kraft, sondern liegt in den Organismen als Subjekte selbst. Sie ist ein Naturfaktor, eine natürliche Gegebenheit und nicht etwa die Planung Gottes. Planmäßigkeit ist jedoch nicht per se mit Maschinen

---

[33] Melodie wird hier als Beispiel dafür angeführt, dass etwas mit den physikalischen Gesetzen in Einklang stehen kann ohne auf diese reduziert werden zu können. Dies scheint ein beliebtes Beispiel dieser Zeit zu sein, das sich bei (Dessauer 1949, 38ff.) ebenso findet wie bei Ernst Mach, für den es eines der Hauptprobleme darstellt, die Einheit einer Melodie aus einzelnen Empfindungen zu begründen (Mach 1886, 103ff.).

gleichzusetzen. Das Protoplasma etwa erfüllt nach von Uexküll zwar eine Planmäßigkeit, ist jedoch übermaschinell.

Über die Analogie mit Artefakten stellt von Uexküll den Bezug von der Planmäßigkeit zur Funktionalität her. Er veranschaulicht dies anhand einer selbsterleb-
ten Anekdote.

> „Ein junger, sehr geschickter Neger, den ich als Boy aus dem Innern Afrikas
> an die Küste mitgenommen, war unfähig, eine kurze Leiter, die vor ihm stand,
> zu ersteigen, weil er nicht wußte, was für ein Gegenstand das sei. ‚Ich sehe nur
> Stangen und Löcher‘, sagte er. Nachdem ein anderer ihm das Leiterbesteigen
> einmal vorgemacht hatte, konnte er es sofort nachmachen, denn zu klettern
> verstand er vortrefflich. Die Leiter war durchaus nicht in Nebel gehüllt, sie
> stand dicht vor ihm, er konnte sie deutlich sehen und betasten und doch war
> sie für ihn kein Gegenstand, sondern ein planloses Objekt, dessen er sich nicht
> bedienen konnte" (ebd., 130f.).

Erst in der Praxis wird die Funktion deutlich. Die Regeln des praktischen Umgangs
konstituieren erst den Gegenstand, der ansonsten lediglich Objekt bleibt, nämlich
ein Gewirr von Stangen und Löchern. Man könnte auch sagen, dass die Leiter nicht
als Leiter erkannt wurde.

Von Uexkülls Position deutet hier bereits den später entstehenden Funktiona-
lismus an, wenn er konstatiert, „daß wir mit dem viel mißbrauchten Wort ‚Wesen‘
eines Gegenstandes immer seine Funktion meinen" (ebd., 132). Um einen Gegenstand zu verstehen, d.h. seine Bedeutung zu erkennen, ist es notwendig dessen
Planmäßigkeit bzw. dessen Funktionalität zu (re-)konstruieren. Daher, so von Uexküll, könne man anstatt von Planmäßigkeit auch von der Funktionsmäßigkeit eines
Gegenstandes sprechen. Zweckmäßigkeit, Planmäßigkeit und Funktionsmäßigkeit
sind für ihn damit gleichbedeutend. Wird Funktion so aufgefasst, dass es eine Antwort auf die Frage „Wozu?" liefert, so wird deutlich, dass der verstehenden Biologie
von Uexexternal an der Erhaltung eines teleologischen Aspektes gelegen sein muss.
Diese Perspektive der Sinnstruktur, die sich in der Planmäßigkeit niederschlägt und
die in der Wissenschaft seiner Ansicht nach bisher geleugnet wurde, muss die physikochemische, kausalmechanisch erklärende Physiologie ergänzen. Im Vorwort zur
ersten Auflage der *Theoretischen Biologie* schreibt er auf Virchows Dictum *Omnis cellula
e cellula* rekurrierend:

> „Darum muß man der Frage, ob es in der lebenden Natur selbständige plan-
> mäßige Faktoren gibt, auf andere Weise zu Leibe gehen, indem man die Natur

in ihrer planmäßigen Wirksamkeit belauscht und der negativen Behauptung ein positives Beweismaterial entgegensetzt.

Dies Beweismaterial hat sich in den letzten Jahren derart angehäuft, daß man die Frage wohl als entschieden ansehen darf. An den Satz: ‚Omnis cellula e cellula‘ darf man den Satz hinzufügen: ‚Alles Planmäßige aus Planmäßigem.‘ Damit wurde ein neues Gerüst für die Biologie notwendig, das bisherige Gerüst, das man der Chemie und der Physik entliehen hatte, genügte nicht mehr. Denn Chemie und Physik kennen das Planmäßige als Naturfaktor nicht. Die Biologie besteht aber in der Aufstellung eines Gerüstes von Lehrsätzen, die das Planmäßige als Grundlage des Lebens anerkennen" (ebd., 5).

Der Verweis auf das Leugnen von Planmäßigkeit in der Wissenschaft ist ein Hinweis auf von Uexkülls Kritik am Darwinismus,[34] der die Organismen lediglich als äußeren Kräften ausgesetzte Objekte betrachte.[35] So sind seine Gedanken zur Planmäßigkeit als diejenigen zu benennen, in denen er über die bloße Physiologie hinauszugehen gedenkt.

In enger Verbindung mit der Planmäßigkeit steht bei von Uexküll der Begriff des Bauplans, dessen Erforschung „allein die gesunde und gesicherte Grundlage der Biologie abgeben" kann (J. von Uexküll 1909, 7). Bauplan bezeichnet zum einen die „räumlich gegebene Anordnung der Teile in einem Ganzen", zum anderen aber auch „den Betriebsplan einer Maschine und den Funktionsplan eines Lebewesens" (J. von Uexküll 1973 [1928], 157). Auch die Biologie untersuche Organismen als Maschinen, allerdings im Unterschied zur Physiologie nicht als bloße Maschinen, sondern als autonome Maschinen.[36] Der Bauplan jedoch ist ein immaterieller Faktor und als solcher eben nicht kausalmechanisch ableitbar, sondern funktional zu analysieren. Vom Bauplan ausgehend lassen sich die Umwelt des Organismus und der Funktionskreis rekonstruieren. Denn die Umwelt eines Organismus wird über dessen Bauplan erschlossen. So ist der Bauplan nicht als eine Darstellung des einzelnen Organismus misszuverstehen. Er schematisiert nicht nur das Gefüge des Körpers

---

[34] Der Umweltbegriff ist bei von Uexküll immer nur relational zu einem Organismus zu denken. Umwelt wird erst durch die Summe der Funktionskreise konstituiert. Ein solcher Umweltbegriff steht im Widerspruch zu einem Verständnis von Umwelt im Sinne einer objektiv existierenden Umgebung die als evolutionäre Ursache der Selektion angenommen wird. Zu von Uexkülls Kritik am Darwinismus siehe auch (Hoffmeyer 1996b, 55ff.; Kull 1999b; Weingarten 1993, 95ff.).

[35] Damit ist nicht gemeint, dass von Uexküll die Abstammungslehre im Allgemeinen ablehnte. Im Gegenteil, die historische, phylogenetische Dimension erfährt bei von Uexküll eine zentrale Rolle.

[36] Selbst die Psychologie betrachtet nach von Uexküll Organismen als Maschinen und zwar als beseelte Maschinen (J. von Uexküll 1973 [1928], 156).

des Organismus, sondern auch die Beziehungen des Körpers zu der ihn umgebenden Welt, d.h. er verbindet Innenwelt und Umwelt miteinander. Von Uexküll geht es um Integration der isoliert betrachteten Teilfunktionen.

Umwelt

Wie viele Naturforscher zu dieser Zeit bezieht sich auch von Uexküll in seinen Arbeiten, wenn auch unsystematisch und von nur sporadischer Lektüre zeugend, auf die Erkenntnistheorie Kants.[37] In der *Theoretischen Biologie* bezeichnet er es gar als Aufgabe der Biologie „die Ergebnisse der Forschungen Kants nach zwei Richtungen zu erweitern: 1. die Rolle unseres Körpers, besonders unserer Sinnesorgane und unseres Zentralnervensystems mit zu berücksichtigen und 2. die Beziehungen anderer Subjekte (der Tiere) zu den Gegenständen zu erforschen" (ebd., 9f.).

Für Kant ist das Subjekt stets vernunftgeleitet und – neben Engeln und Gott, die ebenfalls als geistige Wesen gedacht werden können – das menschliche Ich, das Verstand besitzt. Dieses menschliche Ich besitzt a priori feststehende Anschauungsformen und Verstandeskategorien (Raum, Zeit und Kausalität). Es nimmt die Natur als Schemata der Anschauungsformen und Verstandeskategorien wahr, womit die Natur (Objekt) nach Kant nur als Erscheinung des Menschen (Subjekt) gegeben ist. Andere Lebewesen erscheinen nur innerhalb dieser Kategorien und damit als kausal aufeinander einwirkende Objekte in raumzeitlicher Ordnung, nicht aber als Subjekte. Die Erkenntnis des Objekts in dessen Strukturierung ist bedingt durch die Struktur des Subjekts. Erkennen kann der Mensch als Subjekt mithin keine Tatsachen an sich, sondern lediglich Regeln der Erscheinungswelt.

Von Uexküll nimmt in seiner Lesart Kants eine Naturalisierung und Ontologisierung des Subjektbegriffs vor. Zwar glaubt er direkt an Kant anzuschließen, doch tut er dies in seiner idiosynkratischen Kant-Lesart. Die Erscheinungswelt anderer Spezies ist das, was von Uexküll als deren Umwelt bestimmt wird. Diese Erweiterung Kants versucht von Uexküll mit einer Synthese von Kognitionsforschung, Sinnesphysiologie und Ethologie anzugehen. Mit dieser Erweiterung konzipiert von Uexküll den Subjektbegriff neu, indem er das vor aller Erfahrung liegende transzendentale Subjekt Kants biologistisch umdeutet. Was er von Kant übernimmt ist die

---

[37] Zur Kant-Adaption bei von Uexküll siehe etwa (Gutmann 2004; Pobojewska 2002; Sebeok 1979, 193).

aktive Rolle des Subjekts, das bei von Uexküll aber nicht als erkennendes Subjekt, sondern als handelndes gedacht wird.[38]

Von Uexkülls gesamte Biologie befindet sich im Spannungsfeld von Subjektivität und Objektivität. Zentral ist es für seine Art der Forschung das Tier als Subjekt zum Objekt der Forschung zu machen. Adolf Portmann würdigt von Uexküll im Vorwort zu dessen *Streifzügen durch die Umwelten von Tieren und Menschen* als einen „Wegbereiter der neuen Biologie" (Portmann 1956). Dort heißt es weiter:

> „Die bedeutsamste Entwicklung seit Uexküll ist die Vertiefung der Einsichten in die Autonomie des Lebendigen durch intensivere Prüfung aller Zeugnisse, die das Lebewesen als ein besonderes Zentrum der Tätigkeit und zugleich von einem Erleben zeigen, welches in verborgener Weise dem verwandt ist, was wir von unserem eigenen Innesein am besten kennen. Erst im Wissen um diese ‚Innerlichkeit', die eigenartige Seinsweise des Lebendigen und des Tieres im besonderen, gewinnt das von außen Beobachtbare seine umfassende Deutung. Es ist das volle Ernstnehmen des Subjektes als Objekt biologischer Forschung – dieser Schritt in das Verborgene, der gerade durch Uexkülls Leistung wesentlich vorbereitet worden ist" (ebd., 14).

Hier zeigt sich ein zentraler Unterschied zum Verständnis Loebs, der in seinem reduktionistischen Paradigma Organismen zu reinen Objekten macht. Gemeint ist hier nicht nur zu Objekten seiner Forschung, sondern zu passiven Objekten äußerer physikalischer Ursache-Wirkungs-Zusammenhänge. Zwar ist das Einfühlen als psychologische Forschungsmethode nach von Uexküll für die Biologie abzulehnen (J. von Uexküll 1973 [1928]). Dennoch macht er die Subjektivität zum Gegenstand seiner Forschung. Der Umweltlehre liegt insofern ein konstruktivistisches Moment zugrunde, als sie davon ausgeht, dass die Welt bedingt durch den jeweiligen Sinnesapparat und die neuronalen Strukturen (des Zentralnervensystems) wahrgenommen wird und nicht ein Abbild der Welt an sich ist. Eine Passung von Stimulus (Außenwelt) und der daraus resultierenden Wahrnehmung wird damit bestritten. Diese Stimuli selbst geben keinen Aufschluss über die Realität, sie haben „mit dem Geschehen in der Umwelt gar nichts zu tun" (J. von Uexküll 1909, 192). Dies klingt nach einem radikalkonstruktivistischen Verständnis. Es besteht keine Korrespondenz, keine Ähnlichkeit zwischen Außenwelt und Wahrnehmung. Umwelten sind

---

[38] „Das ganze Leben der Tiere spielt sich in Form von Handlungen des Tieres als Subjekt mit seinem Bedeutungsträger als Objekt ab. Es ist, wie ich gezeigt habe, möglich, alle Handlungen der Tiere auf ein ganz einfaches Schema zurückzuführen, das ich den Funktionskreis genannt habe" (J. von Uexküll [1935] 1980, 371).

subjektive, speziesspezifische Konstruktionen, die für andere Organismen unzugänglich sind. Wichtig ist, dass wir auch dann, wenn wir Tiere untersuchen, stets in unserer Erscheinungswelt verhaftet bleiben. Dies wird deutlich, wenn sich von Uexküll dagegen verwahrt, die planmäßige Steuerung von der physischen Konstitution in die Psyche des Tieres zu verlegen. Ihm ist klar, dass dies auch auf den Forscher selbst als Menschen zutrifft, d.h. dass auch die Umweltforschung immer eine perspektivisch geprägte Forschung ist.

> „Es sind unsere Merkmale, die auf das Tier einwirken. Wir beobachten die Steuerung. Es ist unsere Apperzeption, die die Planmäßigkeit erkennt. Wollten wir den Standpunkt plötzlich wechseln und vom Gemüt des Tieres aus den Vorgang betrachten, so verlören wir den Zusammenhang der Erscheinungen, auf die es uns vor allem ankommt. Dann wären wir plötzlich von Erscheinungen des Tieres umgeben, die mit den unseren in gar keinem Zusammenhang stehen. Denn die Einheit der Erscheinungen beruht lediglich in der Einheit unserer eigenen Apperzeption“ (J. von Uexküll 1973 [1928], 155).

Eine so verstandene Umwelt ist als Abgrenzungsbegriff zur Darwin'schen Umgebung gedacht. Die Umgebung ist in der darwinistischen Evolutionstheorie die Gesamtheit der äußeren physischen Bedingungen an die eine Spezies durch Prozesse der Variation und Selektion angepasst wurde. Demgegenüber ist der Organismus bei von Uexküll als Subjekt gedacht, das seine Umwelt gemäß seiner Konstitution konstruiert. Er bildet seine Umwelt, die damit vom Subjekt abhängt und nicht bloßer Ursachengeber ist. „Denn nicht ist es die Natur, wie man zu sagen pflegt, welche die Tiere zur Anpassung zwingt, sondern es formen im Gegenteil die Tiere sich ihre Natur nach ihren speziellen Bedürfnissen“ [39] (J. von Uexküll 1909, 195). Die gesamte Natur ist mithin ein Netz ineinander verwobener Umwelten. Epistemologisch verneint er eine einzige, objektive Welt zugunsten vieler subjektiver Welten verschiedener Lebewesen mit unterschiedlichem Bauplan, der die Grenzen der jeweiligen Umwelt erst definiert:

> „Alle Versuche, die Wirklichkeit hinter der Erscheinungswelt, d.h. mit Vernachlässigung des Subjekts aufzufinden, sind immer gescheitert, weil das Subjekt beim Aufbau der Erscheinungswelt die entscheidende Rolle spielt und es keine Welt jenseits der Erscheinungswelt gibt.
>
> Alle Wirklichkeit ist subjektive Erscheinung – dies muß die große grundlegende Erkenntnis auch der Biologie bilden“ (J. von Uexküll 1973 [1928], 9).

---

[39] Vgl. auch (J. von Uexküll 1909, 195f.).

Es geht von Uexküll nicht darum, wie Objekte wechselwirken, sondern darum, wie ein Subjekt seine Gegenstände konstituiert. Von Uexküll will damit gerade keinen naiven Anthropomorphismus, sondern diesen, der die Umwelt des Menschen als objektiv und allgemeingültig betrachtet, überwinden.

Doch auch wenn von Uexküll Lebewesen als Subjekte anerkennt, so beharrt er doch darauf, dass deren Innenwelt „die unverfälschte Frucht objektiver Forschung" sein soll und „nicht durch psychologische Spekulationen getrübt werden" (J. von Uexküll 1909, 6) darf. Die Imagination der beschränkten Innenwelt anderer Lebewesen kann immer nur einen Eindruck von dieser vermitteln. Sie ist jedoch „keine Beschäftigung ernsthafter Forscher" (ebd.).

Der Funktionskreis

Die Interaktion des Subjekts mit seiner Umwelt beschreibt von Uexküll mittels des sogenannten Funktionskreises[40] (Abbildung 1), der einen beständigen und geschlossenen Kreislauf von Merken und Wirken beschreibt und der ein allgemeines Schema zum Aufbau von Organismus und Umwelt liefert.

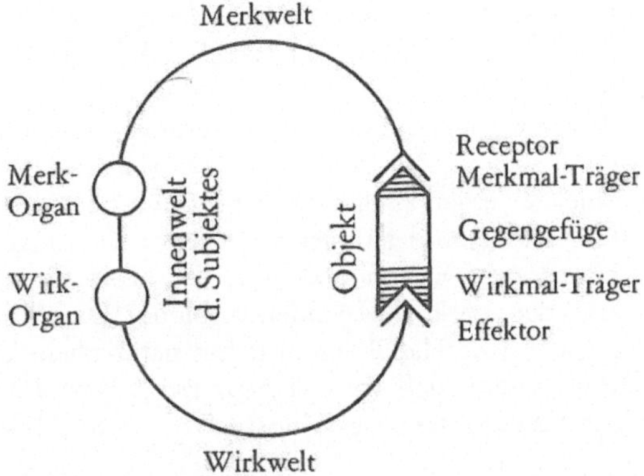

Abbildung 1 Schema des Funktionskreises. Quelle: (J. von Uexküll 1973 [1928], 158).

---

40   Es gibt unterschiedliche Funktionskreise: Geschlechtskreis, Nahrung, Feinde, Medium.

Demnach ist das Tier[41] in seiner Umwelt „ein Subjekt, das dank seiner ihm eigentümlichen Bauart aus den allgemeinen Wirkungen der Außenwelt bestimmte Reize auswählt, auf die es in bestimmter Weise antwortet. Diese Antwort besteht wiederum in bestimmten Wirkungen auf die Außenwelt, und diese beeinflussen ihrerseits die Reize" (J. von Uexküll 1973 [1928], 150). 1935 beschreibt von Uexküll den Funktionskreis wie folgt:

> „Von bestimmten Eigenschaften des Objektes, die ich als Merkmalsträger bezeichne, gehen Reize aus, die von den Sinnesorganen (auch Rezeptoren genannt) des Subjektes aufgenommen werden. In den Rezeptoren werden die Reize in Nervenerregungen verwandelt, die dem *Merkorgan* zueilen. Im Merkorgan klingen, wie wir das von uns selbst wissen, Sinnesempfindungen an, die wir ganz allgemein *Merkzeichen* nennen wollen. Die Merkzeichen werden vom Subjekt hinausverlegt und verwandeln sich, je nachdem, welchem Sinneskreis sie angehören, bald in optische, bald in akustische oder taktile Eigenschaften des Objekts. Diese Eigenschaften bilden die *Merkmale* des Subjektes. [...]
>
> Vom Merkorgan wird das *Wirkorgan* beeinflußt. In diesem werden bestimmte *Impulsfolgen* ausgelöst, die sich in nervösen Erregungsrhythmen auswirken. Wenn diese die Muskeln der ausführenden Organe der Effektoren treffen, werden diese zu ganz bestimmten Bewegungsfolgen veranlaßt, die sich als Leistung des Tieres äußern. In noch nicht aufgeklärter Weise werden diese Vorgänge dem Merkmal als Leistungston aufgeprägt, das dadurch erst seine wahre Bedeutung erhält.
>
> Die von den Bewegungsfolgen erzielte Leistung besteht immer darin, daß dem Objekt ein *Wirkmal* erteilt wird. Die von Wirkmal betroffenen Eigenschaften des Objekts werden als *Wirkmalträger* bezeichnet. Zwischen Wirkmalträgern und Merkmalträgern des Objektes schiebt sich sein *Gegengefüge* ein, das für das Subjekt nur insofern von Bedeutung ist, als es die wirkmaltragenden Eigenschaften mit den merkmaltragenden verbindet. Durch diese Verbindung ist dafür gesorgt, daß jede Handlung zu ihrem natürlichen Abschluß kommt, der immer darin besteht, daß das *Merkmal vom Wirkmal* ausgelöscht wird. Dadurch ist der Funktionskreis geschlossen" (J. von Uexküll [1935] 1980, 371f.).

Wirkwelt und Merkwelt als zusammenhängendes Ganzes bilden die Umwelt des Tieres, dessen Verhalten im Funktionskreis als Regulationsprozess dargestellt wird. Die Umwelt wird aber nicht nur konstruiert, indem aus der Umgebung bestimmte Reize ausgewählt werden. Auf diese Reize antwortet der Organismus auch, indem

---

[41] Auch wenn von Uexküll zumeist von Tieren spricht, so schaffen sich auch Pflanzen seinem Konzept nach im Funktionskreis zwischen Wirkwelt und Merkwelt ihre eigene Umwelt.

sie auf bestimmte Weise auf ihre Umgebung aktiv einwirken und diese verändern. Der Funktionskreis umschließt Tier und Objekt, er besteht daher aus der sinnlich wahrgenommenen Umgebung (Umwelt), deren Veränderung *und* der Innenwelt des Organismus. Nur bestimmte Eigenschaften des Objekts sind für das Tier Teil von dessen Umwelt. Diese Objekteigenschaften werden als „Merkmalsträger" bezeichnet. „Wirkmalträger" des Subjekts sind diejenigen Objekteigenschaften, die vom Tier verändert werden. Planmäßigkeit beschränkt sich demnach nicht auf den Organismus, sondern bezieht auch dessen Relation zur Umwelt mit ein, d.h. der Teil des Funktionskreises, der außerhalb des Tierkörpers liegt, obwohl wir gemeinhin gewohnt sind „die außerhalb eines Subjekts liegenden Dinge rein nach Kausalitätsregeln zu behandeln" (J. von Uexküll 1973 [1928], 153). Die Zweckhaftigkeit bzw. Planmäßigkeit der Organismen verdeutlicht von Uexküll in Analogie zu einem Artefakt – nämlich einer automatischen Lokomotive. Deren maschineller Funktionskreis muss ebenso die planmäßigen Schienen beinhalten, wie eine Sensorik um die Einfahrtszeichen zu erkennen. „Tiere sind nun derart in die Natur hineingebaut, daß auch die Umwelt wie ein planmäßiger Teil des Ganzen arbeitet" (ebd.). Sie sind nach von Uexkülls Konzeption immer schon eingepasst, was in einer Kritik am darwinistischen Anpassungskonzept enden muss.[42]

Doch auch wenn der Funktionskreis das Verhalten des Tiers als Regulationsprozess modelliert, darf er nicht als Reflexbogen missverstanden werden. Dies wird bei einem Blick in die *Streifzüge durch die Umwelten von Menschen und Tieren* (J. von Uexküll & Kriszat 1956) ersichtlich. Dort beschreibt er explizit das Verhalten der Zecke, das leicht den Anschein reiner Reflexhaftigkeit erwecken könnte. Von Uexküll beschreibt es jedoch gerade als funktional und nicht reflexhaft. Denn jede einzelne Zelle, die in den Reflexbogen eingebunden sei, arbeite mit Reizübertragung, nicht mit Bewegungsübertragung. Erstere setze aber voraus, dass ein Reiz registriert wird. Gibt es etwa für ein bestimmtes Molekül keine Rezeptorzelle, so komme dieses in der Umwelt des entsprechenden Tieres nicht vor. Was von Uexküll aber darüber hinaus im Blick hat ist zum einen die Reizschwelle, die zur Reizübertragung erreicht werden muss, und zum anderen, dass ein Reiz die adäquate Modalität besitzen muss, um von einem Rezeptor registriert werden zu können. Nicht Ursache und Wirkung, sondern Frage und Antwort seien die adäquaten Begriffe um diesen Sachverhalt zu beschreiben. Dies gelte nicht nur für ganze Organismen, sondern selbst für einzelne Zellen. Jede lebende Zelle sei in

---

[42] Zu von Uexkülls Kritik am Anpassungskonzept vgl. (Gutmann 1996, 231f.).

der Lage zu merken und zu wirken und verfüge daher ebenfalls über Merkzeichen und Wirkzeichen (ebd., 25f.). Damit richtet sich von Uexküll auch gegen Loebs Tropismenlehre, ohne diesen an dieser Stelle explizit zu nennen. In der Einleitung zur *Umwelt und Innenwelt der Tiere* hält er es zwar für verlockend, alles tierische Verhalten auf Tropismen zurückzuführen. Denn dies „überhebt uns der Aufgabe, die scheinbar einfachen Vorgänge als Leistungen einer schwer zu ermittelnden Struktur zu behandeln. Aber eine sichere Grundlage gewinnt man nur durch das Studium der Struktur und des Bauplanes" (J. von Uexküll 1909, 9). Gegen die Tropismenlehre Loebs hält von Uexküll:

> „Mit den genauesten physikalischen und chemischen Methoden werden die als Reize wirkenden äußeren Faktoren gemessen und ebenso die Bewegungen der Tiere genau so analysiert, als ob es sich um rein objektive Vorgänge bei den Reaktionen der Tiere handelte, etwa wie bei der Reaktion von Lackmuspapier auf Säure und Alkalien. Die Tiere werden durch Labyrinthe getrieben und die von ihnen durchlaufenen Wege kurvenmäßig aufgenommen, als wenn es sich um einen Eisenbahnwagon handelte. Das sog. ‚Verhalten' der Tiere wird als rein objektive Veränderung eines Mechanismus angesprochen.
>
> Vom Tiersubjekt erfährt man auf diese Weise gar nichts; wer nicht fragt, erhält auch keine Antwort. Die wichtigsten Lebensbeziehungen bleiben bei der Behandlung der Lebewesen als bloße Objekte im Dunkel. Das ändert sich mit einem Schlage, sobald man jedes Tier als ein im Mittelpunkt seiner Welt stehendes Subjekt betrachtet" (J. von Uexküll 1931, 390).

Zeichen und Bedeutung

Der Funktionskreis erfährt bei von Uexküll immer wieder eine zeichentheoretische Deutung, wobei er in seiner Verwendung des Zeichenbegriffs weder an Charles Sanders Peirce, noch an Ferdinand de Saussure direkt anschließt, die er offenbar nicht rezipiert hat. Diese Brücke versucht erst die spätere Biosemiotik im Anschluss an Thomas Sebeok zu schlagen. Bei von Uexküll ist der Zeichenbegriff noch nicht klar ausgearbeitet und bleibt über weite Strecken opak. Ganz allgemein ist bei von Uexküll unter einem Zeichen ein subjektives, Bedeutung vermittelndes Ereignis zu verstehen, das zwar keine Ursache ist, aber einen imperativen Charakter besitzt, der jedoch anderen Regeln folgt als den Kausalregeln (vergleichbar den Tönen einer Melodie).

Auch der Zeichenbegriff muss im Kontext der Umweltlehre betrachtet werden, deren Grundidee es ist Organismen als kommunikative Strukturen anzusehen

(Kull 2001, 7) und die wiederum die Sinnesphysiologie voraussetzt. Unter Berufung auf Hermann von Helmholtz ist auch für von Uexküll jeglicher Zugang zur Außenwelt vermittelt über Sinneseindrücke, die subjektive Zeichen der äußeren Realität darstellen[43]. Das Zeichen steht dabei nicht für sich alleine, sondern muss in Bezug auf das Antwortverhalten des Organismus (oder der einzelnen Zelle) gesehen werden. Für das Subjekt gibt es keine Möglichkeit die Korrespondenz zwischen Zeichen und Objekt zu bewerten. Das Subjekt, genauer die physische und physiologische Konstitution des Subjekts, steht im Zentrum der Erforschung der Wahrnehmungsprozesse. In diesem Zeichenprozess von Zeichen und Antwort konstituiert sich das Subjekt erst als Selbst und bleibt in seine Erscheinungswelt eingeschlossen.

Ein Zeichenprozess als solcher ist in von Uexkülls Schriften allerdings nirgends genau bestimmt. Stattdessen verwendet er immer wieder die Terminologie unterschiedlicher Arten von Zeichen: Ordnungszeichen und Inhaltszeichen, Lokalzeichen, Richtungszeichen und Entfernungszeichen, sowie insbesondere Merkzeichen und Wirkzeichen, die in den Funktionskreis eingebunden sind. Wie bereits ausgeführt besteht ein Funktionskreis prinzipiell aus Merken und Wirken. Bei einer einfachen Reflexhandlung, die von Uexküll in *Die Rolle des Subjekts in der Biologie* (J. von Uexküll 1931, 388f.) beschreibt, wird beispielsweise eine Sinneszelle mit einer Tastborste gereizt. Von dort führt eine Nervenbahn zu einer sensorischen Ganglionzelle im Merkorgan, dem sensorischen Teil des Gehirns. Diese Zelle antwortet mit ihrer spezifischen Eigenqualität, d.h. dem was von Uexküll als deren Ich-Ton bezeichnet, – in diesem Fall einer bestimmten Berührungsempfindung. Diese Qualität ist dem Zellsubjekt eigen und wird nicht weiter erklärt.[44] Diese sensorische Zelle ist über eine Nervenbahn verbunden mit einer motorischen Zelle im Wirkorgan, dem motorischen Teil des Gehirns, von der aus eine Nervenbahn zu einer Muskelfaser führt, die wiederum mit einem Knochen verbunden ist. Die mechanische Einwirkung auf die Borste wird vom Zellsubjekt in einen subjektiven Reiz umgewandelt, der mit einem Impuls beantwortet wird. Der Impuls wiederum erzeugt elektrische Schwankungen im Nervenfortsatz, die der sensorischen Ganglienzelle als Reiz dient usf. Worauf es von Uexküll ankommt, ist, dass der Reflexbogen eben nicht durch einen einfachen, fortlaufenden Erregungsstrom gebildet wird, sondern

---

[43] Vgl. hierzu etwa die Einleitung in (J. von Uexküll 1973 [1928]).

[44] Handelt es sich um eine visuell-sensorische Zelle, so ist deren Ich-Ton eine bestimmte Rot-Empfindung, eine bestimmte Blau-Empfindung, eine bestimmte Gelb-Empfindung usw. Ob derartige Zeichenprozesse nur für Sinneszellen gelten sollen oder für jede Art von Zelle bleibt ungewiss und wird nicht konsistent ausgeführt.

die einzelnen Zellen als Subjekte immer wieder eingreifen und diesen unterbrechen (ebd., 388). Dies ist der Anlass für von Uexküll um die Zeichenterminologie einzuführen. Ein Merkzeichen ist nun ein Ich-Ton einer Zelle, der als Sinnesempfindung wahrgenommen wird. Daher ist sie dem Forscher auch nicht direkt zugänglich, sondern muss über die Merkmale erschlossen werden. Alle Merkzeichen, die im Merkorgan zum Anklingen gebracht werden, werden dort in einem Merkplan vereinigt, wobei die Merkzeichen wieder hinausverlagert werden in die Reizquelle und dort zu einem objektiven Merkmal der Umwelt werden. Merkmale sind daher als Projektionen zu verstehen. Die reizaussendenden Eigenschaften des Objekts selbst werden als Merkmalsträger bezeichnet, können aber nicht direkt erkannt werden. Die Empfindungsqualitäten der verschiedenen Sinnesmodalitäten werden als Inhaltszeichen bezeichnet, die durch Ordnungszeichen in räumliche oder zeitliche Relation zueinander gesetzt werden.[45] So kommt von Uexküll zu folgendem Schluss: „Im Zusammenhang des ganzen Funktionskreises betrachtet, bilden die Reize bestimmte Merkmale, die das Tier, wie einen Bootsmann die Seezeichen, dazu veranlassen, eine Steuerung seiner Bewegungen auszuführen" (J. von Uexküll 1973 [1928], 150).

> „Alle Rezeptoren haben, wie wir wissen, die gleiche Aufgabe: die Reize der Außenwelt in Erregungen zu verwandeln. Es tritt also im Nervensystem der Reiz selbst nicht wirklich auf, sondern an seiner Stelle tritt ein ganz anderer Prozeß, der mit dem Geschehen der Umwelt gar nichts zu tun hat.[46] Er kann nur als Zeichen dafür dienen, daß sich in der Umwelt ein Reiz befindet, der den Rezeptor getroffen hat. Über die Qualität des Reizes sagt er nichts aus. Es werden die Reize der Außenwelt samt und sonders in eine nervöse Zeichensprache übersetzt. Merkwürdigerweise tritt für alle Arten von äußeren Reizen immer wieder das gleiche Zeichen auf, das nur in seiner Intensität entsprechend der Reizstärke wechselt. Die Reizstärke muß erst eine gewisse Schwelle

---

[45] Inwiefern von Uexküll solche Prozesse nur für Sinneszellen oder jegliche Art von Zellen denkt wird nicht völlig klar. Auch die Differenzierung zwischen einfachen Reflexen und komplizierteren Handlungen wird zwar angesprochen, aber nicht einsichtig gemacht.

[46] Solche Überlegungen lesen sich wie eine Vorwegnahme der Debatte um informationelle Geschlossenheit, wie sie im radikalen Konstuktivismus sechs Jahrzahnte später geführt wurde. Dies ist nicht verwunderlich in Anbetracht der Tatsache, dass von Uexküll intensiv die Arbeiten des Naturforschers und Physiologen Johannes Peter Müllers rezipiert hat, dessen „Gesetz der spezifischen Sinnesenergie" auch Anlass für die radikal-konstruktivistischen Diskussion um informationelle Geschlossenheit von Nervensystemen war. Diesem Gestz zufolgen bestimmt nicht der Reiz, sondern die Beschaffenheit der diesen aufnehmenden Rezeptoren über die Qualität der entstehenden Sinneseindrücke.

überschritten haben, ehe ein Erregungszeichen auftritt. Dann aber wächst die Stärke der Erregung mit der Stärke des Reizes" (J. von Uexküll 1909, 192).

Alle chemischen oder physikalischen Reize erfahren in diesem Konzept quasi eine Codierung, auch wenn von Uexküll diesen Ausdruck nicht verwendet. Mit dem Zeichenbegriff stellt von Uexküll dem Kausalprinzip der positivistischen Wissenschaft das Ordnungsprinzip der Bedeutung an die Seite. „Die Bedeutung ist der Leitstern, nach dem sich die Biologie zu richten hat und nicht die armselige Kausalitätsregel" (J. von Uexküll [1940] 1956, 122). Was damit gemeint ist, wird wieder deutlich, wenn von Uexküll die Tropismenlehre (Loebs, ohne diesen explizit zu nennen) kritisiert. Diese betrachte lediglich die reine Merkseite, wenn sie „die Tiere wie leerlaufende Maschinen behandelt" (J. von Uexküll 1937, 192). Dieser zufolge werden Organismen aufgrund äußerer chemischer oder mechanischer Kräfte planlos hin- und hergeschoben. Die Frage, die von Uexküll interessiert ist: „Was merkst du von der Außenwelt und wie antwortest du darauf?" Und diese Frage wird von jedem Organismus auf seine spezifische Weise beantwortet. Dieser Prozess wird nicht als kausales Reiz-Reaktions-Schema gedacht. Von Uexküll nimmt hier explizit auf Loeb Bezug und wirft ihm vor, einen verarmten Handlungsbegriff zu verwenden, der die Handlungen letztlich auf die äußerlich beschreibbare Annäherung oder Abwendung des Organismus relativ zur Reizquelle reduziere, wodurch er „alle lebenden Tiersubjekte in tote Maschinen" (J. von Uexküll [1940] 1956, 124) verwandle. Das ganze Naturgeschehen spiele sich für Loeb einzig in einer Wirkwelt ohne Subjekte ab.

Auf höherer Ebene kommt an dieser Stelle der Bedeutungsbegriff ins Spiel, der sich auf den Gesamtorganismus bezieht. Es ist die Rolle oder Funktion, die ein Gegenstand für das Subjekt erfüllt, wodurch es seine Bedeutung erhält. So ist nach einem Beispiel von Uexkülls ein und derselbe Blumenstengel von unterschiedlicher Bedeutung für unterschiedliche Subjekte. Für ein blumenpflückendes Mädchen spielt er die Rolle eines Schmuckstückes, während er für eine Ameise einen Weg darstellt. Für eine Zikadenlarve spielt er die Rolle einer Zapfstelle, während er für die Kuh die Funktion eines Nahrungsbrockens einnimmt (ebd., 108). Bedeutung erhält ein Objekt immer erst in Beziehung zu einem Subjekt, es ist daher ein relationaler Begriff. Die Bedeutung liegt weder alleine im Subjekt, noch alleine im Objekt. Für das Subjekt kann das Objekt aufgrund seines Bauplans nur bestimmte Bedeutungen annehmen. Die Sinnesorgane wirken wie ein Sieb, das aus allen chemisch-physikalischen Wirkungen der Reizquelle eine Auswahl trifft. „Nur solche Wirkungen, die für das Tiersubjekt von Bedeutung sind, werden in Nervenerregungen verwandelt" (ebd., 126). Das Subjekt prägt dadurch dem Objekt die Bedeutung auf (ebd., 106), wodurch Objekte zu Bedeutungsträgern der Umwelt für das Subjekt werden, dem eine aktive, handelnde bzw. konstruktive Rolle zukommt. Dennoch ist diese nicht beliebig, sondern hängt von den Eigenschaften des Bedeutungsträgers ab. Hinsichtlich dieser wechselseitigen Bezogenheit verweist von Uexküll auf den Harmoniegedanken, der seiner Lehre zugrunde liegt:

> „Alle Organe der Pflanzen wie der Tiere verdanken ihre Form und ihre Stoffverteilung ihrer Bedeutung als Verwerter der ihnen von außen zugetragenen Bedeutungsfaktoren.
> Der Frage nach der Bedeutung gebührt daher bei allen Lebewesen der erste Rang. Erst wenn sie gelöst ist, hat es einen Sinn, nach den kausalbedingten Vorgängen zu forschen, die immer äußerst begrenzt sind, da die Tätigkeit der lebenden Zellen durch ihre Ich-Töne geleitet wird" (ebd., 115).

Bedeutung ist aber keine metaphysische Entität, die das Physische transzendiert. Vielmehr wird Bedeutung bei von Uexküll dahingehend naturalisiert, dass dasjenige als Bedeutung bestimmt wird, was überhaupt Umwelt des Organismus werden kann und für diesen präsent ist. Dass es sich bei diesen Prozessen letztlich um das dualistische Körper-Geist-Problem handelt, das von Uexküll beschäftigt und das er als Gegenstand der Biologie ausruft, wird deutlich, wenn er die Aufgabe des Biologen beschreibt, den er zwischen Materialisten und Psychologen verortet:

> „Die Materialisten beschränken sich darauf, die Beziehungen zwischen den materiellen Teilen in der Umwelt, d.h. den Merkmalen, zu erforschen. Die Psychologen neigen dazu, sich auf die immateriellen Merkzeichen und ihre Beziehungen untereinander zu beschränken. So bleibt es den Biologen überlassen, sich mit den schwierigsten Beziehungen, nämlich zwischen dem immateriellen Merkzeichen und dem materiellen Merkmal, abzufinden.
> Diese Beziehungen philosophisch zu begründen, ist nicht die Aufgabe der Biologie. Ihr obliegt nur, die Bedeutung dieser Beziehungen für das Leben der Tiere darzulegen. [...] Wer dagegen die Beziehungen der Teile innerhalb eines materiell gegebenen Körpers zu untersuchen unternimmt, forscht bereits nach einem immateriellen Faktor. Denn die Beziehung selbst ist niemals materiell vorhanden, sondern ist nur ein immaterielles Band, das die materiellen Teile zu einem Ganzen verbindet" (J. von Uexküll [1931] 1980, 325).

An dieser Stelle sollte ersichtlich sein, weshalb von Uexexternal s Ansatz als eine Überbrückung der Kluft zwischen Geistes- und Naturwissenschaften verstanden werden kann. Nun wird auch deutlich, weshalb sich die Biosemiotik als Brückenwissenschaft hin zu den Geisteswissenschaften sieht. Denn, wenn nun, wie Uexküll zu zeigen versucht, auch die Biologie sich mit Sinn- und Bedeutungsstrukturen der belebten Natur zu befassen hat, so kann diese im Rickert'schen Sinne nicht mehr zweifelsfrei den rein nomothetischen Wissenschaften zugeschlagen werden.

> „Sobald wir uns klarmachen, daß Umweltforschung die Zeichenprozesse erkundet, die das Verhalten lebender Subjekte, bereits der Zellen, regieren, sehen wir, daß in der Tat eine echte Analogie zwischen sprachlichen und biologischen Bildungsgesetzen besteht, die in letzter Konsequenz den Unterschied zwischen Geistes- und Naturwissenschaften aufhebt. Wenn wir nämlich unter Wissenschaft das Bemühen verstehen, die Faktoren zu identifizieren, die das Verhalten der Phänomene untereinander und zu uns bestimmen, dann wird für eine Zeichenlehre die Unterscheidung, die Dilthey gemacht hat, hinfällig, und ‚Erklären‘, für ihn ein Reservat der Naturwissenschaften, wird identisch mit ‚Verstehen‘, das er den Geisteswissenschaften vorbehalten wollte" (T. von Uexküll 1979, 243).

Damit begibt sich die Biosemiotik im Anschluss an die Umweltforschung von Uexkülls in die Gefahr, sich einerseits der Kritik der Anthropomorphisierung von Organismen auszusetzten oder andererseits den Zeichenbegriff bzw. die Semiose derart zu naturalisieren, dass sie ihren möglichen Erklärungswert verliert, wobei sich die Kritik vonseiten der heutigen, physikalistischen Naturwissenschaft zumeist der ersten Argumentation anschließt. In seinem *Plädoyer für sinndeutende Biologie*, der Einleitung zu einer Anthologie von Aufsätzen seines Vaters Jakob von Uexküll, befasst sich Thure von Uexküll mit einem der Hauptvorwürfe gegen die Arbeiten seines Vaters, in denen dieser das Verhalten von Tieren als Antworten auf Zeichen interpretiert: Die Kritik, die diesem Ansatz entgegenschlägt formuliert Thure von Uexküll selbst so:

> „Die Annahme von Zeichen, sagt man, würde nichts ‚erklären‘. Sie würden nur die Erforschung der kausalen Ursache-Wirkungs-Zusammenhänge verhindern. Um Vorgänge, die in der Natur entstehen, erklären zu können, müsse man die Wirkungsweise der physischen Energie am Ort der Einwirkung kennen; denn ohne physikalische Ursachen würde sich in der Natur nichts ereignen. Die Interpretation von Vorgängen in der Natur als Reaktionen auf Zeichen sei daher gleichbedeutend mit dem Glauben an die Wirksamkeit der Beschwörungsformel" (J. von Uexküll & T. von Uexküll 1980, 43f.).

Anhand dieser Kritik wird deutlich dass die Diskussion um die Biosemiotik in gewisser Hinsicht analog zur Diskussion ist, die sich um die Erklären-Verstehen-Kontroverse entfaltet hat.

Einordnung in die Erklären-Verstehen-Kontroverse

Die Fruchtbarkeit, Jacques Loeb und Jakob von Uexküll vor dem Hintergrund der Erklären-Verstehen-Kontroverse zu betrachten liegt in der Ambivalenz ihrer Forschung. Während Sinn und Bedeutung in der „exakten" Biologie Loebs nur auf der Metaebene eine Rolle spielen, jedoch nicht Gegenstand der Wissenschaft selbst sind, kommt ihnen in der „verstehenden" Biologie von Uexkülls auf beiden Ebenen eine zentrale Rolle zu. Auf der einen Seite erscheint Jacques Loeb, insbesondere in seinen späten Jahren, damit als paradigmatischer Vertreter der erklärenden Naturwissenschaft. Jakob von Uexküll hingegen transzendiert diesen Ansatz, indem er den Organismus, entgegen damaliger Strömung, als Subjekt zu rehabilitieren suchte und Zeichen und Bedeutung in die Biologie (wieder) einführt. Wie gezeigt wurde, bleibt aber in der Frühphase der Erklären-Verstehen-Kontroverse sowohl das Sinnhafte und Bedeutungsvolle als auch das Werthafte dem Bereich menschlicher Kultur vorbehalten und ist geradezu das Abgrenzungskriterium gegen die Naturwissenschaften und wäre eher in den Geisteswissenschaften zu verorten. Wenn Wilhelm Windelband die Naturforschung derart charakterisiert, dass sie, vom Anschaulichen ausgehend „in letzter Instanz mathematische Formulierungen von Gesetzen der Bewegung" als Erkenntnisziel ausgibt und damit „das einzelne Sinnending, das entsteht und vergeht, in wesenlosem Scheine hinter sich" lässt, um „zur Erkenntnis der gesetzlichen Notwendigkeiten auf[zustreben], die in zeitloser Unwandelbarkeit über alles Geschehen herrschen" (Windelband 1984, 18), so ist dies genau die Auffassung von Naturforschung, gegen deren Alleingültigkeit sich von Uexküll verwahrt. Der zweite Punkt in von Uexkülls Lehre, der sich nicht mit dem Naturwissenschaftsverständnis Windelbands konform geht, ist die Anerkennung, dass die Gegenstände der Biologie, wie in den Geschichtswissenschaften, handelnde Subjekte seien. Und wenn von Uexküll sich in seiner biologischen Forschung aber gerade auf das einzelne Subjekt konzentriert, so steht er damit quer zu Windelbands Bestimmung der Aufgabe des Naturforschers. Denn laut Windelband hat für den Naturforscher

> „das einzelne gegebene Objekt seiner Beobachtung niemals als solches wissenschaftlichen Wert; es dient ihm nur soweit, als er sich für berechtigt halten darf, es als Typus, als Spezialfall eines Gattungsbegriffs zu betrachten und diesen daraus zu entwickeln; er reflektiert darin nur auf diejenigen Merkmale, welche zur Einsicht in eine gesetzmäßige Allgemeinheit geeignet sind" (ebd., 12).

Damit lässt sich von Uexkülls Ansatz zwar nicht mehr in die Disjunktion von Naturwissenschaften und Geisteswissenschaften einklassifizieren. Doch gerade darin besteht sein Verdienst, den Verstehensanteil in der Biologie zu stärken. Von Uexküll vertritt damit zum einen eine subjektbasierte, und damit in Verbindung stehend zum zweiten eine sinndeutende, man könnte auch sagen, hermeneutische Biologie. Sinnstrukturen sind ihr Gegenstand. Für die Biosemiotik ist von Uexküll also interessant, weil er keine informationstheoretische Verkürzung, wie später die Genetik, propagiert. Es zeigt sich also, dass beide – Loeb wie auch von Uexküll – auf ihre je eigene Weise die Trennung zwischen Geisteswissenschaft und Naturwissenschaft überschreiten. Während sich Jacques Loeb im Rahmen seines Ingenieursdenkens, ebenso wie später die Synthetische Biologie als Technowissenschaft, im Grenzbereich von Wissenschaft und Technik bewegt,[47] transzendieren von Uexküll und die späteren Biosemiotiker die Grenze zwischen Naturwissenschaften und Geisteswissenschaften. In beiden Fällen aber wird das Paradigma einer objektiven, vom Menschen unabhängigen Naturerkenntnis bestritten. Dies kann gerade verdeutlicht werden, wenn man in Betracht zieht, wie die beiden Forscher Organismen als Maschinen verstehen. Denn die Rolle der Maschinen im Hinblick auf das Studium der Organismen erweist sich bei einer genaueren Betrachtung als schwierig. Einerseits bestimmt Loeb Organismen als Maschinen, die rein kausalmechanischen Gesetzmäßigkeiten gehorchen. Andererseits spricht er Organismen aber, im Gegensatz zu Maschinen jegliche Planmäßigkeit ab, die er als teleologische Metaphysik betrachtet. Von Uexküll hingegen vergleicht Organismen (wie der Begriff schon beinhaltet) gerade aufgrund ihrer planmäßigen Organisation mit Maschinen und weist aus demselben Grund eine ausschließlich kausalmechanische Betrachtung von Organismen zurück. Historisch betrachtet wurden Organismen und Maschinen laut von Uexküll häufig verwechselt. Alle Eigenschaften der Maschinen finden sich seiner Meinung nach auch in Organismen, wobei das Umgekehrte aber nicht zutrifft. Daher kommt er zu dem Schluss, Maschinen seien „unvollkommene Organismen" (J. von Uexküll 1909, 11). Formbildung und Regeneration etwa sind Eigenschaften – Fähigkeiten – die Organismen zukommen, nicht aber Maschinen. „Hinsichtlich des Bauplans sind Maschinen und ausgebildete Organismen völlig gleich. Die Maschinen sind alle von Menschen gemacht, die Organismen entstehen aus sich selbst" (ebd.).

---

47 Auf das Verhältnis von Naturwissenschaft und Technik wird noch näher einzugehen sein (siehe hierzu die Überlegungen von Peter Janich und Mathias Gutmann in Kapitel 3.10).

Insofern kann von Uexküll zwar als Vertreter einer holistischen Betrachtungsweise gesehen werden. Und auch wenn er eine reduktionistisch-analytische Untersuchung der Natur, wie sie Loeb fordert, nicht prinzipiell ablehnt, so betont er doch, dass dies nicht hinreichend sei, um Lebewesen vollständig fassen zu können. Für von Uexküll ging diese Vollständigkeit über die völlige Verfügbarkeit und Kontrolle hinaus, die für Loeb Kennzeichen des Verstehens war. Von Uexküll lehnt damit Loebs Ansatz nicht gänzlich ab, hält ihn aber für unzulänglich und will über diesen hinausgehen.

Letztlich hat von Uexküll damit ein Programm entworfen, an das sich in Bezug auf die Erklären-Verstehen-Kontroverse auch Karl-Otto Apels transzendental-pragmatische Überlegungen zur Naturerkenntnis anschließen lassen. Indem von Uexküll Organismen als Subjekte zum Gegenstand seiner Forschung macht, stellt er der Subjekt-Objekt-Relation der erklärenden Wissenschaften die Subjekt-Kosubjekt-Relation kommunikativen Verstehens an die Seite. Apel konstatiert im Rahmen seiner transzendentalpragmatischen Epistemologie zunächst eine Einschränkung unseres Erkenntnisinteresses auf den „Typus objektivierender, wertneutraler, erklärender Wissenschaft" (Apel 1994, 396). Diesen Typus anerkennend, fordert er dann aber das Einnehmen einer komplementären Perspektive gegenüber der Natur – die des kommunikativen Verstehens. Dies bedeutet für ihn, wir sollten darauf reflektieren,

> „daß wir im Fall der Rekonstruktion der natürlichen Evolution als Vorgeschichte der menschlichen Geschichte *die Natur nicht als bloßes Objekt* wertneutraler, auf Erklärung gerichteter Erkenntnis im klassischen Sinne der neuzeitlichen Naturwissenschaft behandeln. Denn wir beziehen uns dabei auf die Naturwesen als auf etwas, das den *menschlichen Kosubjekten der Kommunikation ähnlich oder analog* ist" (ebd., 397).

Bereits in den 1970er Jahren hatte Apel eine kausale Erklärung von Ereignissen, wie sie in der Kybernetik geliefert wird von einer hermeneutisch-verstehenden Naturbetrachtung unterschieden.

> „Nur im Falle des technischen Interesses an der prognostisch relevanten Ereignis-Erklärung nämlich stellt sich der biokybernetische Regelkreis als eine Kette von effizienten Ursachen dar, die durch experimentelles Handeln im Prinzip manipuliert werden können. Im Falle des, gewissermaßen zum *hermeneutischen* Interesse des Handlungs-*Verstehens* analogen, Interesses am genuinen *Sinn der Funktion* von Regelkreisen bzw. von Organen im System des Organis-

mus ist hingegen die synthetische Erkenntnisleistung auf einen kategorialen Vorgriff im Sinne der *objektiven Teleologie* angewiesen" (Apel 1979, 309).

Apel spricht hier in Bezug auf letzteres bewusst nicht von nichtkausalem Erklären, sondern von Verstehen, um damit auf eine partielle Analogie hinzuweisen, die er zum Verstehen intentionalen Handelns ausmachen zu können meint (ebd.). Insbesondere bezüglich der Verhaltensforschung hält er diese Analogie für plausibel, da sie nicht einem Interesse am prognostischen Verfügungswissen entspringe, „sondern eher aus dem Interesse an einer prähistorischen und analogischen Vergleichsfolie zum Verstehen menschlicher Handlungen sich konstituiert" (ebd.). Dass aber auch der angesprochene biokybernetische Regelkreis sich in seinen Erklärungen letztendlich auch nicht ausschließlich auf eine Kette effizienter Ursachen beschränken kann, sondern weiterhin auf teleologische Redeweisen angewiesen bleibt, soll das Thema des folgenden Kapitels sein.

1.3 Kybernetisches Denken – Konvergenz der Paradigmen

> *Teleology is like a mistress to a biologist: he cannot live without her but he's unwilling to be seen with her in public.*
>
> J.B.S. Haldane
> zugeschrieben

1.3.1 Das Teleologieproblem

Sollte Loeb in seinen Arbeiten Impulse für die Erarbeitung des Behaviorismus liefern und von Uexküll mit seinem Funktionskreis zum Prinzip der Rückkopplung anregen, so trafen diese beiden Ansätze in der entstehenden Kybernetik zusammen. Die Kybernetik[48] ist hier also in mehrfacher Hinsicht von Interesse. Zum einen bildet sie eine Fortsetzung des behavioristischen, mechanistischen, objektivistischen und physikalistisch-reduktionistischen Denkens in der Biologie. Zum anderen finden sich in ihr aber auch der Versuch der Rehabilitierung teleologischer Redeformen und eine Kritik am einfachen wirkursächlichen Denken. Die Kybernetik schließt an von Uexküll an, wie zu zeigen sein wird. Darüber hinaus erhielten der Informationsbegriff und sein semantisches Umfeld eine zentrale Stellung in der Kybernetik und leisteten damit auch einen Beitrag zur Rehabilitierung teleologischer Ausdrücke. Damit hielt der Informationsbegriff – neben dem Weg über den Genbegriff, der im Kapitel 1.5 skizziert wird – auch über die Kybernetik Einzug in die Biologie. Bevor diese Punkte adressiert werden, wird zunächst ein Blick auf die Problematik der Teleologie geworfen und darauf, was unter Kybernetik zu verstehen ist. Denn ein Blick in *Behavior, Purpose and Teleology* – einen der Grundlegungstexte der Kybernetik – zeigt, dass diese von Beginn an als eine Auseinandersetzung

---

[48] Wenn hier von Kybernetik die Rede ist, dann zumeist von jenem Teil der Kybernetik, der sich mit Lebensphänomenen befasst, d.h. biologische Kybernetik oder anthropologische Kybernetik. Die allgemeine Kybernetik, d.h. die mathematische Ausformulierung sei hier vernachlässigt.

mit teleologischen bzw. funktionalen Erklärungen konzipiert wurde. Die Frage nach der Zielstrebigkeit bzw. der Zweckmäßigkeit erhielt im Lichte der Diskussion um die Selbstregulation neue Relevanz. Historisch betrachtet sind Zweck und Teleologie die vielleicht grundlegendsten Begriffe der Naturphilosophie und Gegenstand erbitterter Auseinandersetzungen in der Biologie, wie die Vitalismus-Mechanizismus-Debatte, die im Hintergrund der beiden an Loeb und von Uexküll exemplifizierten Paradigmen mitschwingt, zeigt. Diese im vorigen Kapitel implizit angesprochene Problematik motivierte neben anderen Faktoren einige Jahre nach Loeb und von Uexküll zur Formulierung des kybernetischen Programms. Eine so weitläufige Thematik kann hier nicht in ihrer vollen Umfänglichkeit erarbeitet werden.[49] Stattdessen wird der Fokus auf den Aspekten liegen, die für die Entstehung der Biosemiotik und der Synthetischen Biologie ausschlaggebend waren und die im dritten Teil der Arbeit einer wissenschaftsphilosophischen Kritik unterzogen werden.

Bei „dem" Teleologieproblem handelt es sich bei genauerer Betrachtung um einen ganzen Problemkomplex, der sich grob in drei Problemstellungen differenzieren lässt. Erstens ist es heute – zumindest in modernen Kulturen und von wenigen Ausnahmen abgesehen – im Bereich der unbelebten Natur weitestgehend unstrittig, dass die unbelebte Natur makroskopischer Dimension rein kausalmechanisch erklärt werden kann. Der geworfene Stein, der aufgrund der Gravitationskraft zu Boden fällt, ist dafür ebenso ein Beispiel, wie das ausgelenkte Fadenpendel, dessen Schwingungen um eine Ruhelage sich durch Angabe der Länge des Fadens, der Masse des Pendels, der Gravitationskraft und des Auslenkungswinkels beschreiben lassen und dessen Verhalten so prognostiziert werden kann.

Zweitens ist in unserem Alltag im Allgemeinen unstrittig, dass wir uns im Leben immer wieder Ziele setzen und mit unseren Handlungen bestimmte Absichten verfolgen. Dies mögen langfristige Ziele sein, wie die Abfassung einer Dissertation, um den akademischen Doktorgrad zu erlangen oder kurzfristige Ziele, wie der tägliche Gang in die Mensa, um den Hunger zu stillen. In diesen Fällen wird ein Ereignis in der Zukunft antizipiert, das den Grund der auszuführenden Handlung dar-

---

[49] Umfangreiche historische und systematische Arbeiten zu dieser Thematik sind neben anderen etwa (Engels 1982; Nissen 1997; Spaemann & Löw 1985; Toepfer 2004; 2011c; Woodfield 2010 [1976]) auf die sich dieses Kapitel in weiten Teilen stützt.

stellt. Wir fassen eine Intention, die gerichtet ist auf das, was durch die Handlung erreicht werden soll.[50] Dies kann als Handlungsteleologie bezeichnet werden.

Strittig ist nun drittens das Verhältnis dieser beiden Betrachtungsweisen (der wirkkausalen und der teleologischen) im Bereich der belebten Natur, der sogenannten Naturteleologie. Die Kritik der teleologischen Betrachtung der belebten Natur lässt sich entlang dreier Argumente exemplifizieren: Das eine besagt, die teleologische Betrachtung der Natur würde eine Intentionalität dort in die Natur hineinprojizieren, wo sie gar nicht vorhanden sei, etwa in das Verhalten von Pflanzen. Die Aussage, eine Pflanze würde Capsaicin bilden, um sich gegen Fraßfeinde zu wehren, sei eine Anthropomorphisierung. Die Pflanze würde bei der Bildung dieses Stoffes keinerlei Intention verfolgen. Die Abwehr sei kein Ziel der Capsaicinproduktion. Vielmehr wäre die Capsicinproduktion die Ursache dafür, dass Pflanzen im evolutionären Selektionsprozess einen Vorteil besessen haben. Die Capsaicinproduktion sei daher Resultat eines rein kausalmechanisch beschreibbaren Auswahlprozesses. Hassenstein erinnert an die Zeit, als gegen Ende der 1940er Jahre der Neovitalismus bereits zu einer Außenseiterposition der Debatte geworden war:

> „Kein Biologiestudent durfte damals in einer Prüfung formulieren: Der Blutfarbstoff ‚dient‘ dem Transport der Atemgase von der Lunge zu den Zellen der Gewebe; schon dies wurde ihm als Verstoß gegen die Prinzipien der Naturwissenschaft angekreidet, denen jede teleologische Denkform fremd sei. Wer in seiner Forschung mit dem Ganzheits-Charakter einer physiologischen Leistung zu tun hatte, mußte alle Formulierungen sorgsam vermeiden, die vitalistisch klingen konnten" (Hassenstein 1981, 61).

Damit hängt das zweite Argument gegen eine teleologische Naturbetrachtung zusammen. Wenn behauptet wird, die Pflanze würde Capsaicin produzieren, um Fraßfeinde abzuwehren, so könnte dies so verstanden werden, als sei die Capsaicinproduktion Resultat eines intentional planenden Schöpfers gewesen, der die Welt harmonisch oder zweckhaft eingerichtet hat.

Der erste Vorwurf gegen dieses Argument beinhaltet ein graduelles Moment. Wir schreiben uns solche Intentionen zu, aber wir gehen auch davon aus, dass andere Primaten ebenfalls Intentionen ausbilden können. Auch anderen Säugern sprechen wir (bis zu einem bestimmten Grad) intentionales Verhalten zu. Demgegen-

---

[50] Hier könnte nun eingewendet werden, dass diese vorgestellten Ziele lediglich bestimmte neuronale Konfigurationen sind. Nicht die Ziele stellen den Grund der Handlung dar, sondern die neuronalen Zustände sind deren Ursache.

über würden wir dies bei Pflanzen oder einzelligen Organismen bezweifeln. Der zweite Vorwurf hingegen ist ein absoluter. Zumindest innerhalb naturwissenschaftlicher Erklärungen darf kein intentional ordnender Schöpfergott angenommen werden. Dies betrifft den Menschen ebenso wie die Amöbe. Beiden Vorwürfen ist jedoch gemein, dass sie es ablehnen Intentionalität und Bewusstsein dorthin zu projizieren, wo es nicht zu finden ist. Diese beiden Ansatzpunkte, die gegen die teleologische Betrachtung der Natur geäußert wurden, fasst Woodfield zusammen, wenn er feststellt: „The most common criticisms of teleological explanations nowadays are either that they are animistic, i.e. they assume that the thing being explained has a mind, or that they tacitly invoke a supernatural being who directs the course of events" (Woodfield 2010 [1976], 3).

Die Kritik hinter dem dritten Vorwurf ist etwas anders gelagert und fokussiert die Einhaltung der zeitlichen Abfolge von Ursache und Wirkung. Ein Zweck sei etwas, das durch einen Vorgang erst erreicht werden soll, daher könne es nicht die Ursache dieses Vorgangs sein. Das zu Erreichende könne nicht die Ursache desjenigen Prozesses sein, der es herbeiführt ohne die zeitliche Ordnung zu verletzen. Daher sei die Rede von Zwecken zu eliminieren, da nur Ursache-Wirkungs-Zusammenhänge zu untersuchen seien. Dies lässt sich als Vorwurf der Rückverursachung bezeichnen. In der Biologie habe insbesondere die darwinistische Evolutionstheorie dazu beigetragen, die Rede von Zwecken zu verabschieden, da sie gezeigt habe, dass die Evolution anhand rein kausalmechanischer Prozesse ohne eine Zielgerichtetheit zu verstehen sei. Die Rede von Zwecken sei nicht nur unnötig, sondern irreführend.

Diesen Vorwürfen zu entgehen und die Teleologie in einer bestimmten Form zu rehabilitieren hatte sich die Kybernetik auf die Fahnen geschrieben.

1.3.2 Behavior, Purpose and Teleology – Die Geburtsstunde der Kybernetik

Drei Jahre nach der Veröffentlichung von v. Uexexternal Uexexternal Uexexternal *Uexexternal*. Uexexternal *Bedeutungslehre* erschien 1943 ein Artikel mit dem Titel *Behavior, Purpose and Teleology*, der sich schon durch die außergewöhnliche Zusammensetzung seiner Autoren auszeichnete. Arturo Rosenblueth, seines Zeichens Physiker und Physiologe, Norbert Wiener, Mathematiker, und Julian Bigelow, Elektroingenieur. Heute wird dieser Artikel häufig als Geburtsstunde der Kybernetik bezeichnet. Zwar wird der Begriff der Kybernetik darin noch nicht verwendet – der Kybernetikbegriff wurde erst fünf Jahre später durch die Publikation *Cybernetics or Controll and Communication in the Animal and the Machine* Norbert Wieners zum *terminus technicus* und daran anschließend zur Disziplinbezeichnung – doch lassen sich wesentliche Merkmale und Denkweisen schon anhand dieses früheren Aufsatzes verdeutlichen. In besagtem Artikel verfolgten Rosenblueth, Bigelow und Wiener ein zweifaches Ziel (Rosenblueth, Wiener & Bigelow 1943, 18). Erstens stellten sie darauf ab Verhalten zu klassifizieren und zu hierarchisieren (Abbildung 2).

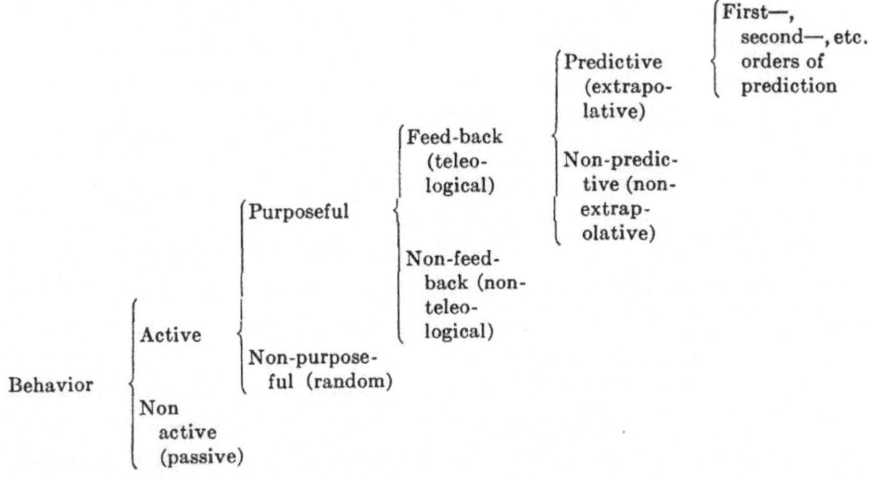

Abbildung 2 Klassifikation von Verhalten. Quelle: (Rosenblueth et al. 1943, 21).

Zweitens wollten sie eine behavioristische Beschreibung natürlicher Ereignisse entwickeln, wobei sie ihren Ansatz darum als behavioristisch bezeichnen, da sie lediglich *input* (jede von außen verursachte Veränderung des Objekts) und *output* (durch das Objekt verursachte Veränderungen der Umgebung) eines Objekts und deren Verhältnis zueinander als Gegenstand der Untersuchung zulassen wollen.[51]

---

[51] Tatsächlich ist es fragwürdig, ob es sich hierbei tatsächlich um einen behavioristischen Entwurf handelt. Betrachtet man lediglich Input und Output eines Systems, so ist nicht entscheidbar, ob das Verhalten tatsächlich durch negatives Feedback gesteuert wurde (vgl. Nissen 1997, 29-20).

Was damit implizit noch gemeint wird, ist, dass lediglich Entitäten und deren Verhalten betrachtet werden, ohne die Entstehung der Entitäten mit in den Blick zu nehmen. Darüber hinaus geben sie als zweites Ziel ihrer Veröffentlichung an, die Wichtigkeit des Zweckbegriffs herauszustellen. Damit sind schon die zwei zentralen Aspekte genannt, mit denen die Kybernetik an die beiden im vorigen Teil vorgestellten Paradigmen anschließt. Auf der einen Seite verfolgt die Kybernetik einen behavioristischen Ansatz wie ihn auch Loeb verfocht, der Abstand davon nimmt auf Subjektivität zu rekurrieren. Das Reiz-Reaktions-Schema, nach dem behavioristische Erklärungen strukturiert sind, kann im Wesentlichen als Variante kausalmechanischer Ursache-Wirkungs-Zusammenhänge gesehen werden. Auf der anderen Seite stellt sich die Kybernetik aber auch, indem sie auf die Wichtigkeit des Zweckbegriffes insistiert, einer langen Tradition von Teleologiekritik entgegen, die die Rede von Zwecken ganz aus der Naturwissenschaft entfernt haben wollte. Für die Autoren ergab sich der schlechte Ruf der Teleologie daraus, dass sie häufig mit dem Konzept der finalen Ursache in Verbindung gebracht wurde und damit als unvereinbar mit Wirkursächlichkeit und Determinismus galt. Die finale Ursache führte zur Gegenüberstellung von Determinismus und Teleologie und implizierte eine zeitliche Umkehrung von Ursache und Wirkung. Dies habe dazu geführt, dass der Zweck-/Zielbegriff gleich mit verworfen worden sei, wobei der Begriff der Zweckhaftigkeit (*purposefulness*) aber notwendig für das Verständnis bestimmter Verhaltensweisen sei. Die Autoren plädieren also für eine Trennung von Finalität und Zweckhaftigkeit – *purpose* ja, Finalität nein. „Zweckhaft" ist dann ein Prädikat das nicht Gegenständen, sondern immer einem Verhalten oder einem Prozess zukommt. Dieser sei dann zweckhaft (*purposeful*) zu nennen, wenn er auf das Erreichen eines bestimmten Zielzustandes hin ausgerichtet ist. Das Ziel wiederum bestehe in einem Zustand, der über eine Relation zu andern definiert wird.

Ihren Begriff von Zweck/Ziel erläutern sie bezeichnenderweise an drei beispielhaften Maschinen – und zunächst nicht an Lebensprozessen. Nicht alle Maschinen sind demnach zielgerichtet (*purposeful*). Ein Roulette sei geradezu für Zielgerichtetheit (*purposelessness*) designt. Was hier wohl gemeint ist, ist, dass das Rouletterad gerade so entworfen wurde, dass es nicht einen bestimmten der 37 möglichen Endzustände erreicht. Eine Uhr hingegen sei zwar zu einem Zweck (*purpose*) gefertigt – sie soll die Zeit messen – aber ihr Verhalten sei nicht zielgerichtet (*purposeful*), da sie nicht auf einen bestimmten Endzustand hinstrebe. Während die Kugel an einer der vorgegebenen Positionen im Rouletterad zu liegen kommen soll, soll die Uhr (im Idealfall) unendlich lange weiterlaufen. Bei beiden Geräten ist die Zweckhaftigkeit eine extrinsische, da sie den Artefakten erst durch den Konstrukteur oder den Benutzer verliehen wird. Ebenso bei einer Pistole: Sie sei zwar zu einem Zweck (*purpose*) zu gebrauchen, aber das Ziel (*goal*) sei nicht intrinsisch in der Waffe enthalten, es könne auch verfehlt werden, ja, es sei durchaus möglich absichtlich danebenzuschießen. Anders verhält es sich bei ihrem dritten und interessantesten Beispiel, einem Torpedo. Dieser sei intrinsisch zielverfolgend (*intrinsic purposeful*).[52]

Was hier als *purpose* bezeichnet wird, kann im Deutschen weiter in Zweck und Ziel differenziert werden. Hier ist zu unterscheiden zwischen dem Zweck, zu dem etwas gebaut wurde, und einem Zielzustand, den das Artefakt einnehmen kann. Das Roulette wurde gebaut zum Spiel, genauer gesagt dafür, um nicht vorhersagbare Zustände zu generieren. Die Uhr wurde gebaut zur Zeitmessung, die Pistole und der Torpedo um damit physische Zerstörung zu ermöglichen. Davon zu unterscheiden sind die Ziele oder Zielzustände, die diese Artefakte einnehmen können. Das Roulette nimmt einen von 37 möglichen Zuständen ein, wenn die Kugel auf einer der Zahlen zum Liegen kommt. Bei der Uhr wird jedoch kein solcher Zustand angestrebt – weder vom Erbauer, noch durch die Mechanik der Uhr selbst. Bei der Pistole ist die Lage schwieriger, da zwischen dem Apparat und der Kugel weiter unterschieden werden müsste. Der Torpedo, das für die Autoren interessanteste Beispiel, wird jedoch zu einem bestimmten Zweck gebaut, er verfolgt aber auch ein bestimmtes intrinsisches Ziel, das durch seine Konstruktionsweise bestimmt ist. Teleologisches Verhalten bestimmen sie nun weiter als eine Unterkategorie zweckhaften bzw. zielgerichteten Verhaltens. Denn nur, wenn ein aktives, d.h. zielgerichtetes Verhalten über einen Feedback-Mechanismus[53] geregelt wird, ist es nach Ro-

---

[52] Hier könnte man einwenden, dass mit der Unterscheidung von „extrinsic purposeful“ und „intrinsic purposeful“ im Deutschen die Unterscheidung von „zweckhaft“ und „zielgerichtet“ zum Tragen kommt. Denn während ein Torpedo zwar intrinsisch zielverfolgend ist, ist sein Zweck dieses Ziel zu zerstören (wie bei der Pistole auch), doch extrinsisch, d.h. dem Konstrukteur zuzuschreiben. Daher müsste man sagen, dass die Pistole und der Torpedo extrinsisch zweckhaft seien, während der Torpedo darüber hinaus auch noch intrinsisch zielverfolgend sei. Im Englischen fallen beide Begriffe unter dem der *purposefulness* zusammen.

[53] Hier wird weiter zwischen positivem und negativem Feedback unterschieden. Bei positivem Feedback wird der Output des Systems dem Input quasi hinzugefügt und dieser verstärkt, während bei negativem Feedback der Output zur Korrektur des Inputs führt. Dies ist die engere und eigentliche Bedeutung des Begriffs – „to signify that the behavior of an object is controlled by the margin of error at which the object stands at a given time with reference to a relatively specific goal. The feedback is then negative, that is, the signals from the goal are used to restrict outputs which would otherwise go beyond the goal“ (Rosenblueth, Wiener & Bigelow 1943, 19).

senblueth et al. als teleologisches Verhalten zu bezeichnen.[54] Dabei ist es für einen Feedback-Mechanismus unabdingbar, dass Signale vom Ziel erhalten werden. Ferner wird Verhalten, das über negatives Feedback gesteuert wird, nun dahingehend weiter differenziert, ob das Objekt Voraussagen über sein Ziel anstellt oder nicht. An dieser Stelle gehen die Autoren auf die von Loeb so intensiv untersuchten Tropismen ein:

> „The reactions of unicellular organisms known as tropisms are examples of non-predictive performances. The amoeba merely follows the source to which it reacts; there is no evidence that it extrapolates the path of a moving source" (ebd., 20).[55]

Die letzte Unterscheidung, die hier getroffen wird, ist die zwischen der Voraussage erster und zweiter Ordnung. So müsse eine Katze beim Fangen einer Maus lediglich den Weg der Maus antizipieren, während bei einem Steinwurf auf ein sich bewegendes Objekt sowohl die Bahn des Ziels als auch die des Steins antizipiert werden müsse – daher Voraussage zweiter Ordnung. Der Artikel schließt mit den Worten:

> „We have restricted the connotation of teleological behavior by applying this designation only to purposeful reactions which are controlled by the error of the reaction – i.e., by the difference between the state of the behaving object at any time and the final state interpreted as the purpose. Teleological behavior thus becomes synonymous with behavior controlled by negative feed-back, and gains therefore in precision by a sufficiently restricted connotation. According to this limited definition, teleology is not opposed to determinism, but to non-teleology. Both teleological and non-teleological systems are deterministic when the behavior considered belongs to the realm where determinism applies. The concept of teleology shares only one thing with the concept of causality: a time axis. But causality implies a one-way, relatively irreversible

---

[54] Hier sind die Aussagen der Autoren widersprüchlich. So heißt es einerseits „Purposeful activ behavior may be subdevided into two classes: ‚feed-back' (or ‚teleological') and ‚non-feed-back' (or ‚non-teleological')", wobei im nächsten Absatz behauptet wird: „All purposeful behavior may be considered to require negative feed-back" (Rosenblueth, Wiener & Bigelow 1943, 19).

[55] Nach der Klassifikation von Rosenblueth et al. zählt Reflexverhalten zum nichtteleologischen Verhalten, da es nicht feedback-reguliert sei. Hier nennen sie das Schnappen einer Schlange nach einem Frosch oder eines Frosches nach einer Fliege als Beispiel. Dieses Verhalten gehe so schnell vonstatten, dass es, bei einer etwaigen Bewegung der Beute, nicht über einen Feedback-Mechanismus korrigiert werden könne. Der Weg von der Retina über das zentrale Nervensystem zur Motorik würde zu lange dauern (Rosenblueth, Wiener & Bigelow 1943, 18ff.).

functional relationship, whereas teleology is concerned with behavior, not with functional relationships" (ebd., 23f.).

So kurz dieser Artikel auch war, so viel Sprengkraft enthielt er. Er rief vielfältige Kritik auf den Plan und stellt den Beginn einer längeren Debatte dar.[56] Was war nun so revolutionär an dieser Konzeption und der anschließenden Kybernetik?

1.3.3 Kybernetischer Physikalismus

Rosenblueth et al.s Bestimmung der Teleologie als synonym mit „purpose controlled by feed-back" sollte unabhängig sein von der Frage nach der Kausalität und damit die Kritik an finalistischen Erklärungen umgehen. Genauer gesagt sollte mit der Kybernetik eine Rückführung finaler Ursachen auf kausalmechanische geleistet werden, die sich in einem Netzwerk von Kreiskausalitäten zusammenfügen. Man könnte sagen, die Kybernetik habe eine subjektlose Teleologiekonzeption bereitgestellt – zumindest aber eine Teleologiekonzeption, die ohne Rückgriff auf eine Entelechie oder (bewusste) Intentionalität auskommt. Denn nach Hassenstein geht die kybernetische Betrachtung von Organismen davon aus, diese seien wie Maschinen „kausal völlig durchsichtig und determiniert" (Hassenstein 1973, 126), weshalb die Kybernetik in dieser Hinsicht auch begründeterweise als „Weiterentwicklung der älteren cartesianischen Automatentheorie" (Gloy 1995, 230) betrachtet werden kann.

Prägnant hervorgehoben hat diesen Aspekt Karl Steinbuch, der die Zielsetzung der Kybernetik sogar explizit in Abgrenzung zum Vitalismus erläutert. Während es gemäß der These des Vitalismus, „als prinzipiell unmöglich angesehen [wird], das Lebensgeschehen im allgemeinen und die subjektiv empfundenen Vorgänge im Besonderen aus der Anordnung und physikalischen Wechselwirkung der Teile des Organismus zu erklären" (Steinbuch 1965 [1961], 9) vertrete die Kybernetik die These, „daß das Lebensgeschehen und die physischen Vorgänge aus der Anordnung und physikalischen Wechselwirkungen der Teile des Organismus im Prinzip vollständig erklärt werden können" (ebd.). Eine Position zwischen Physika-

---

[56] Für eine Übersicht der Akteure und ihrer Argumente, von denen im Folgenden nur einige, für die Argumentation relevante Positionen herausgehoben werden, vgl. insbesondere (Engels 1982; Nissen 1997; Toepfer 2004).

lismus und Vitalismus gäbe es dabei nicht.[57] In der Kybernetik sieht Steinbuch eine höhere Entwicklungsstufe des Erkennens erreicht, auf der

> „egozentrische Erfahrung jedoch nicht mehr als Basis wissenschaftlichen Denkens zugelassen, sondern als Folge der Naturgesetzlichkeit begriffen wird und aus dem System der Wissenschaften alles das eliminiert wird, was die perspektivischen Verzerrungen der subjektiven Erfahrung als wesentliche Voraussetzung hat" (ebd., 13).

D.h. Organismen werden hier zunächst als physische Entitäten beschrieben. Steinbuch eröffnet die Dichotomien von rationalem Denken und exakter Wissenschaft auf der einen Seite, von Vitalismus und philosophischer Spekulation, die er als „vorwissenschaftliche Denkweise" ansieht, auf der anderen. „Wenn erst einmal ein Problem exakt-wissenschaftlich gefaßt ist, dann ist diese Form seiner Behandlung der vorwissenschaftlichen weit überlegen, der Rückblick erzeugt ein Gefühl der Überlegenheit oder der Beschämung" (ebd., 5). Diese Überlegenheit der kybernetischen These leitete er gerade daraus ab, „daß mit technischen Geräten Funktionen realisiert werden können, die bis vor kurzen als Monopol organischen, insbesondere menschlichen Verhaltens angesehen wurden" (ebd., 10).[58]

Der Kerngedanke hinter dieser Tendenz der Kybernetik war folgender: Es galt Organismen so zu beschreiben wie Maschinen. Oder anders gesagt, wenn Prinzipien angelegt werden sollten, die auf Maschinen und Organismen gleichermaßen zutreffen, und vitalistische Kräfte für die Beschreibung von Maschinen abzulehnen waren, so durften diese auch nicht für die Beschreibung von Organismen herangezogen werden. Maschinelle Prozesse laufen nun einmal kausalmechanisch ab. Sie verletzen keinerlei physikalische Naturgesetze und dies hat auch für Organismen zu gelten. Daher lehnte man vitalistische Kräfte ab. Denn bei Lebewesen handelte es sich nicht um eine Organisation von Prozessen durch eine äußere, metaphysische Kraft, sondern um Selbstorganisation und Selbstregulation von Systemen, die in der Lage sind, positives und negatives Feedback hervorzubringen und sich so selbst zu regulieren. Damit wurde das Selbst zur neuen Instanz. Organismen waren selbstorganisierend, selbstregulierend, selbstreplizierend, und all das, ohne dass dieses „Selbst" einer tieferen Betrachtung unterzogen worden wäre. Kybernetik prokla-

---

[57]   Die Frage, die sich hier aufdrängt ist natürlich, was Steinbuch hier mit „erklären" meint. Dies wird im dritten Teil der Arbeit näher erörtert.

[58]   Einen zurückhaltenderen Standpunkt vertritt Hans Sachsse, wenn er diesen physikalistischen Blick Steinbuchs auf die Kybernetik als dessen „nicht beweisbare – private Meinung" (Sachsse 1971, 236) rügt.

mierte geradezu ein selbstregulierendes Steuern ohne Steuermann, d.h. ohne einen Homunculus *kybernetes*. Stattdessen wurde der Autopoiesisgedanke zur neuen „Speerspitze des kybernetischen Paradigmas" (Keil 1993, 148). Zweckmäßigkeit bedeutete für die Kybernetik dann, wie im vorigen Abschnitt bereits ausgeführt, lediglich, dass physikalische Variablen in den Grenzen physiologischer Existenzbedingungen gehalten werden. So wurde behauptet: „Die Kybernetik konnte nachweisen, daß sich das für den Vitalismus bedeutsame Prinzip der Zweckmäßigkeit zurückführen läßt auf einen rein physikalischen Vorgang (im Bereich der Technik) bzw. einen physikalisch-chemischen Vorgang (im Bereich lebender Systeme), auf das Vorhandensein negativer Rückkopplung" (Fuchs-Kittowski 1969, 74). Dies vorausgesetzt sind ausschließlich messbare Größen relevant. Denn Steuerung und Regelung ohne Rückgriff auf ein steuerndes bzw. regelndes Subjekt, d.h. ohne Intentionalität, setzen Messbarkeit voraus. Statt der Steuerung und Regelung durch ein Subjekt wird das Geregelte und Gesteuerte selbst zum Regelnden und Steuernden, d.h. zum selbstgesteuerten Regelkreis. „Das Theorem der Selbstorganisation fungiert dabei als Teleologie- und Intentionalitätsersatz, insofern traditionell dem Handlungssubjekt zugeschriebene Steuerungsfunktionen nun in objektivierter Form auf einer übergeordneten Systemebene wiederkehren" (Keil 1993, 146).

Umgekehrt aber, wenn die Rede von Zwecken und Zielgerichtetheit für die kybernetische Beschreibung von Maschinen notwendig war, so musste diese auch für Organismen zugelassen werden. Die Frage ist hier jedoch nicht, ob dann eine vitalistische Kraft am Werk ist. Die Frage ist vielmehr, ob eine kybernetische Beschreibung tatsächlich so physikalistisch formulierbar ist, wie Steinbuch dies annahm. Dies steht in Verbindung mit dem Anspruch der Neutralität, den die Kybernetik erhob.

1.3.4 Neutrale Kybernetik?

Ein Hinweis darauf, dass die Kybernetik sich nicht in das Korsett der damaligen Wissenschaftslandschaft einzwängen lies, liefert bereits der Blick auf die bereits erwähnte bemerkenswerte Zusammenstellung der Autoren des zitierten Gründungspapers: Ein Physiker und Neurophysiologe, ein Mathematiker und ein Elektroingenieur. In dieser Konstellation spiegelt sich der Anspruch der Kybernetik wider, neutrale Strukturen[59] zu beschreiben, d.h. Strukturen, die unabhängig sind von ihrem Gegenstand, gleich ob Maschine, Organismus, psychische, politische oder wirtschaftliche Systeme. Diese Systeme sollten unter Abstraktion von, d.h. unabhängig von ihren materialen Instantiierungen beschrieben werden und somit einen hohen Grad der Allgemeinheit aufweisen.[60] Dies spiegelt den Anspruch wider, Systeme im Allgemeinen auf ihre Struktur hin zu untersuchen und zwar unabhängig davon, aus welcher Art von Komponenten sie zusammengesetzt sind, d.h. sie sollte „sozusagen auf neutralem Boden errichtet" werden, „jenseits der Barrieren zwischen den Einzeldisziplinen, jenseits von Mechanismus und Vitalismus" (Wuketits 1981, 78). Hierfür war es nötig eine Sprache zu finden, die es ermöglichte „all diese Systeme mit denselben Begriffen beschreiben und mit denselben Fragestellungen, Theorien und Methoden analysieren und synthetisieren zu können" (Aumann 2009, 59). Die Kybernetik konnte somit, da sie auf Lebewesen, Maschinen und gesellschaftliche Systeme gleichermaßen angewendet werden konnte, diese quasi lediglich anhand des kleinsten gemeinsamen Nenners beschreiben. Eine derartige Analyse erforderte zunächst eine neutrale Sprache, mit der diese unterschiedlichsten Phänomene beschrieben werden konnten. So lässt sich einerseits verstehen, wenn Keil zufolge mit dem universal- und einheitswissenschaftlichen Anspruch der frühen Kybernetik „das Projekt der ‚unity of science' vom Physikalismus abgekoppelt und auf neue Füße gestellt werden sollte" (Keil 1993, 148). Andererseits stellt sich jedoch die Frage, inwiefern eine solche Sprache neutral sein kann. Wie sollte denn ein „neutraler Begriff" aussehen? Begriffe sind niemals neutral sondern stehen stets in bestimmten Verwendungskontexten. So sind auch die Begriffe der Kybernetik bestimmten Kontexten entnommen. Letztlich bedient sich die Kybernetik doch keiner eigens geschaffenen Kunstbegriffe, sondern nimmt Anleihe an Begriffen, die in bestimmten Kontexten ihre Bedeutung erhalten haben. Daher ist es fraglich, ob die Entwicklung einer „disziplinübergreifenden Terminologie, einer kybernetischen Universalsprache" (Aumann 2009, 57) überhaupt möglich war. Eine Analyse der Geschichte des Begriffs der Regelung etwa und dessen vielfache Übertragungen hat

---

[59]   Zur Konstruktion und Strukturierung von Organismen aus Sicht der methodischen Philosophie siehe Kapitel 3.10.

[60]   Daher wird die Kybernetik heute auch zu den Strukturwissenschaften gezählt (Küppers 2008, 313ff.).

George Canguilhem vorgelegt (Canguilhem 1979).[61] Die Kybernetik versuchte aber mittels der behaupteten Neutralität den Zweckbegriff zu naturalisieren. Tatsächlich strukturierte sie Organismen in der gleichen Weise wie Maschinen. Es fand also eine Übertragung statt. Denn es war ja nicht so, dass sie plötzlich Maschinen eine Entelechie zugeschrieben hätte. Engels folgert in Bezug auf den Zweckbegriff:

> „Ein Begriff, der also ursprünglich dem Kontext menschlichen Handelns entstammt, findet auf dem Weg über die Kennzeichnung bestimmter Maschinen Eingang in Biologie und Physiologie und bildet heute den Schlüsselbegriff der Kybernetik" (Engels 1982, 40).

Es bleibt festzustellen, dass die Sprache der Kybernetik mathematisch, technisch, physikalisch ist, sodass von vornherein bestimmte Begrifflichkeiten ausgeschlossen werden. Statt von der Neutralität der Begriffe wäre es hier sinnvoller von der Allgemeinheit der Theorie zu sprechen. Mögen die mathematischen Formulierungen eine gewisse Neutralität aufweisen, so ist dies doch schon beim Begriff der Regelung fraglich.

Diese vermeintliche Neutralität der Kybernetik und ihrer Begrifflichkeit wird vielfach angeführt, um den Anspruch zu begründen, durch die Überschreitung disziplinärer Grenzen die Vereinheitlichung der Wissenschaften bewerkstelligen zu können (Aumann 2009, 54ff.). Mit diesem Allgemeinheitsanspruch wird der Kybernetik auch die Fähigkeit zugemutet, „der Zersplitterung der Wissenschaften entgegenzuwirken", indem sie „als wesentliches Instrumentarium für die Lösung der Kausalitätsproblematik herangezogen werden kann" (Wuketits 1981).[62] Teils wurde ihr als „Brücke zwischen den Wissenschaften" (H. Frank 1964) ein interdisziplinärer Status zugesprochen, teils wurde sie als übergeordnete Universalwissenschaft betrachtet. In einem weiteren Verständnis stellt die Kybernetik keine Methode innerhalb der bisherigen Wissenschaftslandschaft dar, sie ordnet sich nicht in diese ein, sondern soll eine Art ‚Dachwissenschaft' sein.

---

[61] Viele Denkfiguren waren bereits vor der Kybernetik in der Biologie vorhanden. Das Reafferenzprinzip beispielsweise wurde zunächst unabhängig von Wieners Kybernetik entwickelt und später als kybernetisches Wirkungsgefüge in die neue Disziplin integriert (Hassenstein 2010, 16f.).

[62] Interessant ist, dass Wiener sich bezüglich dieses Allgemeinheitsanspruchs gerade auf Leibniz beruft, wenn er mit Rosenblueth gemeinsam der Ansicht war, „that the most fruitful areas for the growth of the sciences were those which had been neglected as a no-man's land between the various established fields" (Wiener 1965 [1948], 2).

„Nach dem Maximal-Verständnis machte die Kybernetik die Gegenstände der Forschung irrelevant, weil sie alle einheitlich untersucht werden könnten. In aller Konsequenz bedeutete diese Annahme den Niedergang traditioneller wissenschaftlicher Disziplinen und den Aufstieg der Kybernetik zum universellen wissenschaftlich-technischen Erkenntnismittel. Wer nur in Kybernetik ausgebildet sei, könne jeden wissenschaftlichen Gegenstand, gleichgültig welcher Materialität, bearbeiten. Biologische Vorgänge und besonders Geistesleistungen konnten dem Anspruch der Kybernetik nach erforscht werden, ‚ohne den Boden exakter Wissenschaft zu verlassen' und ohne ‚überphysikalische Kräfte wirksam zu glauben'.

Dadurch, dass sie jedes informationsverarbeitende System mechanistisch, technizistisch und mathematisch verstehe und darstelle, schrieb sich die Kybernetik auf die Fahne, den psychophysischen Dualismus oder das Leib-Seele-Problem aufzuheben, den Vitalismus-Mechanismus-Streit zu beenden und die Vereinheitlichung aller Wissenschaften zu befördern. Wissenschaftstheoretisch wurde diese Tendenz vielfach für die zentrale Leistung der Kybernetik gehalten" (Aumann 2009, 55f.).

Auch wenn der kybernetische Anspruch der Einheits- bzw. Universalwissenschaft aus den gleichen Gründen wie der Neopositivismus als gescheitert gelten kann[63] ändert dies nichts an den Ansprüchen mit denen die Kybernetik auftrat:

„Mit der Kybernetik haben Begriffe, Denkweisen und Methoden in der Biologie Eingang gefunden, die zum großen Teil in der Technik und Mathematik entwickelt wurden, so z.B. die Hauptbegriffe des Regelkreises und der Information. Man hat manchmal gemeint, dadurch würde ein der Biologie wesensfremdes Element in sie hineingetragen. In Wirklichkeit ist es aber eine Bereicherung für die Biologie, wenn die Forschung auch in diejenigen Bereiche eindringt, in denen nun einmal Gesetzmäßigkeiten herrschen, die den aus der Technik bekannten entsprechen. Es ist – vom Standpunkt der Biologie her betrachtet – gewiß ein historischer Zufall, daß manche Gesetzmäßigkeiten früher von Technikern entwickelt als von Biologen entdeckt wurden; die entsprechenden wissenschaftlichen Begriffe entstanden daher auch zunächst in der Technik" (Hassenstein 1973, 125).[64]

---

[63]   Vgl. (Lenk 1971).

[64]   Ob dies tatsächlich ein „historischer Zufall" war, oder ob die technische Entwicklung nicht zwangsläufig vorgängig gewesen sein musste, um als Folie für die Einführung bzw. Übertragung der Konzepte zu dienen, soll an dieser Stelle noch offen bleiben und wird in Kapitel 3.10 eingehender behandelt..

Während Steinbuch, wie gesehen, einen klaren Physikalismus vertrat, ist für Keil der Vereinheitlichungsanspruch der Kybernetik geradezu Kennzeichen dafür, dass diese *keinen* Reduktionismus verfolgt, sondern strukturelle Isomorphien aufweisen möchte, die zwischen unterschiedlichen Systemen bestehen (Keil 1993, 148 FN 70).[65]

1.3.5 Teleologisch, Teleonomisch, Teleomatisch

Um zu verdeutlichen, dass es sich hierbei um rein physikalische Systeme handelt wurde später der Begriff der Teleonomie eingeführt, um sich von dem vitalistisch vorbelasteten Teleologiebegriff abzusetzen und somit den Verdacht zu vermeiden „eine transzendente Erklärung in einen naturwissenschaftlichen Zusammenhang hineintragen zu wollen" (Hassenstein 1981). Mit dem Begriff der Teleonomie, den Colin S. Pittendrigh 1958 in die Debatte eingeführt hatte (Pittendrigh 1958), sollte quasi die Intentionalität durch die Funktionalität ersetzt werden. Pittendrigh war es darum gegangen, den Begriff der Zielgerichtetheit (*end-directed systems*) von dem der Zweckhaftigkeit (*purposefulness*) abzugrenzen. Ernst Mayr präzisiert den Teleonomiebegriff später mit anderer Bedeutung, indem er auf den Begriff des Programms rekurrierte, um damit eine „purely mechanistic purposiveness" (Mayr 1961) zu ermöglichen. Damit sollte es möglich sein, eine Abgrenzung zur Handlungsteleologie zu gewährleisten und gleichzeitig dem methodologischen Reduktionismus der Biologie auf Physik und Chemie zu entgehen. Hassenstein pointiert: „Der Begriff der Teleologie ist zusammengesetzt aus einem naturwissenschaftlich verwendbaren Teil – Teleonomie – und aus einem nichtnaturwissenschaftlichen Anteil, für den es in den Naturwissenschaften keinen Gegenstand gibt. Daraus geht klar hervor: Die Biologie verwirft für ihren Wissenschaftsbereich den Begriff der Teleologie zugunsten dessen der Teleonomie" (Hassenstein 1981, 69f.). Von solchen teleonomischen Prozessen sind ferner teleomatische Prozesse zu unterscheiden. Bei teleomatischen Prozessen ist die Zielgerichtetheit in den Randbedingungen zu suchen, während sie bei teleonomischen Prozessen einem Programm inhärent sind.

---

[65] Nach Keil soll die Einheit der Wissenschaft in der Kybernetik „nicht durch physikalische Reduktion hergestellt werden, sondern durch das Aufsuchen [nicht das Konstruieren; Anm. DF] struktureller Isomorphien zwischen verschiedenen Systemen" (Keil 1993, 148 FN 70). Zu strukturellen Isomorphien vgl. (Fuchs-Kittowski 1969, 75f.); anders die Molekularbiologie vgl. (Keller 1998, 119f.).

„Viele Bewegungen unbewegter Objekte und viele physikalisch-chemische Abläufe sind einfach die Folge von Naturgesetzen. Der Endzustand eines Steines beispielsweise, den ich in einen Brunnen fallen lasse, ist durch die Schwerkraft bestimmt. Er hat seinen Endzustand erreicht, sobald er auf dem Grund zu liegen kommt. Ein rotglühendes Stück Eisen erreicht seinen Endzustand, wenn seine Temperatur und die der Umwelt gleich sind. Alle Dinge der physikalischen Welt sind mit der Fähigkeit ausgestattet, ihren Zustand zu ändern, und diese Änderungen vollziehen sich nach Naturgesetzen. Sie sind nur auf eine passive, automatische, von äußeren Kräften oder Bedingungen diktierte Weise ‚endgerichtet‘. Da der Endzustand solcher unbelebter Gegenstände automatisch erreicht wird, kann man derartige Änderungen *teleomatisch* nennen" (Mayr 1991b, 60).

1.3.6 Kybernetische Beschreibung eines Systems

Rosenblueth, Bigelow und Wiener waren von einer behavioristischen Beschreibung ausgegangen und hatten diese einer funktionalen Beschreibung, welche die Struktur und Eigenschaften, die intrinsische Organisation eines Gegenstandes untersucht, gegenübergestellt. Im Folgenden wird eine solche kybernetische funktionale Analyse anhand eines mittlerweile als klassisch zu bezeichnenden Beispiels vorgestellt.

Das Standardbeispiel kybernetischer, rückgekoppelter Systeme ist der Thermostat, der die Raumtemperatur regelt, d.h. der für eine konstante Temperatur eines Systems bei wechselnden Umweltbedingungen sorgen kann (Abbildung 3).

Geregelte Systeme, und als solche können auch Organismen angesehen

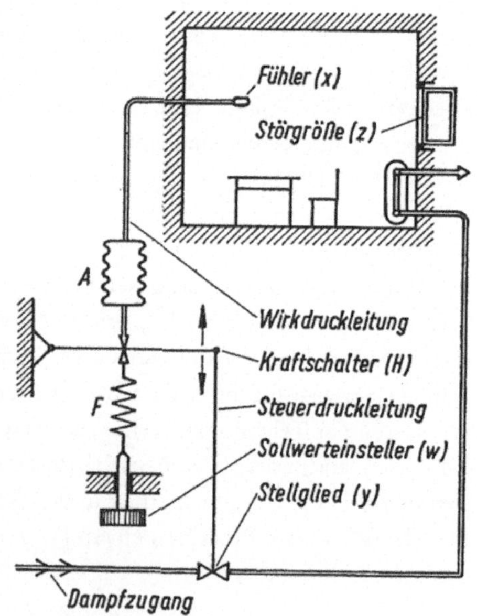

Abbildung 3 Raumtemperaturregelung.
Quelle: (Sachsse 1971, 65).

werden, stehen im Austausch mit der Umwelt und sind insofern offene Systeme – sie betreiben Stoff- und Energieaustausch.

> „Die Regelgröße x, die Zimmertemperatur, wird über einen Fühler, ein Dampfdruckthermometer, gemessen und wirkt über den Ausdehnungskörper A als Druck auf den Hebel des Kraftschalters H. Der Sollwert, wird über eine Stellschraube, die die Feder F in den gewünschten Spannungszustand bringt, eingestellt. Fällt die Temperatur unter diesen Sollwert, so sinkt der Druck in A und die Feder drückt den Kraftschalter nach oben. Dadurch wird über die Kommandoleitung das Stellglied y betätigt und der Dampfzugang wird weiter geöffnet. Umgekehrt bewirkt eine zu hohe Temperatur die Drosselung der Heizung. Der Kraftschalter wird zwischen zwei Kräften im Gleichgewicht gehalten, von denen die eine als Sollwert von außen einstellbar ist" (Sachsse 1971, 65).

Vergleichbar damit ist die sehr vereinfachte kybernetische Darstellung der Regelung der Bluttemperatur bei warmblütigen Organismen, wie sie sich bei (Hassenstein 1973, 42f.) findet. Beides sind negativ rückgekoppelte Systeme. Die Thermorezeptoren des Temperatur-Sinnesorgans melden die aktuelle Bluttemperatur an die funktionell nächsthöhere Instanz im Zentralnervensystem. Das Kreissymbol der negativen Rückkopplung stellt quasi einen „Vorzeichenwechsel" dar, d.h. über Nervenbahnen verläuft das Signal einer *Rück*wirkung und eine *Gegen*reaktion wird in Gang gesetzt, etwa durch Erweiterung oder Verengung der Blutgefäße. Die beiden Einflüsse auf die Bluttemperatur, d.h. die Außentemperatur und die Reaktion der Abkühlungs- und Erwärmungsorgane, überlagern sich additiv, wodurch die Bluttemperatur konstant gehalten wird (Abbildung 4).

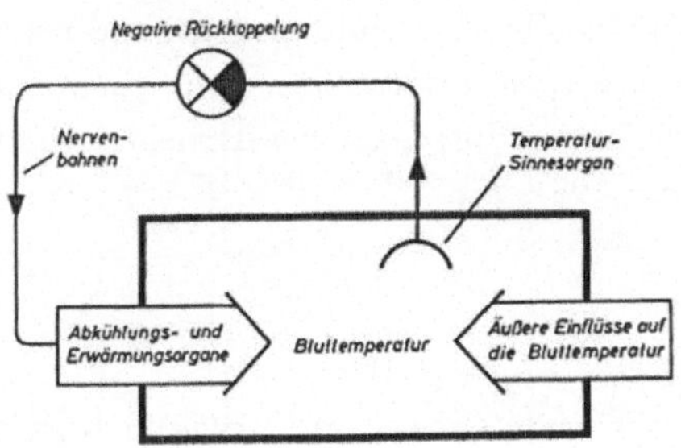

Abbildung 4 Regelung der Bluttemperatur bei warmblütigen Organismen.
Quelle: (Hassenstein 1973, 42).

Es herrschen zwei unterschiedliche Auffassungen davon, welcher ontologische Status kybernetischen Systemen im biologischen Kontext zugesprochen wird. Es kann davon ausgegangen werden, dass diese Systeme biologische Realität besitzen oder dass sie Modelle sind[66], anhand derer bestimmte biologische Vorgänge beschrieben werden. Wie bei Hassenstein wurde offenbar häufig die erste Variante vertreten. Demnach beschäftigt sich die biologische Kybernetik mit der Anwendung allgemeingültiger Sätze, wie sie die allgemeine oder die technische Kybernetik hergeleitet hat, auf biologische Vorgänge. Dies kann jedoch nur dort gelingen,

> „wo es Systeme, die sich durch Begriffe und Gesetze der Kybernetik erfassen lassen, im Bereich der Lebewesen auch wirklich gibt. Wo die wissenschaftlichen Möglichkeiten der biologischen Kybernetik liegen, ist demnach nicht von der Willkür und den Plänen der Wissenschaftler abhängig, sondern liegt im Gegenstand der Forschung begründet. Alle Versuche, kybernetisch beschreibbare Zusammenhänge dort aufzudecken, wo sie nicht vorliegen, führen zu unfruchtbaren Spekulationen und sind über kurz oder lang zum Scheitern verurteilt" (ebd., 123).[67]

Auch Keil zufolge ist es ein Charakteristikum der Kybernetik „daß der Systemcharakter von Systemen ontologisch objektiviert wird. Etwas soll unabhängig von seiner zweckhaften Organisation, die nur durch menschliche Eingriffe zu denken wäre, ein System sein können" (Keil 1993, 147f.). Dem gegenüber sieht Gloy die Kybernetik im Versuch begriffen „auf rein physikalisch-mechanische, vollautomatische Weise organische Prozesse zu *imitieren* [Hervorh. DF]" (Gloy 1995, 230), was gegen eine ontologische Lesart spricht. Und auch nach Wuketits gehört die Kybernetik nicht zu den Realwissenschaften, d.h. sie beschäftigt sich „nicht primär mit vorgegebenen Strukturen der realen Welt [...], sondern mit spezifischen *Interaktionen* zwischen diesen Strukturen. Ihr Betrachtungsgegenstand rekrutiert sich aus *informationellen Systemen*, aus *informationsverarbeitenden, selbstregulierenden Systemen* und eben jenen *Mechanismen*, welche der Informationsverarbeitung und Selbstregulation zugrunde liegen" (Wuketits 1981, 75f.).

---

[66] Die Rolle von Modellen in diesem Zusammenhang wird in den Kapiteln 3.9 und 3.10 noch eingehender erörtert.

[67] Im Gegensatz dazu behauptet Wuketits, dass sich die Kybernetik gerade „nicht primär mit vorgegebenen Strukturen der realen Welt" (Wuketits 1981, 76) befasst, wie dies die Realwissenschaften Physik oder Biologie tun.

1.3.7 Nichtreduktionistische Kybernetik?

Doch wieso nun die Rede von Zwecken? Woher kommt die Einsicht, nicht auf den Zweck/Zielbegriff verzichten zu können? Zweckmäßigkeit (*purposefulness*) sei ein notwendiger Begriff, um bestimmte Verhaltensweisen verstehen zu können (Rosenblueth, Wiener & Bigelow 1943, 23). Dies wird deutlich, wenn man Systeme betrachtet, die von Ernst Mayr als teleomatische Systeme bezeichnet werden. Ein anderes Beispiel wäre das bereits erwähnte ausgelenkte Pendel. War es ein Ziel gewesen, durch den Begriff der Teleonomie eine nichtintentionalistische Variante der Teleologie zu begründen, so musste auf der anderen Seite wiederum eine Abgrenzung gegenüber solchen teleomatischen Prozessen gewährleistet werden, will man einen eigenen Status kybernetischer Beschreibungen rechtfertigen. Denn diese teleomatischen Beschreibungen benötigen keinen Zweck- und keinen Zielbegriff. Würde man behaupten, es sei das Ziel des Steines auf dem Grund zum Liegen zu kommen oder es sei das Ziel des Pendels in der senkrechten zur Ruhe zu kommen, so wäre dies bestenfalls eine metaphorische Redeweise. Trotz der Anerkennung der Tatsache, dass es sich auch bei Organismen um Entitäten handelt, die ohne Zuhilfenahme vitalistischer Kräfte kausalmechanisch beschreibbar sind, musste man doch Unterschiede gegenüber unbelebten Prozessen einräumen und diese begründen. Worin besteht nun aber der Unterschied zwischen solchen teleomatischen Prozessen und kybernetische Prozessen? Mayr führt hier unter Rekurs auf C.S. Pittendrigh den Begriff des Programms ins Feld, der in Kapitel 2.3.3 wieder aufgegriffen wird.[68] Zunächst sei hier auf den Informationsbegriff allgemein und dessen semantisches Feld verwiesen, zu dem der Begriff des Programms gehört.

1.3.8 Kybernetik und Information

Einerseits kann die Kybernetik als „die Wissenschaft von den zielverfolgenden Systemen" (Janich 2006, 49) bezeichnet werden, andererseits wurde sie auch bald „die Wissenschaft von der informationellen Struktur im technischen und außertechnischen Bereich" (Steinbuch 1965 [1961], 325) genannt. Keil stellt fest: „Kein Begriff ist für das kybernetische Paradigma historisch und systematisch wichtiger als

---

[68] Zur Kritik an Mayrs Programmkonzept siehe (Engels 1982, 188ff.).

der der Information" (Keil 1993, 150).[69] Denn über das scheinbar physikalistisch formulierbare semantische Feld der Information glaubte man einen nichtintentionalen, subjektlosen Teleologiebegriff formuliert zu haben, der dennoch in der Lage war lebende Systeme von bloß teleomatischen abzugrenzen. „Informationsverarbeitung soll kein bloßer physischer Mechanismus sein, aber andererseits auch keiner zwecksetzenden Instanz bedürfen" (ebd., 156). So glaubte man über den Informationsbegriff und damit verbundene Termini wie „Signal", „Code" und „Kommunikation" diejenigen Regelprozesse beschreiben zu können, die das Kernkonzept der Kybernetik bildeten.

> „Überall spielen Signale oder – im Fall eines aufgeschriebenen Code – Zeichen bzw. Symbole eine Rolle: Beim Regelkreis fließen Signale vom Fühler und von der Fühlungsgröße zum Stellglied; in der Informationsübertragung und -verarbeitung sind sie die Träger der Information, deren Menge gemessen oder die verarbeitet wird. Hiernach wäre also der Kernbegriff der Kybernetik – falls man einen solchen sucht – der des Signals oder auch derjenige der Information, die vom Signal oder vom Zeichen getragen oder repräsentiert wird. Die Kybernetik ist danach also im tiefsten Grund *die Wissenschaft von der Information*" (Hassenstein 1973, 131).

Oder pointiert formuliert: Man glaubte über den Informationsbegriff einen physikalistischen Teleologiebegriff formulieren zu können, der nichtphysikalistisch war.

> „Gerade weil die Kybernetik den Weg zu einer subjektlosen Teleologiekonzeption gewiesen habe, seien teleologische Erklärungen nicht mehr nur in den Handlungswissenschaften, sondern auch in der Biologie legitim. Die Kybernetik habe mit Begriffen wie Programm, Code, Information usw. die Bedingungen für die Fundierung des Sinnes teleologischer Erklärungen bereitgestellt, ohne auf metaphysische Steuerungsprinzipien zurückgreifen zu müssen" (Engels 1982, 34).

Die Einführung des Informationsbegriffs wiederum war durch den Anspruch begründet, eine Wissenschaft unabhängig von ihrer Materialität bereitstellen zu können – dies scheinen Information und Kommunikation zu gewährleisten. Darüber hinaus versprach die explizit nichtsemantische Informationstheorie eine Quantifizierbarkeit, auf die die Kybernetik so dringend angewiesen war. D.h. aus kyberneti-

---

[69] Zum Informationsbegriff in der Kybernetik schreibt Keil: „Damit war klar, daß auch der mathematisch-nachrichtentechnische Informationsbegriff nicht das möglich macht, was den Kausaltheorien der Bedeutung mißlungen war: eine Naturalisierung von Information im Sinne einer Verankerung repräsentatierende [sic] Naturprozessen (Keil 1993, 152).

scher Sicht wird „der teleologische Aspekt nicht einfach geleugnet, weil der Kybernetiker von vornherein von mechanistischen Imperativen Gebrauch nimmt und daher ‚vorurteilsfrei' an die Problematik herangeht" (Wuketits 1981, 78). Nun darf nicht übersehen werden, dass die Kybernetik keine Naturwissenschaft im eigentlichen Sinne ist. Sie ist eine Ingenieurswissenschaft, die darauf ausgerichtet ist Systeme zu steuern. Und alleine schon begrifflich hat sie ihre Wurzeln in der Praxis der Schiffssteuerung. Der Kybernetik ging es nicht nur um die Analyse und Beschreibung von Systemen. Diese sollten vielmehr die Grundlage dafür bilden, vorhandene Systeme gezielt zu regulieren und weitere Systeme nach diesen Prinzipien herzustellen. Da die Kybernetik den Anspruch erhob, auf unterschiedlichste Gegenstände anwendbar zu sein, war es auch gar nicht möglich, einen metaphysischen Kausalitätsbegriff anzulegen, wenn dieser selbst für einfachste physikalische Prozesse schon ausgeschlossen war. Als Ingenieursdisziplin jedoch war für sie Zweckhaftigkeit natürlich unproblematisch, insofern sie es mit Artefakten zu tun hatte. Nun beschreibt sie aber Naturgegenstände und Artefakte strukturgleich. Problematisch wird dies dort, wo Strukturgleichheit ontologisiert wird und Modelle nicht mehr als solche erkannt werden (siehe Kapitel 3.10). Die Kybernetik war stets eine Wissenschaft, die sich nicht auf die Analyse informationsverarbeitender Systeme beschränken wollte, sondern

> „die Ergebnisse dieser Analyse für eine technische Synthese bereitstellte. Sie war gleichfalls eine Technologie, die solche Systeme künstlich nachzubilden versuchte und diese Nachbildungen einerseits als technische Entwicklungen dem Einsatz in der Praxis, andererseits der analysierenden Wissenschaft als Hilfsmittel zur Verfügung stellte. Sie erhob den Anspruch, all diese Systeme mit denselben Begriffen beschreiben und mit denselben Fragestellungen, Theorien und Methoden analysieren und synthetisieren zu können. Gemeinsam war allen kybernetischen Ansätzen lediglich der Untertitel von Norbert Wieners Buch *Communication and Control in the Animal and the Machine*. Diese vier Elemente mussten in wissenschaftlich-technischem Arbeiten enthalten sein, damit es sich Kybernetik nennen durfte" (Aumann 2009, 59).

Auch Rosenblueth, Bigelow und Wiener nähern sich dem Teleologiebegriff in der angeführten Arbeit ja nicht von der Biologie her, sondern über die Theorie automatischer Steuerungsgeräte, die dazu gedacht waren menschliche Leistungen der Überwachung und Steuerung zu ersetzen (Nissen 1997, 1).

Unter welchen Bedingungen kann die Kybernetik „ihre Trennschärfe gegenüber dem physischen Mechanismus" (Keil 1993, 157) behalten? Hier sei auf ein

Argument verwiesen, das als Fehlbarkeits- oder Unabhängigkeitsargument bezeichnet werden kann, welches im Zuge der Debatte einer möglichen Abgrenzbarkeit zweckmäßiger Systeme von deterministischen Systemen einerseits und von reiner Zufälligkeit andererseits diskutiert wird (Toepfer 2004, 159ff.). Ein wesentliches Merkmal kybernetischer Systeme, wie der oben beschriebenen, ist die Fähigkeit zur Regulation. Dies bedeutet etwa, dass ein Zustand eines Systems gegen Umwelteinflüsse aufrechterhalten werden kann – etwa die Raum- bzw. die Bluttemperatur gegenüber äußerer Einflüsse. Diese Fähigkeit des Systems wird als Persistenz bezeichnet (ebd., 158). Diese äußeren Einflüsse setzen im System Prozesse in Gang, d.h. sie lösen eine Reaktion des Systems aus. Persistenz umfasst also zwei unterschiedliche Prozesse: den Einfluss von außen auf das System (Reiz) und dessen internes Antwortverhalten (Reaktion).[70] Der Persistenzbegriff muss nun eine zweifache Abgrenzung liefern, um seine Berechtigung zu erhalten: „Einerseits darf er keine deterministisch enge, gesetzesmäßige Verbindung zwischen dem von der Umwelt ausgehenden Ereignis und dem im System ablaufenden Reaktionsprozess repräsentieren" (ebd.). Dies bedeutet, er darf kein teleomatisches System beschreiben. „Andererseits muss in ihm eine so enge Verknüpfung zwischen Umwelteinfluss und Systemreaktion begründet sein, dass zufällige Zusammenhänge zwischen Größen, wie etwa der Tod eines Organismus durch einen umstürzenden Baum, ausgeschlossen sind" (ebd., 159). Wodurch lässt sich ein Zweckmäßiges objektiv als ein Zweckmäßiges ausweisen, wenn nicht intentionalistisch? Genau dies sollte über den Informationsbegriff geleistet werden, indem versucht wurde Information als natürliche Entität auszuweisen und dadurch zu naturalisieren (siehe Kapitel 3.10).

Es wird nun ersichtlich, in welchem Verhältnis die Kybernetik zur Synthetischen Biologie einerseits und zur Biosemiotik andererseits steht. In der Kybernetik findet sich eine Konzeption von Organismen in Analogie zu Maschinen, die von einigen Kybernetikern und später in der Synthetischen Biologie ontologisch umgedeutet wurde. Zum anderen findet sich in der Kybernetik dadurch, dass die Steuerung von Systemen über Information und Kommunikation (Signale, Zeichen) erfolgt, der Anschluss an die Biosemiotik. Die Kybernetik behauptete aufgrund ihrer „Neutralität" auch die Möglichkeit, strukturelle Ähnlichkeiten im Verhalten unterschiedlichster Entitäten zu entdecken. Daher sollte es möglich sein, das Verhalten

---

[70] Dies kann hier nicht mit Input und Output gleichgesetzt werden, da die Reaktion auf einen Reiz auch einfach aus einer internen Umkonfiguration des Systems bestehen kann ohne einen von außen registrierbaren Output zu liefern.

von höheren Organismen genauso zu modellieren, wie das von einzelnen Molekülen. Die Relationen waren das Wesentliche mit dem sich die Kybernetik beschäftigte, nicht die materiellen Objekte. Die Biosemiotik greift dies auf, wenn sie eine
semiotische (nichtreduktionistische) Beschreibung von Ökosystemen ebenso zu
liefern behauptet, wie eine Beschreibung von Prozessen molekularer Vererbung.

Was sich im 19. Jahrhundert als eine Diskussion zwischen Erklären und Verstehen entwickelt hatte, bekam nun eine neue Dimension. Denn an die Seite von
erklärenden Naturwissenschaften und verstehenden Geisteswissenschaften trat nun
ein neuer Wissenschaftstypus: die Strukturwissenschaften. Darin liegt eine gewisse
Ambiguität. Zum einen kann die Kybernetik so verstanden werden, dass sie reduktionistisch ist, zum anderen so, dass sie abstrakt ist, wie es der Begriff der Neutralität hier nahelegt.

Man könnte nun argumentieren, der Streit um die Teleologie sei längst beige-
legt und spiele für die Biologie keine Rolle mehr. Doch gerade mit dem Anspruch
der Synthetischen Biologie als Technowissenschaft die Biologie zu vollenden und
lebende Maschinen, also Artefakte herzustellen, bekommt die Teleologiedebatte
eine neue Relevanz. Die Synthetische Biologie stellt einen interessanten Fall dar, da
in ihr Artefakt und Organismus konvergieren. Doch was bedeutet es, wenn Biosysteme Artefakte sind? In ihr konvergieren zwei unterschiedliche Zweckbegriffe, wie
gezeigt werden soll. „Whereas artifacts may exhibit external teleonomy, biosystems
can only be regarded, if at all, as instances of internal teleonomy – at least from a
naturalistic point of view" (Mahner & Bunge 1997). Naturalistischer Kritik zufolge
kann die Synthetische Biologie daher keine Biosysteme herstellen. Naturalistische
Ansätze stimmen mit der methodischen Philosophie darin überein, dass Information in biologischen Kontexten metaphorisch ist.

In der Kybernetik nahm der Informationsbegriff, wie gezeigt, eine zentrale
Stellung ein – und dies nicht zuletzt in biokybernetischen Beschreibungen. Dies war
jedoch nur einer von zwei Wegen, auf denen der Informationsbegriff in den Lebenswissenschaften Einzug gehalten hat. Dieser Weg wurde hier insbesondere
deshalb skizziert, da er eine Konvergenz des kausal-reduktionistischen Denkens mit
dem teleologischen, nichtreduktionistischen Denken in den Biowissenschaften
bedeutete. Neben diesem Weg gelangte der Informationsbegriff aber auch auf dem
Weg über die Genetik und die Molekularisierung der Biologie in die Lebenswissenschaften. Dieser zweite Weg, der von ersterem zwar nicht vollständig aber doch
großteils unabhängig ist, wird im nächsten Abschnitt nachgezeichnet. Ein besonde-

rer Fokus liegt dabei auf den reduktionistischen Tendenzen, die mit der Molekularisierung der Biologie einhergingen.

1.4 Reduktionismus der Molekularbiologie

Life is never ‚nothing but'

Erwin Chargaff

1.4.1 Information und Lebenswissenschaften

Spätestens seit der Mitte des zwanzigsten Jahrhunderts und der Entdeckung molekularer Mechanismen der Vererbung, die im kommenden Kapitel in Kernpunkten skizziert wird, wurde der Begriff der Information in der Biologie zu einer Art schillerndem Leitbegriff. Überspitzt behauptete Richard Dawkins gar:

> „What lies at the heart of every living thing is not a fire, not warm breath, not a ‚spark of life'. It is information, words, instructions. If you want a metaphor, don't think of fires and sparks and breath. Think, instead, of a billion discrete, digital characters carved in tablets of crystal. If you want to understand life, don't think about vibrant, throbbing gels and oozes, think about information technology" (Dawkins 2006, 111).

Auf die Bedeutung von Information bezüglich der Erklärung von Lebensprozessen im Hinblick auf die basalen Lebensprozesse wie Stoffwechsel und Selbstreproduktivität verweist auch Bernd-Olaf Küppers (Küppers 1987, 17), wenn er erklärt, dass die physikalisch-chemischen Prozesse, die in einem Lebewesen ablaufen, informationsgesteuert seien. Die Frage danach, was denn Leben sei, beantwortet er dort lapidar mit der Formel:

Leben=Materie+Information

Dies wirft jedoch gewisse Probleme auf. Denn Information ist immateriell und nicht an einen spezifischen physischen Träger gebunden. Der Inhalt eines historischen Textes ist unabhängig davon, ob er dem physischen Original entnommen wird, ob dieser Text als Scan auf einem elektronischen Datenträger hinterlegt und am Bildschirm gelesen wird oder ob er in abgedruckter Form, das heißt materialisiert durch Papier und Tinte, in einem Lehrbuch vorliegt. Der Physiker Josef Honerkamp gibt daher zunächst zu bedenken, dass im Hinblick auf die „Wechselwirkung von Dingen der Physik die Information keine Rolle [spielt]. Physikalische Systeme können z.B. Energie austauschen, aber keine Information, sie werden durch Kräfte beeinflusst, nicht durch Information" (Honerkamp 2013, 107). Information selbst ist zunächst einmal weder eine Größe der Physik, noch der Chemie. Dieser Umstand führt zu gewissen Fragen und Widersprüchlichkeiten, die sich in Bezug auf die Lebenswissenschaften ergeben. Denn wenn Information in der Biologie eine elementare Rolle spielt, nicht jedoch in der Physik und der Chemie, so wirft dies die Frage auf, in welchem Verhältnis die genannten Wissenschaften zueinander stehen. Dieses Verhältnis, das auch die Frage nach der Biologie als autonome Wissenschaft[71] tangiert, wurde und wird unter dem Schlagwort des Reduktionismus verhandelt und es liegt nahe, für die Aufarbeitung dieses Verhältnisses hier den Informationsbegriff ins Zentrum zu rücken.

1.4.2 Die reduktionistische Standardauffassung der heutigen Lebenswissenschaften

Unter dem Begriff der Lebenswissenschaften versammeln sich so unterschiedliche Wissenschaften wie Biologie, Biochemie, Biophysik, Biomedizin, Bioinformatik und, je nach Ansicht, einige mehr,[72] die sich nicht klar voneinander trennen lassen und ineinander übergehen. Und im Gegensatz zur Physik etwa, die weitgehend als Einheit betrachtet werden kann, ist dies selbst für „die" Biologie nicht der Fall. Sie lässt sich in sehr heterogene Teildisziplinen wie Ökologie, Mikrobiologie, Neurobiologie, Verhaltensbiologie, Botanik, Genetik und viele weitere unterteilen, die jeweils ihre eigenen historischen Wurzeln haben. Doch bei all dieser Diversität ist es nicht alleine im Hinblick auf die Verteilung von Fördergeldern und der Struktur der akademisch verorteten Biologie sowie der enormen Bedeutung der Biotechnologie legitim zu behaupten, dass die Lebenswissenschaften und damit insbesondere auch die Biologie heute von der Molekularbiologie dominiert sind: „Today, for good or for bad, depending on one's point of view, most of biology is molecular biology"

---

[71] Vgl.: *Ist die Biologie eine autonome Wissenschaft?* (Mayr 1991a).

[72] Erwin Chargaff bezeichnet in diesem Zusammenhang „die Biochemie, die Biophysik usw." gar als „Hilfswissenschaften" (Chargaff 1984 [1979], 174).

(Sarkar 2005, 1).[73] So gibt es quasi keinen Bereich der Lebenswissenschaften mehr, der heute völlig losgelöst von molekularbiologischen Untersuchungen und/oder Erkenntnissen geblieben wäre, weshalb diese auch im Zentrum dieses Kapitels steht. Gerade die Synthetische Biologie arbeitet nahezu ausschließlich auf molekularer Ebene. Dies ist quasi ein Charakteristikum. Und auch die Biosemiotik verfolgt den Anspruch gerade auch die molekulare Ebene in ihrem vereinheitlichenden Anspruch integrieren zu können. Die Fokussierung auf die Molekularbiologie lässt sich darüber hinaus aber auch damit begründen, dass mit deren Entstehung der Begriff der Information in den Lebenswissenschaften erst seine volle Relevanz erlangte. Diese Molekularisierung der Lebenswissenschaften brachte unterschiedliche Implikationen für und Auswirkungen auf das Wissenschaftsverständnis in den Lebenswissenschaften mit sich. Mit dieser Entwicklung war stets ein reduktionistisches Verständnis verbunden, das die Biowissenschaften zum Teil bis heute prägt und das umfängliche Erklärungsansprüche erhebt. Worin genau dieses reduktionistische Verständnis besteht, ist jedoch bei genauerer Betrachtung nur schwer explizierbar, da unter Reduktionismus bzw. Reduktion sehr verschiedenes verstanden und vertreten wird. Nicht jede Art von Reduktionismus wird von jedem Wissenschaftler explizit oder implizit vertreten. Und während das Interesse der Wissenschaftstheorie primär präskriptiv orientiert war, stand eine deskriptive Herangehensweise lange Zeit zurück.

1.4.3 Spielarten des Reduktionismus

Reduktion, so könnte man sagen, ist das Fundament des wissenschaftlichen Forschungsprogramms als solchem. Denn Wissenschaft bedeutet immer Reduktion im Sinne einer Vereinfachung von Komplexität durch Abstraktion, Idealisierung, Modell- und Theoriebildung. Das zu Untersuchende wird zerteilt, auseinandergenommen, analysiert und auf gewisse Aspekte reduziert, die im Fokus der jeweiligen Fragestellung stehen und durch die gewählten Methoden erfasst werden können. Auch bei der Untersuchung extrem großer und komplexer Systeme wie einem Ökosystem oder in der Kosmologie werden Systemgrenzen gezogen und

---

[73] Werden Zellen als die kleinsten Einheiten des Lebendigen angenommen, so ist der Fokus auf die Molekularbiologie ferner deshalb von Interesse, da es sich dabei quasi um eine Unterschreitung dieser zellulären Ebene handelt.

das System wird auf verhältnismäßig wenig Variablen reduziert. Vieles wird vernachlässigt, ausgeblendet und nicht berücksichtigt. Ein Programm, das eine solche Form von Reduktion verfolgt wird häufig als methodischer Reduktionismus (Küppers 2008, 230) bezeichnet und hat sich als Grundprinzip der Wissenschaft als äußerst erfolgreich erwiesen.[74] Geläufig ist darüber hinaus eine erste grobe Unterteilung unterschiedlicher Formen des Reduktionismus in drei Kategorien, die auf (Ayala & Dobzhansky 1974, VIIIff.) zurückgeht und vielfach aufgegriffen und übernommen wurde (Brigandt & Love 2012; Hoyningen-Huene 1985; Mayr 1991a; Penzlin 1994). Danach ist vom eben erwähnten methodischen Reduktionismus der sogenannte methodologische (oder explanatorische) Reduktionismus zu unterscheiden. Dieser bezeichnet in unserem Kontext „eine Position, die behauptet, daß die einzige legitime biologische Forschung sich auf der molekularen Ebene bewegt, und entsprechend wissenschaftliche Erklärungen von Zuständen und Prozessen, die zunächst auf höheren Organisationsniveaus beschrieben werden, ausschließlich mittels molekularen Größen zu erfolgen habe" (Hoyningen-Huene 1985, 272).[75] Während diese die Methoden der Wissenschaft betreffenden Reduktionismen keine ontologischen Aussagen implizieren, behauptet der ontologische Reduktionismus, „daß den Lebensprozessen keine anderen elementaren Substrate und keine anderen elementaren Wechselwirkungen zugrunde liegen als den Prozessen der unbelebten Natur auch" (ebd.).[76] Diese Form des Reduktionismus richtet sich beispielsweise gegen (neo-)vitalistische Positionen, die das Wirken einer immateriellen, nicht physico-chemischen Lebenskraft annehmen und bezeichnet eine monistische Position, der zufolge allen Lebewesen das gleiche elementare Substrat zugrunde liegt wie der unbelebten Natur. Diese Variante des

---

[74] Zur Wissenschaft als Reduktion und den unterschiedlichen damit verbundenen Ansprüchen vgl. (Lorenz 1978, 13ff.).

[75] Eine etwas andere Definition schlägt Ingo Brigandt vor. Ihm zufolge bezeichnet methodologischer Reduktionismus „the idea that biological systems are most fruitfully investigated at the lowest possible level, and that experimental studies should be aimed at uncovering molecular and biochemical causes" (Brigandt & Love 2012). Während Hoyningen-Huene eine strengere Variante anführt, nach der biologische Erklärungen „ausschließlich mittels molekularen Größen zu erfolgen haben", stellen diese nach Brigandt lediglich die fruchtbarsten Untersuchungen dar. Dies zeigt, dass auch innerhalb der unterschiedlichen Spielarten des Reduktionismus wieder Varianten differenziert werden können. Es stellt sich in Bezug auf Brigandts Formulierung allerdings die Frage, weshalb denn die molekulare bzw. biochemische Ebene die unterste sein soll.

[76] So auch prominent bei Richard Dawkins: „There is nothing special about the substances from which living things are made. Living things are collections of molecules, like everything else" (Dawkins 2006, 112).

Reduktionismus, wird auch als Physikalismus bezeichnet. Eine andere Variante des ontologischen Reduktionismus ist der konstitutive Reduktionismus, demzufolge sich Systeme höherer Ebene aus Systemen niedrigerer Ebene zusammensetzen, wobei Beschreibungen der höheren Ebene im Einklang mit den Gesetzmäßigkeiten der tieferen Ebene zu stehen haben, d.h. diesen nicht widersprechen dürfen (Sarkar 1992, 170f.). Als weitere relevante Spielart des Reduktionismus kann der epistemologische (oder theoretische) Reduktionismus von den vorhergehenden unterschieden werden. Dieser bezeichnet die Ansicht, wonach „die biologischen Begriffe im Prinzip mittels physikalisch-chemischer Begriffe neu definiert, und die biologischen Gesetze aus physikalischen und chemischen Gesetzen im Prinzip deduziert werden können" (Hoyningen-Huene 1985, 272). Während der ontologische Reduktionismus Aussagen darüber macht, welche ontologischen Kategorien der Welt zugrunde liegen, macht der epistemologische Reduktionismus aussagen darüber, wie diese erkannt werden kann.

Der methodische Reduktionismus ist der Biologie als Wissenschaft quasi inhärent. Welche der übrigen Formen des Reduktionismus in der Biologie angemessen sind ist jedoch strittig. Diese Formen sind nicht exklusiv, sondern können auch in unterschiedlichen Kombinationen gleichzeitig vertreten werden. Hoyningen-Huene veranschaulicht alle möglichen Kombinationen in folgender Darstellung (Tabelle 1):

Tabelle 1: Formen des Reduktionismus. Ein „+" bedeutet, dass die entsprechende Form von Reduktionismus vertreten wird, während ein „–" bedeutet, dass die entsprechende Form von Reduktionismus nicht vertreten wird. Daraus ergeben sich acht mögliche Gesamtpositionen, die gegenüber den genannten drei Reduktionismusvarianten eingenommen werden können. Nach (Hoyningen-Huene 1985, 272).

ontologischer Reduktionismus	+	+	+	+	-	-	-	-
methodologischer Reduktionismus	+	+	-	-	+	+	-	-
epistemologischer Reduktionismus	+	-	+	-	+	-	+	-
Gesamtposition	1	2	3	4	5	6	7	8

Hoyningen-Huene fokussiert seine Untersuchung auf die Positionen 3 und 4, d.h. jene Positionen, die einen ontologischen Reduktionismus in Kombination mit einem methodologischen nicht-Reduktionismus vertreten. Denn da einerseits der Vitalismus als einzige ontologisch nichtreduktionistische Position keine ernstzunehmende Rolle mehr spielt und andererseits bereits gezeigt worden sei, dass auch

oberhalb der molekularen Ebene sinnvolle biologische Forschung möglich ist und
somit Positionen des methodologischen Reduktionismus unplausibel seien, bleibe
die Frage nach dem epistemologischen Reduktionismus die seiner Ansicht nach
relevante. Die Hauptdiskussion innerhalb der Philosophie der Biologie fokussierte
sich daher seit den späten 1960er Jahren hauptsächlich auf die Frage, ob ein ontologischer Reduktionismus (der weitestgehend als akzeptiert gilt) auch einen epistemologischen Reduktionismus impliziere. Während namhafte Biologen wie Ernst Mayr,
Francisco J. Ayala oder auch Konrad Lorenz mit Verweis auf die Bedeutung evolutionärer Fragestellungen in der Biologie die Unabhängigkeit dieser beiden Positionen verteidigten, behaupteten Wissenschaftstheoretiker wie Carl Gustav Hempel
und Ernest Nagel deren Abhängigkeit voneinander. Ernest Nagels Ansatz findet
sich in kondensierter Form auch bei Carl Gustav Hempel in seiner *Philosophy of
Natural Science* in der er die *doctrin of mechanism*[77] formuliert, derzufolge lebende Systeme nichts anderes seien als sehr komplexe physiko-chemische Systeme.[78]

> „(M1) all the characteristics of living organisms are physico-chemical charac-
> teristics – they can be fully described in the concepts of physics and chemistry;
> (M2) all aspects of the behavior of living organisms that can be explained at all
> can be explained by means of physico-chemical laws and theories" (Hempel
> 1966, 102).

Geht man davon aus, dass sich biologische Begriffe wie Zelle, Chromosomen,
Gans, Befruchtung oder Mitose über physikalische Begriffe definieren lassen und
nimmt man ferner an, dass sich Regelmäßigkeiten, die in biologischen Gesetzen
beschrieben sind, durch physiko-chemische Prinzipien erklärt werden können,
ergibt sich daraus die These der Reduzierbarkeit der Biologie auf Physik und Chemie:

> „reducibility of the concepts of one discipline to those of another is construed
> as definability of the former in terms of the latter; reducibility of the laws is
> analogous construed as derivability. Mechanism may thus be said to assert the
> reducibility of biology to physics and chemistry" (ebd.).

Derartige Versuche der Theoriereduktion, die im Anschluss an den Logischen Empirismus von Nagel, Hempel und anderen propagiert wurden, können jedoch als
gescheitert angesehen werden. Zentraler Gedanke hinter solchen Versuchen, Theo-

---

[77] *Mechanism* wird hier von Hempel im weiteren Sinne gebraucht und soll nicht nur rein mechanische
       Erklärungen beinhalten.

[78] Konträr dazu stellte Erwin Chargaff einst fest: „Life is never ‚nothing but'" (Chargaff 1997, 797).

rien aus unterschiedlichen Wissenschaften letztlich auf fundamentale physikalische Theorien zu reduzieren, stellt der Wunsch nach der Einheit der Wissenschaft dar, worauf später in Kapitel 3.5 noch eingegangen wird.

Zusammenfassend lassen sich folglich drei unterschiedliche Aspekte des Reduktionismus unterscheiden. (I) Die ontologische Frage nach dem, was ist, (II) die methodologische Frage nach dem, was bzw. wie etwas untersucht werden soll und (III) die epistemologische Frage, wie etwas erklärt werden kann. Die letzten beiden Fragen lassen sich dabei nicht vollständig voneinander trennen. Damit verbunden können drei weitere hierfür wesentliche Fragen formuliert werden:

(I)   Kann die Biologie auf die Chemie und die Physik reduziert werden oder ist sie eine „autonome" Wissenschaft?

Die Diskussion dieser Frage verschob sich mit dem Aufkommen der Molekularbiologie hin zu folgender:

(II)   Kann alle Biologie letztlich auf die Molekularbiologie reduziert werden? Exemplarisch wurde statt dieser Frage in der Philosophie der Biologie eingehend die (Teil)Frage untersucht, ob die klassische Genetik auf die molekulare Genetik reduziert werden kann.

(III)   Bedeutet Molekularbiologie ferner eine Reduktion auf physikalisch-chemisches Verständnis?

1.4.4 Reduktionistische Tendenzen in der heutigen Biologie

Diese Fragen lassen sich nicht gänzlich voneinander trennen und bezüglich deren Beantwortung ist es erhellend, sich mit dem historischen Entstehen der Molekularbiologie zu befassen, da diese zu grundlegenden Veränderungen der Biologie führte. Für ein eingehendes Verständnis der reduktionistischen Orientierung der heutigen Biologie genügt es jedoch nicht, ausschließlich wissenschaftstheoretische Ansätze der Reduktion, wie beispielsweise die Theoriereduktion des Logischen Empirismus, zu berücksichtigen. Die historische Betrachtung zeigt auf, dass im ‚reduktionistischen Grundtenor' der modernen Biologie verschiedene Spielarten des Reduktionismus vermischt und überlagert werden. Dies ist dem Umstand geschuldet, dass die reduktionistischen Tendenzen, die in der Arbeit der meisten Molekularbiologen forschungsleitend sind, von diesen nur sehr selten explizit gemacht werden. Alex Rosenberg macht darauf aufmerksam, dass Molekularbiologen zumeist gar nicht an der Diskussion über die Frage nach dem Reduktionismus teilnähmen. Zwar seien die meisten Molekularbiologen wohl Reduktionisten – oder wären es zumindest, wenn sie denn genau darüber nachdächten. Doch, so vermutet Rosenberg weiter, seien die meisten von ihnen mehr daran interessiert die Reduktion der restlichen Biologie auf die Molekularbiologie voranzutreiben als darüber nachzudenken, ob dies überhaupt möglich oder wünschenswert ist (Rosenberg 2006, 4).

Innerhalb dieser Arbeit ist die Frage nach dem Reduktionismus in der Biologie in zweifacher Hinsicht von Interesse. Denn erstens versuchen sich prominente biosemiotische Positionen dezidiert gegen den reduktionistischen Grundtenor bzw. diffusen Mainstream-Reduktionismus der heutigen Biologie abzugrenzen und eine Alternative aufzuzeigen. Beispielsweise stellt der Molekularbiologe Vasily Ogryzko in seiner Bestimmung des Verhältnisses von *Physics and Biosemiotics* fest: „It is molecular biology which is the stronghold of the reductionist methodology in science". Er fordert die Überwindung des Reduktionismus um zu einer Vereinheitlichung (*unification*) der beiden Wissenschaften gelangen zu können:

> „First of all, biology should overcome the reductionist character of its methodology. As the pacesetter in the life sciences is molecular biology, whose reductionist approach has always been based on the application of physicalist methodology, the claim that the unification of physics with biology will require giving up reductionism, may be paradoxical. However, nonreductionist physicalism is quite possible" (Ogryzko 1994, 966).

Während also der Reduktionismus die Einheit der Wissenschaft herstellen möchte, indem er alle Wissenschaft auf eine gemeinsame Grundlage – im Allgemeinen die Physik – zurückzuführen versucht, schlagen biosemiotische Positionen den umgekehrten Weg ein: Die molekularbiologischen Erklärungen sollen quasi bottom-up integriert werden. Exemplarisch hierfür sind die Überlegungen Claus Emmeches:

> „My question can, in all its preparatory simplicity, be formulated as follows. *If* living nature is first and foremost characterized by its semiotic character, so that the very key to any understanding, scientific or philosophical, of life is semiosis, sign-action, and sign-interpretation, rather than molecular reactions, as in the reductionist explanations of ‚the molecular machinery of life', must we then, as semioticians or even biosemioticians, postulate that biologists in a sense have already been doing semiotics — although in a more superficial, un-

reflected, metaphorical way, or perhaps on an intuitive or subconscious level — because otherwise it is difficult to understand the fact that we do seem to have witnessed an immense progress in knowledge of the basic biological processes during this century" (Emmeche 1999, 273f.).

Es soll quasi eine Reformulierung der reduktionistischen Erklärungen in der umfassenderen semiotischen Theorie vorgenommen werden.

Zweitens ist die Reduktionismusthematik hier von Interesse, da die Molekularisierung der Biologie mit ihren Reduktionstendenzen wiederum die Grundlage für die angesprochenen informationalen Ansätze darstellt. Denn erst mit der Entstehung der Molekularbiologie hielt die Rede von der Information (zunächst als genetische Information) weitläufig Einzug in die Biologie. Der Wissenschaftshistoriker Hans-Jörg Rheinberger bemerkt in diesem Zusammenhang bezüglich des Genbegriffs treffend,

> „dass wir es mit einer Art begrifflich-materieller Doppelbewegung im Sinne einer Gegenläufigkeit zu tun haben. Während das epistemische Ding ‚Gen' einerseits die materielle Form eines Makromoleküls annahm, sich also in einer Stoffklasse verkörperte, nahm es andererseits zugleich die ganz immaterielle Form einer Information an, entkörperte sich also, wie man auch sagen könnte, zur übertragbaren Form einer biologischen Bedeutung. Das Gen wurde semantisch aufgeladen" (Rheinberger 2012, 7).

Dieses Spannungsverhältnis zwischen einer reduktionistischen Materialisierung und semantischen Entmaterialisierung macht die Bestimmung des reduktionistischen Denkens während der Entstehung der Molekularbiologie, das die Lebenswissenschaften im 20. Jahrhundert prägte, sehr schwierig, da sich die beiden Tendenzen nicht konsistent in Übereinstimmung bringen lassen.[79] John A. Fuerst hat die Rolle eines reduktionistischen Paradigmas für die Entstehung der Molekularbiologie eingehend untersucht und dabei neben philosophischen auch wissenschaftshistorische, wie förderpolitische und soziologische Faktoren in seine Analyse miteinbezogen (Fuerst 1982). In diesem Zusammenhang spricht er von Reduktionismus in einem sehr allgemeinen Sinne als einem System von Überzeugungen (*system of belief*) (ebd., 244) bzw. als „a belief in the possibility of a mechanistic, analytical explanation of biological phenomena in terms of physics and chemistry" (ebd., 242).

---

[79] Zusätzlich erschwert wird dies dadurch, dass der Genbegriff einerseits in der Transmissionsgenetik im Hinblick auf die Übertragung von Merkmalen über Generationen hinweg gebraucht wurde, andererseits aber in der Embryologie bzw. der Entwicklungsbiologie im Hinblick auf die Ontogenese eines jeden Individuums (siehe Kapitel 1.5).

„One way out of this problem is to use a wide definition of reductionism which is, however, specific enough to be useful in analyzing historical controversies in molecular biology, to reflect those conflicts between belief systems which molecular biologists themselves perceive as significant, and to be useful in resolving existing controversies about the role of philosophical assumptions in the field. Such a definition should also meaningfully distinguish reductionism from other belief systems commonly opposed to it in philosophical and historical discussion, such as ‚vitalism‘ (understood as postulating some extra-scientific, nonphysical entity, such as a nonquantifiable ‚vital force‘, as necessary to explain biological phenomena) and ‚holism‘ (also called ‚organicism‘, ‚compositionism‘, and ‚neo-vitalism‘, identified with dialectical materialism by Garland Allen, and understood as insisting that the whole organism has properties that cannot be explained from its parts)“ (ebd., 246f.).

Um aber zu einem besseren Verständnis davon zu gelangen, worin der reduktionistische Grundtenor besteht, worin er sich äußert und wie (etwa mit der Biosemiotik) entsprechende Gegenpositionen formuliert werden, ist es überaus aufschlussreich, eine wissenschaftshistorische Skizze relevanter Stationen der Entstehung der Molekularbiologie im Hinblick auf ihr reduktionistisches Paradigma zu zeichnen.

Im Zuge der Entstehung der Molekularbiologie erlebte die Biologie eine Revolution, die zu einem veränderten Selbstverständnis dieser noch recht jungen Wissenschaft führte.[80]Ab den 30er Jahren des 20. Jahrhunderts begann sich eine neue Standardauffassung darüber herauszubilden, wie Biologie aussehen sollte, welche Methoden sie anzuwenden habe und welche Erklärungen sie zu liefern vermöge. Im Zuge dessen begannen spätestens ab den 50er Jahren auch Begrifflichkeiten aus dem semantischen Umfeld von Information in die Lebenswissenschaften Einzug zu halten. Diese Standardsichtweise findet sich nur selten explizit in den biologischen Arbeiten formuliert. Einige der einflussreichsten Wissenschaftler auf diesem Gebiet stellten ihre Ansichten jedoch immer wieder auch explizit dar. Jacques Monod beispielsweise erläuterte 1970 sein reduktionistisches Wissenschaftsverständnis in *Zufall und Notwendigkeit*. Dieses Verständnis stellt er den Schulen der Holisten bzw. Organizisten gegenüber, die er mehr oder weniger stark unter dem Einfluss Hegels vermutet. Diese Schulen, welche im Ganzen mehr als die Summe seiner Teile sähen, würden „den Wert des *analytischen* Ansatzes bestreiten wollen“ und in „einer tiefen

---

[80]   Bezeichnenderweise findet sich der Begriff „Biologie“ erstmals eben bei Autoren aus dem Umfeld des Vitalismus und der idealistischen Naturphilosophie (namentlich Roose, Treviranus, Burdach, Oken), wohingegen es das Bestreben der Mechanisten war, Lebewesen als bloß komplexe Maschinen nachzuweisen (Penzlin 2007, 302).

Unkenntnis der wissenschaftlichen Methode" (Monod 1971, 100) die Rolle der Analyse in der Wissenschaft verkennen. Dass es sich dabei nicht um eine exklusive Position handelt, lässt sich dem Urteil Theodosius Dobzhanskys entnehmen, der in der Rezension von Monods Buch herausstellt, dass dessen „Weltanschauung" Aufschluss darüber gebe, wohin die Wissenschaft die Menschheit führen werde. Denn: „Monod has accomplished more than a delineation of his own world view. He has stated with admirable clarity, and eloquence often verging on pathos, the mechanistic materialist philosophy explicitly or implicitly shared by most of the present ‚establishment' in the biological sciences" (Dobzhansky 1972, 49). Diese mechanistisch-materialistische Metaphysik kondensiert darin, dass Monod das Ziel der Molekularbiologie darin sah, „to find, in the structures of macromolecules, interpretations of the fundamentals of life" (Monod in Judson 1979, 210). Ähnlich, wenn auch weniger pathetisch, äußerte sich der Nobelpreisträger Sydney Brenner, der in der Molekularbiologie „nothing more than the search for explanations of the behaviour of living things in terms of the molecule that compose them" (Brenner 1974, 785) sah. In diese Richtung lassen sich auch die Äußerungen des Mitentdeckers der DNA-Struktur und propagierenden Reduktionisten Francis Crick verstehen: „The ultimate aim of the modern movement in biology is to explain all biology in terms of physics and chemistry" (Crick 2004 [1966], 10). Derartige Auffassungen dominieren die Biologie bis in unsere Tage. Auch der Biochemiker und Molekularbiologe Michel Morange erklärte zu Beginn des 21. Jahrhunderts in seiner Kritik an Niels Bohr: „Today, the reductionist approach seems increasingly complete – conversely, the need for other approaches, the search for new principles, seems less and less justified" (Morange 2000).

Begründet wurde das reduktionistische Wissenschaftsverständnis in den Biowissenschaften mit der Ablehnung der Alternativpositionen – insbesondere des Vitalismus – und dem Versuch, teleologische Erklärungsformen aus der Biologie zu vertreiben. Die Verschiebung der Verhältnisse zeigt sich an der Zuschreibung des Präfixes „Anti": Waren es zunächst die Antivitalisten, deren Position einer expliziten Rechtfertigung bedurfte, so drehte sich dies bald um und der Antireduktionismus wurde zur Außenseiterposition, die es zu begründen galt. Auch morphologische Studien der Zellbiologen oder etwa phänotypische Untersuchungen der klassischen Genetik wurden mehr und mehr durch die molekularbiologische Forschung herausgefordert und in ihrer Sinnhaftigkeit in Frage gestellt. Denn, wie es der Wissenschaftshistoriker Robert Olby in seiner Rekonstruktion der *Molekularen Revolution* formulierte, „from the 1930s onwards the research programme of molecular biology was always considered to be reductionist in character, i.e. biological function was to be accounted for in terms of structure going right down to the molecular level" (Olby 1996, 504). Zwar stoßen die Biowissenschaften mit zunehmendem Einblick in die enorme Komplexität biologischer Systeme, die in der Systembiologie im Zuge der sogenannten –omics (d.h. Genomics, Proteomics, Metabolomics, Transcriptomics u.a.) analysiert werden sollen, immer mehr an Grenzen der Reduzierbarkeit. Wenn jedoch von dieser Seite gegen einen Reduktionismus argumentiert wird, so ist damit häufig der methodologische Reduktionismus gemeint. So wird von Seiten der Systembiologie gefordert, dass molekulare Interaktionen besser erfasst werden müssen, etwa durch multilevel-Daten und -Modelle. Dadurch soll die biochemische Komplexität besser abgebildet werden, u.a. indem der Nichtlinearität vieler Wechselwirkungen mehr Rechnung getragen wird.[81] Dennoch kann wohl behauptet werden, dass die reduktionistischen Tendenzen (insbesondere in ontologischer Hinsicht) weiterhin die Lebenswissenschaften dominieren. Mit der Molekularbiologie und ihrem Reduktionismus war der Anspruch verbunden, den Vitalismus zu widerlegen und teleologisches Denken aus der Biologie zu tilgen. Dabei spielte die Materialisierung des Gens und die Entstehung der Molekularbiologie, die im Folgenden kurz skizziert wird, eine entscheidende Rolle.

---

[81]   Vgl. hierzu etwa (Mazzocchi 2012).

1.5 Von der frühen Genetik zur Entstehung der Molekularbiologie

> *Es ist kaum glaublich, dass die Natur von dieser wunderbaren Erfindung der Herren Watson und Crick keinen Gebrauch gemacht haben sollte.*
>
> Max Delbrück

1.5.1 Die materielle Grundlage der Gene

Korpuskuläre Vererbungskonzepte

Hans-Jörg Rheinberger spricht davon, dass mit der Herausbildung der Molekulargenetik – und der damit verbundenen stofflichen Zuordnung der DNA zum Genotyp – der Begriff des Gens „nun ganz handfest im Sinne einer makromolekularen Materialisierung" (Rheinberger 2012, 7) verstanden wurde. Dies bedeutet jedoch nicht, dass das material gedachte Konzept der Vererbung erst mit der Entstehung der Molekularbiologie erstmals aufkam. Richtig ist zwar, dass die Genetik in ihren Anfängen eine formale Wissenschaft war, doch dies soll nicht heißen, dass dem kein materiales Denken zugrunde gelegen hätte. Und auch vor der Etablierung der Genetik als eigenständige Disziplin kursierten bereits im 19. Jahrhundert unterschiedliche Annahmen darüber, dass gewisse Korpuskeln den sichtbaren Eigenschaften von Lebewesen zugrunde lägen. Für Ernst Mayr wurde eine molekulare Grundlage der Vererbung unzweifelhaft schon in den 1880er Jahren von August Weismann, Hugo de Vries und weiteren postuliert (Mayr 1982, 774). Allerdings herrschte Uneinigkeit sowohl in der Terminologie als auch darüber, woraus diese Korpuskeln oder Partikel bestehen sollten. Hinzu kommt, dass Vererbung in unterschiedlichen Kontexten untersucht und Gegenstand unterschiedlicher Disziplinen war. Aus zytologischer Sicht näherte man sich dem Phänomen der Vererbung über die Zellteilung an, aus der Embryologie über die Entwicklung individueller Organismen. Die Transmissionsgenetiker und Evolutionsbiologen fokussierten sich auf die Weitergabe und Veränderung von Merkmalen über Generationen hinweg und darüber hinaus gab es züchtungs- und kultivierungspraktische Interessen. Eine Synthese dieser unterschiedlichen Perspektiven auf die Vererbung zu einer eigenen Disziplin – der Genetik – war ein lange andauernder Prozess und rückblickend ist es erstaunlich, dass es nicht früher gelang, die damals schon vorliegenden Hinweise auf die molekularen Grundlagen der Vererbung zu integrieren und zu einer einheitlichen Theorie zu vereinen. Aus chemischer Sicht war beispielsweise in den 1890er Jahren bereits vermutet worden, dass es sich bei Chromatin (bzw. Nuklein) um das genetische Material handeln könnte. Doch, so Ernst Mayr,

> „reichte diese Meinung für eine maßgebliche Vererbungstheorie nicht aus. So blieb es dem Jahrzehnt nach 1900 über lassen, Stück für Stück den Zusammenhang zwischen Mendelismus und Zytologie zu begründen. [...] Es ist schwierig, die einzelnen Schritte zu beschreiben, mit denen dieses Beweismaterial zusammengetragen wurde, da die Geschichte der Chromosomentheorie unmerklich in die Geschichte der Gentheorie übergeht" (Mayr 2002 [1982], 597f.).

Allgemein war die Zeit zwischen den späten 1850er Jahren und der ersten Dekade des 20. Jahrhunderts eine Phase ungehemmter Spekulationen, in der unterschiedliche Vermutungen kursierten, worin denn Vererbung bestehe und welche Mechanismen ihr zugrunde lägen. Darwins *Gemmules*, Nägelis *Idioplasma*, de Vries *Pangene*, Weismanns *Keimplasma* oder Correns *Anlagen* stellen unterschiedliche Erklärungsversuche der Vererbung zwischen 1860 und 1910 dar, die teilweise miteinander vereinbar waren, sich teilweise widersprachen und die aufzeigen, dass es keine allgemein akzeptierten Konzepte und Begrifflichkeiten gab. Ein wichtiger Grund hierfür lag darin, dass die experimentellen Methoden dieser Zeit es nicht erlaubten, die materiellen Strukturen dessen, was den beobachtbaren Veränderungen zugrunde lag, genau aufzulösen. Dennoch wurden die Entitäten der Vererbung immer präziser lokalisiert. Für Darwin hatten sich die zahllosen Keimchen (*gemmules*) seiner Pangenesistheorie zufolge noch im ganzen Körper, also selbst in den somatischen Zellen, verteilt. Dort waren sie über das umliegende Gewebe Veränderungen aus der Umwelt unterworfen, bevor sie letztlich in die Gonaden und die Keimzellen wanderten, von denen jede eine individuelle Zusammensetzung aus diesen Keimchen aufwies (Carlson 1966, 18). Später lieferte Francis Galton mit seinen Transfusionsversuchen bei Kaninchen einen Beleg dafür, dass die von Darwin angenommene pangenetische Keimchenzirkulation, zumindest durch das Blut, nicht zutreffen konnte. Damit wandte sich Galton auch gegen die These von der Vererbung erworbener Eigenschaften, die von Darwin in dessen Pangenesistheorie vertreten worden war. Ab der Mitte des 19. Jahrhunderts hatten die Vererbungstheoretiker ihr Augenmerk dann auf die Keimzelle gerichtet und seit den 1870er Jahren führten weitere zytologische Entdeckungen dazu, dass insbesondere die Rolle des Zellkerns diskutiert wurde. Die Arbeiten Rudolf Virchows beispielsweise wiesen auf die außerordentliche Bedeutung des Zellkerns und die unterschiedlichen Funktionen von Zellkern und Zellplasma hin. Damit drängte sich die Frage auf, wie denn das Verhältnis von Zellkern zu Zellplasma sei. Mit der zunehmenden Anzahl an experimentellen Belegen gegen die These der Vererbung erworbener Eigenschaften unternahm der Botaniker Hugo de Vries – neben Erich Tschermak und Carl Correns einer der „Wiederentdecker der Mendel'schen Regeln" im Jahr 1900 – den Versuch, auf Darwins Pangenesistheorie aufbauend, seine Theorie der *Intracellularen Pangenesis* zu entwickeln. Dieser zufolge waren die „sichtbaren Erscheinungen der Erblichkeit" gedacht als „die Aeusserungen der Eigenschaften kleinster unsichtbarer, in jener lebendigen Materie verborgener Theilchen", wobei „für jede erbliche Eigenschaft besondere Theilchen" angenommen wurden, die er als Pangene bezeichnete (Vries 1889, 188). Somit nahm de Vries, wie auch Darwin, „für die einzelnen erblichen Eigenschaften besondere stoffliche Träger an" (ebd., 68f.). Diese Pangene seien zwar viel größer als Moleküle und „eher den kleinsten bekannten Organismen, als den wirklichen Molekülen" (ebd., 47) ähnlich, aber dennoch unsichtbar. An anderer Stelle kommt de Vries zu folgendem Schluss:

> „Die erblichen Eigenschaften sind gebunden an die lebendige Materie; die Erblichkeit beruht darauf, dass die Kinder aus einem stofflichen Theile ihrer Eltern entstehen. Die sichtbaren Merkmale der Organismen werden durch die unsichtbaren Eigenschaften der lebendigen Materie bestimmt. In dieser lebendigen Substanz nehmen wir für die einzelnen erblichen Eigenschaften besondere stoffliche Träger an" (ebd., 68f.).

Sie seien „keine chemischen Moleküle, sondern morphologische, jede aus zahlreichen Molekülen aufgebaute Gebilde" (ebd., 69f.). Weiter bezeichnet er sie als „die Lebenseinheiten, deren Eigenschaften nur auf historischem Wege zu erklären sind" (ebd., 70) und postulierte eine Trennung von Keimbahn, auf der die Überlieferung geschähe und somatischer, Bahn auf der sich die Entwicklung vollziehe (ebd., 89). Wie de Vries hatte auch August Weismann in seiner *Theorie der Continuität des Keimplasmas* bereits 1885 die Vererbung erworbener Eigenschaften zurückgewiesen, mit der Begründung, dass Keimbahn und somatische Bahn dauerhaft voneinander getrennt seien. Seine Theorie beruht auf der Vorstellung,

> „dass die Vererbung dadurch zu Stande kommt, dass ein Stoff von bestimmter chemischer und besonders molekularer Beschaffenheit von einer Generation auf die andere sich überträgt. Ich nannte diesen Stoff ‚Keimplasma‘, schrieb ihm eine überaus complicirte feinste Structur zu als Ursache seiner Fähigkeit, sich zu einem complicirten Organismus zu entwickeln, und suchte die Vererbung dadurch zu erklären, dass bei jeder Ontogenese ein Theil des specifischen ‚Keimplasmas‘, welches die elterliche Eizelle enthält, nicht verbraucht wird beim Aufbau des kindlichen Organismus, sondern unverändert reservirt bleibt für die Bildung der Keimzellen der folgenden Generation" (Weismann 1885, 5).

Weismann ging von einem hierarchischen Aufbau des Keimplasmas aus Biophoren, Determinanten und Idanten aus, wobei letztere in etwa den Chromosomen entsprachen. Diesbezüglich spricht er von „arbeitenden Lebensteilchen, die in den Gang der Entwicklung in bestimmter Weise und zwar derart eingreifen, daß der Teil, den sie zu bestimmen haben, dabei herauskommt" (Weismann 1899, 465), worin Mayr quasi eine Vorwegnahme der Unterscheidung von Genotyp und Phänotyp sieht (Mayr 1982, 700). Rheinberger zufolge waren letztlich aber sowohl de Vries als auch Weismann der Auffassung, dass Physik und Chemie nicht hinreichend seien, um das Phänomen des Lebens zu erklären (Rheinberger 2008, 372).

Kräfte und der Vorwurf der Präformation

Weismann hielt zwar die Keimzelle für ein „Extract des ganzen Körpers" (Weismann 1885, 4), doch darf dies nicht als eine präformationistische Aussage missverstanden werden (wie sie etwa Charles Bonnet vertreten hatte, der der Auffassung war, präformierte Determinanten seien die zu entwickelnden Teile selbst). Stattdessen kam er nach Mayr in einigen Aussagen der Vorstellung schon recht nahe, die ontogenetische Entwicklung würde einem genetischen Programm (*genetic program*) (Mayr 1982, 702) folgen. Doch selbst wenn die Vorstellung, dass sich Vererbung über die Weitergabe materieller Teilchen vollzieht, weit verbreitet war – auch über Darwin, de Vries und Weismann hinaus –, so hatte sie doch eine einflussreiche Gegenposition,[82] nämlich jene, deren Anhänger die ihre Vererbungstheorien nicht auf Korpuskeln zu errichten suchten, sondern über physikalische Kräfte und Erre-

---

[82]   Zur dynamischen vs. enzymatischen Theorie vgl. (Vries 1889, 197ff.).

gungen begründeten. Zu dieser Gruppe der Physikalisten (*physicalists*) (ebd., 772ff.) ist etwa William Bateson zu rechnen, der in seinen *Problems of Genetics* (W. Bateson 1913) die Weitergabe erblicher Merkmale über Wirbel und Vibrationen zu erklären suchte. Aber auch andere frühe Genetiker wie Wilhelm Johannsen und T.H. Morgan stellten sich anfänglich gegen die Annahme materieller Vererbung von Eigenschaften. Die Embryologen, zu denen sich auch Morgan rechnete, die aus einer epigenetischen Tradition hervorgingen, lehnten derartige Korpuskulartheorien ab, da sie in ihnen nicht mehr als ein Wiederauferstehen längst überkommener präformationistischer Theorien in modernisierte Form befürchteten. Im 18. Jahrhundert war eine heftige Debatte[83] über die Entwicklung von Lebewesen geführt worden. Während Vertreter der epigenetischen Theorie in der Tradition Caspar Friedrich Wolffs die Entwicklung eines jeden individuellen Lebewesens aus ungeformter, gleichförmiger Materie in einem graduellen Prozess durch äußere Kräfte postulierten, verfochten die Präformationisten, allen voran Charles Bonnet, die These, dass Form nicht entsteht, sondern in jedem Leben immer schon vorhanden sei und nur ein Wachstum erführe. Diesen beiden Positionen lagen unterschiedliche metaphysische Annahmen zugrunde. Für die frühen Epigenetiker war es ein Problem, die Entstehung von Formen überhaupt zu erklären. Dabei bot der Rückgriff auf den Vitalismus und eine Lebenskraft sowie andere, physikalische Kräfte eine scheinbar geeignete Erklärung.[84] Die Präformationisten andererseits führte die Ablehnung einer solchen Lebenskraft zur materialistischen These. Der Vorwurf, die Korpuskulartheorie würde solch präfromationistisches Denken wiederbeleben, wird nun verständlich, wenn man sich vergegenwärtigt, dass zu dieser Zeit – beispielsweise bei de Vries – die Unterscheidung von Genotyp und Phänotyp noch nicht getroffen wurde und zwischen zugrundeliegendem genetischem Faktor und somatisch ausgeprägtem Merkmal nicht differenziert wurde. Zwar war die alte Vorstellung eines Homunculus weitgehend verworfen worden, d.h. die Vorstellung, dass jede Vererbungseinheit alle Merkmale des sich ausbildenden Lebewesens besitzt und damit

---

[83]   Vgl. hierzu (Maienschein 2000; Roe 2002).

[84]   Spätere Epigenetiker versuchten nach dem Untergang des Vitalismus den Rückgriff auf solche Kräfte zu vermeiden. „Epigenesis and vitalism have therefore been almost constant companions. Given the demise of vitalism, more recent epigenecists have sought form and structure elsewhere, usually within the organism itself. However, the best of the lot typically settle, sadly, on the nevertheless animistic (and otherwise problematic) idea of a genetic programme" (Robert 2004, 37).

einen vollständigen Organismus im Kleinen darstellt.[85] Doch wurde diese teilweise durch die abgewandelte Form einer Art Mosaikentwicklung ersetzt. Dieser zufolge werden etwa unterschiedliche Merkmale von einzelnen Erbfaktoren repräsentiert. Die Besorgnis einiger Kritiker der Korpuskulartheorie, dies würde einen Rückfall in die Präformationstheorie bedeuten, wird daher nachvollziehbar, wie ein weiterer Blick auf die Theorie der *Intracellularen Pangenesis* von de Vries zeigt. Dieser war von einer funktionellen Aufteilung von Zellkern und Zellplasma ausgegangen: „Die Überlieferung ist die Funktion der Kerne, die Entwicklung ist die Aufgabe des Zytoplasmas" (Vries 1889, 194). Mit dem Übergang vom Zellkern ins Zytoplasma sollte dann eine Aktivierung der Pangene stattfinden, die sich letztlich differenzieren und den Körper aufbauen sollten. Er ging davon aus, dass jene Pangene in vielfachen Kopien in jede Zelle vorkamen und die Anzahl der vorliegenden Kopien über die Dominanz bzw. die Stärke der Ausprägung von Merkmalen entschied (eine irrtümliche Annahme, die neben ihm auch Weismann und die meisten Autoren am Ende des 19. Jahrhunderts, nicht jedoch Mendel, vertraten). Damit waren für ihn die sich ausbildenden Merkmale letztlich Entfaltungen der materiell vorliegenden, je merkmalspezifischen Pangene, womit für de Vries keine Trennung von Erbsubstanz und Körpersubstanz bestand, und damit auch die Unterscheidung von Anlage und Merkmal bei ihm verschwimmt. Ernst Mayr stellt diesbezüglich fest:

> „The individual as a whole was for de Vries nothing but an enlarged version of the original set of pangens in the nucleus of the fertilzed egg (zygote). This is why he never bothered to specify whether his term 'mutation' referred to the phenotype or the underlying germ plasma" (Mayr 1982, 781f.).

Anlage und Merkmal oder Genotyp und Phänotyp

Im engen Zusammenhang mit der Unterscheidung Erbsubstanz/Körpersubstanz steht auch, wie sich aus folgender Bemerkung Ernst Mayrs herauslesen lässt, die Differenzierung von Genotyp und Phänotyp. Diese setzte sich erst zu Beginn des 20. Jahrhunderts langsam durch und wurde selbst bei (Morgan et al. 1915) so noch nicht vorgenommen:[86]

---

[85] In dieser idealtypischen Form war der Präformationismus aber auch im 18. Jahrhundert kaum vertreten worden.

[86] Eine Differenzierung, die Morgan, Sturtevant, Muller und Bridges selbst 1915 noch nicht vollumfänglich gebrauchten.

„The terms ‚phenotype' and ‚genotype' had not yet been coined in 1900, although Weismann made the implicit distinction between germ plasma and soma. For de Vries there was no real difference between the genetic material and the body (phenotype) since his pangens moved freely from the nucleus to the cytoplasm. A pangen corresponded for him to an elementary unit character. He postulated the existence of a separate heredity basis for each independently inheritable character. [...] Like de Vries, Bateson also failed to make a clear distinction between an underlying genetic factor and the resulting phenotypic character. [...] he failed to make a distinction between the somatic character and its determinant (gene) in the gamete. For a number of reasons, prior to about 1910 the silent assumption was made almost universally that there is a 1:1 relationship between genetic factor and character. Hence, when one spoke of a unit character, it did not really matter whether one meant the underlying genetic basis or its phenotypic expression" (Mayr 1982, 736).

Die schon von Mendel getroffene Differenzierung zwischen Anlage und Merkmal wurde zwar insbesondere von Carl Correns (ein Schüler des Botanikers Carl Wilhelm von Nägelis) aufgegriffen und weiterentwickelt, womit er die Unterscheidung von Genotyp und Phänotyp (ebenso wie Weismann durch die Unterscheidung von Soma und Keimplasma) vorweg nahm (Müller-Wille & Rheinberger 2009, 50). Doch blieb ein grundlegender Denkfehler, der von (Carlson 1966, 23ff.) als *unit-character fallacy* bezeichnet wurde, bis ins zweite Jahrzehnt des 20. Jahrhunderts präsent. Gemeint ist die Annahme, dass sogenannte Merkmaleinheiten, d.h. jeweils eine Eins-zu-eins-Korrelation zwischen Anlage und Merkmal bestehen würden, was zur Folge hatte, dass nicht deutlich zwischen Genotyp und Phänotyp unterschieden wurde.

Chromosomentheorie und formaler Genbegriff

An diesem Umstand konnte zunächst auch die um die Jahrhundertwende entstehende Chromosomentheorie der Vererbung nichts ändern. Wilhelm Roux hatte bereits 1883 *Über die Bedeutung der Kerntheilungsfiguren* (Roux 1883) gearbeitet und in dieser Arbeit die Zellteilung, insbesondere die Teilung des Kerns bei der Mitose, untersucht und dabei auf die Bedeutung der Chromosomen für die Vererbung hingewiesen. Doch erst zwanzig Jahre später, nach der Wiederentdeckung der Mendel'schen Regeln, gelang es Walter Sutton und Theodor Boveri unabhängig voneinander, diese mit den damals aktuellen zytologischen Erkenntnissen über die Chromosomen in Beziehung zu setzen, indem sie die Merkmalsverteilung in den Folgegenerationen durch das Verhalten der Chromosomen bei der Meiose zu erklären versuchten. Doch so viel bis ins erste Jahrzehnt des 20. Jahrhunderts auch über die materielle Grundlage der Vererbung bzw. der Gene spekuliert worden war und so viele experimentelle Befunde – etwa über die Natur der Chromosomen – auch gemacht worden waren, gleichzeitig positionierten sich namhafte Vertreter der gerade neu entstandenen Disziplin der Genetik[87] kritisch als Gegner korpuskularer Gentheorien und auch der Chromosomentheorie oder wollten die Frage nach der Materialität der Gene ausklammern – unter ihnen auch Wilhelm Johannsen, der stark von den Physikalisten beeinflusst war und der zeitlebens skeptisch gegenüber der Chromosomentheorie bleiben sollte. Johannsen war es, der die begriffliche Unterscheidung von Phänotyp und Genotyp einführte. Dabei wollte er als Phäno- typ all jene sichtbaren und meßbaren Ausprägungen von Merkmalen bezeichnet wissen, während er unter Genotyp eine bloß hypothetische, aber kausal relevante Struktur bezüglich der Ausblidung von Merkmalen in der Individualentwicklung verstand. Bemerkenswert ist hierbei, dass Johannsen Phänotyp nicht in Bezug auf Individuen einführte, sondern als statistischen, populationsbezogenen Begriff. Da aber lediglich die sichtbaren Merkmale empirischen Untersuchungen wie Kreu- zungsexperimenten zugänglich waren, sollten diese den experimentellen Ansatz- punkt darstellen für das, was nicht direkt beobachtbar war – die Anlagen selbst. Wie Marcel Weber feststellt, hatte diese Differenzierung weitreichende Implikationen, denn

> „Johannsens scharfsinnige Unterscheidung [Genotyp/Phänotyp; DF] hatte auch bedeutende Auswirkungen auf den Genbegriff selbst, indem Gene nun als Elemente des Genotyps definiert werden konnten, ohne Annahmen über deren materielle Natur machen zu müssen, mit anderen Worten: das Gen konnte damit funktional definiert werden" (Weber 1998, 51f.).

So war bei Johannsen 1909 der Genbegriff, als er diesen in Ableitung von de Vries' „Pangen" einführte, unabhängig von einer materiellen Grundlage, rein formal for- muliert. Mit dem Begriff des Gens[88] wollte Johannsen die einfache Vorstellung zum Ausdruck bringen,

---

[87] Der Begriff „Genetik" als disziplinäre Bezeichnung wird erstmals von William Bateson 1906 bei einem internationalen Kongress für Pflanzenhybride in London verwendet. Bateson schlägt dort „Genetik" als Namen dieses neuen Zweigs der Physiologie vor (W. Bateson 1906).

[88] Johannsen verweist hier auf Darwin, der den Begriff „Pangen" verwendet hatte. Dieser sei jedoch nicht glücklich gewählt, da in der Vorsilbe „Pan" die Stämme mitenthalten seien (Johannsen 1909, 124).

„daß durch ‚etwas' in den Gameten eine Eigenschaft des sich entwickelnden Organismus bedingt oder mitbestimmt wird oder werden kann. Keine Hypothese über das Wesen dieses ‚etwas' sollte dabei aufgestellt oder gestützt werden. [...] Das Wort Gen ist völlig frei von jeder Hypothese; es drückt nur die sichergestellte Tatsache aus, daß jedenfalls viele Eigenschaften des Organismus durch in den Gameten vorkommende besondere, trennbare und somit selbständige ‚Zustände', ‚Grundlagen', ‚Anlagen' – kurz, was wir eben Gene nennen wollen – bedingt sind. [...] Keine bestimmte Vorstellung über die Natur der Gene ist zur Zeit genügend begründet. Dies ist aber ganz ohne Einfluß auf die Wirksamkeit der Erblichkeitsforschung; es genügt, daß es sicher festgestellt ist, daß solche ‚Gene' vorhanden sind" (Johannsen 1909, 124).

Damit stand Johannsen ganz in der Tradition Mendels, der ebenfalls nur wenig über die Materialität der Vererbung spekuliert und sich in seinen Experimenten auf die Analyse von „Merkmalen" und „Chrarakteren" konzentriert hatte, d.h. auf phänotypische Ausprägungen in der Terminologie Johannsens. Zwar sprach Mendel auch von „Elementen", doch finden sich bei ihm keine konkreten Äußerungen über das Vererbungsmaterial selbst. In den Kreuzungsexperimenten Mendels einerseits und in der Züchtung reiner Linien andererseits sah Johannsen die experimentelle Grundlage aller wirklich analytischen Experimente in der Genetik. Bei diesen beiden Formen empirischer Forschung spielte die materielle Beschaffenheit der Gene keine Rolle, worauf Müller-Wille und Rheinberger explizit aufmerksam machen:

„Hier ließen sich Gene effektiv als abstrakte Elemente eines gleichermaßen abstrakten Raumes betrachten, dessen Struktur auf der Grundlage der sicht- und quantifizierbaren Ergebnisse von Kreuzungsexperimenten mit Modellorganismen erkundet werden konnten. Die Genetik war damit als eine ‚formale' Wissenschaft definiert, die in ihrer wissenschaftlichen Vorgehensweise der Physik oder auch der Chemie glich, die aber – ähnlich wie die Thermodynamik – Aussagen über die materielle Beschaffenheit ihrer Elemente weder voraussetzte noch nahelegte" (Müller-Wille & Rheinberger 2009, 58).

Wie Johannsen lehnte auch T.H. Morgan zunächst Hypothesen über die Vererbung durch Partikel (und damit auch die Chromosomentheorie) ab, da es für diese keine hinreichenden empirischen Belege gab. Er wollte sein Verständnis aus experimentellen Belegen, insbesondere auch mikroskopischen Studien gewinnen (Benson 2001, 471). Ursprünglich als Embryologe ausgebildet, betrieb Morgan vor 1910 Entwicklungsstudien und verspürte eine Abneigung gegen Weismanns Spekulationen und ebenso dagegen, das Entwicklungsproblem lediglich als Interaktionsproblem zwischen bestimmten Partikeln zu betrachten, wie er in *Chromosomes and Heredity* zu verstehen gab (Morgan 1910, 453). Er sträubte sich dagegen, das Problem der Vererbung und der Individualentwicklung an einem einzelnen Faktor bzw. einem einzelnen Zellbestandteil festzumachen. Seine Zweifel beruhten nicht zuletzt darauf, dass damit die Annahme verbunden war, dass die einzelnen vererbbaren Eigenschaften präformiert seien (ebd., 453f.). In diesem Artikel begann Morgan darüber hinaus das erste Mal das Problem der Individualentwicklung von dem der Vererbung zu trennen.[89] Da die Anzahl der Merkmale bei weitem die Zahl an Chromosomen überstieg, konnte keine Eins-zu-eins-Relation zwischen Merkmal und Chromosom bestehen. Dies bedeutete, dass mehrere Merkmale auf einem einzigen Chromosom verankert sein mussten, was wiederum implizierte, dass diese sich zusammen nach den Mendel'schen Regeln hätten vererben müssen. Dafür fehlten jedoch die Belege. Allerdings sollte sich dies bald ändern und Morgan infolgedessen seine Ansichten innerhalb nur weniger Monate revidieren. Insbesondere die Erkenntnis der Geschlechterdetermination durch spezifische Chromosomen in unterschiedlichen Spezies sowie die Zuordnung weiterer geschlechtsspezifischer Merkmale zu bestimmten Chromosomen brachten den Wechsel Morgans von der Embryologie zur Vererbungsforschung und gleichsam zu *Drosophila melanogaster* als Versuchsobjekt. Des Weiteren dürfte die zytologische Entdeckung der Chiasmatypie – des Crossing-overs – durch F.A. Janssens wesentlich dazu beigetragen haben, Morgan von der Richtigkeit der Chromosomentheorie zu überzeugen. Interessanterweise schenkte Morgan dem Begriff des Gens auch im Folgenden trotz seiner Fokussierung auf die Chromosomen wenig Beachtung und hielt stattdessen lieber an Mendels Begriff „Faktoren" fest. Ungeachtet dessen zählt die „Konversion" Morgans zur Chromosomentheorie zu den vielfach erzählten Glanzlichtern der Wissenschaftsgeschichte. Denn letztlich war es der einstmalige Kritiker Morgan selbst, der in enger Kooperation mit seinen Mitarbeitern den Nachweis der Chromosomen als materieller Grundlage der Vererbung führen sollte. Morgans Vererbungsstudien waren ein weiterer Beleg für die Theorie einer Lokalisation der Gene, die als eigentliche Erbanlagen vermutet wurden, in den Chromosomen. Dennoch, auch wenn Morgan zwar die Lokalisierung der Gene auf den Chromosomen vornahm,[90] so enthielt er sich letztlich doch aller Aussagen über deren chemische Verfasstheit.

---

[89]   Siehe (Benson 2001, 473).

[90]   Allerdings sprachen die Ergebnisse des Crossing-overs seiner Meinung nach dafür, „that the gene is a certain amount of material in the chromosome that may separate from the chromosome in which it lies" (Morgan 1919, 238).

Auch 1919 bestimmte Morgan den Genbegriff in Bezug auf Vererbung gepaarter Merkmale noch relational und formal:

> „The behavior of linked pairs shows, however, that the analysis must be carried further, because, despite linkage, the elements that went in together may be separated. The evidence shows that while some linked genes separate almost as freely as do independent genes, so that their linkage to each other can only be safely determined by their relation to certain other genes, other linked genes may separate not once in a hundred times, or even less often. Between these extremes all intermediate linkage values are found. These results indicate that the chromosomes do not represent the ultimate elements that may be separated out of the original complex (germ-plasm).
> We are led, then, to the conclusion that there are elements in the germ-plasm that are sorted out independently of one another. The Drosophila evidence shows at least several hundred independent elements, and as new ones still appear as frequently as at first, the indications are that there are many more such elements than those as yet identified.
> These elements we call genes, and what I wish to insist on is that their presence is directly deducible from the genetic results, quite independently of any further attributes or localizations that we may assign to them. It is this evidence that justifies the theory of particulate inheritance" (Morgan 1919, 238).

Und auch fünfzehn Jahre später insistiert Morgan in seiner Nobelpreisrede 1934 darauf, dass die Materialität des Gens für die Arbeit des Genetikers (zum damaligen Stand der Wissenschaft) ohne Belang sei:

> „What is the nature of the elements of heredity that Mendel postulated as purely theoretical units? What are genes? Now that we locate them in the chromosomes are we justified in regarding them as material units; as chemical bodies of a higher order than molecules? Frankly, these are questions with which the working geneticist has not much concern himself, except now and then to speculate as to the nature of the postulated elements. There is no consensus of opinion amongst geneticists as to what the genes are whether they are real or purely fictitious – because at the level at which the genetic experiments lie, it does not make the slightest difference whether the gene is a hypothetical unit, or whether the gene is a material particle. In either case the unit is associated with a specific chromosome, and can be localized there by purely genetic analysis. Hence, if the gene is a material unit, it is a piece of a chromosome; if it is a fictitious unit, it must be referred to a definite location in a chromosome – the same place as on the other hypothesis. Therefore, it makes no difference in the actual work in genetics which point of view is taken" (Morgan 1934).

So ist es auch zu verstehen wenn Gunther Stent rückblickend trotz der langen Tradition materieller Theorien der Vererbung behaupten kann, dass die Grundeinheit der klassischen Genetik ein Abstraktum sei: „The fundamental unit of classical genetics is an indivisible and abstract gene. In contrast, the fundamental unit of molecular genetics is a concrete chemical molecule, the nucleotide, with the gene being relegated to the role of a secondary unit aggregate comprising hundreds or thousands of such nucleotides" (Stent 1970, 910).[91]

Nukleinsäuren oder Proteine als materielle Grundlage der Vererbung?

Allgemein war der Gedanke, rein physiko-chemische Erklärungen von Lebensphänomenen zu geben zwar keineswegs neu in der Biologie. Solche reduktionistischen Überlegungen finden sich nicht nur in der Philosophie – insbesondere seit Beginn der Neuzeit[92] – sondern beispielsweise auch um die Jahrhundertwende zum 20. Jahrhundert dezidiert bei Naturwissenschaftlern wie dem bereits ausführlich dargestellten Jacques Loeb. Dieser übte enormen Einfluss auf die Forschungstradition in den ersten vier Jahrzehnten des 20. Jahrhunderts aus, indem er die Verschmelzung von Biologie und Chemie propagierte. Der Biochemiker Otto Warburg bezeichnete Loeb gar als „acknowledged master of a new fusion between biology and chemistry" (zitiert nach Fuerst 1982, 256) und sah in dieser Zusammenführung einen wesentlichen Faktor für die finanzielle Forschungsförderung der aufkeimenden Molekularbiologie, da dieses reduktionistische Programm forschungspolitisch gewollt war. Dennoch gibt es einen gewissen Unterschied zu verzeichnen zwischen dem Reduktionismus Loebs und dem der entstehenden Molekularbiologie. Darauf verweist auch Jacques Monod. Auf die Frage, ob denn die Molekularbiologie als

---

[91]　Stent hatte zunächst den klassischen Genbegriff mit den drei Attributen „indivisible", „abstract" und „transzendental" versehen, letzteres aber wieder gestrichen, um Verwirrungen zu vermeiden. Gemeint habe er damit lediglich „so fantastic as to be beyond ordinary comprehension" (Stent 1970, 910 FN). Der Genetiker Curt Stern vertrat Stent zufolge diesbezüglich eine andere Position und relativierte auch die beiden anderen Attribute. So sei ein Gen auch nur deshalb unteilbar gewesen, da die Genetiker nicht wussten, wie es zu Teilen sei und es sei nicht eigentlich abstrakt gewesen, da bereits gezeigt worden war, dass sich Gene auf den Chromosomen befinden. Dennoch hält Stent an der Unteilbarkeit und Abstraktheit der Gene im klassischen Sinne fest: „To me it appears, however, that both indivisibility and abstractness of the classical gene were fundamental epistemological qualities, which took their origin in the kind of operations by means of which the gene was then studied. From the classical purview, it would have been meaningless to divide the gene and futile to endow it with a concrete physical identity" (Stent 1970, 910 Fußnote).

[92]　Siehe hierzu die umfassende Studie von (Sutter 1988).

Versuch definiert werden könne, lebende Systeme dadurch zu erklären, dass man Strukturveränderungen in Beziehung zu Funktionen auf molekularer Ebene setzt, antwortete er:

> „I wouldn't put it just that way [...] Because this ambition existed long before molecular biology existed. Biologists of the early part of this century – some biologists, the school of Jacques Loeb, for instance – certainly had this ambition, quite decidedly. They were philosophical reductionists and were convinced that the living could be reduced in principle to physics and chemistry, and nothing more. [...] So that's not new [...]. It's of course present in molecular biology, but there's nothing new in it. What is new in molecular biology is the recognition that the essential properties of living beings could be interpreted in terms of the structures of the macromolecules. This, you see, is much more specific – and in fact it partly contradicts the hope of the physical-chemical school at the beginning of the century. The biologists of that time – and the time extended into the days when I was a student, so I know this quite well – believed, to put it roughly, that the laws of gases would explain the living beings. That is to say, metabolism in the cells would be explained by the general laws of chemistry. This was natural because it was the time when great advances were being made in the understanding of the behavior of substances in solutions, and of semipermeable membranes, and so on" (Judson 1979, 210f.).

Worauf Monod hier hinweist, ist, dass der Gedanke, sich dem Phänomen des Lebens auf molekularer Ebene zu nähern, offensichtlich älter ist als die Molekularbiologie selbst, die als solche erst in den dreißiger Jahren des 20. Jahrhunderts entstand. Bereits in den ersten beiden Dekaden des 20. Jahrhunderts hatte man biochemische Untersuchungen unternommen und war auf der Suche nach den „physical and chemical properties that were characteristic of organisms but could nevertheless be studied by physics and chemistry" (Morange 2000, 12). Zu dieser Zeit war es allerdings noch immer die Kolloidchemie, welche die Biochemie über die Jahrhundertwende hinaus beherrschte. Diese war im Anschluss an die Versuche Thomas Grahams ab den 1860er Jahren entstanden und fand beispielsweise mit der Micellartheorie Carl Wilhelm von Nägelis (Nägeli 1928) breite Anerkennung. Es wurde bis in die zwanziger Jahre angenommen, dass die Bausteine des Lebens – sprich Nukleinsäuren, Enzyme, Proteine oder auch Antikörper – aus Aggregaten von kleinen, elementaren Molekülen bestehen, die sich zu sogenannten Kolloiden zusammenfinden und ihre Zusammensetzung laufend ändern. Zwar waren Zellkern und verschiedene Zellorganellen bereits bekannt, dennoch wurde die Zelle eher „als eine

Art ‚Sack voller Moleküle'" (Jacob 1972, 265) angesehen. DNA als chemische Substanz des Zellkerns war schon seit dem 19. Jahrhundert bekannt, als es Friedrich Miescher 1869 gelungen war phosphorreiches Material aus dem Zellkern von Eiterzellen zu isolieren, das sich in seinen chemischen Eigenschaften von Proteinen unterschied und das er als Nuklein bezeichnete. Dieses, so sollte sich später herausstellen, war dieselbe Substanz, die Walther Flemming 1879 als färbbares „Chromatin" entdeckte. Die Bezeichnung Nukleinsäure bekam die von Proteinen gänzlich gereinigte Kernsubstanz erst 1889 von Richard Altmann. In den darauffolgenden Jahren war dieses Nuklein bereits ernsthaft als genetisches Material diskutiert worden. Ab 1910 war auch die Zusammensetzung aus vier Basen, d.h. den zwei Purinen Adenin und Guanin und zwei Pyrimidinen Cytosin und Thymin, bekannt. Es war jedoch innerhalb des durch die Kolloidchemie geprägten Begriffsrahmens der organischen Chemie zu dieser Zeit schlicht nicht möglich die DNA als komplexes Molekül zu untersuchen. Diese Beschränkungen führten zur weiten Verbreitung der Tetranukleotid-Hypothese, welche annahm, dass die DNA einen monotonen Aufbau aus identischen Tetranukleotiden besitze, die keineswegs eine solche genetische Vielfalt hätte erklären können. Mit dieser Annahme,

> „die DNA sei ein recht kleines und einfaches Molekül, verlor der Glaube, daß sie fähig sei, die Entwicklung zu kontrollieren, allmählich an Überzeugungskraft. Wie konnte angesichts der ungeheuren Komplexität der Entwicklungsbahn ein solches Molekül für die Vererbung wichtig sein und die Entwicklung von der befruchteten Zygote bis hin zum voll ausgewachsenen Organismus kontrollieren? Dagegen erschienen die großen Proteinmoleküle mit zwanzig verschiedenen Aminosäuren eine absolut unbegrenzte Zahl von Veränderungen und Kombinationen zu erlauben" (Mayr 2002 [1982], 650f.).

Vieles sprach also stattdessen dafür, dass es sich bei Proteinen um die materielle Grundlage der Vererbung handelt.[93] Sie kamen überall im Körper vor und man nahm an, dass sie weitgehend für die kolloidalen Eigenschaften verantwortlich

---

[93] Das Protein-Paradigma sollte noch lange Zeit das vorherrschende bleiben. Als es Wendell Stanley 1935 gelang das Tabak-Mosaik-Virus zu kristallisieren, konnte er nachweisen, dass das Virus zu 95% aus Proteinen bestand, was ein weiterer starker Hinweis auf die Richtigkeit des Proteinparadigmas zu sein schien. „Although it is difficult, if not impossible, to obtain conclusive positive proof of the purity of a protein, there is strong evidence that the crystalline protein herein described is either pure or is a solid solution of proteins. As yet no evidence for the existence of a mixture of active and inactive material in the crystals has been obtained. Tobacco-mosaic virus is regarded as an autocatalytic protein which, for the present, may be assumed to require the presence of living cells for multiplication" (Stanley 1935, 645).

waren (G. E. Allen 1979 [1975], 190). Auch namhafte Biologen wie William Bateson hielten Nukleinsäuren als Grundlage der Vererbung für abwegig. Er äußerte etwa in einer Rezension zu T.H. Morgans *Mechanism of Mendelian Heredity* (Morgan et al. 1915) die Überzeugung:

> „The supposition that particles of chromatin, indistinguishable from each other and indeed almost homogeneous under any known test, can by their material nature confer all the properties of life surpasses the range of even the most convinced materialism" (W. Bateson 1916).

Auch die ersten Röntgenstrukturanalysen schienen diese Annahme zunächst zu stützen.[94] Generell standen mit den analytischen Methoden der organischen Chemie zunächst nur grobe Analyseverfahren zur Verfügung, die zu einer Aufspaltung größerer Makromoleküle wie der DNA führten. Dadurch wiederum wurde diese für ein verhältnismäßig kleines Molekül gehalten, was sich wiederum gut mit den Annahmen der Kolloidchemie deckte (Mayr 2002 [1982], 650ff.).[95] Somit war die „*biophysical* tradition" (Olby 1996, 504) dieser Zeit trotz ihrer molekularen Ausrichtung noch immer bestimmt von Theorien und Methoden, die sich auf molekulare Aggregate bezogen. Erst ab den späten 1920er Jahren begann sich mit den Arbeiten Hermann Staudingers – trotz anfänglichem Widerstand – der Begriff und das Verständnis von Makromolekülen durchzusetzen. Staudinger beschrieb diese als fest definierte Strukturen, die aus einer Vielzahl von Atomen bestehen, welche durch kovalente Bindungen zusammengehalten werden. Zu dieser Zeit etwa erkannte man auch, dass neben Proteinen auch Nukleinsäuren eine polymere Struktur aufweisen. Erst mit der allgemeinen Anerkennung dieses Konzepts der Makromoleküle[96] war der Weg frei für eine strukturorientierte Molekularbiologie und die damit verbundenen spezifischen reduktionistischen Denkweisen.

---

[94] Zur Geschichte der Kolloidchemie und deren Ablösung durch die Molekularbiologie siehe (Deichmann 2007) und (Braun 2012).

[95] Die Annahme der Kolloidchemie, dass die DNA nicht die materielle Grundlage der Vererbung sei, war im Lichte der zur Verfügung stehenden technischen Möglichkeiten durchaus begründet und nicht, wie in simplifizierenden Rückblicken des Öfteren behauptet wird, schlicht rückständig.

[96] Der Begriff des Makromoleküls löste in den 1920er Jahren den des Protoplasmas ab (Rheinberger & Müller-Wille 2009, 214).

1.5.2   „Die moderne Biologie ist nicht das Werk von Biologen"

Die Entstehung der Molekularbiologie und ihre außerordentlichen Erfolge sind nicht zuletzt damit verbunden, dass zahlreiche – darunter auch sehr namhafte – Physiker begannen, sich ab den 30er Jahren neu zu orientieren und sich neue Herausforderungen in den Lebenswissenschaften suchten. Diese Wissenschaftler waren zwar nicht in Biologie ausgebildet, wandten aber Methoden ihrer eigenen Disziplin auf biologische Problemstellungen an. Pointiert formuliert dies Ernst Peter Fischer in seiner Einleitung zu der Neuauflage von Erwin Schrödingers *Was ist Leben?*: „Die moderne Biologie ist nicht das Werk von Biologen. Sie ließen sich in den vierziger Jahren das Heft ihrer Wissenschaft aus der Hand nehmen" (Schrödinger 1989 [1944], 5). Es wäre jedoch verfehlt, schlicht zu behaupten, mit den Physikern hätte das physikalistisch-reduktionistische Denken in die Biologie Einzug gehalten. Denn das neu entstehende Forschungsprogramm der Molekularbiologie, das „lebende Systeme in Begriffen der molekularen Mechanik erklärt, hatte in den dreißiger Jahren als der Versuch von Physikern und physikalisch inspirierten Biologen begonnen, in der Welt des Lebendigen andere Gesetze als die bekannten der Physik zu entdecken" (Herbig & Hohlfeld 1990, 313) worauf Herbig und Hohlfeld zurecht hinweisen. Dies ist jedoch nur zum Teil richtig, was deutlich wird, wenn man den wissenschaftshistorischen Rekonstruktionen folgt, die die Entstehung der Molekularbiologie eingehend beleuchtet haben. Denn die Molekularbiologie erwuchs sozusagen aus zwei separaten Wurzeln – einer sogenannten *structural school* um die britischen Kristallographen und einer *informational school*, die aus der sogenannten Phagengruppe des Caltech (*California Institute of Technology* in Pasadena) hervorging, wobei sich Herbigs Bemerkung nur auf letztere bezieht. John Kendrew hat in seiner Buchbesprechung der von Gunther Stent, James Watson und John Cairns zu Max Delbrücks sechzigstem Geburtstag herausgegebenen Festschrift *Phage and the Origins of Molecular Biology* (Cairns, Stent & Watson 1992 [1966]) darauf hingewiesen, dass unter den Molekularbiologen selbst keineswegs Einigkeit darüber herrschte, was denn ihre Disziplin auszeichne. Während die Autoren der Beiträge dieser Festschrift nahezu einstimmig biologische Information ins Zentrum ihres Faches stellen, lag der Schwerpunkt der britischen Schule Kendrew zufolge stattdessen auf der Erforschung der Struktur von Makromolekülen. Beide „Schulen" sollten letztlich dadurch zusammentreffen, dass James Watson beschloss, seine wissenschaftliche Karriere, die er als Doktorand bei Salvador Luria in der Phagengruppe begonnen hatte – nach kurzer Zwischenstation in Kopenhagen – im Labor von Lawrence Bragg in

Cambridge fortzusetzen und dort die Zusammenarbeit mit Francis Crick forcierte. Die Differenzierung dieser beiden Schulen wurde mehrfach aufgegriffen (G. E. Allen 1979 [1975]; Fuerst 1982; Hess 1970; Olby 1974; Stent 1968) und soll im Folgenden näher ausgeführt werden.

Die „Structural School" der Molekularbiologie

In den zwanziger Jahren hatte die Kolloidchemie langsam ihre Vormachtstellung verloren. Man hatte erkannt, dass biologisch bedeutsame Polymere von hohem Molekulargewicht existieren und begonnen deren Struktur zu erforschen. Insbesondere die Mitglieder der später als *strucutral school* bezeichneten Forschergruppe machten sich daran, die atomare Architektur biologischer Moleküle zu entschlüsseln. Es stellte sich heraus, dass solche Polymere wie beispielsweise Kollagen, Muskelproteine, RNA (*ribonucleic acid*) und DNA gewisse Eigenschaften von Kristallen aufwiesen. Damit war es naheliegend, die am Cavendish Labor in Cambridge in Großbritannien von William Henry Bragg und dessen Sohn William Lawrence Bragg bereits vor dem Ersten Weltkrieg entwickelte Röntgenstrukturanalyse auch auf solche organischen Polymere anzuwenden (Abbildung 5).

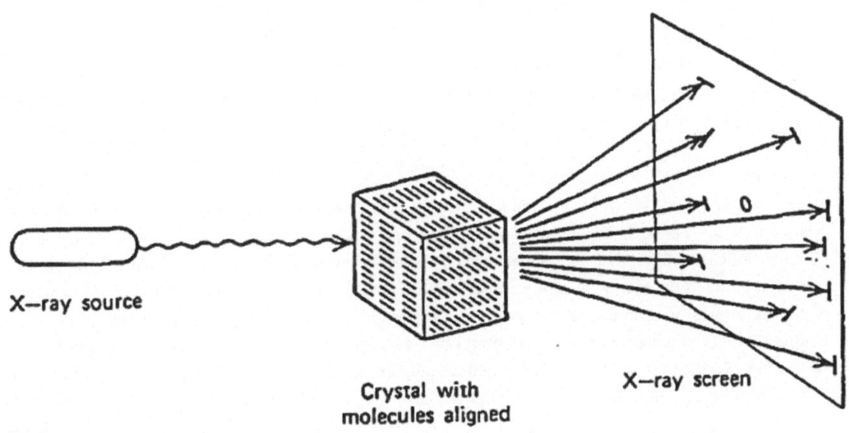

Abbildung 5 Prinzip der Röntgenstrukturanalyse. Quelle: (Allen 1979 [1975], 193).

Hierfür wird ein Kristall zunächst mit Röntgenstrahlen beschossen. Diejenigen Strahlen, die durch den Kristall abgelenkt werden, hinterlassen auf einem Detektor ein spezifisches Beugungsmuster, das charakteristisch ist für die jeweilige Gitterstruktur des Kristalls (G. E. Allen 1979 [1975], 192). Zu Braggs Schülern, die sich in den 1930er Jahren der Analyse biologisch relevanter Moleküle zuwandten, gehörten auch John Desmond Bernal und William Thomas Astbury. Astbury forschte vornehmlich an der Struktur von Keratin und anderen Faserproteinen. Er gelangte zu dem Ergebnis, dass die Struktur solch großer Moleküle wie Keratin nicht nur für deren chemische Eigenschaften verantwortlich war, sondern auch für deren funktionale Eigenschaften wie Elastizität und ihre Reißfestigkeit. Er war es auch, der den Begriff „molecular biology" zwar nicht erfunden hatte[97] aber doch ab Ende der 1930er Jahre nachdrücklich benutzte und auch stark propagierte. Bezeichnenderweise charakterisierte er in seiner *Harvey Lecture* 1950 die Molekularbiologie gänzlich ohne auf den Begriff der Information zurückzugreifen rein über die Begriffe Struktur, Form und Funktion:

> „The name ‚molecular biology' seems to be passing now into fairly common use, and I am glad of that because, though it is unlikely I invented it first, I am fond of it and have long tried to propagate it. It implies not so much a technique as an approach, an approach from the viewpoint of the so-called basic sciences with the leading idea of searching below large-scale manifestations of classical biology for the corresponding molecular plan. It is concerned particularly with the forms of biological molecules, and with the evolution, exploitation and ramification of those forms in the ascent to higher and higher levels of organization. Molecular biology is predominantly three-dimensional and structural-which does not mean, however, that it is merely a refinement of

---

[97] Der Ursprung des Begriffs „molecular biology" geht wohl auf Warren Weaver und die Anfänge seiner Zeit als Direktor der naturwissenschaftlichen Sektion der Rockefeller Foundation zurück. Weaver erklärte später, dass er sich bald nach seiner Berufung dafür eingesetzt hatte, „that the science program of the foundation be shifted from its previous preoccupation with the physical sciences, to an interest in stimulating and aiding the application, to basic biological problems, of the techniques, experimental procedures, and methods of analysis so effectively developed in the physical sciences" (Weaver 1970, 582). 1938 schließlich war im Jahresbericht der Rockefeller Foundation ein sechzehnseitiger Abschnitt mit dem Titel *MOLECULAR BIOLOGY* überschrieben. Dieser Abschnitt begann mit den Worten: „Among the studies to which the Foundation is giving support is a series in a relatively new field, which may be called molecular biology, in which delicate modern techniques are being used to investigate ever more minute details of certain life processes" (Weaver 1970, 581f.) (siehe hierzu auch Witt 2012, 49). 1951 wurde „molecular biology" eines der sechs Programme des *National Research Councils* und 1959 wurde dann das *Journal of Molecular Biology* gegründet.

morphology. It must of necessity inquire at the same time into genesis and function" (Astbury 1950-1951) zitiert nach (Bernal 1963, 6f.).

Die vielleicht schillerndste Persönlichkeit der *structural school* war der gebürtige Ire und bekennende Marxist John Desmond Bernal,[98] der sich intensiv mit der Rolle der Wissenschaft in der Gesellschaft und der *Sozialen Funktion der Wissenschaft* (Bernal 1946 [1939]) auseinandersetze. Vor dem Hintergrund seiner materialistischen Weltsicht war auch sein Zugang zur Biologie geprägt von einer reduktionistischen Herangehensweise, die ihn zur Analyse von Molekülstrukturen als fundamentale Aufgabe der Biowissenschaften führte, was er wie folgt formulierte:

> „what we crudely observe of living beings – their appearances, microscopically and macroscopically, their movements, their patent growth, development, and similarities or differences – are seen to be only superficial signs of hidden chemical changes in a physico-chemical structure, itself extremely complex and ancient. One of the great problems for the immediate future is the understanding of the chemical basis of the functioning and development of life" (ebd., 338).

Ende der 30er Jahre untersuchten Astbury und Bernal neben der Struktur von Proteinen und Nukleinsäuren auch bereits Viren und 1939 gelang es Bernal nachzuweisen, dass das Tabak-Mosaik-Virus aus hunderten, strukturgleichen Proteinuntereinheiten aufgebaut ist. Auch Bernals Schüler Max Perutz und John Kendrew arbeiteten mit diesen Methoden an der Analyse der Struktur von Molekülen, insbesondere an Hämoglobin und Myoglobin. Fuerst weist zwar darauf hin, dass Astbury ebenso wie Bernal (und ihre Schüler) sowohl in der Kristallographie als auch in der Protein-community integriert waren. Sie besuchten Tagungen, an denen Genetiker, wie auch Quantenphysiker teilnahmen, die sich für Proteine interessierten. Insgesamt betrachtet kommt er aber zu dem Schluss, die Kristallographie sei die Methode der Wahl eines breiten Forschungsprogramms mit wahrlich reduktionistischen Zielen gewesen. „Although alternative philosophies at times claimed attention, reductionism will be seen to have been a dominant attitude of this strand, and of the whole structural school cluster" (Fuerst 1982, 252).

---

[98] Bernal war bestrebt, den dialektischen Materialismus naturwissenschaftlich zu begründen.

Die „Informational School" der Molekularbiologie

Allgemein gebräuchlich wurde der Begriff „molecular biology" aber erst durch die Mitglieder der *informational school* in den USA, d.h. die Phagengruppe um Max Delbrück und Salvador Luria sowie durch die Forschergruppe um Linus Pauling. Während sich die *structural school* mit der dreidimensionalen *Struktur* von Makromolekülen befasste, ist es auf der anderen Seite weniger eindeutig zu fassen, weshalb John Kendrew die andere Schule als *informational school* bezeichnete, da der Begriff der Information keineswegs von Anfang an von den Mitgliedern dieser „Schule" verwendet wurde. Rückblickend beschreibt Gunther Stent das Verhältnis der beiden Schulen folgendermaßen:

> „After the fact and in retrospect it seems plausible to conclude that the largely non revolutionary influence of the structural school on general biology derived from its preoccupation with structure rather than information. It is my belief that this preoccupation reflected a down-to-earth view of the relation of physics to biology – namely, that all biological phenomena, no matter what their complexity, can ultimately be accounted for in terms of conventional physical laws. For, since the study of molecular structure was obviously one domain in which physics could make significant contributions to biology, the decision to focus on structure was an eminently rational one 30 years ago. In contrast, working on the physical basis of biological information must have seemed more of a pie-in-the-sky activity, for there was then hardly any common ground between genetics, on the one hand, and physics and chemistry, on the other. And so the choice of genetics as the focal point of the informational school turns out to have had a rather different, or even diametrically opposite, intellectual origin" (Stent 1968, 391).

Entscheidend für das Aufkommen des Informationsdenkens in der Biologie war damit zum einen die Zusammenführung einer materialistisch orientierten Molekularbiologie mit einer formalistisch orientierten Genetik, in der sich das Übertragungsdenken der Transmission sowie das Bildungsdenken der Entwicklungsbiologie niederschlugen. Ferner begründet Stent seine Unterscheidung der beiden Schulen vielmehr mit deren unterschiedlichen Annahmen bezüglich des Verhältnisses zwischen Physik und Biologie, d.h. letztlich mit deren unterschiedlichen metaphysischen Grundannahmen.

> „Whereas the structural molecular biologists operated under the entirely reasonable assumption that physics can make any significant contributions to biology, some of the early informational molecular biologists were motivated by

the fantastic and wholly unconventional notion that biology might make significant contributions to physics" (ebd.).

Die *structural school* versuchte „orthodox physical principles" auf die Biologie anzuwenden, während die *informational school*, unter dem Einfluss Niels Bohrs und dessen
Konzept der Komplementarität umgekehrt versuchte die Biologie für die Physik
fruchtbar zu machen und „other laws of physics" in der belebten Welt zu entdecken
(Olby 1974, 227). Zwar sollte dieses Unterfangen nicht gelingen, doch bildet die
zugrundeliegende antireduktionistische Haltung den Ausgangspunkt dafür, dass sich
später das Informationsdenken in der Molekularbiologie etablieren konnte. Und der
Weg, den diese „Schule" einschlug, führte über die Genetik, eine Wissenschaft, die,
wie gezeigt, als formale Wissenschaft zu dieser Zeit noch keine Anknüpfungspunkte
für physikalisch-chemische Methoden bot.

Delbrück, Komplementarität und der Antireduktionismus

Während sich die strukturorientierte Molekularbiologie vornehmlich in Britannien
institutionalisiert hatte, bildete das Caltech in Pasadena jenseits des Atlantiks das
Zentrum der entstehenden Molekularbiologie und der Genetik. Denn zum einen
war Linus Pauling 1927, fasziniert von der Quantenmechanik, wieder aus Europa in
die USA ans Caltech zurückgekehrt und beschäftigte sich zunächst ebenso wie seine
Kollegen und Konkurrenten[99] in England mit der Bestimmung von Kristallstruktu-
ren durch die Röntgenstrukturanalyse. Zum anderen war T.H. Morgan mit seiner
Drosophila-Gruppe 1928/29 von New York nach Pasadena umgezogen. Der 62-
jährige Morgan genoss längst weltweite Anerkennung als führender Genetiker und
hatte gerade *The Theory of the Gene* veröffentlicht, die die Ergebnisse seiner jahrelan-
gen Forschung enthielt. Im Herbst 1933 erreichte ihn die Nachricht, dass ihm für
„die Entdeckung der Erbfunktion von Chromosomen" (gemeinsam mit Alfred D.
Hershey und Salvador E. Luria) der Nobelpreis verliehen werden sollte. Vier Jahre
später, 1937 entschied sich auch ein junger Physiker Namens Max Delbrück seinen
akademischen Werdegang am Caltech fortzusetzen, um von Morgan und der starken Drosophilaforschung am Caltech profitieren zu können. Im Februar 1937 stellte sich Delbrück in einem Brief mit folgenden Worten bei Morgan vor:

> „I am by training a theoretical physicist, but stimulated by Professor N. Bohr, I
> have for at last five years tried to learn so much of genetics and of biochemis-

---

[99]   Zur Konkurrenz mit den englischen Kristallographen siehe auch (Chadarevian 2002, 106).

try that I might be useful in discussions where a good knowledge of atomic theory is required. [...] My work and study, being purely theoretical, will not require any special equipment" (zitiert nach Fischer & Lipson 1988, 96f.).

Im Rahmen eines Rockefeller-Stipendiums kam Delbrück letztlich im Sommer 1937 nach Pasadena. Delbrück war 1928, als es Paul Dirac gelungen war, Quantenmechanik und Relativitätstheorie zusammenzubringen, am Zweifeln über seine Zukunft als Physiker. Die großen Aufgaben schienen bewältigt zu sein und mit Detailarbeit wollte er sich nicht befassen. Als Rockefeller-Stipendiat beschloss er 1931 einige Zeit in Kopenhagen bei Niels Bohr zu verbringen und durch die Diskussionen mit Bohr erhielt er erste Anregungen, sich mit biologischen Problemen zu befassen. Diese Bekanntschaft sollte ihn intellektuell nachhaltig prägen und bedeutenden Einfluss auf seine weiteren Forschungen und letztlich auch auf die Fortentwicklung der Molekularbiologie ausüben. Neue Inspiration und eine „entscheidende Wendung" (Fischer 1988, 69) brachte am 15. August 1932 Niels Bohrs öffentlicher Vortrag *Licht und Leben*, den dieser zur Eröffnung des II. Internationalen Kongresses zur Lichttherapie hielt. Zwar war Delbrück mittlerweile als Assistent bei Liese Meitner in Berlin, doch hielt er weiterhin Kontakt zu Bohr und reiste zumindest gelegentlich – wie auch zu diesem Vortrag – nach Kopenhagen.

Licht und Leben

In *Licht und Leben*[100] geht Bohr der Frage nach den Auswirkungen der revolutionären Ereignisse in der Physik nach. Unter dem Eindruck der Entstehung der Quantenmechanik in den zurückliegenden Jahren referiert er über das Konzept der Komplementarität[101] und spekuliert über dessen Auswirkungen auf die Lebenswissenschaften. Sein Ausgangspunkt stellt dabei die Komplementarität des Lichtes dar. Einsteins Erklärung des photoelektrischen Effekts, ebenso wie der Compton-Effekt[102], hatten Anfang des 20. Jahrhunderts experimentelle und theoretische Bele-

---

[100] Zwar liegt der Vortrag in einer gedruckten Fassung vor, doch wich Bohr in seiner Rede, wie gewöhnlich, stark von seinem Manuskript ab.

[101] Das Konzept der Komplementariät findet sich bereits bei William James 1891. Zu den Wurzeln des Konzeptes bei Kant vgl. (Kaiser 1992).

[102] Der photoelektrische Effekt bezeichnet allgemein das Herauslösen von Elektronen (Photoelektronen) aus einer Metalloberfläche durch Bestrahlung mit Licht. Der Compton-Effekt bezeichnet das Phänomen, dass bei der Streuung von Röntgenstrahlen an freien Elektronen eine spektral verschobene Streustrahlung auftritt, wobei die Wellenlänge vom jeweiligen Streuwinkel abhängt. Demnach kann auch Photonen Masse und Impuls zugeschrieben werden.

ge für den Teilchen-Charakter des Lichtes geliefert. Auf der anderen Seite behielten die Experimente, die anhand von Inferenz- und Beugungsmustern den Wellencharakter des Lichts beschrieben, weiterhin ihre Gültigkeit. Sowohl die Photonentheorie als auch die Wellentheorie des Lichts erhoben jeweils berechtigten Anspruch auf Gültigkeit, beschrieben aber unterschiedliche Aspekte des Phänomens Licht, die sich nicht gleichzeitig beobachten ließen, was mit den Konzepten der klassischen Physik nicht erklärbar war. Die Anerkennung dieses fundamentalen Dualismus von Welle und Teilchen, der das Entweder-Oder als Anforderung an Erklärungen der klassischen Physik überstieg, machte ein neues Denken in der Physik erforderlich, da die Trennung von Versuchsanordnung und Beobachtungsgegenstand nicht aufrecht erhalten werden konnte. Bohr hatte daher vorgeschlagen diesem Dilemma mit dem Prinzip der Komplementarität beizukommen.[103] Dabei „dient der Begriff der Komplementarität als Symbol für die in der Atomphysik auftretende fundamentale Begrenzung unserer gewohnten Vorstellung einer von den Beobachtungsmitteln unabhängigen Existenz der Phänomene" (Bohr 1987, 41). Zwar ergebe sich innerhalb der klassischen Mechanik eine Unvereinbarkeit, doch sei dies niemals eine direkte Gegensätzlichkeit, da beide Aspekte von der jeweiligen Versuchsanordnung bestimmt werden und niemals beide gleichzeitig verwirklicht sein können. Die Erkenntnis, dass von den Beobachtungsmitteln unabhängige Phänomene zu erforschen problematisch ist, führt zum Konzept der Komplementarität. Beide Erscheinungsformen des Lichts seien aus makroskopischen Phänomenen der Alltagswelt abgeleitete Veranschaulichungen bzw. Modelle, die eine Abstraktion darstellten. Für ein vollständiges Verständnis des Phänomens, seien jedoch beide Aspekte notwendig. In *Licht und Leben* fasst Bohr dies wie folgt zusammen:

> „Die Kontinuität der Lichtfortpflanzung in Zeit und Raum [gemäß der elektromagnetischen Theorie; DF] einerseits und der atomare Charakter der Lichtwirkungen [Lichtquanten; DF] andererseits müssen daher als komplementäre Seiten ein und derselben Sache aufgefasst werden, in dem Sinn, daß jede für sich wichtige Züge der Lichtphänomene zum Ausdruck bringt, die, selbst wenn sie vom Standpunkt der Mechanik aus unvereinbar sind, niemals in di-

---

[103] Zwar stellt Bohr das Prinzip der Komplementarität in das Zentrum seines Vortrags, sieht aber davon ab, es zu definieren. Erstmals vorgestellt hatte er es 1927 in Como. Ebenfalls in diesem Jahr beschrieb Werner Heisenberg die Unschärferelation (Heisenberg 1927), die ebenso wie der Welle-Teilchen Dualismus als Beispiel der Komplementarität herangezogen werden kann. Danach sind Ort und Impuls eines Elektrons als komplementäre Eigenschaften zu verstehen, die nicht beide zugleich beliebig genau bestimmt werden können.

rekten Gegensatz kommen können, da eine eingehendere Analyse des einen oder anderen Zuges auf Grund mechanischer Vorstellungen verschiedene sich gegenseitig ausschließende Versuchsanordnungen erfordert. Gleichzeitig zwingt uns eben diese Situation, auf die Durchführung einer Kausalbeschreibung der Lichtphänomene zu verzichten und uns mit Wahrscheinlichkeitsberechnungen zu begnügen, die auf der Tatsache beruhen, daß die elektromagnetische Beschreibung der Energieübertragung durch Licht im statistischen Sinne übrig bleibt" (ebd., 38).

Daran anschließend versucht er in seinem Vortrag dieses Komplementaritätsprinzip auf das Verhältnis zwischen Atomphysik und Leben zu übertragen. Die Erkenntnis der „Begrenztheit der mechanischen Naturbeschreibung" (ebd., 36) und die damit verbundene „Revision der Grundlagen der Mechanik" hatte seiner Ansicht nach „einen neuen Rahmen für die Diskussion über die Stellung der Physik zu den Problemen der Biologie geschaffen" (ebd., 41). Doch was bedeutet dies für die Lebenswissenschaften? Auf die Widersprüchlichkeit des Wellen- und des Teilchencharakters des Lichtes rekurrierend, die „mit den bisher an eine physikalische Erklärung gestellten Forderungen unvereinbar" (ebd., 36) sei, setzt Bohr nun das Verhältnis dieser beiden, den Welle-Teilchen-Dualismus innerhalb der Physik, in Analogie zum komplementären Verhältnis von physikalischer Beschreibung und dem Phänomen des Lebens. Wie Bohr zu zeigen versucht, „ähneln die Bestrebungen der Physiker, diese Situation zu meistern, in gewisser Weise der Einstellung, die die Biologen — mehr oder weniger intuitiv – gegenüber den Fragen des Lebens eingenommen haben" (ebd.). So sei die „Unmöglichkeit einer physikalischen oder chemischen Erklärung eigentlicher Lebensfunktionen" einerseits als „analog zu der Unzulänglichkeit der mechanischen Analyse für das Verständnis der Stabilität der Atome" andererseits zu verstehen (ebd., 44). Diese „Eigentümlichkeiten der Lebewesen" liegen für Bohr in der spezifischen Organisation begründet, die Lebewesen gegenüber unbelebter Materie auszeichnen und „in der typisch atomistische Züge mit mechanisch beschreibbaren Zügen in einem Grade miteinander verwoben sind, der kein Seitenstück in der unorganischen Welt hat" (ebd., 42). Dabei will Bohr mit seiner Analogie zur Quantenmechanik jedoch weder eine Abkehr von der „rational biology", noch einen Rückfall in einen (Neo-)Vitalismus (G. E. Allen 1979 [1975], 195) herbeiführen. Für ihn gibt es keinen ontologischen Unterschied zwischen belebter und unbelebter Materie:

> „Denn wir sind wohl alle mit Newton darin einig, daß die eigentliche Grundlage der Wissenschaft in der Überzeugung besteht, daß die Natur unter densel-

ben Bedingungen immer dieselben Gesetzmäßigkeiten aufweist. Wenn wir also imstande wären, die Analyse des Mechanismus der lebenden Organismen ebensoweit zu treiben wie die Analyse der Atomphänomene, so könnten wir kaum erwarten, ein Verhalten zu finden, das irgendwie von dem der unorganischen Stoffe abweicht" (Bohr 1987, 43f.).

Allerdings ist eine solche Tiefe der Analyse von Lebewesen Bohr zufolge prinzipiell ausgeschlossen, weshalb aus epistemologischer Sicht, eine vollständige physikalische Erklärung von Lebewesen nicht möglich sei. Zwar seien diese „eigentümlichen Gesetzmäßigkeiten der Atomprozesse, die sich einer mechanischen Kausalbeschreibung entziehen und nur mit der komplementären Beschreibungsweise erfasst werden können" durchaus ebenso von Bedeutung „für ein Verständnis des Mechanismus der lebenden Wesen" (ebd., 41), wie für die Erklärung von Eigenschaften anorganischer Stoffe. Die einzelnen Atome, aus denen ein Lebewesen besteht, können jedoch niemals unter derart kontrollierten Bedingungen analysiert werden, wie dies in den basalen Experimenten der Atomphysik nötig ist. Denn eine solche, *vollständige* physikalische Analyse eines Lebewesens, die bis auf die atomare Ebene reichen müsste wäre nur auf Kosten des Todes des Untersuchungsobjektes möglich. Somit besteht für Bohr ein entscheidender Unterschied zwischen der Untersuchung von unbelebter Materie einerseits und Lebewesen andererseits deshalb,

> „da die Notwenigkeit, das Untersuchungsobjekt am Leben zu halten, für jene eine Einschränkung bedeutet, die bei diesen kein Gegenstück aufzuweisen hat. So würden wir zweifellos ein Tier töten, wenn wir versuchten, eine Untersuchung seiner Organe so weit durchzuführen, daß wir den Anteil der einzelnen Atome an den Lebensfunktionen angeben könnten" (ebd., 43f.).

Dieses von Joseph Needham als „Thanatological Principle" (Needham 1968, 28) bezeichnete Argument Bohrs stieß auf vielerlei Kritik und Bohr selbst schwächte es später ab. In *Licht und Leben* ist es jedoch von zentraler Bedeutung und er zieht daraus den Schluss, dass zwangsläufig eine Art blinden Fleck hinsichtlich der experimentellen Untersuchung der physischen Gegebenheit lebender Organismen folgt, der diesen eine Art „minimale Freiheit" lässt.

> „In jedem Versuch an lebenden Organismen muss daher eine gewisse Unsicherheit in bezug auf die physikalischen Bedingungen, denen sie unterworfen sind, bestehen bleiben [...] Die behauptete Unmöglichkeit einer physikalischen oder chemischen Erklärung eigentlicher Lebensfunktionen dürfte in diesem Sinne analog zu der Unzulänglichkeit der mechanischen Analyse für das Verständnis der Stabilität der Atome sein" (Bohr 1987, 44).

Letztendlich führt diese Komplementarität für Bohr dazu

> „daß der Begriff der Zweckmäßigkeit, der in der mechanischen Analyse keinen
> Platz hat, einen gewissen Anwendungsbereich bei Problemen findet, wo Rück-
> sicht auf das Wesen des Lebens genommen werden muß. In dieser Hinsicht
> erinnert die Rolle der teleologischen Argumente in der Biologie an die in dem
> Korrespondenzargument formulierten Bestrebungen, das Wirkungsquantum in
> der Atomphysik auf rationale Weise in Betracht zu ziehen" (ebd., 45).

So, wie sich die Stabilität des Atomkerns nicht mit der klassischen Physik erklären
lässt, so sei auch das Leben nicht vollständig in physikochemischen Begriffen beschreibbar. Insgesamt vertrat Bohr mit diesen Ansichten sicherlich eine Außenseiterposition und vermochte nur wenig Anklang bei Biologen im Allgemeinen zu
finden. Nur diejenigen, die sich überhaupt mit den fundamentalen Fragestellungen
der Biologie befassten, nahmen Bohrs Ansichten zur Kenntnis. Bei einigen Akteuren hinterließen diese Überlegungen Bohrs jedoch einen nachhaltigen Eindruck. Zu
diesen gehörte insbesondere Max Delbrück, dessen wissenschaftlicher Lebensweg
durch diesen Vortrag eine wesentliche Wendung erhielt, die die entstehende Molekularbiologie maßgeblich beeinflussen sollte. Denn der Gedanke der Komplementarität wurde für Delbrück zum einzigen Antrieb seiner Arbeit:[104] „It has through the
years provided the sole motivation for my work" (Zitiert nach Fischer 2007, 674)
und er begann nach empirischen Belegen für Bohrs Vermutung, eines Prinzips der
Komplementarität auch in der Biologie, zu suchen. In seinen autobiografischgen
Aufzeichnungen fasst Delbrück dies rückblickend zusammen:

> „In physics it is obvious that even in the simplest case such as a proton run-
> ning around an electron one can do classical physics until one's dying day and
> never get a hydrogen out of it. In order to achieve this, one has to use the
> complementarity approach. If one looks at even the simplest kind of cell, one
> knows it consists of the usual elements of organic chemistry and otherwise
> obeys the laws of physics. One can analyze any number of compounds in it
> but one will never get a living bacterium out of it, unless one introduces totally
> new and complementary points of view." Delbrück in seinen autobiographi-
> schen Aufzeichnungen, zitiert nach (Fischer & Lipson 1988, 82).

---

[104] Ein weiterer Grund, weshalb Delbrück sich von der Physik weg orientierte, dürften seine begrenzten
mathematischen Fähigkeiten gewesen sein. Siehe hierzu (Meyenn 1982, Fußnote 24) und (Fischer &
Lipson 1988, 60).

In der Forschung ist die Art des Einflusses jedoch umstritten. Auch wenn der Einfluss von Bohrs Ansichten über das Verhältnis von Physik und Biologie zweifelsohne sehr wichtig für Delbrücks wissenschaftlichen Werdegang waren, so stellten sie laut Fuerst (Fuerst 1982, 262) für Delbrück eher eine Herausforderung dar. Sie waren für ihn Ansporn zu zeigen, dass solche Beschränkungen, wie sie Bohr postuliert hatte, nicht bestehen. So oder so bot das antireduktionistische Postulat Bohrs das metaphysische Fundament für Delbrücks endgültigen Wechsel in die Lebenswissenschaften.[105] Die erste wissenschaftliche Publikation, in der sich Delbrück der Biologie – genauer der Genetik – widmete, war eine Gemeinschaftsarbeit mit dem Genetiker Nikolai Timoféeff-Ressovsky und dem Physiker Karl Zimmer. Diese später als *Three-Man-Paper* bezeichnete Arbeit befasste sich mit der *Natur der Genmutation und der Genstruktur* (Timoféeff-Ressovsky, Zimmer & Delbrück 1935). Während Timoféeff-Ressovsky zunächst im ersten Teil einen Überblick über den damaligen Stand der genetischen Forschung lieferte und Karl Zimmer anschließend im zweiten Teil ein Modell der Strahlenwirkung präsentierte, schlug Delbrück im dritten Teil ein atomphysikalisches Modell der Genmutation vor. Die Autoren gehen detailliert auf strahlungsinduzierte Mutationen als wesentliches experimentelles Werkzeug ein und argumentieren für Mutationsstudien im Anschluss an die Arbeiten Hermann Mullers als adäquate Herangehensweise zur Erforschung der Natur von Genen. Genmutationen werden dabei als Elementarprozesse im Sinne der Quantentheorie gedeutet und Gene selbst in einem physikalischen Modell erstmals als komplexe, aber wohldefinierte Atomverbände aufgefasst. Mutationen seien demnach letztlich Umlagerungen von Atomen innerhalb des Verbands. Interessanterweise begründet Delbrück in seinem Teil allerdings zunächst die Autonomie der biologischen Forschung gegenüber der Physik und der Chemie. Denn Delbrück stellt für die Genetik, die „im einzelnen Lebewesen eine natürliche Einheit für eine quantitative, zählende Analyse vorfindet" (ebd., 224), eine Unabhängigkeit vom Maßsystem der Physik fest. Gemeint sind damit Gene, die sich in klassischer Sicht in Merkmalsdifferenzen äußern und die sich wiederum „wohl kaum in einem Falle

---

[105] Auch wenn Max Delbrück in diesem Zusammenhang vorrangig zu nennen ist, so zog die Wirkung dieses Vortrags weit größere Kreise und brachte viele Physiker dazu, sich der Biologie zuzuwenden (Morange 2000, 73). Auf der anderen Seite rief Bohr auch starken Widerspruch hervor. Gunther Stent etwa warf Bohr schlichtweg die Wiederbelebung des altmodischen Vitalismus vor. Und auch Hermann Muller berichtet in einem Brief an Otto Mohr 1933 von seiner Enttäuschung über ein Treffen mit Niels Bohr, dessen biologische Überlegungen er als „hopelessly vitalistic" bezeichnete. Zitiert nach (Carlson 1981, 188).

ungezwungen und jedenfalls nicht sinngemäß in absoluten Maßeinheiten ausdrücken" (ebd.). Andererseits steht dieser methodologische Nicht-Reduktionismus für
Delbrück nicht im Widerspruch zu einem ontologischen Reduktionismus und er
fährt damit fort, sein an die Chromosomentheorie anschließendes, materialistisches
Genverständnis zu erläutern:

> „Zunächst hat die Verknüpfung der Genetik mit der zytologischen Forschung
> erwiesen, daß das Gen, das ursprünglich einfach ein symbolischer Repräsen-
> tant für eine mendelnde Einheit war, räumlich lokalisiert und in seinen Bewe-
> gungen verfolgt werden kann. Die verfeinerte Analyse bei *Drosophila* hat dabei
> zu Gengrößen geführt, die mit den größten uns bekannten, spezifisch struktu-
> rierten Molekülen vergleichbar sind. Von diesem Ergebnis ausgehend sehen
> viele Forscher in den Genen überhaupt nichts anderes als eine besondere Art
> von Molekülen, deren Struktur im einzelnen nur noch nicht bekannt ist" (ebd.,
> 225).

Diese Arbeit, die in einer kaum bekannten Zeitschrift erschien, blieb zunächst weitgehend unbeachtet. Dies änderte sich erst fast zehn Jahre später durch Erwin
Schrödinger und dessen Büchlein *What is Life?*; ein unter Naturiwssenschaftlern und
insbesondere unter Physikern äußerst einflussreiches Buch (Fischer 1989 [1944];
Sarkar 1991), das auf Schrödingers gleichlautender Dubliner Vorlesungen basier-
te.[106] Schrödinger greift dort dieses „Delbrück-Modell" auf, da Delbrück damit
gezeigt habe, dass das physikalische Problem der Gene gelöst sei – diese bestünden
aus komplexen Molekülen. Damit wurde Delbrück einem weiten Kreis an biologisch orientierten Physikern bekannt gemacht. Bemerkenswert ist an Schrödingers
Buch darüber hinaus, dass er sich bereits Gedanken über die Unregelmäßikeit in der
Beschaffenheit der Chromosomen machte. Chromosomen (und im Zuge dessen
auch einzelne Gene) bezeichnete er als aperiodische feste Körper bzw. aperiodische
Kristalle, in denen jedes Atom einen individuellen Platz einnimmt. Dadurch seien
diese – im Gegensatz zu einem periodischen Kristall der anorganischen Welt – in
einem ungleich höheren Grade geordnet (Schrödinger 1955 [1944], 60-61 und insbes. Kap. 6&7).[107] Diese Überlegungen sollten Francis Crick und James Watson bei
ihrer Suche nach der Struktur der DNA inspirieren.

---

[106] Dieses Buch hatte nicht nur enormen Einfluss auf Francis Crick, der sich daraufhin der Biophysik
       zuwandte, sondern inspirerte etwa auch Maurice Wilkins sich über die Physik der Biologie zu nähern
       (Cobb 2015a, 89).
[107] Schrödinger spricht dort auch schon von einem Code bzw. einem Code-Skript (Schrödinger 1955
       [1944], 19ff.).

1.5.3 Genetische Information

Das Protein-Paradigma

Eines der Grundprobleme, das die Genetiker vor eine große Herausforderung stellte, war jedoch nicht nur die Frage, wie die Struktur eines solchen Molekülverbands ist, sondern ganz allgemein die Frage, wie sich die Merkmale, die sich über Generationen hinweg erhalten, in ihrer Vielzahl vererben konnten. Welcher Mechanismus steckte dahinter? Bis in die 1940er Jahre hinein war das bereits in Kapitel 1.5.1 angesprochene Protein-Paradigma die gängige Lehrmeinung gewesen. Man war der Auffassung, dass Proteine die Moleküle der Vererbung darstellen mussten. Das favorisierte Modell war die Multi-Enzym-Hypothese, derzufolge man davon ausging, dass Proteine durch die Wirkung enzymatischer Aktivitäten gebildet werden. Man war vielfach der Ansicht, dass die DNA lediglich aus vier Basen in sich wiederholender Reihenfolge besteht. Wie hätte diese aber die unglaubliche Vielfalt bewerkstelligen sollen? Man nahm an, dass ihre Spezifität einfach zu gering sei. Die aus zwanzig Aminosäuren bestehenden Proteine, mit ihren vielfältigen Strukturen, schienen die viel aussichtsreicheren Kandidaten zu sein. Es gab jedoch auch Zweifel an dieser Hypothese und allmählich schenkte man der Nukleinsäure vermehrt Aufmerksamkeit. Wichtig zu nennen sind hier die Transformationsstudien, die Oswald T. Avery, Colin M. MacLeod und Maclyn McCarty Mitte der 1940er Jahre an Pneumokokken durchführten. Avery und Kollegen konnten zeigen, dass sich die Fähigkeit zur Kapselbildung, die nur einigen *Pneumococcus*-Stämmen zueigen ist (dem S-Typus), durch den Transfer von DNA, nicht aber durch Proteintransfer auf nichtkapselbildende Stämme (den R-Typus) übertragen lies. Sie gelangten zu der Einsicht: „The evidence presented supports the belief that a nucleic acid of the desoxyribose type is the fundamental unit of the transforming principle of Pneumococcus Type III" (Avery, MacLeod & McCarty 1944). Während Kay im Hinblick auf diese Arbeiten das Jahr 1944 als einen „Wendepunkt" betrachtet, ab dem sich die Aufmerksamkeit hin zur DNA zu verschieben begann (Kay 2005, 88) und diese Publikation nach Lederberg den Beginn der Molekulargenetik markiert (Lederberg 1994, 423), hebt Hausmann hervor, dass die Arbeiten von Avery und Kollegen zunächst wohl eher wenig zur Kenntnis genommen wurden (Hausmann 1995, 80f.). Avery und Kollegen trieben ihre Studien weiter voran und stärkten sie mit weiteren empirischen Belegen. Sie senkten den Anteil der mitübertragenen Proteine nicht nur immer weiter, sondern zeigten auch, dass die Transformation nicht stattfand, wenn die DNA mittels DNAse[108] zerstört wurde. 1946 legten sie zwei weitere Studien vor, in denen sie zeigten, dass die Transformation nicht durch minimale Spuren von Proteinen hervorgerufen worden sein konnte (McCarty & Avery 1946a; 1946b). Allerdings führten auch diese Studien zunächst wohl nicht zu einem grundsätzlichen Umdenken. Noch immer hielten die meisten Forscher an der Überzeugung fest, dass Proteine die biologische Spezifität bestimmen.

Davon ging auch 1952 noch Linus Pauling aus (Cobb 2015a, 104). Ein Jahr später – im *annus mirabilis* der Molekularbiologie 1953 – legten James Watson und Francis Crick ihre bahnbrechenden Arbeiten zur DNA-Struktur vor. Sie waren – auch wenn es sich dabei um eine unbestätigte Arbeitshypothese handelte – schon länger der Überzeugung, dass die DNA und nicht Proteine die Erbsubstanz sein müssten. Doch selbst noch nach diesen Veröffentlichungen drückte Kaj Ulrik Linderstrom-Lang die Skepsis zahlreicher Forscher aus, die noch immer davon ausgingen, dass Proteinen ein wesentlicher Beitrag bei der Vererbung zukommt:

> „The fact that nucleic acids are genetic regulators, that they are present in cells whenever protein synthesis occurs, and that they are important as transforming factors and as initiators in virus formation does not necessarily mean that they participate intimately in the synthesis of the primarry peptide chain. They seem to be far too unspecific for this process" (Linderstrom-Lang 1953, 105).

Von der Struktur der DNA zum „Zentralen Dogma"

Seit Anfang der 1950er Jahre hatte sich das Matritzen-Modell als wahrscheinlicher Vervielfältigungsmechanismus der Erbsubstanz bei der Proteinbiosynthese langsam durchgesetzt. In einem Brief an seinen Sohn, in dem er die aufregenden Ergebnisse seiner Forschung erklärt, beschreibt Francis Crick am 19. März 1953 seine Vermutung folgendermaßen:

> „Now we believe that the D.N.A. *is* a code. That is, the order of the bases (the letters) makes one gene different from another gene (just as one page of print is different from another). You can now see how Nature *makes copies of the genes*. Because if the two chains unwind into two separate chains, and if each chain then makes another chain come together on it, then because A always goes with T, and G with C, we shall get two copies where we had one before" (Crick 2014, 147f.).

---

[108] Bei DNAse handelt es sich um ein Enzym, das die Hydrolyse, d.h. die Aufspaltung der DNA katalysiert.

Und nur wenig später wurden die Überlegungen von Watson und Crick auch in mehreren epochemachenden Publikationen der *scientific community* offeriert. Zunächst veröffentlichten Watson und Crick ihren Vorschlag der DNA-Struktur (Abbildung 6) und schlugen einen möglichen Vervielfältigungsmechanismus des genetischen Materials vor.[109]

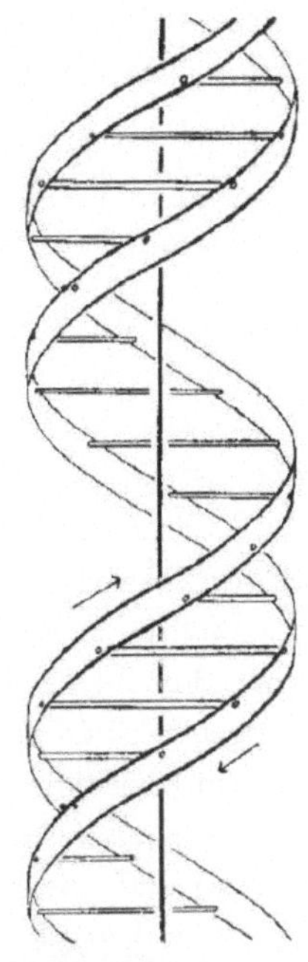

Abbildung 6
DNA-Struktur nach
Watson und Crick.
Quelle: (Watson & Crick
1953b, 737).

Sie gaben lakonisch zu verstehen: „It has not escaped our notice that the specific pairing we have postulated immediately suggests a possible copying mechanism for the genetic material" (Watson & Crick 1953b, 737). Allerdings war die Frage der Funktionsweise der Gene auch weiterhin noch unklar. Auch von der Bedeutung der Basenabfolge war hier noch keine Rede. Doch schon im darauffolgenden Monat Mai gaben Crick und Watson zu verstehen:

„The phosphate-sugar backbone of our model is completely regular, but any sequence of the pairs of bases can fit into the structure. It follows that in a long molecule many different permutations are possible, and it therefore seems likely that the precise sequence or the bases is the code which carries the genetical information" (Watson & Crick 1953a, 965).

Und genau diese unregelmäßige Abfolge der Basenpaare der DNA veranlasste zehn Jahre nach Schrödingers Spekulationen über einen „aperiodischen Kristall" Watson und Crick zu der Vermutung, dass diese Aperiodizität vermutlich eine Art von Code darstellt, der für die Spezifität der Proteine und damit einhergehend für die erblichen Eigenschaften codiert. Hausmann spricht hier nicht zu Unrecht von dem „zentrale[n] Prinzip", nämlich dem

---

[109] Während diese Arbeit von Watson und Crick ausschlißlich theoretischer Art war, erschienen in der selben Ausgabe der Zeitschrift *Nature* zwei weitere Artikel, die kristallografische Belege für die helikale Struktur lieferten und zeigten, dass sich das Phosphat-Rückgrat außen an der Struktur befinden muss (Franklin & Gosling 1953; Wilkins, Stokes & H. R. Wilson 1953). Die Rolle, die den Arbeiten von Maurice Wilkins und auch der früh verstorbenen Rosalind Franklin zukommt, wurde lange Zeit in der Wissenschaftsgeschichte nur unzureichend herausgearbeitet und gewürdigt.

„Prinzip der auf einer linearen Anordnung von Symbolen, den Nucleotidbasen, beruhenden genetischen Information, die dazu dient, die Aminosäurebausteine in einer ihrer entsprechenden Reihenfolge zu einem Peptid zu verknüpfen" (Hausmann 1995, 101). Schenkt man Matthew Cobb Glauben, dann dürfte dies, abgesehen von einem scherzhaft gemeinten Brief an *Nature*, wohl das erste Mal gewesen sein, dass von genetischer Information die Rede war (Cobb 2015a, 111).[110]

Dass Schrödingers Buch Crick und Watson maßgeblich mitbeeinflusste zeigt ein Brief, den Francis Crick gemeinsam mit einer Kopie ihrer beiden *Nature*-Artikel an Schrödinger sandte. Dort heißt es:

> „Watson and I were once discussing how we came to enter the field of molecular biology, and we discovered that we had both been influenced by your little book *What is life?*
> We thought you might be interested in the enclosed reprints – you will see that it looks as though your term ‚aperiodic crystal' is going to be a very apt one" (Francis Crick in einem Brief an Erwin Schrödinger am 12. August 1953 zitiert nach (ebd., 113).

Die Frage, wie diese genetische Information ihre biologische Wirksamkeit entfalten konnte beschäftigte die Molekularbiologie fortan. Auf der einen Seite war also die Sequenz der Nukleotid-Basen der Chromosomen bzw. der DNA. Auf der anderen Seite bereitete aber auch die Sequenz der Aminosäuren, aus denen Proteine bestehen, Kopfzerbrechen. Denn auch wenn zu dieser Zeit schon länger bekannt war, dass sich die DNA aus Nukleotiden zusammensetzt, so kannte man keine einzige Sequenz und wusste auch nicht, wie eine Sequenz bestimmt werden könnte, was die Beantwortung der Frage der Art der Korrespondenz zwischen DNA und Amino-

---

[110] Wenige Wochen zuvor hatten Watson und Ephrussi gemeinsam mit weiteren Kollegen einen Brief bei *Nature* eingereicht, in dem sie vorschlugen die vorherrschenden begrifflichen Verwirrungen in der Bakterien-Genetik zu beheben, indem man doch einfach die Begriffe „transformation", „induction" und „transduction" durch die Rede von „interbacterial information" ersetzen solle. Denn: „It does not imply necessarily the transfer of material substances, and recognizes the possible future importance of cybernetics at the bacterial level" (Ephrussi et al. 1953). Sahotra Sarkar sieht in diesem Brief „the first modern use of ‚information' in genetics" (Sarkar 1996, 858) und auch Kay führt ihn als Beleg dafür an, dass bereits vor der Fokussierung auf die DNA als materiellem Träger der Vererbung ein „scriptual discoure" vorhanden war und ein „commitment to biological representations in terms of information storage and transfer" (Kay 1995, 627). Cobb allerdings stellt den sarkastischen Chakater dieses Briefes heraus. Die Autoren hätten niemals angenommen, dass er in *Nature* abgedruckt würde, doch den Verantwortlichen der Zeitschrift war dies wohl entgangen (Cobb 2015a, 87f.).

säure sehr schwierig gestaltete. In welchem Zusammenhang stand die Sequenz der Basen der DNA mit der Sequenz der Aminosäuren von Proteinen? Lange Zeit war auch noch unklar, ob DNA oder RNA direkt für die Proteinsynthese notwendig sind und man spekulierte zunächst über unterschiedliche Mechanismen, wie Proteine in direkter Wechselwirkung mit der DNA gebildet werden könnten. Alexander Dounce schlug 1952 einen Mechanismus vor, demgemäß RNA als zwischengeschaltetes Medium zwischen DNA und Protein vermittelt (Dounce 1952). Zwei Jahre später unterbreitete der Physiker und Mitentwickler der Big-Bang-Hypothese George Gamow einen anderen Vorschlag, wie Proteine direkt an der DNA gebildet werden könnten (Gamow 1954, 318). Gamow schlug in dieser Arbeit einen überlappenden Code vor, der später als „Rautencode" bezeichnet wurde. Dabei sollte es eine strukturelle Passung nach dem Schlüssel-Schloß-Prinzip geben zwischen den einzelnen Aminosäuren und der Außenseite der DNA. Zwar sollte sich herausstellen, dass Proteine nicht direkt an der DNA gebildet werden. Und auch die Art und Weise der Übertragung, wie sie Gamow vermutete, konnte nicht zutreffend sein, wie später gezeigt wurde (Brenner 1957).[111] Aber Gamow – ein langjähriger Freund Max Delbrücks – kann als Repräsentant einer ganzen Gruppe von Wissenschaftlern aus unterschiedlichen Disziplinen gesehen werden, die begannen, sich nun mit der Genetik auseinanderzusetzen und dabei genauen biochemischen Forschungen nur wenig Bedeutung beimaßen. Stattdessen sorgten sie dafür, dass das Problem der Vererbung in einem neuen Paradigma aus Metaphern der Schriftlichkeit und der Information reformuliert wurde. Gerade diese Formulierung des Problems als die Entschlüsselung eines Codes hatte Gamow fasziniert:

> „In a communication in Nature of May 30, p. 964, J. D. Watson and F. H. C. Crick showed that the molecule of deoxyribonucleic acid, which can be considered as a chromosome fibre, consists of two parallel chains formed by only four different kinds of nucleotides. These are either (1) adenine, or (2) thymine, or (3) guanine, or (4) cytosine with sugar and phosphate molecules attached to them. Thus the hereditary properties of any given organism could be characterized by a long number written in a four-digital system. On the other hand, the enzymes (proteins), the composition of which must be completely determined by the deoxyribonucleic acid molecule, are long peptide chains formed by about twenty different kinds of amino-acids, and can be considered

---

[111] Brenner untersuchte die in den damals bekannten Proteinen vorkommenden Aminosäure-Tripletts und kam dabei auf 70 verschiedene. Da ein überlappender Code nach Gamows Vorschlag maximal 64 verschiedene Tripletts kodieren kann, konnte diese Variante des Codes verworfen werden.

as long ‚words' based on a 20-letter alphabet. Thus the question arises about the way in which four-digital numbers can be translated into such ‚words'" (Gamow 1954, 318).

Gamows Vorschlag wurde von unterschiedlichen Seiten mit biochemischen und zellbiologischen Einwänden kritisiert. Crick beispielsweise hielt die Annahme, dass die Proteinsynthese direkt an der chromosomalen DNA stattfand für falsch. Zellbiologisch versierteren Wissenschaftlern war bekannt, dass sie im Cytoplasma stattfinden muste, wo sie vom Vorhandensein von RNA abhing – auch wenn der Mechanismus noch völlig im Dunkeln lag.[112] Gamow nahm diese Kritik an und gründete 1954 den sogenannten „RNA-Krawatten-Klub", der es sich zum Ziel gesetzt hatte, zu erklären, welcher Mechanismus hinter dem Zusammenhang von DNA und Proteinen besteht. Animiert durch Gamows Vorschlag wendeten sich auch Crick und Watson, die starke Zweifel an Gamows Vorschlag hegten, selbst verstärkt der Arbeit am genetischen Code zu und präsentierten zunächst eine Variante eines kommafreien Codes (Crick, Griffith & Orgel 1957):

> „There are some twenty naturally occurring amino acids commonly found in proteins, but (usually) only four different nucleotides. The problem of how a sequence of four things (nucleotides) can determine a sequence of twenty things (amino acids) is known as the ‚coding' problem. This problem is a formal one. In essence, it is not concerned with either the chemical steps or the details of the stereochemistry. It is not even essential to specify whether RNA or DNA is the nucleic acid being considered. Naturally, all these points are of the greatest interest, but they are only indirectly involved in the formal problem of coding" (ebd., 416).

Die Überlegung der Autoren war, dass es aufgrund der numerischen Unterzahl von lediglich vier Basen gegenüber 20 biogenen Aminosäuren keine Eins-zu-eins-Korrespondenz geben konnte. Und auch eine Zwei-zu-eins-Korrespondenz schied aus demselben Grund aus, da sich mit zwei Basen lediglich sechzehn Aminosäuren

---

[112]	Ein wissenschaftshistorischer Blick auf die Rolle der mRNA findet sich bei (Cobb 2015b). „Messenger RNA, as Jacob and Monod called it that autumn (this was soon abbreviated to mRNA), was like a tape that copied information from DNA and then carried that information to the ribosome, which read it off and followed the instructions to make the appropriate protein. This tape recorder metaphor can look rather quaint to 21st century eyes, and may need explaining to today's students, but at the time it was a cutting-edge analogy, using the latest technological developments to explain a new biological phenomenon" (Cobb 2015b, R529).

(4^2) codieren ließen. Somit war eine Codierung in Basen-Tripletts (4^3=64) die erste aussichtsreiche Variante:

> „We shall assume that there are certain sequences of three nucleotides with which an amino acid can be associated and certain others for which this is not possible. Using the metaphors of coding, we say that some of the 64 triplets make sense and some make nonsense. We further assume that all possible sequences of the amino acids may occur (that is, can be coded) and that at every point in the string of letters one can only read ‚sense' in the correct way [dargestellt in Abbildung 7]. In other words, any two triplets which make sense can be put side by side, and yet the overlapping triplets so formed must always be nonsense" (ebd., 417f.).

Zwar favorisierte man Mitte der 1950er Jahre die Zuordnung von Basentripletts zu Aminosäuren. Durch welchen Mechanismus jedoch welches Triplett welcher Aminosäure zugeordnet wird, war noch völlig unklar. Die Autoren gingen davon aus, dass es unter diesen 64 möglichen nur 20 sinnvolle Tripletts geben konnte – ebensoviele wie biogene Aminosäuren. Die 44 restlichen vermuteten sie, seien unsinnig (*nonsense*), d.h. nicht für eine Aminosäure codierend.

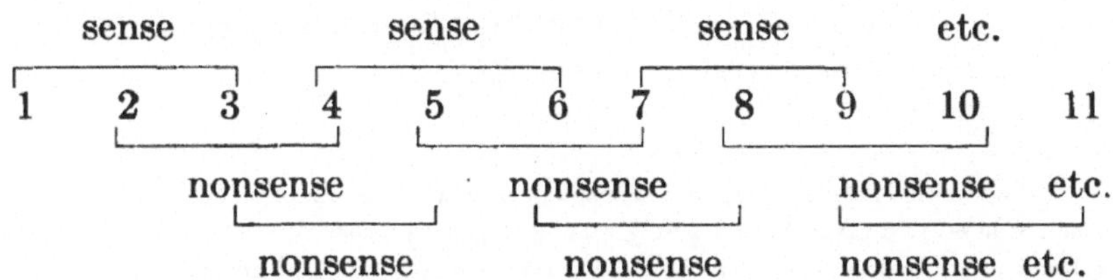

Abbildung 7 Modell sinnvoller und unsinniger Basentripletts. Die Zahlen stehen für je einen Buchstaben (Base) A, B, C oder D. Quelle: (Crick et al. 1957, 418).

Zunächst schlossen die Autoren Tripletts mit drei gleichen Basen aus, da diese in Dopplung keinen eindeutigen Anfang des Leserasters hätten beinhalten können. Übrig blieben 60 Tripletts die sich in 20 Dreiergruppen einteilen ließen, bei denen die drei Basen durchpermutiert wurden. Eine solche Gruppe bestand etwa aus den Tripletts (ACG CGA GAC) eine andere aus (GUU UUG UGU). In jeder dieser Gruppen konnte es nur eine sinnvolle und zwei unsinnige Tripletts geben – so die Überlegung der Autoren. In der vorgeschlagenen Variante eines nichtdegenerierten

Codes blieben somit genau 20 sinnvolle Codons übrig, d.h. ebensoviele wie biogene Aminosäuren bekannt waren. Konnte das Zufall sein? Schnell fand dieser Vorschlag weite Akzeptanz in der Wissenschaftsgemeinde. Allerdings drückten sich die Autoren sehr zurückhaltend aus und eine experimentelle Bestätigung blieb lange aus. Problematisch war auch, dass biochemische Untersuchungen keine stereospezifische Komplementarität zwischen der Struktur der DNA und der Struktur der Aminosäuren der Proteine erkennen ließen. Aufgrund dieser fehlenden strukturellen Passung postulierte Crick eine molekulare, vermittelnde Instanz, die er als Adaptor bezeichnete. Ein solcher Adaptor, der auf einer Seite eine sterische Passung zu einem Basen-Triplett der DNA und auf der anderen zu einer Aminosäure besäße, wäre allerdings im Hinblick auf weitere Untersuchungen problematisch gewesen.[113] Denn ein solcher Adaptor könnte prinzipiell einen beliebigen Code, unabhängig von jeder biochemischen Passung bedeuten. Wie sollte dieser biochemisch untersucht werden? Erst später sollte Crick ein solches Molekül in den transfer-RNAs (tRNAs) finden, wie sie von Hoagland, Zamecnik und anderen beschrieben worden waren und die Cricks Terminologie übernahmen (Hoagland 1959; Hoagland, Zamecnik & Stephenson 1959).[114] Außerdem vertraten Watson und Crick, im Gegensatz zu Gamow, die Hypothese, dass Polypeptide nicht direkt an der DNA gebildet werden, sondern an RNA als intermediärer Instanz, wie folgende Abbildung aus Cricks Arbeisunterlagen zeigt (Abbildung 8).

---

[113] Dass Proteine aus Polypeptiden bzw. Aminosäuren zusammengesetzt sind war bereits lange bekannt. Und bis 1955 hatten Frederick Sanger und Kollegen die Reihenfolge der Aminosäuren für das gesamte Proteinhormon Insulin bestimmt (Sanger & Thompson 1953). Allerdings war zu dieser Zeit noch unklar, wodurch diese Sequenz bestimmt wird. Es schien jedenfalls einiges dafür zu sprechen, dass diese nicht durch das Protein selbst bestimmt wird: „It would thus seem that no general conclusions can be drawn from these results concerning the general principles which govern the arrangement of amino-acid residues in protein chains. In fact, it would seem more probable that there are no such principles, but that each protein has its own unique arrangement; an arrangement which endows it with its particular properties and specificities and fits it for the function that it performs in nature" (Sanger & Thompson 1953, 371). Christina Brandt verweist in Bezug auf die Folgen von Sangers Arbeiten zur Identifikation der Aminosäurenabfolge des Insulins auf das Konzept biologischer Spezifität: „Sangers Analyse des Rinder-Insulins zeigte, daß die Abfolge der Aminosäuren einer spezifischen und präzisen Anordnung unterliegt. Der Einfluß, den seine Arbeiten auf die einsetzende Neuperspektivierung des Verhältnisses von molekularer Struktur und Funktion ausübten, ist kaum zu überschätzen" (Brandt 2004, 162).

[114] Genauer betrachtet hatte Crick jedoch ein viel einfacheres Molekül vor Augen, das eine direkte Verbindung zwischen DNA und Aminosäure herstellen sollte, während tRNAs an Ribosomen binden, die nicht als Vorlage dienen.

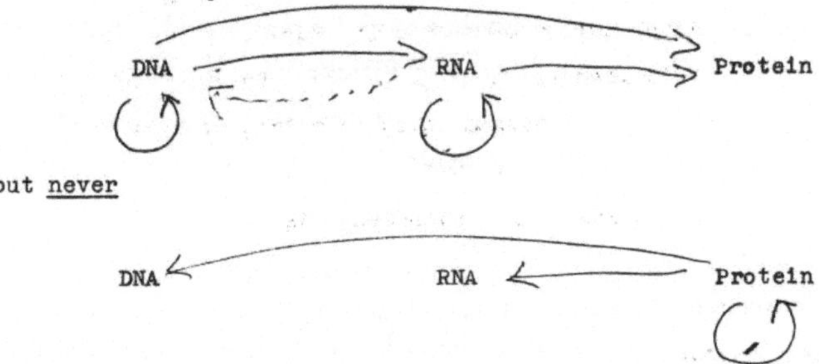

Abbildung 8 Skizze von 1956 aus den Vorarbeiten zur Publikation (Crick 1958). Die Zeichnung ging in die Publikation jedoch nicht ein.
Quelle: Francis Crick Papers der N.I.H. U.S. National Library of Medicine:
https://profiles.nlm.nih.gov/ps/access/SCBBFT.pdf#xml=https://profiles.nlm.nih.gov:443
/pdfhighlight?uid=SCBBFT&query=%281956%29 Zugriff 23.07.2017.

Doch auch wenn diese Skizze suggeriert, dass Crick dem heutigen Verständnis des Proteinsynthesemechanismus schon sehr nahe war, so täuscht dieser Eindruck insofern, als dass Cricks Vorstellungen zur RNA zu diesem Zeitpunkt noch sehr diffus waren. Die unterschiedlichen Strukturen von ribosomaler RNA, messenger-RNA und transfer-RNA waren noch nicht bekannt und ihre Funktionen noch nicht differenziert. Crick schreibt demgemäß 1958: „It is widely believed (though not by every one) that the nucleic acids are in some way responsible for the control of protein synthesis, either directly or indirectly. The actual evidence for this is rather meagre" (Crick 1958, 144). Was in dieser Skizze als RNA auftaucht, darf nicht mit dem gleichgesetzt werden, was wir heute als mRNA (*messengerRNA*) bezeichnen. So war Crick zu dieser Zeit noch davon ausgegangen, dass die template-RNA ein spezifischer Teil der Ribosomen sein könnte. Und die Struktur, die er als *adaptor* bezeichnete, sollte die Verbindung zwischen diesem ribosomalen Teil und der passenden Aminosäure herstellen.

Interessant ist diese Publikation mit dem Titel *On Protein Synthesis* jedoch aus zwei anderen Gründen. Zum einen präzisierte Crick darin seine Vorstellungen von Information in Bezug auf die Proteinsynthese. Er etablierte Information als eigene, biologische Größe, indem er den Informationsfluss vom Energiefluss und vom Materiefluss unterschied (ebd., 143f.). Unter Information versteht Crick dort „the specification of the amino acid sequence of the protein. It is conventional at the moment to consider separately the synthesis of the polypeptide chain and its folding" (Crick 1958, 144). Damit stellt er eine Brücke her zwischen dem alten Paradigma der Spezifität und dem neuen Informations-Paradigma. Die letztliche Struktur, die sich aus der Faltung des Proteins ergibt, ergibt sich aus der jeweiligen Basensequenz.

> „The unique feature of protein synthesis is that only a single standard set of twenty amino acids can be incorporated, and that for any particular protein the amino acids must be joined up in the right order. It is this problem, the problem of ‚sequentialization‘, which is the crux of the matter, though it is obviously important to discover the exact chemical steps which lead up to and permit the crucial act of sequentialization.
>
> As in even a small bacterial cell there are probably a thousand different kinds of protein, each containing some hundreds of amino acids in its own rigidly determined sequence, the amount of hereditary information required for sequentialization is quite considerable" (ebd., 144).

Die zweite wichtige These dieses Artikels war die Formulierung des sogenannten *Zentralen Dogmas der Molekularbiologie*. Dieses *Central Dogma*

> „states that once ‚information‘ has passed into protein it *cannot get out again*. In more detail, the transfer of information from nucleic acid to nucleic acid, or from nucleic acid to protein may be possible, but transfer from protein to protein, or from protein to nucleic acid is impossible. Information means here the *precise* determination of sequence, either of bases in the nucleic acid or of amino acid residues in the protein" (ebd., 153).

Information bleibt hier folglich nicht auf die DNA begrenzt, sondern findet sich ebenso in der Sequenz der Bausteine der RNA wie auch der Proteine wieder.

Matthaei, Nirenberg und das Entschlüsseln des genetischen Codes

Auch im Bereich biochemischer Forschung, die sich in ihrem Diskurs nur marginal mit dem der Genetiker überschnitt, war die Überzeugung, dass Proteine nicht direkt an der DNA, sondern in irgendeiner Form an der RNA gebildet werden, weitestgehend geläufig. Und unabhängig von den Arbeiten der Genetiker zur RNA machte sich auch eine Gruppe von Biochemikern ihre Gedanken zu einer „messenger RNA". Marshall Nirenberg und sein Postdoc-Kollege Heinrich Matthaei arbeiteten am *National Health Institute* in Bethesda zunächst am Problem der Proteinsynthese und Fragen der Enzymregulation, wofür sie insbesondere *in-vitro*-Studien mit zellfreien *E. coli*-Systemen durchführten. Nirenberg erinnert sich, dass auch er Ende der 1950er Jahre noch die Ansicht teilte, dass ribosomale RNA als Matritze oder Vorlage für die Proteinsynthese fungiert:

> „In 1959, tRNA was recently discovered but mRNA was unknown. At that time, the only clues that RNA might function as a template for protein synthesis were a report by Hershey *et al.*, showing that a fraction of RNA is synthesized and degraded rapidly in *E. coli* infected with T2 bacteriophage, and a paper by Volkin and Astrachan, which showed that infection of *E. coli* by T2 bacteriophage resulted in the rapid turnover of a fraction of RNA that had the base composition of bacteriophage rather than the DNA of *E. coli*. If mRNA did exist, I thought that it might be contained in ribosomes because amino acids were known to be incorporated into protein on these organelles. I estimated it would take me two years to set up a cell-free system to determine whether RNA or DNA stimulated protein synthesis, which was a pretty accurate estimate" (Marshall Nirenberg 2004, 47).

Bevor sie die Synthese von Proteinen durch zugegebene Nukleotide untersuchen konnten, mussten sie allerdings herausfinden, ob ihr zellfreies System bei der spontanen Proteinsynthese, die es trotz der Zerstörung der Zellen weiterhin betrieb, vornehmlich DNA oder RNA benötigte. Hierfür zerstörten sie in unterschiedlichen Ansätzen DNA mittels DNAse bzw. zersetzten die vorhandene RNA mittles des Enzyms RNAase. Das Ergebnis verblüffte: Durch die Zugabe von RNAse kam die Proteinsynthese nahezu sofort zum Erliegen. Bei der Zugabe von DNAse verhielt es sich anders. Hier endete die Proteinsynthese erst ungefähr vierzig Minuten später. Dies führte sie zu der Annahme, dass DNA indirekt, RNA aber direkt für die Einbindung der radioaktiv markierten Aminosäuren in die Proteine notwendig sein musste.[115] Ihre Ergebnisse veröffentlichten Matthaei und Nirenberg 1961 in einer Studie. Dort heißt es:

> „Amino acid incorporation was dependent upon the addition of ATP and an ATP-generating system and was completely inhibited by the addition of RNAase but not DNAase. […] However, treatment of the ribosomal RNA with RNAase (followed by removal of protein), or alkali, completely destroyed its biologic activity. Thus, all of the activity appeared to be associated with RNA. […] It is possible that part or all of the ribosomal RNA used in our study corresponds to template or messenger RNA" (Matthaei & M. W. Nirenberg 1961).

Bemerkenswert ist hier, dass Matthaei und Nirenberg von „messenger RNA" sprechen, obwohl dieser Begriff in den angeführten Quellen nicht verwendet wird. Bis heute ist nicht eindeutig geklärt, woher Matthaei und Nirenberg diesen Begriff hatten. Tatsächlich gab es von Seiten der Genetiker schon einige Überlegungen zu einer messengerRNA und kurz zuvor hatten Sydney Brenner, François Jacob und Matthew Meselson einen Artikel veröffentlicht, in dem sie die Hypothese formulierten, dass zwischen den Chromosomen und den Ribosomen die Information auf irgendwelche Weise übermittelt werden müsse (Brenner, Jacob & Meselson 1961). Diese Publikation – bis dato die einzige, die diesen Begriff verwendete – scheinen Nirenberg und Matthaei nicht zur Kenntnis genommen zu haben. Und auch zu den anderen Genetikern, die bereits bei ihrer alltäglichen Arbeit und auf Tagungen mit diesem Begriff spekulierten, hatten sie vermutlich keinen Kontakt (Hausmann 1995, 109). Dies zeigt die Trennung, die in der Terminologie, der Arbeitsweise und im Denken zwischen den Biochemikern und den Molekularbiologen bestand.

Diese Arbeit war aber nur die erste von mehreren bemerkenswerten Veröffentlichungen Nirenbergs und Matthaeis. In Folgeexperimenten arbeitete Matthaei ebenfalls *in vitro* mit einem Reaktionsgemisch zur Herstellung von Proteinen. Hierfür beabsichtigte er synthetische Polyribonukleotide mit bekannter Sequenz zu nutzen, um damit definierte Polypeptide zu synthetisieren. Im Mai 1961 testete Matthaei kurze RNA-Stücke mit unterschiedlichen Zusammensetzungen von

---

[115] Im Rückblick erinnert Nirenberg diesen Moment so: „Using this more sensitive assay it was immediately apparent that RNA from ribosomes, but not DNA, stimulated incorporation of radioactive amino acids into protein. I jumped for joy because this was the first definitive demonstration *in vitro* that mRNA existed and was required for protein synthesis. We fractionated RNA from ribosomes and found, as expected, that only a small portion stimulated amino acid incorporationinto protein" (Marshall Nirenberg 2004, 47).

Uridyl- und Adenylsäure auf den Aufbau von Aminosäuren. Zunächst bereitete Matthaei auf Anweisung von Nirenberg 20 verschiedene Ansätze vor. Jeder dieser Ansätze bestand aus einem Gemisch von *E. coli*-Zellsaft und den 20 unterschiedlichen Aminosäuren. In jedem der Ansätze war jeweils eine andere Aminosäure radioaktiv markiert während die restlichen 19 unmarkiert waren. Getestet werden sollten unterschiedliche kurze RNA-Stücke (Poly-A, Poly-U, Poly-(2A)U, Poly(4A)U), wobei Poly-U-Segmente (Polyuridylsäure, eine synthetische RNA, die lediglich aus Uracil in monotoner Abfolge besteht) erstaunliche Ergebnisse erbrachten. Wie sich zeigte, wies Poly-U eine außergewöhnlich hohe Aktivität bei der Einbindung des markierten ^{14}C-Phenylalanin in ein Polypeptid auf. Es hatte sich Polyphenylalanin in ebenso monotoner Reihe gebildet, wie das zugegebene Poly-U. Diese Poly-U-RNA war hinreichend einfach, um daraus Schlüsse auf das erste Wort des genetischen Codes ziehen zu können. Es war nur eine einzige Korrelation möglich.[116] Den Schluss, den Nirenberg und Matthaei daraus zogen veröffentlichten sie 1961:

> „The results indicate that polyuridylic acid contains the information for the synthesis of a protein having many of the characteristics of poly-L-phenylalanine. [...] One or more uridylic acid residues therefore appear to be the code for phenylalanine. Whether the code is of the singlet, triplet,
> etc., type has not yet been determined. Polyuridylic acid seemingly functions as a synthetic template or messenger RNA, and this stable, cell-free *E. coli* system may well synthesize any protein corresponding to meaningful information contained in added RNA" (M. W. Nirenberg & Matthaei 1961, 1601).

Das erste Code-Wort war damit aufgeklärt und der erste Schritt des zentralen Projekts der Molekularbiologie in den 1960er Jahren gemacht. Nirenberg stellte die Ergebnisse zunächst einem sehr kleinen Publikum auf einer Konferenz in Moskau vor. Matthew Meselson, der am experimentellen Nachweis der mRNA arbeitete, erkannte die Tragweite des Vortrags und teilte Francis Crick die Befunde mit. Als Mitorganisator veranlasste dieser, dass Nirenbergs Vortrag vor großem Publikum wiederholt wurde. Damit war der kommafreie Code, wie ihn Crick vorgeschlagen hatte, widerlegt, da diesem zufolge UUU für gar keine Aminosäure hätte codieren dürfen. Darüber hinaus war nun der Weg abzusehen, wie die Entschlüsselung der

---

[116] Die Idee, über synthetische Polynukleotide in zellfreien *E. coli*-Systemen die Proteinsynthese zu steuern war nicht exklusiv. Mindestens in den Arbeitsgruppen von Severo Ochoa und Jim Watson wurden ähnliche Experimente durchgeführt. Allerdings wurden dort Poly-A-Nukleotide verwendet und dadurch Poly-Lysin synthetisiert, das jedoch durch die Verwendung von Trichloressigsäure nicht ausfiel und daher nicht registriert werden konnte. Siehe hierzu (Marshall Nirenberg 2004, 50).

anderen Code-Wörter vonstatten gehen konnte: Nun galt es unterschiedliche RNA-Moleküle zu synthetisieren und dem zellfreien Reaktionssystem zuzufügen, um anschließend die entstandenen Polypeptide zu analysieren. Dabei wurde zunächst lediglich das Verhältnis von Adenin zu Cytosin durch unterschiedliche poly(A-C)s ermittelt. So deuteten die Daten etwa darauf hin, dass das Codon für Histidin aus einem Triplett aus einem Adenin und zwei Cytosin bestehen musste, während sich die Codons für Asparagin und Glutamin aus Tripletts mit je zwei Adenin und einem Cytosin zusammensetzen mussten (M. W. Nirenberg et al. 1963). Die genaue Sequenz der Codons blieb allerdings noch weiter unklar. Diese konnte erst aufgeklärt werden, als es gelang einzelne Trinukleotide mit bekannter Sequenz zu synthetisieren bzw. zu isolieren. Erst 1964 waren die meisten der 64 möglichen Triplett-Nukleotide verfügbar und konnten gegen die 20 radiaktiv markierten aminoacyl-tRNAs getestet werden. Nach und nach konnten so bis 1967 alle Codons inklusive Start-Codon und den beiden Stopp-Codons aufgeklärt werden.

Information, Molekularbiologie und die Wandlung der Biochemie

Es ist bezeichnend, dass die Lösung des Codierungs-Problems nicht aus der Genetik kam – nicht von Francis Crick oder Max Delbrück, die fieberhaft am Codierungsproblem gearbeitet hatten. Stattdessen wurde sie von zwei Biochemikern – „an entirely unnoticed dark horse" (Carlson 1966, 241) – mit einer völlig anderen Herangehensweise präsentiert, an denen die Arbeiten auf der Suche nach dem genetischen Code scheinbar weitestgehend vorbeigegangen waren (Hausmann 1995, Kap. 10). Lily Kay hebt die Effektivität des biochemischen Ansatzes hevor, nicht ohne die konzeptionelle Bedeutung der theoretischen Vorarbeiten zu unterstreichen:

> „Der genetische Code konnte jetzt vervollständigt werden, indem man systematisch die Effekte synthetischer RNA-Messenger studierte, die in Proteinsyn-these-Systeme hineingegeben wurden. [...] Angesichts der beeindruckenden Direktheit, Zuverlässigkeit und Effizienz der neuen biochemischen Methoden wurde der frühere indirekte Ansatz abgewertet. Viele Forscher gelangten dahin, die ‚Decodierungs'-Arbeit aus der ersten, mathematischen und theoretischen Phase herabzustufen; sie sahen sie günstigstenfalls als naiv optimistisch, schlimmstenfalls als fehlgeleitet und unproduktiv. Sie würdigten nicht, wie Carl Woese, der seine theoretischen Analysen des Codes produktiv weiterverfolgte, bemerkt hat, daß die späteren spektakulären Fortschritte im Forschungsfeld, die in der zweiten Periode (1961-1967) erfolgten, auf dem hier geschaffenen begrifflichen Grundgerüst aufbauen konnten" (Kay 2005, 335).

Wie gezeigt, standen sich lange Zeit zwei unterschiedliche Ansätze und auch relativ strikt voneinander getrennt arbeitende *scientific communities* gegenüber, die hier als *informational school* und *structural school* eingeführt wurden und die sich hier in der Gruppe von Genetikern einerseits und den Biochemikern andererseits in Bezug auf das Codierungsproblem wiederfinden. Dieser Wandel lässt sich gut an einem kurzen, aber hellsichtigen Beitrag Max Delbrücks über *Die gegenwärtigen Ansichten über die Vermehrung von Bakteriophagen* von 1954 illustrieren. Darin beschreibt er zunächst unter Berufung auf Hershey und Chase die Erkenntnis, dass nicht die Proteine, sondern die DNA „das eigentliche Fortpflanzungsmaterial darstellt und daß das Eiweiß des Phagen hierbei keine Rolle spielt" (Delbrück 1954, 253). Doch auch weiterhin seien die Biochemiker mit der Frage befasst, „wie biologische und genetische Spezifität durch die Moleküle der DNS vermittelt werden könne" (Delbrück 1954, 253). Hierbei befindet sich Delbrück noch in der alten Denkweise der Spezifität. Aufschlussreich ist jedoch seine Bewertung der zeitgenössischen Vorgänge. Denn er fährt wie folgt fort:

> „Vor kurzem wurde ein ganz neues Licht auf diese Fragestellung durch die Anwendung der Informations-Theorie geworfen, eines mathematischen Kalküls, das zur Behandlung moderner Geräte der Nachrichtenübermittlung wie vor allem des Fernsehers und der großen, als Elektrogehirne bekannten Rechenmaschinen entwickelt worden war. Diese Theorie befaßt sich damit, welche ‚Sprache', das heißt welche Verschlüsselung bzw. welcher Code für die Weitergabe von Informationen am geeignetsten sei. Unter Information wird dabei jede Weitergabe einer stattgefundenen Veränderung verstanden" (Delbrück 1954, 253).

Mit dem Entschlüsseln des genetischen Codes näherten sich diese beiden Forschungsrichtungen – Genetik und Biochemie – in der Konstitution der Molekularbiologie weiter an und beeinflussten sich gegenseitig. Die historischen Arbeiten Lily Kays haben etwa auch gezeigt, wie Nirenberg erst 1960/61 langsam begann seine Arbeiten zur Proteinsynthese „im Darstellungs- und Diskursraum des Codierungsproblems" (ebd., 327) zu formulieren. Dies wird etwa daran ersichtlich, dass Matthaei und Nirenberg in ihrer Arbeit von 1961 die Vermutung äußerten, dass die ribosomale RNA mit einer „template or messengerRNA" (Matthaei & M. W. Nirenberg 1961, 407) korrespondiert. Bezogen auf diese Alternativ-Formulierung von „template"- und „messenger"-RNA konstatiert Kay:

> „In dieser diskursiven Austauschbarkeit von ‚Matrizen'- und ‚Messenger'-RNA ist ein aufschlußreicher Moment im Übergang vom älteren Darstellungsrah-

men der Biochemie zum neueren der Molekularbiologie festgehalten: der Übergang von materiegebundener chemischer Spezifität zu einem Erkennungs- und Kommunikationsapparat der Informationsübertragung" (Kay 2005, 328).

Unabhängig von Kay kommt Hausmann zu einer ähnlichen Einschätzung bezüglich der

> „Vereinigung der Begriffe von Template-RNA, wie sie in biochemischen *in-vitro*-Systemen charakterisiert wurde, und von der Messenger-RNA der *in-vivo*-Systeme. Diese Vereinigung signalisiert eigentlich den Abschluß der weltanschaulichen und akademischen Trennung von Biochemie und Molekularer Genetik. Und sie hatte zur Folge, daß ab diesem Zeitpunkt auch Biochemiker molekulargenetisch dachten und daß die Molekularbiologen sich in keiner Weise mehr scheuten, die ‚Neue Biochemie' voll zu würdigen" (Hausmann 1995, 115).

Und auch Rheinberger hält es mit Blick auf die Entschlüsselung des genetischen Codes, d.h. den Brückenschlag zwischen Genen und Enzymen über unterschiedliche Formen der RNA, „von besonderer Bedeutung, dass man das genetische Grundgeschehen zunehmend als einen Informationsfluss definierte" (Rheinberger & Müller-Wille 2009, 235). Dies führte letztlich auch dazu, dass in der zweiten Hälfte des 20. Jahrhunderts ein Denken in neuen Begrifflichkeiten Einzug hielt:

> „Nach der molekulargenetischen Gefügeverschiebung ‚geschah' in der Genetik nichts mehr in der Form, die für die klassische Genetik charakteristisch gewesen war. Es wurde auch nicht mehr in den gleichen Begriffen gedacht wie in der ersten Hälfte des 20. Jahrhunderts. Im Rahmen der Molekulargenetik bildete sich ein Diskurs über biologische Spezifität heraus, aus dem die speziellen biologischen Kräfte und die spezielle biologische Materie des ausgehenden 18. Jahrhunderts ebenso verschwunden waren wie die Versuche des ausgehenden 19. Jahrhunderts, die Erbsubstanz mit der zeitgenössischen Physik entlehnten atomistischen oder energetischen Wendungen zu beschreiben. An ihre Stelle traten Ausdrücke wie ‚genetisches Programm', ‚Speicherung', ‚Verarbeitung von Information', ‚Replikation', ‚Tranksription', ‚Translation' und ‚genetischer Code' als neue Leitbegriffe. Das Gender klassischen Genetik hatte sich zwar materialisiert, aber zugleich war seine formale Funktion als unsichtbarer Platzhalter für einen sichtbaren Effekt neu gedeutet worden: Es fungierte nun als Träger biologischer Information. Paradoxerweise hatte gerade der chemische und physikalische Zugriff auf lebende Systeme diese nun nicht mehr mechanische oder energetische Begrifflichkeit hervorgebracht [...]. Sie inspirierte ein neues Verständnis des Organismus, das Vererbung nicht mehr im Horizont

des Herkommens von Eigenschaften oder ihrer Weitergabe an Nachfahren beobachtete, sondern als Informationssystem" (ebd., 237f.).

Mit der sich ausweitenden Aneignung einer skriptualen Repräsentation des Codierungsproblems – d.h. mit dem Raumgreifen des informationalen Topos – formierte sich die Biologie und insbesondere die Molekularbiologie nach den Begrifflichkeiten und Denkmustern einer „neue[n] Biosemiotik der Kommunikation" (Kay 2005, 11).

Dass der Informationsbegriff über diese beiden in diesem Teil I vorgestellten Wege – über die Kybernetik und über die Genetik – in die Biologie Einzug gehalten hat, kann als gesichert angesehen werden. Inwiefern sich diese beiden Diskurse aber überschnitten, d.h. inwiefern die Kybernetiker die Arbeiten der Genetiker und umgekehrt rezipiert haben, ist sehr schwer zu rekonstruieren. Zwar konstatiert Lily Kay mit Blick auf die Kybernetik, dass bereits vor der Entdeckung der DNA-Struktur die „Informatisierung" der Biologie bereits in vollem Gange war (Kay 1995). Auf Seiten der Kybernetiker wurde Norbert Wiener etwa von John von Neumann, einem der Wegbereiter der späteren Informatik, der Vorschlag unterbreitet, man möge sich doch von der Beschäftigung mit dem menschlichen Zentralnervensystem lösen, da dieses zu komplex sei und sich stattdessen lieber einfacheren Organismen zuwenden. Hierfür schlug er die erfolgversprechendere Erforschung von Viren vor, die mit der Selbstreproduktion über ein entscheidendes Merkmal aller lebenden Organismen verfügen (Rid 2016, 148). Allerdings wurden auf die Arbeiten der Genetiker hierfür wenig rekurriert. Auf der anderen Seite sind aber auch die expliziten Verweise der Genetiker auf die Arbeiten der Kybernetiker nur spärlich vorhanden. Arbeiten wie die von Kalmus (Kalmus 1950), in der er Parallelen zog zwischen dem Genom und Computern als Informationsspeicher sind eher sporadisch und nicht disziplinprägend. Es kann zwar festgehalten werden, dass der Informationbegriff quasi in der Luft lag und zum Zeitgeist gehörte. Doch zumindest in den 1950er und 1960er Jahren dürfte der Einfluss der Kybernetik auf die Begriffs- und Theoriebildung der Molekularbiologie gering gewesen sein (Sarkar 1996). Dies änderte sich erst mit den Arbeiten von Jacob und Monod, die ihr Operon-Modell z.T. als Regelmodell in kybernetischen Denkmustern formulierten.

> „Bemerkenswert ist dabei, dass die informationstheoretischen Metaphern in zwei sehr unterschiedlichen Kontexten eingeführt werden: einerseits im Zusammenhang einer Analyse von Gen- und Enzymregulationen, also in einer Betrachtung der Wechselwirkung von Zellbestandteilen (u.a. durch Jacob und Monod), andererseits in der Untersuchung der als linearer Weg vorgestellten ‚Übersetzung' der DNA in Proteine. Offenbar unabhänig voneinander wird in

beiden Fällen das Konzept des Boten (engl. ‚messenger') verwendet, einerseits für eine chemisch nicht identifizierte spezielle Substanz, die eine regulierende Funktion ausübt (den anfangs sogenannten Repressor, frz. ‚répresseur'), andererseits für die zwischen DNA und Protein vermittelnde RNA, die später sogenannte messenger RNA" (Toepfer 2011b, 613).

Im nächsten Teil dieser Arbeit wird gezeigt, wie unterschiedlich Biosemiotik und Synthetische Biologie diesen Informationstopos der Molekularbiologie aufgreifen und interpretieren. Die Arbitrarität der DNA-Sequenz alleine genügt einer biosemiotischen Betrachtung beispielsweise noch nicht und so wird von einigen Autoren etwa die Funktion des entstehenden Proteins als die Bedeutung (*meaning*) der entsprechenden Sequenz verstanden (Lacková, Matlach & Faltýnek 2017). In der Synthetischen Biologie wird der hier entstehenden Informationstopos hingegen in eine Programmierbarkeit von Organismen ausformuliert. An diesen sehr unterschiedlichen Adaptionen des informationalen Denkens wird dessen große Offenheit deutlich. Hierfür wird näher erläutert, wie der Genbegriff in diesen beiden Feldern aufgefasst wird und welche Rolle ihm zukommt.

TEIL 2
Zwei Doxographien

© Springer Fachmedien Wiesbaden GmbH, ein Teil von Springer Nature 2019
D. Frank, *Der Topos der Information in den Lebenswissenschaften*,
Anthropologie – Technikphilosophie – Gesellschaft,
https://doi.org/10.1007/978-3-658-24698-3_3

2.1 Einleitung – Der klassische Genbegriff und seine Krise

Im ersten Teil der Arbeit wurde das Ringen um die materielle Grundlage der Vererbung erläutert und dargestellt, wie gespalten die Positionen zwischen Vertretern der klassischen Genetik und denen der Molekulargenetik lange waren. Es wurde immer wieder versucht eine eindeutige Korrespondenz zwischen dem klassischen, funktionalen und dem molekular-materiellen Genbegriff herzustellen, auch wenn diese sich bis heute nicht ineinander überführen lassen. Die Ein-Gen-ein-Enzym Hypothese von Beadle und Tatum kann in gewisser Hinsicht als Vorläufer des Standard-Genkonzeptes ab den 1950er Jahren gesehen werden, da hier eine eins-zu-eins Korrespondenz zwischen einem Gen und seinem Produkt angenommen wurde, auch wenn die Korrespondenz heute nicht mehr nur zwischen Gen und Enzym, sondern zwischen Genen und Proteinen allgemein gesehen wird. Diese Standardauffassung, die sich in den 1950er Jahren etablierte wird häufig als „classical molecular gene concept" bezeichnet. Demzufolge ist ein Gen ein DNA-Abschnitt, der für eine Polypeptidkette kodiert, die sich zu einem funktionalen Protein zusammensetzt. Dieser Genbegriff hat bis heute eine gewisse Gültigkeit als Richtschnur behalten. Doch geriet diese Genbestimmung durch empirische Erkenntnisse bald unter Bedrängnis, wie vielfach herausgearbeitet wurde (Beurton 2005; Gerstein et al. 2007; Portin 1993). Karola Stotz interpretiert das klassische molekulare Genkonzept als Ausdruck eines Bestrebens funktionale und strukturelle Aspekte in einer einzigen Entität zusammenzuführen, wobei der Fokus auf dem strukturellen Aspekt lag: „[T]he classical molecular gene was introduced as a definite structure that has the function, rather than as a functionally defined entity that might or might not correspond to a unique type of structure at the molecular level" (Stotz, Griffiths & R. D. Knight 2004, 649). Allerdings begann dieses klassische molekulare Genkonzept schon wenige Jahre nach seiner Einführung aufgrund unterschiedlicher empirischer Befunde zu erodieren. Zu der Erosion des Genbegriffs trug etwa das Operon-Modell[117] von Jacob und Monod Anfang der 1960er Jahre bei, die zwei Arten von Genen unterschieden: Strukturgene und Regulatorgene. Regulaturgene sind deshalb für den Genbegriff eine Herausforderung, da im ursprünglichen Gebrauch bei der

---

117 Mit Jacobs und Monods Operon-Modell wird auch die Programm-Metaphorik in die Molekularbiologie eingeführt (Morange 2008, 19f.).

klassischen Genetik ein Gen ja gerade über seine phänotypische Wirkung bestimmt war. Regulatorgene kodierten jedoch für Produkte, die einzig der Regulation von Strukturgenen dienten und somit keine direkte phänotypische Auswirkung mehr hatten. Dies widersprach auch der ursprünglichen Ein-Gen-ein-Protein-Hypothese, da ein Regulatorgen an der Steuerung der Synthese unterschiedlicher Proteine beteiligt sein kann (Jacob & Monod 1961, insbes. 334). In den 1970er Jahren folgte dann die Entdeckung überlappender Gene. Demnach konnte ein und derselbe DNA-Abschnitt an mehreren Genprodukten beteiligt sein (Barrell, Air & Hutchison 1976; Portin 1993, 197ff.). Weiter konnte ein und derselbe DNA-Abschnitt auch mehrere, phasenverschobene offene Leseraster besitzen. Dies lief aber der vermuteten (und erhofften) Eins-zu-Eins-Korrespondenz zwischen einem DNA-Abschnitt zu einem einzigen Produkt zuwider. Hinzu kam die Entdeckung von Exons und Introns in Eukaryoten (Gilbert 1978) sowie die Tatsache, dass aus einem Genabschnitt durch alternatives Splicen (durch die Auswahl unterschiedlicher Exons) unterschiedliche Genprodukte (Proteine) entstehen können. Ebenso zeigte sich, dass sogenannte Enhancer, die die Transkriptionsrate erhöhen, indem sie die Anlagerung des Transkriptionskomplexes an die Promotorregion eines Gens beeinflussen, mehrere tausend Basen von der zugehörigen Promotorregion entfernt liegen können. Erst durch eine Schlaufenbildung (Supercoil-Struktur) werden diese an die Promotorregion herangebracht. Diese und weitere empirische Befunde führten dazu, dass die Annahme der räumlichen Kontinuität von Genen sich eigentlich nicht aufrechterhalten ließ. Hinzu kam die Entdeckung, dass das, wofür ein Gen „zuständig" ist, d.h. was es hervorbringt unter Umständen funktional stark kontextabhängig ist. So ist Enolase in der Leber ein glykolytisches Enzym, in der Linse des Auges hingegen fungiert es in Form von Crystallin als ein Strukturprotein (Wistow et al. 1988). Diese Beispiele zeigen, dass die Korrespondenz zwischen der DNA und dem, wofür sie kodiert, immer weiter aufgeweicht wurde, wie auch Beurton feststellt:

> „Was aber ist dann ein Gen, wenn insbesondere die Beispiele der überlappenden Gene und des alternativen Spleißens es vollends unmöglich machen, von einer eindeutigen Korrespondenz zwischen zugrunde liegender DNA-Sequenz und einem bestimmten, von dieser Sequenz erzeugten Proteine oder letztlich auch Merkmal des Organismus zu sprechen? Diese Bedingung aber war immerhin fundierend für den klassischen Genbegriff" (Beurton 2005, 199).

Von dem ursprünglichen Ideal der Ein-Gen-ein-Enzym-Hypothese war nicht mehr viel übrig geblieben. Diese Entdeckungen lösten ab den 1980er Jahren eine Krise und damit einhergehend eine rege Diskussion über den Genbegriff aus, die bis heute andauert. So haben sich in jüngerer Zeit mit der Entdeckung des Trans-Splicens, bei dem Exons aus unterschiedlichen prä-mRNAs zusammengefügt werden, weitere Probleme für den klasssischen Genbegriff ergeben (Lasda & Blumenthal 2011).[118] Trotz dieser Probleme wurde von einigen Autoren Versuche unternommen, den Genbegriff zu retten und/oder zu präzisieren oder als pluralen Begriff zu akzeptieren (Falk 2001; Moss 2003; Waters 2006), andere plädierten dafür ihn ganz abzuschaffen und/oder zu ersetzen (Prohaska & Stadler 2008; Toepfer 2011a).

Sinnvollerweise sollte der Genbegriff als solcher als Reflexionsbegriff verstanden werden, da sich gezeigt hat, dass er kein eindeutiges Signifikat aufweist. Gene wurde ontologisch unterschiedliche verstanden. So etwa als Prozess (molekulares Prozessgen) als Funktion, als Materie, als Information; oder – in der Populationsgenetik – als abstrakte mathematische Recheneinheit, die materiell nicht spezifiziert ist und der sich etwa vom entwicklungsbiologischen Genbegriff gravierend unterscheidet. Der Genbegriff ist nicht notwendig als an die DNA gebunden zu verstehen. G.C. Williams versteht unter einem Gen „any heredity information for wich there is a favorable or unfavorable selection" und damit eben gerade kein chemische Element, sondern ein systemtheoretisches Konstrukt (Toepfer 2011a, 32).

„Wenn heute überhaupt am Begriff des Gens festgehalten wird (s.u.), dann nicht in der ursprünglich intendierten materialistisch-substantialistischen Version im Sinne einer bestimmten Struktur eines Körpers. Ein Gen ist nicht einfach eine körperliche Einheit innerhalb eines Organismus, sondern ein Element innerhalb des komplexen Geschehens der Gestaltbildung und Vererbung von organischen Merkmalen" (ebd., 29).

Trotz dieser konzeptuellen Problemlage ist der Genbegriff bis heute nicht aus den Biowissenschaften wegzudenken und spielt, wie zu zeigen ist, insbesondere auch in der Synthetischen Biologie eine zentrale Rolle.

---

[118] Aus der Bioinformatik gibt es Hinweise, dass interchromosomales Trans-Splicing beim Menschen auftreten könnte (Herai & Yamagishi 2010).

2.2 Was ist Synthetische Biologie?

> *Synthetic biology is like genetic engineering on steroids.*
>
> James Collins

Wie verhält es sich nun mit diesen Genkonzepten in der Synthetischen Biologie? Um dies beantworten zu können ist es zunächst nötig, eine hinreichend genaue Bestimmung der Synthetischen Biologie vorzunehmen. Im Allgemeinen wird sie als interdisziplinäres Forschungsfeld verstanden, das sich weder in seinem Selbstverständnis, noch in der wissenschaftsphilosophischen Forschung eindeutig definieren lässt. Es kann im Folgenden lediglich eine Charakterisierung vorgenommen werden. Diese Unschärfe kann dem Umstand zugeschrieben werden, dass sich die Synthetische Biologie noch in einem relativ frühen Stadium befindet. Wenn man deren historische Anfänge an das explizite Lancieren des Begriffs bindet, so liegen diese etwa im ersten Jahrzehnt des 21. Jahrhunderts.[119]

2.2.1 Biologie als *engineering*

Versucht man sich dennoch an einer Bestimmung, so kann man etwa auf George Church verweisen, der Synthetische Biologie als „the science of selectively altering the genes of organisms to make them do things that they wouldn't do in their original, natural, untouched state" (Church & Regis 2014 [2012], 2) bezeichnet. Dies trifft allerdings auch auf die herkömmliche Gentechnik zu. Und tatsächlich ist die

---

[119] Allerdings sei hier angemerkt, dass der Begriff der Synthetischen Biologie in anderem Zusammenhang schon deutlich früher Verwendung fand. Zum einen wurde der Begriff wohl erstmals von Stephan Leduc 1912 gebraucht, der damit aber die Bildung anorganischer aber lebensähnlicher Ordnungsstrukturen bezeichnete (Leduc 1912). Zum anderen findet er sich 1978 bei Jost Herbig (Herbig 1978) und 1986 bei Ernst-Ludwig Winnacker in einem Vortrag zur Eröffnung der *Analytika* 1986 (Winnacker 1990).

Synthetische Biologie, zumindest in ihrem derzeitigen Tun, nicht trennscharf von der Gentechnik abzugrenzen. Daher ist sie auch nicht mit einem Paradigmenwechsel verbunden, wie er etwa mit der aufkommenden Molekularbiologie diagnostiziert wurde (Morange 2009). Sie bezeichnet keinen eigentlichen Neubeginn einer biologischen Disziplin, sondern ist in vielfacher Hinsicht eine konsequente Weiterentwicklung und Radikalisierung der Gentechnik[120] im Paradigma der Molekularbiologie (D. Frank 2014). Dies lässt sich insbesondere auch im folgenden Kapitel 2.3 anhand ihres Genbegriffs zeigen.

Führt man eine Definition aus dem Feld wie die folgende an, so umfasst diese lediglich bestimmte Aspekte dessen, was unter Synthetischer Biologie verstanden wird:

> „Synthetic biology is bringing together engineers and biologists to design and build novel biomolecular components, networks and pathways, and to use these constructs to rewire and reprogram organisms. These re-engineered organisms will change our lives over the coming years, leading to cheaper drugs, ‚green' means to fuel our cars and targeted therapies for attacking ‚superbugs' and diseases, such as cancer. The de novo engineering of genetic circuits, biological modules and synthetic pathways is beginning to address these crucial problems and is being used in related practical applications" (Khalil & Collins 2010, 367).

Ähnlich wird die Synthetische Biologie von der *BioBrick Foundation* eingeführt:

> „Synthetic Biology is a new approach to engineering biology, with an emphasis on technologies to write DNA. Recent advances make the de novo chemical synthesis of long DNA polymers routine and precise. Foundational work, including the standardization of DNA-encoded parts and devices, enables them to be combined to create programs to control cells. With the development of this technology, there is a concurrent effort to address legal, social, and ethical issues" (BioBricks Foundation 2008).

Damit ist ein wichtiges Merkmal benannt, das die Synthetische Biologie weitestgehend kennzeichnet: Die Anwendung des Ingenieursdenkens auf den Bereich des Organischen. Zwar lässt sich dies auch schon vor dem Auftauchen der Synthetischen Biologie ausmachen – die englische Bezeichnung der Gentechnik lautet schließlich *genetic engineering*. Doch als mögliches Abgrenzungskriterium der Synthetischen Biologie zur Gentechnik wird häufig angeführt, dass die klassische Gentech-

---

[120] Jim Collins etwa charakterisierte in einem Interview die Synthetische Biologie als „genetic engineering on steroids" (Editorial 2014).

nologie „versuche, individuelle Gene von einer Art zur anderen zu transferieren", wohingegen die Synthetische Biologie versuche „ganz neue Genome von Mikroorganismen aus einem Set von mehr oder weniger standardisierten Bausteinen herzustellen" (Köchy 2012, 38). Dies zeigt sich auch daran, dass der Begriff des Gens in der Synthetischen Biologie an Bedeutung verloren hat und eine Verschiebung hin zu ganzen genetischen Schaltkreisen (*genetic circuits*) stattfindet.[121] Dennoch ist die Abgrenzung zur Gentechnik nicht trennscharf, wie sich folgender Bemerkung Craig Venters entnehmen lässt, der auf die Werbewirksamkeit der neuen Terminologie aufmerksam macht:

> „Genetic engineering has today evolved to be more commonly known as synthetic biology. The distinction between molecular biology and synthetic biology is blurred, and in most uses there is no actual distinction. 'Synthetic biology' just sounds sexier, and in the same way, 'systems biology' has replaced physiology, and some good old-fashioned chemists like to rebrand their efforts as nanotechnology. Whatever you want to call it, around the globe large numbers of scientists are pursuing genetic engineering by blending biology with engineering approaches" (Venter 2013, 83f.).

Neben dem Charakteristikum des Ingenieursdenkens können innerhalb der Synthetischen Biologie mehrere Teilgebiete und Ansätze unterschieden werden, die z.T. nur sehr wenig miteinander gemeinsam haben. Nach Luisi und Chiarabelli lassen sich grundsätzlich zwei unterschiedliche Stränge der Synthetischen Biologie differenzieren: ein anwendungsbezogener, der Gentechnik verbundener Strang einerseits und ein grundlagenorientierter Strang andererseits (Luisi & Chiarabelli 2011, Kap. 14). Die Synthetische Biologie befindet sich damit in einem selbstgesetzten Spannungsverhältnis. Auf der einen Seite ist ihr Ziel neue Organismen bzw. lebende Systeme (*devices*) für bestimmte Anwendungen zu konstruieren. Auf der anderen Seite hat sie sich zum Ziel gesetzt einen Beitrag zum Verständnis von Lebewesen bzw. „des" Lebens liefern zu können. Durch die Synthetische Biologie soll quasi die konstruktive Seite des *engineering* mit der analytisch-erforschenden Seite der bisherigen Biologie kombiniert werden (Purnick & Weiss 2009, 410): „Synthetic biology is redefining the discipline of biology and helping people reach a deeper understanding of how life works" (Elowitz & Lim 2010, 889). Auch Drubin sieht in die-

---

[121] Auch wenn der Begriff des Gens in vielen Arbeiten der Synthetischen Biologie selbst nur selten auftaucht und stattdessen die Rede von *genetic circuits*, vom genetischen Material, genetischen Elementen oder von Genomen ist, verschiebt sich die Aufmerksamkeit nur scheinbar weg vom Genbegriff, da die genannten Begriffe letztlich über den Genbegriff definiert werden.

sen beiden Ansprüchen die wesentlichen Zielsetzungen der Synthetischen Biologie: „The design of artificial biological systems and the understanding of their natural counterparts are key objectives of the emerging discipline of synthetic biology" (Drubin, Way & Silver 2007, 242). Ferner soll folglich der Schritt vollzogen werden, von einer Disziplin, die sich mit natürlichen Organismen befasst, hin zu einer Disziplin, die auch mögliche, potentielle Organismen zum Gegenstand hat.

Bei genauerer Betrachtung sammeln sich unter dem Begriff der Synthetischen Biologie sehr unterschiedliche Methoden und Ansätze, die auch einen unterschiedlichen Grad an (medialer) Aufmerksamkeit genießen, was sich auch in ihrer Bedeutung innerhalb der Forschungslandschaft widerspiegelt. Unter diesem Begriff sammeln sich sehr unterschiedliche Vorhaben. (Gibson et al. 2008) nennen beispielsweise:

- Bottom-up-Ansätze
  - Protozell-Ansätze
- Top-down-Ansätze
  - Minimal-Genom und Minimalzelle
  - Chassis-Ansatz
- Orthogonaler Ansatz
- Synthetic Devices[122]
- Whole Genome Synthesis.

Insbesondere jene anwendungsbezogenen Ansätze, die vorgeben einen wesentlichen Beitrag zur Lösung der großen gesellschaftlichen Herausforderungen leisten zu können, erhalten vermehrt mediale Aufmerksamkeit und dominieren den Diskurs. Einer der Hauptakteure, George Church bezieht sich auf diese Art der Synthetischen Biologie, die er als das Bemühen bezeichnet, „to capitalize on the facts that biological organisms are programmable manufacturing systems, and that by small changes in their genetic software a bioengineer can effect big changes in their output" (Church & Regis 2014 [2012], 4). Biologische Organismen werden hier als „universal constructors" betrachtet, die mit den entsprechenden Modifikationen

---

[122] Geht man von der Zelle als kleinster lebender Einheit aus, so darf bei dieser Art Forschung die Frage gestellt werden, inwiefern es hier noch legitim ist von Synthetischer „Biologie" zu sprechen oder ob man stattdessen nicht besser von „Synthetischer Biochemie" reden sollte.

ihres Genoms (d.h. ihrer „genetischen Programmierung") nahezu jedes denkbare Artefakt produzieren können.[123]

2.2.2 Zentrale Metaphern

Allen diesen Ansätzen der Synthetischen Biologie ist jedoch eine bestimmte Rhetorik gemein, die durchsetzt ist von unterschiedlichen Metaphern, die in der Charakterisierung der Synthetischen Biologie bereits angesprochen wurden: Organismen werden als *living machines*[124] verstanden, die die Hardware darstellen, während das Genom die Software sei. Das Genom enthalte die Information, etwa für Proteine oder auch den gesamten Organismus, und sei als Programm zu betrachten. Neben diesem informatischen Topos findet sich der elektrotechnische Topos, dem die Rede von genetischen Schaltkreisen (*genetic circuits*) und genetischen Schaltern (*genetic switches*) zuzurechnen ist, wobei diese, als logische Operatoren verstanden, auch dem informatischen Topos zugerechnet werden können. Dies sind immer wieder auftretende Metaphern, die die Rhetorik der Synthetischen Biologie dominieren.

2.2.3 DNA-Zentrierung

Liest man insbesondere die populärwissenschaftlichen Arbeiten von Akteuren wie Craig Venter und George Church, so lässt sich eindeutig eine DNA-zentrierte Position ausmachen. So richtet Venter mit seinem reduktionistischen Ansatz explizit den Fokus seiner wissenschaftlichen Arbeit auf die DNA und wendet sich dezidiert gegen solche Ansätze, die auf die Komplexität zellulärer Prozesse abheben, die er als erneuten Rückfall in den Vitalismus deutet, wenn er konstatiert:

> „[…] that the complexity of a living cell arises out of vast numbers of interacting chemical processes forming interconnected feedback cycles that cannot be

---

[123] Zwar handelt es sich hierbei großteils noch um Zukunftsmusik. Aber zum einen kann die Synthetische Biologie bereits auch erste Erfolge auf dem Weg dorthin verzeichnen. Zum anderen darf nicht unterschätzt werden, welche Rolle Visionen für die Fortentwicklung wissenschaftlicher Disziplinen haben. Und dies nicht zuletzt über die Ausrichtung der Forschungsförderung.

[124] Mit der Verschiebung hin zu künstlichen Organismen fällt die Möglichkeit evolutionärer Erklärungen weg.

described merely in terms of those component processes and their constituent reactions. As a result, vitalism today manifests itself in the guise of shifting emphasis away from DNA to an ‚emergent‘ property of the cell that is somehow greater than the sum of its molecular parts and how they work in a particular environment. This subtle new vitalism results in a tendency by some to downgrade or even ignore the central importance of DNA. Ironically, reductionism has not helped. The complexity of cells, together with the continued subdivision of biology into teaching departments in most universities, has led many down the path of a protein-centric versus a DNA-centric view of biology. […] When one attributes unmeasurable properties to the cell cytoplasma, one has unwittingly fallen into the trap of vitalism. The same goes for the emphasis of the mysterious emergent properties of the cell over DNA, which is tantamount to a revival of Omnis cellula e cellula, the idea that all living cells arise from pre-existing cells" (Venter 2013, 17f.).[125]

Venter ist nicht der einzige, der die zentrale Rolle der DNA betont. Auch in George Churchs Visionen, den Neandertaler und das Wollmammut wiederzubeleben, steht eindeutig das Erbgut im Vordergrund:

> „Nevertheless, the genome sequences of both the wooly mammoth and Neanderthal man have been substantially reconstructed; the genetic information that defines those animals exists, is known, and is stored in computer databases. The problem is to convert that information – those abstract sequences of letters – into actual strings of nucleotides that constitute the genes and genomes of the animals in question" (Church & Regis 2014 [2012], 10f.).

Die genetische Information „definiert" den Organismus, wobei Gene und Genome hier substantiell bzw. materiell aufgefasst werden, d.h. als aus (realen) Nukleotidketten bestehend.[126] Ähnlich spiegelt sich diese DNA-Zentriertheit auch in einer bedeutenden Arbeiten von Venter und Kollegen wieder, der *Genome Transplantation in Bacteria: Changing One Species to Another* (Lartigue et al. 2007). In dieser Studie wurde das vollständige Genom einer Bakterienspezies (*Mycoplasma mycoides*) in die Zelle einer anderen, aber nah verwandten Bakterienspezies (*Mycoplasma capricolum*) eingebracht, der zuvor ihr Erbgut entfernt worden war. Das Resultat waren

---

[125] Hier soll offen bleiben, ob Venter tatsächlich dieser Ansicht ist oder ob es sich lediglich um eine geschickte Strategie handelt die eigenen Arbeiten in ihrer Bedeutung aufzuwerten.

[126] Dass es problematisch ist, den Genbegriff materiell zu fassen und an die DNA zu binden zeigt sich gerade auch in jenen Ansätzen der Synthetischen Biologie, die sich mit XenoDNA befassen. Denn gerade hier wird deutlich, dass ein Gen funktional verstanden wird und die Bindung an die DNA eine kontingente ist. Zur Kritik am Primat der DNA vgl. (Noble 2008, 3006ff.).

„new cells that have the genotype and phenotype of the input genome. The important distinguishing feature of transplantation is that the recipient genome is entirely replaced by the donor genome. There is no recombination between the incoming and outgoing chromosomes. The result is a clean change of one bacterial species into another" (ebd., 632).

Allein durch den Austausch des Erbguts wird die Transformation der einen Spezies in eine andere behauptet. Die DNA wird somit als Wesensmerkmal einer Spezies verstanden. Drei Jahre später gingen Venter und Kollegen einen Schritt weiter und präsentierten die *Creation of a Bacterial Cell Controlled by a Chemically Synthesized Genome* (Gibson et al. 2010). In dieser Arbeit wurde das Genom einer Bakterienspezies (*M. mycoides*) nicht nur in die Zelle einer anderen, aber nah verwandten Bakterienspezies (*M. capricolum*) transferiert, sondern zuvor *in vitro* synthetisiert. In seiner Nukleotid-Sequenz war dieses synthetische Genom aber quasi identisch mit dem der „natürlichen" Vorlage von *M. mycoides*. Es handelte sich somit nicht um ein Transplantat, sondern um ein Implantat. In der Studie wird mehrfach darauf verwiesen, dass die neue *M. mycoides* Zelle ausschließlich von ihrem synthetischen Chromosom bzw. synthetischen Genom kontrolliert werde.

„We refer to such a cell controlled by a genome assembled from chemically synthesized pieces of DNA as a ‚synthetic cell,' even though the cytoplasm of the recipient cell is not synthetic. Phenotypic effects of the recipient cytoplasm are diluted with protein turnover and as cells carrying only the transplanted genome replicate. Following transplantation and replication on a plate to form a colony (>30 divisions or >109-fold dilution), progeny will not contain any protein molecules that were present in the original recipient cell. This was previously demonstrated when we first described genome transplantation. The properties of the cells controlled by the assembled genome are expected to be the same as if the whole cell had been produced synthetically (the DNA software builds its own hardware)" (ebd., 55f.).

Die zentrale Rolle, die die Synthetische Biologie der DNA einräumt, zeigt sich auch daran, dass die Methoden des *genome editing* zu ihren wichtigsten Verfahren zählen. Nicht nur Zinkfingernukleasen, TALENs (*Transcription Activator-Like Effector Nuclease*), MAGE (*Multiplex-Automated Genome Engineering*) und andere, sondern seit kürzerer Zeit auch das CRISPR (*Clustered Regularly Interspaced Short Palindromic Repeats*)/Cas-System versprechen Fortschritte (Esvelt & Wang 2013; D. Frank 2014; Rusk 2014).

2.2.4 Modularisierung und Standardisierung

Neben der DNA-Zentrierung ist der Gedanke der Modularisierung und Standardisierung ein oft angeführtes Charakteristikum der Synthetischen Biologie, das sich aus dem ingenieurstechnischen Ansatz ableiten lässt. Dort wird auf Standardisierung und Modularisierung insistiert, da diese die idealtypische Voraussetzung einer reibungslosen „Fertigung" darstellen. In der Synthetischen Biologie soll sich dieser Vorstellung schrittweise angenähert werden und die Modularisierung möglichst auf allen Ebenen – von Teilen über Devices bis zu ganzen Systemen – realisiert werden. Ein Beispiel hierfür sind die sogenannten BioBricks (Shetty, Endy & T. F. Knight 2008). Diese sollen, so die Idealvorstellung, nach dem Plug-and-play-Prinzip zu *synthetic devices* zusammengefügt werden können, was zunächst einmal eine funktionale und substantielle Separierbarkeit voraussetzt. Durch die Modularisierung soll erreicht werden, dass 1) die einzelnen Segmente je nach Bedarf zusammengefügt und in ein übergeordnetes *chassis* integriert werden können und 2) dass sich synthetische und endogene Schaltkreise in ihrem Verhalten nicht mehr wechselseitig stören, d.h. kein unerwünschtes Verhalten zeigen. So soll durch die Modularisierung eine bessere Voraussagbarkeit des Verhaltens des generierten Systems gewährleistet werden und dass es zuverlässiger arbeitet. Auch Andrianantoandro plädiert für eine konsequente Umsetzung der Modularisierung:

> „Modularity is used in other engineering disciplines to insulate interacting systems from each other and render them interchangeable. According to this notion, inserted modules would function best if the number of interactions between the module and the host cell are minimized. Any remaining interactions should ideally be very predictable. Specifying and standardizing those remaining interactions can ensure the portability of the modules, and allow them to be engineered independently of host cells. Using this approach, module function would ideally become independent of cellular context. The host cell would only act to process resources and protect the module from the extracellular environment" (Andrianantoandro et al. 2006, 8).

Auf der anderen Seite zeigt er sich jenseits des Ideals in Bezug auf die Forschung der Synthetischen Biologie erheblich reflektierter. Hier wird der Komplexität zellulärer Mechanismen größere Bedeutung beigemessen:

> „If achievable, insulation of modules is useful, but must be tempered with a drive to understand and take into account a module's connection to the host's cellular context. Although simplification, specification, and standardization

make engineering easier, it may not be advantageous to hide all the information about the host cell. Conceptualizing the operation of a module as completely, or nearly completely, disconnected from cellular context cannot sufficiently define module function. Part of what defines living systems is the integration of their parts. Engineering any part of an organism must at some level take the entire organism into account. Thus, for modular composition to work, we need to have abstractions that incorporate the notion of cellular context into the definition of a module's function. We must have a quantifiable way to encode context dependence for a given module and functionally compose the context dependence of multiple modules" (ebd.).

Neben der Modularisierung ist der Aspekt der Standardisierung Kennzeichen des ingenieurstechnischen Denkens in der Synthetischen Biologie. Dieses bezieht sich zum einen auf die einzelnen Module, die derart standardisiert werden sollen, dass sie nach Möglichkeit zwischen den einzelnen Systemen und damit auch zwischen den einzelnen Arbeitsgruppen ausgetauscht werden können. Ein anderer Aspekt der Standardisierung betrifft die jeweiligen Bedingungen unter denen das hergestellte System arbeiten soll. Dies wird etwa bei den Ansätzen der Minimalzellforschung deutlich. Als Minimalzelle wird ein System verstanden, das ausschließlich diejenigen Eigenschaften besitzt, die notwendig und hinreichend sind, um am Leben zu sein. Hierfür werden in der Regel Eigenschaften angegeben, wie die Fähigkeit zur Aufrechterhaltung einer Homöostase und der eigenen Struktur durch Stoffwechselprozesse, Selbstreproduktion und/oder Evolvierfähigkeit. Nach und nach werden dann einzelne Gene ausgeknockt, um eine solche Zelle zu erzeugen. Weist das System weiterhin die besagten Eigenschaften auf, so war das abgeschaltete Gen nicht essentiell sondern verzichtbar für die Lebenserhaltung. Allerdings bleibt eine solche Minimalzelle immer relativ zu einer standardisierten, optimalen und reduzierten Umgebung. Minimale Änderungen der Umweltbedingungen können dazu führen, dass andere Gene für die Lebenserhaltung notwendig sind und es relativ zu dieser Umgebung andere Minimalzellen gibt. Die Systeme, die die Synthetische Biologie herstellt, sind in der Regel darauf ausgelegt, in einer genau definierten Umgebung, wie etwa einem Bioreaktor, eine Funktion zu erfüllen. Während evolutionär entstandene Systeme eine Anpassung an die Umwelt durchlaufen und damit eine gewisse Resilienz gegenüber Umwelteinflüssen erworben haben, ist der Toleranzbereich designter, oft vereinfachter Systeme gegenüber Störungen durch Umwelteinflüsse typischerweiße geringer. Die Resilienz natürlicher Organismen ist in der Regel auch mit mehr Komplexität verbunden (z.B. in Form redundanter Mechanismen zur „Absicherung" physiologischer Funktionen oder komplexer adaptiver Abwehrsysteme für

Krankheitserreger) die in der Synthetischen Biologie gerade vermieden werden soll. Denn diese Komplexität vorgefundener Lebewesen stellt aus Sicht des Ingenieurs ein technisches Hindernis dar, das es zu überwinden gilt (Bölker 2015). Evolutionär entstandene Systeme sind aus dieser Perspektive überkomplex in Hinsicht auf die intendierte Funktion biotechnologischer Anwendung. Daher, so der Gedanke, gilt es Systeme zu designen, die in ihrer Komplexität soweit reduziert sind, dass sie zwar noch die geforderte Funktion erfüllen, jedoch in ihrem Verhalten eine möglichst hohe Prognostizierbarkeit erlauben. Dass sich daraus Schwierigkeiten ergeben wird auch in der Synthetischen Biologie selbst erkannt: „It is still not clear how small engineered modules that operate well in a given cellular context can be transferred readily into other contexts or organisms." Dennoch wird an der Leitfrage festgehalten: „How can synthetic biologists combine many basic components effectively so that cellular behaviour is optimized and ‚made to order'?" (Purnick & Weiss 2009, 415).

2.3 Der Genbegriff in der Synthetischen Biologie

> *Architecture begins when you place two bricks carefully together.*
>
> Ludwig Mies van der Rohe

Was lässt sich ausgehend von dieser Charakterisierung nun hinsichtlich des Genbegriffs sagen, der in der Synthetischen Biologie vorherrscht? Zunächst ist festzustellen, dass sich die Synthetische Biologie als herstellende Disziplin begreift und, zumindest soweit ersichtlich, keine theoretischen Überlegungen zu Genbegriff von Forschern aus dem Feld unternommen werden. Vielmehr ist ein pragmatischer Umgang mit dem Begriff des Gens festzustellen, der, je nach Kontext, unterschiedlich zu verstehen ist und unterschiedliche Funktionen zu erfüllen hat. Der Genbegriff in der Synthetischen Biologie ist kein spezifischer, sondern lässt sich in die Entwicklung der Biowissenschaften eingliedern – ebenso wie ja auch die Synthetische Biologie als eine konsequente Weiterentwicklung der Gentechnik verstanden werden kann. Allgemein können in der Synthetischen Biologie dennoch drei Aspekte des Genbegriffs unterschieden werden:

1. Ein materieller Aspekt findet sich, da dieser eine Manipulation überhaupt erst erlaubt.
2. Ein kausaler Aspekt findet sich, da dieser Voraussetzung dafür ist, überhaupt Gentechnik betreiben zu können.
3. Ein informationaler Aspekt findet sich, da dieser die Möglichkeit zur digitalen Speicherung und Verarbeitung gewährleistet.

2.3.1 Materieller Genbegriff

Auch wenn eine Reflexion über den Genbegriff innerhalb der Synthetischen Biologie – anders als in der Biosemiotik – quasi nicht stattfindet, ist dieser in der Synthetischen Biologie doch von zentraler Bedeutung. Denn das Gen bzw. das Genom ist der eigentliche Ansatzpunkt der Synthetischen Biologie. Wie im vorigen Kapitel dargelegt wurde, ist die Synthetische Biologie ein DNA-zentriertes Forschungsfeld. Wird beispielsweise „ein Gen eingebracht", so ist damit zunächst einmal gemeint, dass ein DNA-Abschnitt in ein Genom integriert wird. Das Genom wird als DNA verstanden und folgerichtig einzelne Gene als DNA-Abschnitte. Damit herrscht ein materialistischer Genbegriff vor, wenn von der Synthese und Manipulation von Genen oder Genomen die Rede ist. Damit soll allerdings nicht behauptet sein, dass ein Gen auf ontologischer Ebene eine DNA-Struktur ist. Stattdessen ist damit gemeint, dass es auf methodologischer Ebene Voraussetzung der Synthetischen Biologie ist, das klassisch-molekulare Genkonzept beizubehalten, um überhaupt eine Synthese betreiben zu können. Denn im Gegensatz zu anderen Maschinen, werden *living machines* nicht direkt hergestellt, sondern sollen sich in gewisser Weise selbst herstellen. Dies bedeutet aber, dass nicht die funktionalen Teile (Module) selbst zusammengesetzt werden, sondern lediglich deren „Repräsentationen" in Form von DNA. Hierbei bleibt die Synthetische Biologie jedoch angewiesen auf empirische Analysen etwa der Systembiologie. Denn erst diese stellen Erkenntnisse bereit, welche Genprodukte mit einer bestimmten Gensequenz (im je spezifischen Kontext) verbunden sind. Dieser Aspekt des Genbegriffs in der Synthetischen Biologie ist weitestgehend das, was von Lenny Moss als Gen-D bezeichnet wird. Moss unterscheidet zwischen zwei Genkonzepten, denen er unterschiedliche explanatorische Funktionen zuschreibt. Während Moss das Konzept Gen-P als Determinante des Phänotyps (im Sinne eines „Gens für" etwas) versteht,[127] definiert er das Gen-D über seine molekulare Sequenz:

> „Quite unlike Gene-P, *Gene-D is defined by its molecular sequence*. A Gene-D is a developmental resource (hence the ‚D') which in itself is *indeterminate* with respect to phenotype. To be a Gene-D is to be a transcriptional unit (extending

---

[127] „Gene-P is defined by its relationship to a phenotype, albeit with no requirements as regards specific molecular sequence nor with respect to the biology involved in producing the phenotype. Gene-P is the expression of a kind of instrumental preformationism (thus the „P"). When one speaks of a gene in the sense of Gene-P, one simply speaks as if it causes the phenotype. A gene for blue eyes is a Gene-P. What makes it count as a gene for blue eyes is not any definite molecular sequence (after all, it is the absence of a sequence-based resource that matters here), nor any knowledge of the developmental pathway that leads to blue eyes (to which the ‚gene for blue eyes' makes a negligible contribution at most), but only the ability to track the transmission of this gene as a predictor of blue eyes. Thus far Gene-P sounds purely classical, that is, Mendelian as opposed to molecular" (Moss 2001, 87).

from start to stop codons) within which are contained molecular template re-sources. These templates typically serve as resources in the production of vari-ous ‚gene-products'—directly in the synthesis of RNA, and indirectly in the synthesis of a host of related polypeptides" (Moss 2001, 88).

So verstanden werden Gene als genetisches Material aufgefasst:

> „So where a Gene-P is defined strictly on the basis of its instrumental utility in predicting a phenotypic outcome and is most often based upon the absence of some normal sequence, a Gene-D is a specific developmental resource, de-fined by its specific molecular sequence, and thereby functional template ca-pacity, and yet it is indeterminate with respect to ultimate phenotypic out-comes" (ebd.).

Bezogen auf die Synthetische Biologie ist ein Genbegriff im Sinne einer Entwick-lungsressource allerdings ein zu anspruchsvoller. Denn hier geht es zumeist um die Lösung von Anwendungsproblemen im Sinne der Ausübung einer bestimmten Funktion wie etwa dem Herstellen eines bestimmten Pharmakons und nur selten um die Gestaltbildung komplexer mehrzelliger Organismen.

2.3.2 Kausaler Genbegriff

Im Hinblick auf die Genese eines Organismus werden Gene auch als kausale Fakto-ren betrachtet. Dieses Verständnis von Genen als kausale Faktoren ist die Voraus-setzung dafür, um überhaupt Gentechnik betreiben zu können. Cong und Kollegen verweisen darauf, dass präzise und effiziente Verfahren der Gentechnik benötigt werden, um ein „systematic reverse engineering of causal genetic variations" zu ermöglichen, die die gezielte Perturbation einzelner genetischer Elemente erlauben (Cong et al. 2013, 819). Wie stark der kausale Einfluss ist, der dem genetischen Material in der Synthetischen Biologie zugeschrieben wird, darüber gibt es unter-schiedliche Ansichten. Zwar wird dem zellulären Kontext ebenfalls eine gewisse kausale Rolle zugesprochen, da das Genom alleine – ohne etwa einen Translations- und Transkriptionsapparat – nichts hervorzubringen vermag.[128] Die DNA-Zentrierung in der Synthetischen Biologie zeigt sich aber daran, dass dennoch da-

---

[128] Aus diesem Grund muss sich George Church nach der Rekonstruktion des Neandertaler-Genoms auch noch auf die Suche nach einer Eizellspenderin und letztlich einer Leihmutter begeben (Church & Regis 2014 [2012], 11).

von ausgegangen wird, dass „genes are more important causes of cellular behavior than other cellular or external causes (Oftedal & Parkkinen 2013, 212).[129] O'Malley und Kollegen sehen dies insbesondere bei den Ansätzen des „genome-driven cell engineering" gegeben, da hier der zelluläre Kontext als relativ unwichtig angesehen wird. Hierzu zählen sie alle Ansätze, die auf das Gesamtgenom fokussiert sind wie Top-down-Ansätze (Minimalgenom), Bottom-up-Ansätze der *de novo*-Synthese sowie die Arbeiten der Genomtransplantation. Sie kommen zu dem Schluss, dass „members of this group tend to see genomes as the causal engines of the cell" (O'Malley et al. 2008, 60) und diagnostizieren bei diesen Ansätzen daher gar eine „strong genetic determinism characteristic" (ebd.). Mit dieser kausalen Priorität des genetischen Materials gehen unterschiedliche Ideen einher, „ranging from the classically reductionist (genes have functions, and when the relevant genes are put into cells, their functions are implemented) to the more holistic (whole genomes give rise to interrelated sets of functions)" (ebd.). Deutlich wird hier das Problem der Unterscheidung zwischen Ursache und Randbedingungen.[130]

Demgegenüber sind Oftedal und Parkkinen der Meinung, dass diese Ansätze nicht zwangsläufig die Vorstellung eines genetischen Determinismus beinhalten müssen (Oftedal & Parkkinen 2013). Der „actual causal approach" in der Synthetischen Biologie sei unabhängig von einem ontologischen Verständnis von Genen als Programm oder Kontrollzentrum. Dieser sei vielmehr zu verstehen

> „in terms of the interventionist framework that applies to experimentation in genetics more generally, combined with a mechanistic understanding of biological phenomena. Reconstructing causal inference in interventionist terms leads to a picture where the foregrounding of genetic causation in synthetic biology research is largely based on pragmatic considerations about the feasibility of DNA as an entry point for manipulating biological systems, as well as the fact that DNA sequences provide perhaps the closest approximation of modular causation within biological systems" (ebd., 215).

Ein Grund dafür, dass dem genetischen Material nicht nur *irgendeine* kausale Wirkung zugesprochen wird, sondern eine herausgehobene, resultiert demnach darin,

---

[129] Dem widerspricht etwa die *Developmental Systems Theory* (Griffiths & Tabery 2013; Oyama, Griffiths & Gray 2001).

[130] Waters argumentiert für eine tatsächliche Sonderstellung der DNA: „The fact that there are many causes does imply that there is ontological parity among them. DNA is one cause among many, but in some contexts it might be the actual difference maker while other causes are only potential difference makers" (Waters 2007, 21); siehe auch (Waters 1994).

dass gerade durch diese Annahme die methodischen Möglichkeiten des Eingreifens bzw. des Manipulierens gegeben sind. Ähnlich argumentiert auch Lisa Gannett, wenn sie die pragmatische Dimension der „geneticization" herausstellt:

> „Genes are singled out as causes not only because they are amenable to technological control but because they are preceived to be more tractable than their nongenetic counterparts and therefore the best means to various ends. By appreciating the pragmatic dimension of genetic explanations, we come to understand the phenomenon of geneticization to be the consequence of an increased capacity to manipulate DNA in the laboratory and in the clinic, and not as an advancement in our theoretical understanding of ‚the way things really are'" (Gannett 1999, 350f.).

Umgekehrt könnte man jedoch auch fragen, ob nicht gerade aufgrund der Annahme des kausalen Primats des genetischen Materials eben solche Methoden entwickelt wurden, die auf die Manipulation des genetischen Materials abzielen. Würde Genen keine kausale Wirksamkeit zugeschrieben, so wäre es im Hinblick auf die Anwendbarkeit sinnlos, gerade dort mit der Manipulation anzusetzen. Waters zweifelt an der Fokussierung auf die DNA aus pragmatischen Gründen und argumentiert dafür, die DNA als „actual difference-maker" auszuzeichnen und begründet damit die tatsächliche Sonderstellung des genetischen Materials, der DNA, als „an ontologically distinctive cause" (Waters 2007, 21). Doch anders als Waters Begründung der kausalen Rolle des genetischen Materials als „actual difference-makers" wird diese in der Synthetischen Biologie zumeist mit der Konzeption eines Programms oder einer Software in Verbindung gebracht.

2.3.3 Informationaler Genbegriff

In der Synthetischen Biologie werden Organismen häufig als *living machines* betrachtet, die etwas herstellen oder eine andere Arbeit verrichten sollen, wie etwa als Sensoren auf das Vorhandensein eines bestimmten Stoffes hinzuweisen. Wie bereits angemerkt werden diese lebenden Systeme aber nicht direkt assembliert, sondern sollen sich (zumindest in der Generationenfolge) als autopoietische Systeme in gewisser Weise selbst herstellen. Synthetisiert werden daher zunächst auch nicht die funktionalen Teile (Module) selbst, sondern die diesen zugrundeliegenden Gene in

Form von DNA.[131] Dem liegt die Annahme zugrunde, die DNA würde ein Programm enthalten, das die Entwicklung der Zelle[132] steuert. Dieses Programm gelte es umzuschreiben, um das gewünschte zelluläre Verhalten zu erzielen. Die Zelle müsse „(re)-programmiert" werden. In dieser Hinsicht vertritt die Synthetische Biologie die Ansicht, ein Bauplan[133] sei in Form von Information in die DNA eingeschrieben. Diese Information instruiert zelluläre Mechanismen den gewünschten Organismus bzw. das lebende System hervorzubringen. Von Seiten der Synthetischen Biologie wird behauptet, Zellen programmieren zu können, indem synthetische Gene (Strukturgene oder Regulatorgene) in eine Zelle eingebracht werden, wobei die Vision darin besteht, letztendlich dieses Programm von Grund auf neu zu schreiben. Damit schließt die Synthetische Biologie an die Computermetaphorik an, die sich in der Begrifflichkeit eines genetischen Programms schon seit den frühen 1960er Jahren in der Molekularbiologie findet und die vielfach kritisiert wurde. Evelyn Fox Keller beispielsweise macht in Bezug auf höhere Organismen deutlich, dass der Begriff eines genetischen Programms – verstanden als ein Entwicklungsprogramm das dem Genom eine aktive Rolle zuschreibt – verfehlt sei (Keller 2000). Denn die „instructions for development" (ebd.) seien nicht alleine der DNA inhärent, sondern über die gesamte befruchtete Eizelle verteilt.

Auch innerhalb der Biologie finden sich Kritiker dieser Metaphorik, die einen Determinismus suggeriere, wo keiner vorhanden sei. Exemplarisch sei hier der Physiologe und Vordenker der Systembiologie Denis Noble zitiert:

> „Another analogy that has come from comparison between biological systems and computers is the idea of the DNA code being a kind of program. This idea was originally introduced by Monod & Jacob (1961) and a whole panoply of metaphors has now grown up around their idea. We talk of gene networks, master genes and gene switches. These metaphors have also fuelled the idea of genetic (DNA) determinism. But there are no purely gene networks! Even the simplest example of such a network – that discovered to underlie circadian rhythm – is not a gene network, nor is there a gene for circadian rhythm" (Noble 2008, 3009)

---

[131] Daraus ergibt sich ein Spannungsverhältnis, da die Planung auf funktionaler Ebene erfolgt. Gene werden hier funktional verstanden. Die substantielle bzw. materielle Manifestation erfolgt nun aber auf molekularer Ebene. Hierfür muss eine Korrespondenz zwischen funktionaler und materieller Ebene gegeben sein.

[132] Die Synthetische Biologie konzentriert sich im Allgemeinen auf einzellige Mikroorganismen und kaum auf komplexere, mehrzellige Organismen.

[133] Nicht zu verwechseln mit dem Begriff des Bauplans in der Morphologie.

Peter Godfrey-Smith kritisiert ebenfalls gendeterministische Positionen (Godfrey-Smith 1999; 2004). Zwar gesteht er zu, dass die Verwendung des Begriff der genetischen Information auch im semantisch starken Sinne (d.h. nicht als Shannon'sche Information) verstanden eine Berechtigung hat, jedoch ausschließlich in Bezug auf die Codierung der Primärstruktur von Proteinen:

> „[T]he role of genes within protein synthesis is, in a sense, an informational or representational role. Genes specify the primary structure of protein molecules via a compact, code-like rule that is combinatorially structured and (in a sense) arbitrary. These facts provide some justification for describing genes as coding for the primary structure of protein molecules. But these facts provide no justification for the idea that genes encode the phenotypes of whole organisms, or indeed of anything beyond protein primary structure. It is not just loose talk but positively misleading to over-extend the informational description of genes, and see genes as encoding information for phenotypic traits" (Godfrey-Smith 2004).

Auch der Wissenschaftshistoriker Michel Morange übt im Anschluss an die Ernüchterungen, die sich nach der Sequenzierung des menschlichen Genoms eingestellt haben, Kritik an dieser Metaphorik:

> „From this point of view, the fate of the idea of a genetic ‚program' is particularly telling. First used in connection with the operon model – the first model of gene regulation, put forward by Monod and Jacob in 1961 – the notion of a program was intended to explain the precise temporal and spatial regulation of gene activity observed during embryonic development and cell differentiation. Taken literally by some biologists, who drew an exact parallel between a genetic program and a computer program, the notion was much criticized. For one thing, it reduced the functioning of the organism to that of its genes, while ignoring both the environment and the structure and content of the organism's cells. Moreover, the analogy with a computer program was flawed, for in the imagined genetic machine of life it is impossible to distinguish between hardware and software (printed circuits and programs), just as it is impossible to distinguish between programs and data. Nevertheless, the term ‚genetic program' is still widely used in a metaphorical sense to designate genes and the regulatory sequences that control the functioning and development of organisms" (Morange 2008).

Die Synthetische Biologie stellt also auch in dieser Hinsicht keinen Bruch mit dem Paradigma der Molekularbiologie dar, sondern schreibt dieses fort. Von den unterschiedlichen Dimensionen des Genbegriffs bleibt dieser in der Synthetischen Biologie primär auf den Aspekt der Herstellung von Organismen beschränkt. Alle drei genannten Genbegriffe fließen in ein Verständnis von Genen als modulare Konstruktionseinheiten ein, ohne vollständig darin aufzugehen. Damit wird der Genbegriff abgekoppelt vom ursprünglichen Gedanken vom Gen etwa als Mutationseinheit (Muller) – Mutationen sind ja gerade nicht erwünscht – oder als Transmissionseinheit. Vererbung bedeutet hier lediglich die Stabilisierung einer Funktion über die Zeit. Ebenso spielt der Begriff des Gens als populationsgenetische Rechnungseinheit in der Synthetischen Biologie keine Rolle.

2.4 Was ist Biosemiotik?

… nothing is a sign unless it is interpreted as a sign …

Charles S. Peirce

Die Biosemiotik ist keine Disziplin, sie stellt auch keine Theorie im engeren Sinne bereit. Sie kann eher als eine Art lose Ansammlung von Vorschlägen betrachtet werden, die wenig miteinander teilen außer der Annahme, dass Leben auf Semiose basiert bzw. mit dieser gleichzusetzen ist. Wie dies auszubuchstabieren ist, was dies genau bedeutet und zu welchen Konsequenzen dies führt bleibt offen. Damit ist der eklektische Charakter der folgenden Darstellung, die eine konsistent ausformulierte, elaborierte Position vermissen lässt, schlicht dem Gegenstand selbst geschuldet. Dies bedeutet auch, dass die in dieser Darstellung aufgezeigten Charakteristika nicht von allen Akteuren des Feldes geteilt werden. Im Wesentlichen werde ich mich hier auf Veröffentlichungen der Kerngruppe beziehen, die unter dem Label Biosemiotik firmiert und die in ihrer semiotischen Ausrichtung an Peirce anschließt. Daneben hat sich beispielsweise mit der Code-Biosemiotik, wie sie hauptsächlich von Marcello Barbieri konzipiert wurde, eine andere biosemiotische Position entwickelt, die zur Kontrastierung ebenfalls kurz in den Blick genommen wird. Bevor aber diese beiden Varianten der Biosemiotik näher beleuchtet werden, sei hier zunächst ein Blick auf die Semiotik im Allgemeinen und in ihrer Ausformung bei Charles Sanders Peirce im Besonderen geworfen. Denn Biosemiotik ist nicht nur begrifflich die Synthese aus Biologie und Semiotik. Allerdings kann und soll in diesem Abschnitt keine umfassende Charakterisierung der Semiotik bzw. des Peirce'schen Œvres geliefert werden, sondern lediglich die theoretischen Hintergründe, die nötig sind, um die im Anschluss ausgeführten biosemiotischen Ansätze einordnen und einer Kritik unterziehen zu können.

2.4.1 Bemerkungen zur Historie der Semiotik

Obgleich die Beschäftigung mit Zeichen ungleich älter ist und in der Philosophie eine lange Tradition hat (siehe Eschbach & Trabant 1983), ist die Semiotik als eigenständige Disziplin ein Kind des späten 19. bzw. des frühen 20. Jahrhunderts. Semiotik, abgeleitet vom altgriechischen sēmeîon (Zeichen) bzw. der Verbform sēmaínein (zeigen) wir oft als Lehre von den Zeichen übersetzt, lässt sich aber treffender als die allgemeine Wissenschaft von den Zeichen beschreiben. Denn ihr Gegenstand sind Zeichen jeglicher Art, unabhängig von deren Form und dem Bereich ihres Auftretens. Nach Eco lässt sich in einer ersten Annäherung sagen, „daß die Semiotik alle kulturellen Vorgänge (d.h. wenn handelnde Menschen ins Spiel kommen, die aufgrund gesellschaftlicher Konventionen zueinander in Kontakt treten) als Kommunikationsprozesse untersucht" (Eco 2002 [1972], 32). Neben diesem engeren Verständnis davon, was Semiotik sei, lässt sich bei Autoren wie Charles Sanders Peirce, Charles Morris und Thomas Sebeok aber auch eine weitere Auffassung finden, wonach die Semiotik alle Zeichenprozesse der Kultur, wie auch die der Natur zum Gegenstand hat.

Wie allumfänglich dies zu verstehen ist, wird der Blick in das Werk Peirce' zeigen, für den gemäß seiner programmatischen Formel jegliches Denken ein Denken in Zeichen bedeutete.[134] Peirce, dessen Ausarbeitung einer allgemeinen Zeichentheorie zwischen den 1860 Jahren und dem ersten Jahrzehnt des 20. Jahrhundert vornehmlich in den posthum[135] zwischen 1931 und 1958 erschienen *Collected Papers* zu finden ist, geriet zunächst in den Hintergrund und es wurde vermehrt Semiotik im engeren Sinne betrieben. Hier ist als weitere zentrale Figur der Semiotik der Schweizer Linguist Ferdinand de Saussure zu nennen. De Saussure – der nicht von Semiotik, sondern von Semiologie sprach – hatte unabhängig von den Arbeiten Peirce' ebenfalls eine Zeichentheorie entwickelt, die maßgeblich auf der dyadischen Unterscheidung von Signifikat und Signifikant, d.h. von Bezeichnetem und Bezeichnendem fußt. Auf Charles Morris, eine weitere Schlüsselfigur der Semiotik, geht die Differenzierung der drei Teilgebiete der Semiotik: Syntax, Semantik und Pragmatik

---

[134] Hiermit wendet sich Peirce gegen die cartesische Annahme einer sich selbst evidenten Vernunft. Im radikalen (methodischen) Zweifel übersehe Descartes die Zeichenabhängigkeit als Voraussetzung für die Formulierbarkeit eines Zweifels überhaupt. Zu Peirces Kritik an Descartes siehe (Nagl 1992, 22ff.).

[135] Da der Großteil von Peirces' Werk erst posthum veröffentlicht wurde, darf davon ausgegangen werden, dass de Saussure seine Gedanken unabhängig von denen des Amerikaners entwickelt hat.

zurück.[136] Wie Peirce hat auch Morris den Zeichengebrauch bei Tieren bereits in seiner Zeichentheorie bedacht und sich Gedanken hinsichtlich der Biologie gemacht (Morris 1946). Doch eine systematische Ausarbeitung diesbezüglich hat erst Thomas Sebeok begonnen, der sich ab den 1960er Jahren mit der Kommunikation von Tieren und deren Verhalten befasste. Mit diesen Arbeiten wirkte Sebeok auch in die Biologie hinein, so wurde etwa Günter Tembrock bei seiner Klassifikation kommunikativer Phänomene in der Biologie von der Zoosemiotik Sebeoks beeinflusst (Tembrock 1971). Die Biosemiotik, wie sie sich im Anschluss an diese Arbeiten Sebeoks entwickelte, beruft sich in weiten Teilen auf die semiotische Konzeption Peirce', der sich der folgende Abschnitt widmet. Zwar gibt es durchaus auch biosemiotische Arbeiten, die sich wie Marcel Florkins Untersuchung intrazellulärer Prozesse[137] auf die Semiologie de Saussures beziehen, doch bilden diese eher die Ausnahme, weshalb im Folgenden der Fokus auf die semiotischen Arbeiten Peirce' gelegt wird.

2.4.2 Der Zeichenbegriff bei Charles Sanders Peirce

In diesem Abschnitt gilt es die Peirce'sche Zeichenkonzeption insoweit vorzustellen, als sie Grundlage biosemiotischer Überlegungen geworden ist. Ziel ist also nicht eine umfassende, eigenständige Peirce-Interpratation vorzulegen, sondern das begriffliche Instrumentarium und den systematischen Rahmen dafür bereitzustellen, um eine konzise Darstellung derjenigen biosemiotischen Positionen vorlegen zu können, die auf ebendiese zurückgreift. Peirce ist aufgrund des „„patchwork'-Charakter des Gesamtœuvres" (Wernecke 2007, 237) und seiner uneinheitlichen Terminologie nur schwer zu fassen, was sich auch in zum Teil diametralen Interpretationen in der Sekundärer-Literatur widerspiegelt. Peirce hat die Arbeit an seiner Zeichentheorie nie als abgeschlossen betrachtet, sodass diese als ebenso offen betrachtet werden muss, wie der semiotische Prozess selbst. Den ersten Entwurf

---

[136] Syntax bezeichnet das Regelsystem, das die Anordnung von Zeichen bzw. deren Beziehung zueinander regelt. Semantik befasst sich hingegen mit der Bedeutung von Zeichen und damit mit der Beziehung zwischen Zeichen und den referenzierten Objekten. Die Pragmatik letztlich widmet sich der Verwendung und Wirkung von Zeichen.

[137] Florkin war der Ansicht, „that in future development, linguistic semiology will become based on molecular biosemiotics of the activities of the brain" (Florkin 1974, 13).

seiner Semiotik veröffentlicht Peirce in einer Abhandlung mit dem Titel *On a New List of Categories* 1867 (CP 1.545-567).[138] Auch wenn er seinen Zeichenbegriff im Laufe seines Lebens mehrfach erweiterte, so blieb die triadische Grundstruktur seines Zeichenbegriffs doch stets die gleiche. Gleich hier zu Beginn der Ausführungen sei gesagt, dass der Peirce'sche Zeichenbegriff viel umfassender ist, als dies im herkömmlichen Gebrauch des Wortes der Fall ist. Nicht nur Buchstaben oder Verkehrsschilder sind demnach Zeichen. Für Peirce ist jede Form des Weltbezugs ein zeichenhafter und jegliches Denken vollzieht sich in Zeichen. Gerade in dieser frühen Schrift sind Zeichen und Denken im Sinne von Kognition engstens zusammengedacht.[139] Im Einklang damit steht, dass er ein Jahr später, in *Some Consequences of Four Incapacities* 1868 die Erkenntnis äußerte, dass „whenever we think, we have present to the consciousness some feeling, image, conception, or other representation, which serves as a sign" (CP 5.238). Es gibt kein zeichenunabhängiges Denken für Peirce. Zeichen dürfen daher nicht als sekundärer Ausdruck unmittelbar zugänglicher Bewusstseinsinhalte missverstanden werden, wie dies in der Tradition gehandhabt wurde gegen die er sich wendet. Umgekehrt sind Zeichen jedoch auch immer an Denken (im weitesten Sinne) gebunden (siehe unten). Sie stehen nicht für sich selbst, sondern für etwas anderes. Dieser Verweisungszusammenhang ist eminent, da Zeichen wesentlich Vermittlungsinstanzen sind und alle Erkenntnis nach Peirce durch Zeichen vermittelt ist.

Die Triade von Zeichen, Objekt und Interpretant

Der Zeichenbezug manifestiert sich stets in einer dreifachen Relation, wie sich aus einer der zahlreichen Peirce'schen Bestimmungen des Zeichenbegriffs herauslesen lässt:

> „Now a sign has, as such, three references: first, it is a sign *to* some thought[140] which interprets it; second, it is a sign *for* some object to which in that thought it is equivalent; third, it is a sign, *in* some respect or quality, which brings it into

---

[138] Die wörtlichen, mit „CP" gekennzeichneten Zitate Peirce' sind den *Collected Papers of C.S. Peirce* (Peirce 1994) entnommen. Die erste Zahl vor dem Punkt bezeichnet den Band, die dreistellige Zahl nach dem Punkt den jeweiligen Abschnitt.

[139] Im Einklang damit steht auch, dass Peirce den Begriff der Semiotik aus den Schriften des Epikureers Philodemus übernahm, den er mehrfach in seinen Schriften erwähnt. Philodemus verstand unter Semiotik die Schlussfolgerung aus Zeichen (CP 5.484).

[140] Wenn Peirce hier von *thought* redet, so darf dies nicht allgemein als Forderung eines an ein (menschliches) Subjekt gebundenes Bewusstsein missverstanden werden (siehe unten).

connection with its object. Let us ask what the three correlates are to which a thought-sign refers" (CP 5.238).

Doch so klar diese Bestimmung auf den ersten Blick erscheinen mag, so opak wird sie bei näherer Betrachtung. In einer der meistzitierten Passagen seines Werkes erläutert Peirce die allgemeine Struktur von Zeichen. Dort heißt es:

> „A sign, or *representamen, i*s something which stands to somebody for something in some respect or capacity. It addresses somebody, that is, creates in the mind of that person an equivalent sign, or perhaps a more developed sign. That sign which it creates I call the *interpretant* of the first sign. The sign stands for something, its *object*. It stands for that object, not in all respects, but in reference to a sort of idea, which I have sometimes called the *ground* of the representamen. „Idea" is here to be understood in a sort of Platonic sense, very familiar in everyday talk; I mean in that sense in which we say that one man catches another man's idea, in which we say that when a man recalls what he was thinking of at some previous time, he recalls the same idea, and in which when a man continues to think anything, say for a tenth of a second, in so far as the thought continues to agree with itself during that time, that is to have a *like* content, it is the same idea, and is not at each instant of the interval a new idea" (CP 2.228).

Die Grundstruktur des Zeichens weist demnach drei Pole (Peirce spricht hier auch von Korrelaten (*correlate*; CP 2.242)) auf: Das Zeichen, sein Objekt und einen Interpretanten. Im Hinblick auf das Gesamtwerk Peirce' lässt sich feststellen, dass er den Begriff des Zeichens (*sign*) uneinheitlich verwendet und immer wieder neue Versuche unternimmt ihn zu fassen. Darüber hinaus lassen sich terminologische Unschärfen und Inkonsequenzen ausmachen. So bezeichnet „Zeichen" im weiteren Sinne die gesamte Triade aus Objekt, Zeichen und Interpretant, wobei unter Zeichen in diesem engeren Sinne, als Bezeichnendes (*signifying*) auch die Begriffe *representamen, representation* oder *ground* verwendet werden. Mit Zeichen (*sign*) in diesem engeren Sinne ist das Zeichen-Vehikel oder Zeichenmittel gemeint. Zeichen bezeichnet folglich einerseits einen Teil der Triade von Zeichen, Objekt und Interpretant, zum anderen wird der Zeichenbegriff auch verwendet, um die Triade selbst zu bezeichnen. Zur besseren Abgrenzung soll hier das Zeichen als Teil der Triade durch den Begriff des Zeichenmittels, Zeichen-Vehikels (oder Repräsentamen) konkretisiert werden. Zeichenmittel weisen eine materielle Komponente auf, die als Zeichenkörper bezeichnet werden kann. Dieser Aspekt ist es, der die sinnliche Zeichenvermittlung gewährleistet. Seien dies nun die Schallwellen des gesprochenen Wortes, die

Partikel des Rauchs, der ein Feuer anzeigt oder die einhaltgebietende Hand einer restriktiven Geste. Es sind jedoch immer nur bestimmte Aspekte des Zeichen-Vehikels, die die bezeichnende Relation ausmachen. Die Farbe und Größe der Buchstaben eines geschriebenen Wortes tragen nicht zur Bezeichnung bei, wohingegen deren Reihenfolge dies durchaus tut. Auch beim Objekt stellen nur bestimmte Aspekte die Randbedingungen zur Bestimmung des Zeichens dar. Die Art des Holzes, das das Feuer speist auf das der Rauch als Zeichen verweist, ist sekundär. Dies bedeutet, dass ein Zeichen immer auf etwas verweist, das zwar einerseits nur vermittelt durch Zeichen zugänglich, d.h. nur als Zeichen gegeben ist. Andererseits geht das, worauf das Zeichen verweist jedoch nicht völlig in seinem Zeichencharakter auf. Objekt ist dabei in einem sehr weiten Sinne zu verstehen, denn Objekt kann alles sein, auf das in irgendeiner Weise Bezug genommen werden kann, sei dies sprachlich, durch Wahrnehmung, Emotion oder einen imaginierenden Denkakt. Das Objekt ist jedoch nicht beliebig oder subjektiv. Es garantiert den Peirce'schen Realismus (siehe unten), indem es „die Grenze der ‚textualistischen‘ Interpretationswillkür [darstellt], die ‚brutale Gewalt‘ (‚brute force‘) des Nicht-Ich (wie Peirce gelegentlich mit Fichte sagt), an dem ‚unsere‘ Zeichen sich bewähren oder scheitern" (Nagl 1992, 36). Ein rein intertextueller Verweisungszusammenhang, wie ihn Vertreter des Dekonstruktivismus als Konsequenz formulierten, liegt nicht ins Peirce' Verständnis.

Der Interpretant ist der Pol der Trias, der die Peirce'sche Semiotik auszeichnet und zugleich derjenige, der am schwersten zugänglich ist. Denn der Interpretant, der als Zeichenwirkung verstanden werden muss, ist Ausdruck dessen, dass ein Zeichen nicht nur ein Zeichen *von* etwas ist, sondern etwas *für* jemanden bezeichnet. Der Interpretant darf jedoch nicht mit dem Interpreten gleichgesetzt werden, sondern ist vielmehr als eine kontextabhängige Wirkung zu verstehen, die vom Zeichen beim Interpreten ausgelöst wird. In der Literatur zu Peirce wird der Interpretant häufig als Übersetzung aufgefasst (Liszka 1996, 80; Savan 1988). Weshalb der Interpretant für die Peirce'sche Konzeption so zentral ist – obgleich dieser die Gleichwertigkeit aller drei Pole der Triade betont – wird nachvollziehbar, wenn man sich die doppelte Funktion des Interpretanten vor Augen führt. So erhält der Zeichenbegriff erst mit dem Interpretanten einerseits eine bedeutungsstiftende Dimension und erst im Interpretanten wird andererseits die pragmatische Dimension des Zeichenzusammenhangs entfaltet. Zu beachten ist, dass der Interpretant nun selbst wiederum ein Zeichen darstellt. D.h. der Interpretant einer triadischen Zeichenrelation wird im Erkenntnisprozess zum Zeichen einer weiteren, folgenden Semiose,

deren Interpretant wiederum zum Zeichen der nächsten Semiose wird usf. Es vollzieht sich kontinuierlich ein Prozess, der sich zur unendlichen Semiose fortsetzt, die
weder ein erstes Zeichen, noch einen letzten Interpretanten kennt (Atkin 2010). In
der Lesart von Schönrich bleibt das Objekt dabei stets dasselbe. Was sich ändert ist
„die Hinsicht, in der es als Objekt interpretiert wird" (Schönrich 1990, 109), wenn
in fortschreitender Semiose der Interpretant zum Zeichen wird, das in einer weiteren Triade einen neuen Interpretanten bestimmt. Diese *ad-infinitum*-Semiose ist beim
Begriff des Zeichens immer mitzudenken. Sie ist für Peirce die Bedingung der Möglichkeit fortschreitender Erkenntnis und Ausdruck seines Kontinuitätsdenkens.

Mit der Bestimmung des Zeichens als einer Triade ist bereits das Hauptcharak-
teristikum der Peice'schen Semiotik benannt, denn, indem er über die dyadische
Zeichenbestimmung der Objekt-Zeichen-Relation hinausgeht und gleichsam den
Interpretanten in den Rang eines dritten Korrelats erhebt, spricht Peirce der Interpretation innerhalb der Semiotik eine Wichtigkeit zu, die im Vergleich zu anderen
Zeichenlehren neu war. Das Dyadische weicht dem Triadischen, das sich – wie
sogleich gezeigt wird – leitmotivisch durch seine Konzeption zieht.

Wichtig ist hier festzuhalten, dass die triadische Struktur des Zeichenbegriffs
nicht weiter reduzierbar ist. Sie lässt sich nicht weiter in Dyaden auflösen, sondern
ist genuin triadisch und wesentlich für Peirce' Konzeption (CP 2.274; CP 5.88).
Denn jeder Versuch die triadische Struktur in einzelne Dyaden aufzulösen, führt
unweigerlich zu problematischen Verkürzungen, wie (Nagl 1992, 33) ausführt. Eine
Fokussierung auf Objekt und Zeichen (vergleichbar mit Signifikat und Signifikant)
greift zu kurz, da dadurch die pragmatische Dimension, die sich im Interpretanten
ausdrückt, marginalisiert wird. Während eine solche Verkürzung häufig in der analytischen Philosophie zu finden ist, gerät in dekonstruktivistischen Ansätzen das
Objekt in den Hintergrund. Die dritte mögliche Verkürzung, die das Zeichen in den
Hintergrund drängt, läuft Gefahr, Semiosen als mechanistische Wirkungen vom
Objekt auf den Interpretanten aufzufassen, wodurch „Zeichen ‚als Zeichen' zu
bloßen Epiphänomenen dieser Mechanik" (ebd., 34) würden. Gerade diese Verkürzung lässt sich Nagl zufolge „häufig im Umfeld der Automatentheorie und in seinen
kausal-strukturellen Maschinen- und Zeichenmythen, die im Umfeld der ‚Artificial
Intelligence Theory' produziert werde" beobachten.

Auch wenn Peirce an der triadischen Konzeption des Zeichenbegriffs, die er in
frühen Jahren entwickelt hat, bis zum Ende seines Lebens festhalten sollte, so sah er
doch die Notwendigkeit, diese immer wieder neu zu denken, in andere Formulie-

rungen zu kleiden und insbesondere weitere Differenzierung – nicht aber Reduktionen – vorzunehmen.

Weitere Ausdifferenzierung der semiotischen Triade

Ersichtlich wird die triadische Struktur der Peirce'schen Konzeption weiterhin daran, dass er jeden der drei Pole der Triade Zeichen, Objekt und Interpretant systematisch in einer weiteren Dreiteilung ausdifferenziert. Diese Differenzierung richtet sich nach der jeweiligen Funktion, die der entsprechend differenzierte Pol im Signifikationsprozess übernimmt. Fundamental (CP 2.275) ist für Peirce die Trichotomie von Ikon, Index und Symbol, die sich am Objektpol befindet. Ein Ikon ist nach Peirce „a sign which refers to the Object that it denotes merely by virtue of characters of its own, and which it possesses, just the same, whether any such Object actually exists or not" (CP 2.247). Der Bezug zwischen Zeichen und Objekt ist anhand gemeinsamer Eigenschaften von Objekt und Zeichen gegeben, wie dies bei einem Bild (gegenständlicher Malerei), einem Stadtplan oder einem Diagramm der Fall ist.[141] Auch Metaphern, die Ähnlichkeit bezeichnen gehören zu dieser Zeichenfunktion. Zieht man eine Fotografie als Beispiel eines Ikons heran, so könnte man, prima facie, sagen, dass mit der Fotografie die Lichtreflexionen eines Objekts konserviert werden, die wiederum eine strukturelle Ähnlichkeit aufweisen zu denen, die das Objekt auf unserem visuellen Sinnesapparat hinterlässt. Alleine der Verweis auf eine Ähnlichkeit ist jedoch unbrauchbar, da ein Wissen über die Art dieser Ähnlichkeit schon vorausgesetzt wird. Genauer besehen ist diese Ähnlichkeit nämlich keine einfach vorhandene, sondern eine voraussetzungsreiche und hergestellte, denn „[s]elbst in scheinbar so evidenten Fällen wie der Photographie ist ein elementares Moment der Kenntnis vorausgesetzt, das durch keine, wie auch immer geartete, gemeinsame Eigenschaft mit dem Photographierten zu erklären ist: eine Konvention oder Regel (derzufolge z.B. Zweidimensionalität als Dreidimensionalität gelten soll) [...]" (Schönrich 1990, 139).

Ein Index ist nach Peirce hingegen „a sign which refers to the Object that it denotes by virtue of being really affected by that Object" (CP 2.248). Hier geht es um eine Kausalrelation, wie das von Peirce mehrfach gebrauchte Beispiel des Wetterhahns auf dem Dach veranschaulicht. Bedingt durch den kausalmechanischen

---

[141] Vieles, was landläufig oft als Symbol bezeichnet wird, wie das stilisierte Piktogramm eines Briefes, das für das Öffnen eines E-Mail-Programms steht, ist nach den Peirce'schen Begriffen folglich ein Ikon.

Einfluss des auffrischenden Windes dreht sich der Wetterhahn in die Richtung, aus der der Wind weht und zeigt dadurch die Windrichtung an. Indices verweisen auf etwas, seien es Pfeile, Demonstrativpronomina oder andere deiktische Mittel. Der vielzitierte Rauch, der für den Menschen (und andere Tiere) auf ein Feuer verweist, lässt sich demnach ebenso als Index bestimmen, wie auch Krankheitssymptome (das Fieber, das auf eine Entzündung verweist). All diese Beispiele zeigen eine Kausalrelation zwischen Zeichen-Vehikel und Objekt an. Auch hier kann die Fotografie wieder als Beispiel herangezogen werden. Indexikalisch ist sie nicht aufgrund eines wie auch immer gearteten Abbildungsverhältnisses, sondern aufgrund dessen, dass das Bild erst dadurch zustande kommt, dass die vom abgebildeten Objekt reflektierten Lichtstrahlen kausalmechanisch auf die lichtempfindliche Fotoplatte (oder heute den Lichtsensor) der Kamera einwirken. Gerade in diesen frühen Jahren waren Ikone und Indices für Peirce aber nur in zweiter Linie von philosophischem Interesse. Der Fokus Peirce' lag noch auf dem konventionellen, symbolischen Zeichenbegriff, wie er ihn für seine logischen Untersuchungen benötigte. Denn gerade im Symbolischen sah er die Voraussetzung für rationales Denken und die Erstellung von Prognosen gegeben (CP 4.448).

Unter einem Symbol verstand er dabei „a sign which refers to the Object that it denotes by virtue of a law, usually an association of general ideas, which operates to cause the Symbol to be interpreted as referring to that Object" (CP 2.249). Während ein Ikon ein mimetisches Verhältnis zur Realität aufweist,[142] entfällt dieses beim Symbol völlig. Beispielhaft für diese komplexeste Form des Objektbezuges ist etwa die menschliche Sprache die in ihrer Relation von Zeichen-Vehikel und Objekt frei von Verknüpfungen durch einen Kausalnexus (im strengen Sinne) ist. Dieser Bezug beruht stattdessen auf Konventionen und allgemeinen Regeln, die nicht vom Objekt suggeriert oder gar determiniert werden. Ebenso wenig steht das Symbol in einer abbildenden Relation zum Objekt. Es nimmt stattdessen seine zeichentheoretische Funktion ein, indem es die abstrahierte Regel seiner Verwendung selbst bezeichnet. Im Symbolischen findet der Übergang zum Allgemeinen statt, das von der jeweiligen Situation losgelöst ist. Dennoch kann auch hier wieder die Fotografie exemplarisch genannt werden, insofern sie eine Aussage enthält, die über das abgebildete hinausgeht. Dies bedeutet, dass eine Fotografie je nach Funktion alle drei Objektbezüge gleichzeitig aufweist. Dies spricht keineswegs gegen die vorgeschla-

---

[142] Die Ähnlichkeit als solche zu erkennen erfordert jedoch die Einbettung in einen größeren symbolischen Vermittlungskomplex.

gene Differenzierung, sondern zeugt davon, dass die Zuordnung von Zeichen zu diesen Subklassen nicht exklusiv sein kann.[143] So weisen Ikone und Indices immer auch einen symbolischen Anteil auf, sodass die Unterscheidung Index, Ikon und Symbol eine idealtypische Abstraktion darstellt.[144]

Wie der Objektpol erfährt auch der Pol des Zeichens eine dreifache Differenzierung, indem er unter sich die Zeichenaspekte (Thematisierungsweisen) Qualizeichen, Sinzeichen und Legizeichen subsummiert: „A *Qualisign* is a quality which is a Sign. It cannot actually act as a sign until it is embodied; but the embodiment has nothing to do with its character as a sign" (CP 2.244). Dies bedeutet, das Qualizeichen ist das, was der sinnlichen Rezeption durch einen Interpreten *potentiell* zugänglich ist. Es ist die „kleinste semiotische Einheit" (ebd., 122) und insofern jedem Zeichen inhärent, als dass es ohne Qualität überhaupt kein Zeichen gäbe. Ein Sinzeichen hingegen ist das, was tatsächlich und singulär in einem konkreten Akt wahrgenommen wird und kann damit als aktuale Verkörperung des formalen Qualizeichens aufgefasst werden:

> „A *Sinsign* (where the syllable *sin* is taken as meaning ‚being only once', as in *single, simple,* Latin *semel,* etc.) is an actual existent thing or event which is a sign. It can only be so through its qualities; so that it involves a qualisign, or rather, several qualisigns. But these qualisigns are of a peculiar kind and only form a sign through being actually embodied" (CP 2.245).

Ein Legizeichen hingegen abstrahiert vom konkreten Akt und stellt eine gesetzeshafte Verweisung dar.[145] Die Wörter oder Verkehrszeichen seien hier beispielhaft erwähnt. Ein Stopp-Schild kann somit symbolisch als Legisign das Anhalten eines

---

[143] Ein weiteres Beispiel hierfür sind die Nationalflaggen Zyperns oder des Kosovos. Wie bei allen Nationalflaggen handelt es sich um einen konventionellen, symbolisch bestimmten Objektbezug, der zwischen Flagge und Nationalstaat besteht. Im Falle dieser beiden Flaggen lässt sich aber auch ein ikonischer Zeichenbezug ausmachen, da auf diesen Flaggen der Umriss des jeweiligen Nationalterritoriums in maßstäblicher Verkleinerung abgebildet ist. Als weiteres Beispiel für einen gewohnheitsmäßigen Zeichengebrauch bei Tieren führt Nöth die Lautproduktion von Vögeln an. Diese weist sowohl indizierende, als auch symbolische Aspekte auf (Nöth 2004, 17f.).

[144] Ein weiteres Beispiel wäre ein Symptom, wie es in einem Lehrbuch der Diagnostik beschrieben wird. Dieses wird symbolisch gebraucht, während ein Symptom, das sich in konkreten physischen Veränderungen eines Menschen ausdrückt, für den diagnostizierenden Arzt einen Index der Krankheit darstellt.

[145] Die Trias Qualizeichen, Sinzeichen und Legizeichen korrespondiert mit den Kategorien Erstheit, Zweitheit und Drittheit, sowie mit *tone, token* und *type,* die Peirce an anderer Stelle einführt (vgl. CP 4.537). Hierzu auch (Nagl 1992, 52).

Verkehrsteilnehmers anzeigen. Es kann jedoch auch als farbliche Vorlage für die Produktion weiterer Stopp-Zeichen genutzt werden. In diesem Fall übernimmt es die Funktion eines Qualizeichens. Wie beim Objekt mehrfache Bezüge gegeben sein können, so ist auch ein Zeichen nicht ein Zeichen an sich, sondern wird *als* solches interpretiert bzw. fungiert als solches. Der Unterschied zwischen Zeichen und Dingen liegt daher keinesfalls in dem Umstand begründet, dass Dinge etwas Materielles wären, wohingegen Zeichen immateriell seien. Diese Sicht ist nicht mit Peirce' Zeichenkonzeption vereinbar. Vielmehr ist der Unterschied in Folgendem zu suchen, wie Schönrich feststellt: „Jedes Ding kann die Funktion der Repräsentation übernehmen, aber kein Ding kann repräsentieren, daß es repräsentiert. Erst die hinzutretende Selbstrepräsentativität begründet das Zeichen als Zeichen; sie bildet auch noch auf dem Niveau der Erstheit die Struktur, die die Initialisirung ermöglicht, welche das Zeichen mehr sein läßt als seine krude Gestalt" (ebd., 127f.).

Der letzte Pol, der des (logischen) Interpretanten endlich, wird von Peirce unterschieden in Rhema, Dicizeichen und Argument, was der Einteilung von Proposition, Term und Argument entspricht. Das Rhema, quasi Einzelzeichen oder Elementarzeichen, wie dies bei ungesättigten Prädikaten der Fall ist, ist lediglich Teil einer Proposition, kann als solche jedoch keinen Wahrheitswert haben. Es ist quasi ein unvollständiges, ergänzungsbedürftiges Zeichen. „A Rheme is a Sign which, for its Interpretant, is a Sign of qualitative Possibility, that is, is understood as representing such and such a kind of possible Object. Any Rheme, perhaps, will afford some information; but it is not interpreted as doing so" (CP 2.251). Dicizeichen hingegen haben als Propositionen einen Wahrheitswert. Hierbei handelt es sich um geschlossene Einheiten, wie vollständige Aussagesätze oder Behauptungen.[146]

> „A Dicent Sign is a Sign, which, for its Interpretant, is a Sign of actual existence. It cannot, therefore, be an Icon, which affords no ground for an interpretation of it as referring to actual existence. A Dicisign necessarily involves, as a part of it, a Rheme, to describe the fact which it is interpreted as indicating. But this is a peculiar kind of Rheme; and while it is essential to the Dicisign, it by no means constitutes it" (CP 2.251).

Im Argument, das wie das Dicizeichen auch eine Kombination aus mehreren Zeichen ist, wird schließlich eine Regelhaftigkeit ausgedrückt, wie dies bei induktiven

---

[146] Es muss sich dabei nicht ausschließlich um sprachliche Äußerungen handeln, auch Bildwörterbücher fallen unter Dicizeichen.

oder abduktiven Schlüssen der Fall ist, oder auch in der musikalischen Kompositionslehre.

> „An Argument is a Sign which, for its Interpretant, is a Sign of law. Or we may say that a Rheme is a sign which is understood to represent its object in its characters merely; that a Dicisign is a sign which is understood to represent its object in respect to actual existence; and that an Argument is a Sign which is understood to represent its Object in its character as Sign" (CP 2.252).

Auch hier wird in der Dreiteilung eine hierarchische Ordnung von der Potentialität über die Aktualität hin zur abstrakten Regularität oder Gesetzmäßigkeit erkennbar. Bis 1903 hatte Peirce die ursprünglichen drei Zeichenklassen von Ikon, Index und Symbol weiter ausdifferenziert und nun auf zehn Hauptzeichenklassen oder Zeichentypen erweitert, indem er diese mit den Ausdifferenzierungen an der beiden anderen Pole der Zeichentrias verband (CP 8.343) (Tabelle 2). Zwar würden sich aus diesen 3^3 möglichen Kombinationen 27 Zeichenklassen ergeben, von denen jedoch aufgrund der hierarchischen Abstraktionsstufung nur zehn sinnvoll behauptet werden können. So kann ein Qualizeichen lediglich rhematisch-ikonisch sein, wohingegen ein Argument am Pol des Interpretanten nur bei symbolischen Legizeichen auftreten kann. Somit bleiben lediglich die in folgender Übersicht dargestellten zehn Zeichenklassen übrig:

Tabelle 2: Zeichenklassen in Abwandlung nach (Nöth 2000, 67).

Zehn Zeichenklassen	Beispiel	Kategorie
rhematisch-iconisches Qualizeichen	Farbe Rot	Erstheit
rhematisch-iconisches Sinzeichen	Fingerabdruck	Zweitheit
rhematisch-indexikalisches Sinzeichen	Gesichtsausdruck	Zweitheit
dicentisch-indexikalisches Sinzeichen	Wetterhahn	Zweitheit
rhematisch-iconisches Legizeichen	Symptomatische Fieberkurve	Drittheit
rhematisch-indexikalisches Legizeichen	Mit dem Finger auf etwas deuten	Drittheit
dicentisch-indexikalisches Legizeichen	Stopp-Schild	Drittheit
rhematisch-symbolisches Legizeichen	Nationalflagge	Drittheit
dicentisch-symbolisches Legizeichen	Aussagesatz	Drittheit
argumentisch-symbolisches Legizeichen	Logische Schlussfolgerung, Gesetz	Drittheit

Beim tieferen Eintauchen in die Peirce-Exegese beginnen diese *ad hoc* einleuchtenden Beispiele aber schnell zu verschwimmen und erhebliche Schwierigkeiten werden deutlich. Peirce selbst war sich der Schwierigkeit bewusst, Zeichen diesem System zuzuordnen: „It is a nice problem to say to what class a given sign belongs; since all the circumstances of the case have to be considered. But it is seldom requisite to be very accurate; for if one does not locate the sign precisely, one will easily come near enough to its character for any ordinary purpose of logic" (CP 2.265).

Kategorien

Dass nur diese zehn Zeichenklassen sinnvoll artikulierbar sind steht in Zusammenhang mit der Peirce eigenen Kategorienlehre, die ebenfalls als Dreiheit konzipiert ist. Und wie auch die Korrelate der semiotischen Trias irreduzibel aufeinander bezogen sind, so sind auch die Kategorien der Erstheit, Zweitheit und Drittheit – anders als etwa bei Kant und Aristoteles – nicht voneinander unabhängig, sondern aufeinander bezogen (vgl. CP 5.66). Wie auch die drei Pole des semiotischen Dreiecks stehen sie zueinander in einem Verweisungszusammenhang, wobei es sich bei den Kategorien um ein hierarchisches Verhältnis handelt.[147] So kann Zweitheit zur Erstheit degenerieren und Drittheit sowohl zur Zweitheit, wie auch zur Erstheit. Erstheit hingegen kann nicht weiter degenerieren. Sie, die Erstheit, bezeichnet das Seiende jenseits von allen Vermittlungs- und Verweisungszusammenhängen, die reine Qualität. Indessen umfasst die Zweitheit dasjenige, was nur aufgrund seiner Relationen zu anderem so ist, wie es ist. Drittheit letztlich ist das Zeichenhafte, insofern es Relationen herstellt. Auf die Korrelata der semiotischen Trias bezogen bezeichnet die Kategorie der Erstheit den Zeichenmittelbezug, die der Zweitheit den Objektbezug und die der Drittheit den Interpretantenbezug. Dies bedeutet, dass Erstheit als Potentialität mit der Wahrnehmung oder Empfindung von Qualitäten verbunden ist, Zweitheit als Aktualität mit dem Erfahren von Widerstand einhergeht und die Drittheit die regelhafte Verbindung der beiden anderen als Bedeutung oder Denken kennzeichnet (Schönrich 1990, 17f.).

Hier wird ersichtlich, weshalb nicht alle 27 kombinatorisch möglichen Zeichenklassen sinnvoll sind. Ein Qualizeichen etwa, das als Erstheit nur potentiell-qualitative Sinneseindrücke zulässt kann keinen allgemeinen Charakter eines symbolischen Arguments repräsentieren. Die Erstheit, das Zeichenmittel, bleibt qua hierarchischer Ordnung einfach, d.h. undifferenziert. Die Zweitheit hingegen, das Objekt, differenziert sich in dynamisches und unmittelbares Objekt aus. Die Drittheit, den Interpretantenpol, differenziert Peirce ebenso weiter aus, nämlich in den dynamischen Interpretanten und den unmittelbaren Interpretanten, doch tritt zu diesen noch der finale/logische Interpretant hinzu (ebd., 20). Wie ist dies zu verstehen? Peirce äußert sich hierzu folgendermaßen:

> „But it remains to point out that there are usually two Objects, and more than two Interpretants. Namely, we have to distinguish the Immediate Object, which is the Object as the Sign itself represents it, and whose Being is thus dependent upon the Representation of it in the Sign, from the Dynamical Object, which is the Reality which by some means contrives to determine the Sign to its Representation. In regard to the Interpretant we have equally to distinguish, in the first place, the Immediate Interpretant, which is the interpretant as it is revealed in the right understanding of the Sign itself, and is ordinarily called the *meaning* of the sign; while in the second place, we have to take note of the Dynamical Interpretant which is the actual effect which the Sign, as a Sign, re-

---

[147] Dieses findet sich ausführlich besprochen in (Schönrich 1990, 104ff.).

ally determines. Finally there is what I provisionally term the Final Interpretant, which refers to the manner in which the Sign tends to represent itself to be related to its Object. I confess that my own conception of this third interpretant is not yet quite free from mist. Of the ten divisions of signs which have seemed to me to call for my special study, six turn on the characters of an Interpretant and three on the characters of the Object. Thus the division into Icons, Indices, and Symbols depends upon the different possible relations of a Sign to its Dynamical Object. Only one division is concerned with the nature of the Sign itself, and this I now proceed to state" (CP 4.536).

Mit der Unterscheidung von dynamischem und unmittelbarem Objekt[148] trennt Peirce also diejenigen Aspekte eines Objekts, die der Erkenntnis qua Semiose zugänglich sind von denen, die es nicht sind. Präziser gefasst versteht Peirce unter einem dynamischen Objekt das Objekt, insofern es der interpretativen Beliebigkeit entgegensteht. Als „dynamisch" ist es deshalb zu bezeichnen, da es die „erkenntnisentscheidende Widerstandserfahrung" (Oehler 1998, 72) liefert, die es uns entgegenstellt. Als solches ist es nicht direkt zugänglich. Zugänglich ist das Objekt in der Semiose lediglich als unmittelbares Objekt, das quasi als Bewusstseinsinhalt vom dynamischen Objekt abgegrenzt wird (Atkin 2010). Oder in der Formulierung von Jürgen Trabant: „Das dynamische Objekt ist das aktuell bezeichnete wahrnehmbare Objekt, das unmittelbare Objekt offensichtlich die sinnlich nicht wahrnehmbare, abstrakte Klasse der bezeichneten Objekte" (Trabant 1989, 35). Trabant bezieht sich damit auf den Umstand, dass in der Unterscheidung von dynamischem und unmittelbarem Objekt die Differenzierung von *type* und *token* wiederaufgegriffen wird, was Peirce selbst konstatiert. Hierbei handelt es sich nach Peirce aber nicht um eine ontologische Verschiedenheit zweier Objekte, sondern vielmehr um verschiedene Aspekte ein und desselben Objekts. Man könnte sagen, das unmittelbare Objekt bezeichnet lediglich diejenigen selektiven Aspekte des Objekts, die in der Semiose thematisch werden. Es handelt sich folglich nicht um eine wie auch immer geartete Abbildrelation eines Objekts an sich und dessen Repräsentation, sondern um unterschiedliche Thematisierungen ein und desselben Objekts (Vgl. Schönrich 1990, 130f.). Dies sei an einem Beispiel von Short verdeutlicht: Die Unterscheidung zwischen dynamischem und unmittelbarem Objekt ist vergleichbar mit der Repräsentation eines Etwas als etwas. Short führt als Beispiel an, dass die Rede von seiner Mutter auf denselben Gegenstand referiert, wie die Rede von der Frau seines Vaters. Dennoch handelt es sich dabei um je unterschiedliche Repräsentationen (Short

---

[148] Siehe auch (CP 8.343).

2007, 179f.).[149] Schönrich bringt dies auf den Punkt, wenn er feststellt, dass die Differenzierung zwischen unmittelbarem und dynamischem Objekt damit dem Unterschied Rechnung trägt zwischen „dem Begriff eines zeichentranszendenten Objekts, das aus der Folge der Repräsentationen letztlich herausfällt, und dem Begriff eines zeichenimmanenten Objekts als dessen Stellvertreter im Reich der Zeichen" (Schönrich 1990, 129). An diesem Punkt wird auch ersichtlich, weshalb die unendliche Semiose einen Fortschritt der Erkenntnis gewährleistet. Denn hierin nähert sie sich asymptotisch dem dynamischen Objekt an (ebd., 136).

Mit dem Fokus auf die Differenzierung des Korrelats des Interpretanten – als der Wirkung des Zeichens – wird die erkenntnistheoretische Dimension eröffnet. Unmittelbarer Interpretant ist etwa eine affektive Reaktion, wie sie beispielsweise durch Musik ausgelöst wird (CP 5.475). Dies bedeutet aber nicht, dass es sich dabei um einen aktualen Vollzug handeln muss. Er ist vielmehr eine Abstraktion. Der unmittelbare Interpretant ist eine Reaktion der Möglichkeit nach, die sich im dynamischen Interpretanten aktualisiert. Dem gegenüber ist der dynamisch-energetische Interpretant eine tatsächlich eintretende, aktuale Reaktion, während der logische Interpretant formaler gefasst ist und sich auf Formen des logischen Schlussfolgerns bezieht. Dadurch, so glaubte Peirce, könne, zumindest hypothetisch, *in the long run* ein finaler Interpretant erlangt werden:

> „But we must also note that there is certainly a third kind of Interpretant, which I call the Final Interpretant, because it is that which would finally be decided to be the true interpretation if consideration of the matter were carried so far that an ultimate opinion were reached" (CP 8.184).

Diese „ultimate opinion" entspricht dem Wahren bzw. dem Realen an dem Peirce bei aller Betonung von Relationalität letztlich festhält.

Realismus und Erkenntnis

Aber welche Realitätsauffassung vertritt Peirce in seinen Schriften? Allgemein versucht er mit seinem „sinnkritischen Realismus" (Apel 1975) einen naiven Realismus einerseits sowie einen reinen Idealismus andererseits zu vermeiden. Auf der einen Seite scheint er anzunehmen, dass eine Welt unabhängig davon existiert, ob sie in einer Semiose repräsentiert wird oder nicht. Andererseits gibt es seiner Auffassung nach nichts Reales, was prinzipiell nicht auch erkennbar wäre. Zwar lehnt er einen

---

[149] Vgl. hierzu auch die Unterscheidung von Sinn und Bedeutung bei Gottlob Frege (Frege 1892).

Abbildrealismus ab, wenn er die These verneint, dass die Sprache eine ikonische Repräsentation außersprachlicher Realität sei und er den Sinn eines Zeichens nicht in diesem selbst verortet sieht, sondern relational zu dessen praktischen Konsequenzen. Und auch einen naiven Realismus im Sinne der direkten Erkennbarkeit einer Welt an sich kann man ihm wahrlich nicht attestieren. Aber aus der Zeichenvermitteltheit zu schließen, dass eine Realerkenntnis unmöglich sei, wäre nach Peirce ein nominalistischer Fehlschluss. Dass Peirce also davon ausgeht, dass die Welt, so wie sie ist, existiert, d.h. unabhängig von der Art und Weise, wie sie repräsentiert wird, davon zeugt der Begriff des dynamischen Objekts. Bereits in seinem Frühwerk (1868) formulierte er eine Kritik des Kant'schen Dings an sich, verweist aber gleich anschließend darauf, dass auch Dinge, die in einem Verhältnis zum Bewusstsein stehen, unabhängig von diesem Verhältnis existieren:

> „At any moment we are in possession of certain information, that is, of cognitions which have been logically derived by induction and hypothesis from previous cognitions which are less general, less distinct, and of which we have a less lively consciousness. These in their turn have been derived from others still less general, less distinct, and less vivid; and so on back to the ideal first, which is quite singular, and quite out of consciousness. *This ideal first is the particular thing-in-itself. It does not exist as such. That is, there is no thing which is in-itself in the sense of not being relative to the mind, though things which are relative to the mind doubtless are, apart from that relation*" (CP 5.311) [Hervorheb. DF].

Diese scheinbar paradoxe Feststellung lässt sich eventuell dahingehend auflösen, dass der Bezug zum Bewusstsein (*consciousness*) hier als ein potentieller zu lesen ist. Es gibt keine Welt an sich, da alles, was existiert *potentiell* erkennbar ist. In Abgrenzung zu Kant ist Peirce nicht der Meinung, dass es eine prinzipielle Grenze unseres Wissens gäbe. Er vertritt stattdessen einen Realismus, der das Vorhandensein einer denkunabhängigen Welt postuliert, die sich zwar einem *direkten* Erkenntniszugang entzieht, jedoch einer asymptotischen Annäherung qua Semiose offensteht. Vom Ding an sich könnten wir uns überhaupt keinen Begriff machen und alleine deshalb nichts darüber aussagen – folglich auch nicht seine Existenz. Dies bedeutet jedoch im Umkehrschluss nicht, dass alles Reale abhängig wäre von unserem Bewusstsein. Denn „die sinnkritische Definition des Realen als des Erkenn*baren*" (ebd., 53) bedeutet gerade nicht, dass die Welt erst im Erkennen real wird. Das Erkennbare ist Grenzbegriff, der nur eine potentiell infinitesimale Annäherung gestattet. Erkennbarkeit und Sein werden gleichgesetzt.

„Thus, ignorance and error can only be conceived as correlative to a real knowledge and truth, which latter are of the nature of cognitions. Over against any cognition, there is an unknown but knowable reality; but over against all possible cognition, there is only the self-contradictory. In short, cognizability (in its widest sense) and being are not merely metaphysically the same, but are synonymous terms" (CP 5.257).

Damit ist der Realismus Peirce' letztlich wieder nur in Abhängigkeit von seinem Erkenntnisbegriff einsichtig, sozusagen ein „„Realismus in mente"" (Wernecke 2007, 315). Dass Peirce hier kein solipsistisches Bewusstsein vor Augen hat, wird in der Fortführung der eben zitierten Passage deutlich, wenn er auf die überindividuelle und gleichsam reale Community als Letztinstanz für die Gewährleistung wahrer Erkenntnis baut.

„And what do we mean by the real? It is a conception which we must first have had when we discovered that there was an unreal, an illusion; that is, when we first corrected ourselves. Now the distinction for which alone this fact logically called, was between an *ens* relative to private inward determinations, to the negations belonging to idiosyncrasy, and an *ens* such as would stand in the long run. The real, then, is that which, sooner or later, information and reasoning would finally result in, and which is therefore independent of the vagaries of me and you. Thus, the very origin of the conception of reality shows that this conception essentially involves the notion of a COMMUNI-TY, without definite limits, and capable of a definite increase of knowledge. And so those two series of cognition – the real and the unreal – consist of those which, at a time sufficiently future, the community will always continue to re-affirm; and of those which, under the same conditions, will ever after be denied. Now, a proposition whose falsity can never be discovered, and the error of which therefore is absolutely incognizable, contains, upon our principle, absolutely no error. Consequently, that which is thought in these cognitions is the real, as it really is. There is nothing, then, to prevent our knowing outward things as they really are, and it is most likely that we do thus know them in numberless cases, although we can never be absolutely certain of doing so in any special case" (CP 5.311).

Diese Community wird dabei übergenerational, quasi als Menschheitsprojekt gedacht (CP 5.402,2). Auf lange Sicht motivieren unsere Widerstandserfahrungen im Handeln – sozusagen unser Scheitern an der Wirklichkeit – zu einer immer wieder aufs Neue vollzogenen Anpassungen unseres Begriffssystems und führen so zu einer Annäherung an diese.[150] Nagl spricht daher von einem „Zeichen*realismus* ,in the long run'", auf den Peirce insistiert,

> „(d.h. darauf, daß der Prozeß der Zeichenverknüpfung unter einem Wahrheitsregulativ steht, das im Theorem ,nominalistisch'-arbiträrer Zeichenverknüpfungen geleugnet wird); er interpretiert diesen Zeichenrealismus zugleich aber nicht als einen ,zweirelationalen', physikalischen Affektionsvorgang, in dem Zeichen extern gegebene Objekt einfachhin ,spiegeln'" (Nagl 1998, 45f.).

Als Realist und Universalist spricht Peirce dem Allgemeinen Realität zu, da all dasjenige Realität hat, was via Zeichenrepräsentation erkannt werden kann. Was vermittelt durch Zeichen erkannt werden kann ist letztlich unhintergehbar – es gibt keine dahinter verborgene Realität (CP 5.312).

Kausalität und Bestimmung

Kehren wir abschließend noch einmal zur Irreduzibilität der Peirce'schen Zeichentriade zurück. Dass diese drei Pole zueinander in Relation stehen, sagt alleine noch nichts über die Art dieser Relation aus. Peirce konkretisiert dieses Verhältnis mehrfach als Bestimmungsrelation, wenn er schreibt, dass das Objekt das Zeichen determiniere (*to determine*). Objekt und Zeichen sind aber nicht in sich selbst miteinander verknüpft. Erst die dritte Instanz der Triade, der Interpretant, gewährleistet diese Verbindung, indem er sie überhaupt erst herstellt. Diese ist jedoch keine völlig beliebige, die in einen Solipsismus führen würde, sondern eine überindividuell allgemeine, wodurch bei Peirce ein rationales Moment aufrechterhalten wird. Wie das Objekt das Zeichen determiniert, so determiniert das Zeichen den Interpretanten. Oder anders gewendet: Der Interpretant wird vom Objekt wiederum über das Zeichenmittel determiniert. Dies darf jedoch nicht im Sinne einer strikten Kausalrelation missverstanden werden.

> „Dem Zeichenprozeß liegt also nicht eine kausalistische Automatik zugrunde. Vielmehr ,liest' der ,Interpretant' das ,Zeichen' (,sign') auf eine bestimmte Weise; diese ,Rezeption' kann selbst wieder zum Ausgangspunkt neuer Objektin-

---

[150] Vgl. hierzu auch Klaus Oehler: „Was in the long run die Zeichebedeutung bestimmt, ist im Urteil zumal des späten Peirce nicht irgendeine subjektiv beliebige Hinsicht auf die Dinge, sondern um dem prozessual und konsensual in the long run transparent gemachten Wirkungsspektrum eines Objektes zeigt sich seine ontologische Struktur. Der Zeichenprozeß, die Semiosis, insgesamt ist das der Intention nach auf Totalität zielende menschheitliche Unternehmen, das Reale zu erfassen, das heißt zu bezeichnen" (Oehler 1998, 72).

terpretation werden. Dadurch wird es möglich, daß die in den Zeichen repräsentierten Objekte im Lauf des Zeichengebrauchs immer komplexer (und wahrer) bestimmt werden" (Nagl 1992, 31).

Manfred Frank schlägt daher vor, dieses eher im Sinne eines „Motivierens" zu verstehen (M. Frank 1984).[151] Bei Peirce ist die triadische Interaktion, die die Semiose kennzeichnet, damit abgegerenzt von der kausalen Interaktion einerseits und vom Zufall andererseits; sie bildet ein Drittes.

Pragmatismus

Semiotik ist für Peirce Fundamentalwissenschaft und bildet gleichsam den Hintergrund für seinen Pragmatismus, weshalb dieser von Oehler auch als „semiotischer Pragmatismus" bezeichnet wird (Oehler 1998; 2000). Semiotik und Pragmatismus lassen sich nicht voneinander trennen. Der Zusammenhang von Peirce' Semiotik und seinem Pragmatismus – den er in späteren Jahren zur Abgrenzung als Pragmatizismus bezeichnete – lässt sich anhand eines Blicks auf unterschiedliche Weisen des Verstehens verdeutlichen: Peirce unterscheidet drei Stufen des Verstehens („grades of clearness of interpretation" (CP 8.185)). Auf der ersten Stufe steht der unreflektierte Alltagsgebrauch von Begriffen. Auf zweiter Stufe die Möglichkeit, Begriffe einer allgemeingültigen Definition angeben zu können. Die erste Stufe setzt er mit dem dynamischen Interpretanten, die zweite mit dem unmittelbaren Interpretanten gleich (CP 8.185). Die dritte und höchste Stufe, die dem finalen Interpretanten entspricht, steht im Zusammenhang mit der Pragmatischen Maxime, wie er sie erstmals in *How to Make Our Ideas Clear* 1878 formulierte:

> „It appears, then, that the rule for attaining the third grade of clearness of apprehension is as follows: Consider what effects, that might conceivably have practical bearings, we conceive the object of our conception to have. Then, our conception of these effects is the whole of our conception of the object" (CP 5.402). [152]

---

[151] Ähnlich auch Albert Atkin: „Further, this determination [das Zeichen, das den Interpretanten determiniert] is not determination in any causal sense, rather, the sign determines an interpretant by using certain features of the way the sign signifies its object to generate and shape our understanding. So, the way that smoke generates or determines an interpretant sign of its object, fire, is by focusing our attention upon the physical connection between some and fore" (Atkin 2010).

[152] Die Pragmatische Maxime findet sich in unterschiedlichen Varianten im Werk Peirce' wieder. Siehe hierzu (Schönrich 1990, 97ff.).

Folglich besteht diese dritte Stufe des Erkennens darin, die praktischen Folgen eines Begriffs zu erfassen, denn es sind die möglichen Handlungsfolgen, die den Inhalt eines Begriffs bestimmen. Wohlgemerkt, es geht nicht um die *de facto* eintretenden Folgen des Handelns, sondern um die denkbar möglichen Folgen. Einen paradigmatischen Fall der Pragmatischen Maxime findet Schönrich gerade in der Verfahrensweise der empirischen Wissenschaften. Denn für den experimentierenden Wissenschaftler nehmen Begriffe nur dann einen Sinn an „wenn er sie als Vorschrift für ein Experiment so umzuformulieren vermag, daß die folgenden Erfahrungen bestätigend oder widerlegend auf diesen Begriff zurückbezogen werden kann. [...] Ein Begriff ist dann klar, wenn wir wissen, welche Wahrnehmungshandlungen im Falle der Ausführung bestimmter Handlungen auftreten" (Schönrich 1990, 98). Hier kommt die bereits als Kategorie der Zweitheit eingeführte Widerständigkeit der Welt ins Spiel. Eingebettet in ein Überzeugungssystem bleibt dieses solange bestehen, bis es im Handeln zu Widerstandserfahrungen führt.

> „Ins Zeichentheoretische gewendet, können wir auch sagen: Solange kein konkreter Zweifel auftritt, ist der Zusammenhang von Zeichenbedeutung und Zeichengebrauch, von Begriffsbedeutung und Handlungsdisposition intakt und selbstverständlich; wenn aber ein wirklicher, lebendiger, von Widerständen ausgelöster Zweifel auftritt, ist dieser Zusammenhang gestört. [...] Die Tragfähigkeit oder Tragweite von Begriffen ist also ablesbar an ihrer Kompetenz, Handlungsmuster und Handlungsgewohnheiten festzulegen" (Oehler 1998, 72).

Wie Schönrich trefflich bemerkt, besteht also eine Korrespondenz zwischen Begriff und den Wirkungen dessen, worauf er referiert einerseits und dem Verhältnis von Zeichen und Interpretant andererseits (Schönrich 1990, 99).[153] Dies ist hier deshalb von Belang, weil hier die Verknüpfung der Peirce'schen Semiotik und des Peirce'schen Pragmatismus deutlich wird. Denn mit dieser pragmatischen Bestimmung der Begriffsinhalte ist die Brücke zur Semiotik dahingehend geschlagen, als dass Begriffe wiederum als Bedeutungsgehalt von Zeichen aufzufassen sind.

---

[153] Dies veranlasst Schönrich die Pragmatische Maxime ins Semiotische zu wenden: „Überlege, welche Interpretanten wir dem Objekt des Zeichens zuschreiben; dann ist die Antizipation dieser Interpretanten das Ganze unseres Zeichens des Objekts. Jede Semiose ist also eine Realisierung der Pragmatischen Maxime; sie fordert zu nichts anderem auf, als in den Prozeß der Zeicheninterpretation einzutreten" (Schönrich 1990, 99:100).

Denken und Bewusstsein

Gerade in Hinsicht auf die Biosemiotik sei hier noch ein Blick auf einen der Ansatzpunkte für Kritik geworfen. Ist der Zeichengebrauch notwendig an ein (menschliches) Bewusstsein gebunden? Im Werk Peirce' lassen sich unterschiedliche Stellungnahmen zu dieser Frage auffinden. So gibt es etwa bei der Bestimmung dessen, was unter einem Zeichen zu verstehen ist Äußerungen, die eine Beschränkung des Zeichenverstehens auf ein Bewusstsein nahelegen; etwa wenn Peirce ein Zeichen als etwas definiert, das einerseits von einem Objekt bestimmt wird und andererseits „determines an idea in a person's mind" (CP 8.343). Auch an anderer Stelle stellt er den Verstandesbezug seines Zeichenbegriffs heraus, wenn er ein Zeichen definiert als: „a representamen of which some interpretant is a cognition of a mind" (CP 2.242). Doch wie verhält es sich mit den oben angeführten Beispielen natürlicher Indices? Verweist der Rauch nicht kausalmechanisch auf ein Feuer, unabhängig von einem interpretierenden Bewusstsein? Und trifft gleiches nicht auch auf Symptome zu, die auf eine Krankheit hindeuten? Nagl schließt in dieser Hinsicht aus der erläuterten Form des Zeichenbegriffs, dass sich die formale Grundstruktur der Semiose „nicht nur im komplexen menschlichen Zeichengebrauch, sondern auch ‚unbewußt', ‚naturisch'-ontologisch manifestieren können [soll] und dabei überdies in einer strukturellen, evolutionär deutbaren ‚Kontinuität' mit der sprachlichen Semiosis bleiben" (Nagl 1992, 48). Zwar ist es richtig, dass bei Peirce Denken und der Gebrauch von Zeichen als äquivalent zu betrachten sind. Ebenso mögen abstrakte Denkhandlungen die höchste Stufe in seinem hierarchischen Semiosekonzept einnehmen. Doch wäre es verfehlt, abstraktes Denken im engeren Sinne als Grundlage aller Zeichenprozesse anzunehmen. Denn auch wenn Peirce im Mentalen den Hauptmodus der Semiose gegeben sieht, notwendige Voraussetzung ist es nicht.[154] Stattdessen ist mit Denken weit mehr gemeint als die höheren kognitiven Leistungen, mit denen wir heute Denken identifizieren und die wir hauptsächlich erst bei Wirbeltieren vorfinden.[155] So kann der Interpretant alles sein, was eine Drittheit auch nur der Möglichkeit nach ist; sei es eine Handlung oder eine Handlungsregel, sei es ein Gefühl oder ein Gedanke. Demnach bildet das menschliche Bewusstsein nur einen Spezialfall. Denn von Peirce wird der Begriff

---

[154]   Peirce spricht schon auf der untersten Ebene der Semiose von Geist, sobald erkennbar ist, dass ein Zweck verfolgt wird (CP 1.269); vgl. auch (Nöth 2004, 19f.).

[155]   Allerdings sind im Hinblick auf solche Leistungen in den letzten Jahren insbesondere auch Cephalopoden verstärkt in den Blick geraten.

des Denkens in nahezu panpsychistischer Weise verwendet, sodass die Möglichkeit des Denkens in diesem Sinne auch nicht an das Vorhandensein eines Gehirns geknüpft wird:

> „Thought is not necessarily connected with a brain. It appears in the work of bees, of crystals, and throughout the purely physical world; and one can no more deny that it is really there, than that the colors, the shapes, etc., of objects are really there. Consistently adhere to that unwarrantable denial, and you will be driven to some form of idealistic nominalism akin to Fichte's. Not only is thought in the organic world, but it develops there. But as there cannot be a General without Instances embodying it, so there cannot be thought without Signs. We must here give ‚Sign' a very wide sense, no doubt, but not too wide a sense to come within our definition. Admitting that connected Signs must have a Quasi-mind, it may further be declared that there can be no isolated sign. Moreover, signs require at least two Quasi-minds; a Quasi-utterer and a Quasi-interpreter; and although these two are at one (i.e., are one mind) in the sign itself, they must nevertheless be distinct. In the Sign they are, so to say, welded. Accordingly, it is not merely a fact of human Psychology, but a necessity of Logic, that every logical evolution of thought should be dialogic. You may say that all this is loose talk; and I admit that, as it stands, it has a large infusion of arbitrariness. It might be filled out with argument so as to remove the greater part of this fault; but in the first place, such an expansion would require a volume – and an uninviting one; and in the second place, what I have been saying is only to be applied to a slight determination of our system of diagrammatization, which it will only slightly affect; so that, should it be incorrect, the utmost certain effect will be a danger that our system may not represent every variety of non-human thought" (CP 4.551).

An anderer Stelle wiederum unterscheidet Peirce das Zeichen (*sign*), das einen mentalen Interpretanten zu erfordern scheint, vom Repräsentamen, das dies nicht tut. Er veranschaulicht dies am Beispiel einer sich nach dem Licht ausrichtenden Sonnenblume:

> „A Sign is a Representamen with a mental Interpretant. Possibly there may be Representamens that are not Signs. Thus, if a sunflower, in turning towards the sun, becomes by that very act fully capable, without further condition, of reproducing a sunflower which turns in precisely corresponding ways toward the sun, and of doing so with the same reproductive power, the sunflower would become a Representamen of the sun. But thought is the chief, if not the only, mode of representation" (CP 2.274).

An diesem Beispiel wird ersichtlich, dass Peirce den Zeichenbegriff *sensu lato* viel weiter fasst, als wir dies umgangssprachlich tun, wenn er das Verhalten der Sonnenblume als triadische Relation beschreibt. Eine Sonnenblume ist Zeichenmittel (Repräsentamen) für ein Objekt – die Sonne – insofern sie eine weitere Sonnenblume derart bestimmt, dass diese sich in derselben Relation zur Sonne befindet, wie sie selbst. Dieses Verhalten der zweiten Sonnenblume stellt den Interpretanten dar. Damit ist zwar keine Semiose im vollumfänglichen Sinne logischer Schlussfolgerungen gegeben, in der der höchste Abstraktionsgrad erreicht wird. Diese meint Peirce, wenn er das Denken als Hauptmodus der Repräsentation bzw. einzigen Modus der Repräsentation im strengen Sinne bezeichnet. Dennoch liegt im Beispiel der Sonnenblumen eine genuine Semiose in ihrer irreduziblen triadischen Relation vor. Entscheidend ist Schönrichs Conclusio:

> „Daß Peirce den Begriff des Repräsentamen und damit den des Zeichens auch an einem Naturphänomen exemplifiziert, ist in mehr als einer Hinsicht bemerkenswert und birgt bei genauerem Lesen in sich eine Fülle unvermuteter Bezüge. Eine Sonnenblume in der angedeuteten Weise unter die Rubrik der Drittheit zu subsumieren heißt, das kausal-dyadische Analyseverfahren nach Ursache und Wirkung für unzulänglich erklären. Die sich in einer Sonnenblume als ihrer Wirkung reproduzierende Sonnenblume ist nicht nur im schlichten Sinne deren Ursache; sie reproduziert sich *selbst* in dieser anderen Sonnenblume" (Schönrich 1990, 115).

Es handelt sich dabei jedoch nicht um eine genuine Drittheit, die, Schönrich zufolge, immer einen Erkenntnisfortschritt erbringen muss, was wiederum eine Selbstrepräsentation der Repräsentation voraussetzt und daher nur durch das Vorhandensein eines mentalen Interpretanten gewährleistet werden kann.

2.4.3 Biosemiotik

Semiotik und Biologie

Zur Geschichte des Zeichenbegriffs in der Biologie allgemein (Wuketits 2003) und der Biosemiotik liegen bereits einige skizzenhafte Arbeiten vor (Barbieri 2009a; Favareau 2010; Kull 1999a; Sebeok 2001a). Der Begriff der Biosemiotik wurde wohl erstmals von Friedrich Rothschild 1961 auf der Tagung *The Psychology and the Self* in New York verwendet, um damit „die symboltheoretische Methode der Untersuchung der psychophysischen Relation" begrifflich zu fassen, wie sich Rothschild rückblickend erinnert (Rothschild 1989, 194). Grundsätzlich entstand die Biosemiotik aus zwei unterschiedlichen Bewegungen. Auf der einen Seite entstand sie aus einer Übertragung linguistischer Konzepte auf biologische Phänomene. Was zunächst historisch bei de Saussure als Zweig der Linguistik seinen Ausgang bei der Untersuchung menschlicher Sprache nahm, wurde nach und nach ausgeweitet auf den gesamten Bereich der belebten Natur. Zum anderen aber sind, wie gezeigt, bei Peirce Semiosen Grundstrukturen des Denkens und Basis seiner Kosmologie und insofern nicht auf Linguistik beschränkt. Die Biosemiotik versucht an beide Traditionen anschließend eine umfassende Theorie bereitzustellen, der zufolge menschliche Kommunikation als elaborierteste Sonderform unter anderen Zeichenprozessen angesehen wird, wie dies der Begriff der *semiotic thresholds* (s.u.) bezeichnet. Als eigenes Forschungsfeld etablierte sie sich als Weiterentwicklung der Ansätze Jakob von Uexkülls, die in den 1960er Jahren von Thomas Sebeok aufgegriffen wurden, der bestrebt war, die Semiotik auf das Tierreich anzuwenden und eine Zoosemiotik auszuarbeiten (Sebeok 1965) und der sich in den 1970er Jahren fasziniert von den Entwicklungen in der Molekularbiologie inspirieren ließ (Petrilli & Ponzio 2008). Auf den *III. Wiener Symposium über Semiotik* 1977 war es auch Sebeok, der ein „revival of von Uexküll" (Kull 1999a, 400) einleitete. Weitere semiotische Betrachtungen biologischer Prozesse etwa bei Pflanzen (Phytosemiotik) (Krampen 1981),[156] Pilzen (Mykosemiotik) oder dem Immunsystem (Sercarz 1988)[157] folgten und es wurde der Versuch unternommen, die entstehenden Arbeiten der Biosemiotik durch eine evolutionäre Perspektive zu ergänzen (Bentele 1982).[158] Auch semiotische Betrachtungen auf molekularer Ebene wurden bald darauf unternommen (Kawade 1996). Thure von Uexküll, der Sohn Jakob von Uexkülls, versuchte eine Brücke zwischen der Biosemiotik und der Psychosomatik zu schlagen. Nach und nach zeichnete sich aus diesen zunächst vereinzelten Arbeiten ein eigenes Forschungsfeld ab, das zum Ende des 20. Jahrhunderts auch institutionalisiert werden sollte. Seit dem Jahr 2001 finden jährlich die *Gatherings in Biosemiotics* statt, 2004 wurde die *International Society for*

---

[156] Krampen war bei seinen Studien stark von v. Uexküll beeinflusst.

[157] Analogien zwischen Immunsystem und (menschliche) Sprache wurden auch bereits von Niels K. Jerne in seiner Nobelpreisrede gesehen (Jerne 1985). Anschließend an Noam Chomsky sah er diese dahingehend, dass die variable Region der Antikörper-Moleküle wie ein Satz auf Sätze der Antigene antworte.

[158] Zu unterscheiden ist hiervon die evolutionäre Semiotik, die explizit die phylogenetische Dimension von Zeichenprozessen untersucht.

Biosemiotic Studies gegründet und 2008 die Fachzeitschrift *Biosemiotics* ins Leben gerufen.

Biosemiotik muss von anderen Ansätzen wie der Biolinguistik (Chomsky 2007), der Biohermeneutik (Chebanov 1994; 1999) oder der Biosemantik (Millikan 1989) abgegrenzt werden, auch wenn teilweise erhebliche Gemeinsamkeiten in ihren Grundannahmen bestehen. In dieser Arbeit wird bei all diesen unterschiedlichen Ansätzen und Beiträgen eines entstehenden Forschungsfeldes das Hauptaugenmerk auf der Kopenhagen/Tartu-Schule der Biosemiotik liegen – wobei aber auch die Code-Biosemiotics strukturalistischer Prägung Berücksichtigung finden wird. Bei allen Unterschieden lässt sich als Nukleus aller biosemiotischen Ansätze die Annahme ausmachen, dass Leben und Semiose koextensiv seien – Eine Annahme, die auf Thomas Sebeok zurückgeht und daher zuweilen auch als „*Sebeok's Thesis*" bezeichnet wird (Kull, Emmeche & Favareau 2008, 43). Leben bedeute demnach Semiosen zu betreiben, womit dies auch bereits auf einfachste Lebensformen zutrifft. Ein Grund für die Diversität der Ansätze, die sich unter dem Label Biosemiotik versammeln, liegt jedoch z.T. darin, dass unterschiedliche Modelle von Semiose angelegt werden. Unklar ist innerhalb der Biosemiotik, welchen ontologische Status Lebensprozesse als Semiosen besitzen. Teilweise soll Leben *als* ein semiotischer Prozess *beschrieben* werden, an anderer Stelle *ist* Leben Semiose (Barbieri 2008b) oder aber Semiosen zu betreiben wird als wesentliches Merkmal herausgestellt. Dennoch lässt sich die Frage „Was ist Biosemiotik?" scheinbar sehr prägnant beantworten: „Biosemiotics is the synthesis of biology and semiotics, and its main purpose is to show that semiosis is a fundamental component of life, i.e., that signs and meaning exist in all living systems" (Barbieri 2009a, 221). Ähnlich ist Biosemiotik für Hoffmeyer „the name of an interdisciplinary scientific project that is based on the recognition that life is fundamentally grounded in semiotic processes" (Hoffmeyer 2008, 3). Auch nach Kull kann die Biosemiotik definiert werden als „the science of signs in living systems" (Kull 1999a, 386). All diese Bestimmungen zeigen, dass der Zeichenbegriff im Zentrum der Biosemiotik steht, was ebenfalls bedeutet, dass das Zeichen und nicht das Molekül als elementare Einheit angesehen wird – mit all den methodischen Konsequenzen, die dies impliziert. Im Zuge dessen besteht für Kull eine weitere fundamentale Annahme darin, dass Lebewesen als Lebewesen eben nicht mechanisch interagieren, sondern kommunikativ: „A principal and distinctive characteristic of semiotic biology lies in the understanding that in living, entities do not interact like mechanical bodies, but rather as messages, or pieces of text. This means that the whole determinism is of another type" (ebd., 368).[159] Dies soll jedoch nicht bedeuten, dass Lebewesen als mechanische Körper nicht den physikalischen Gesetzen unterliegen würden. Gemeint ist vielmehr, dass eine solche mechanistische Betrachtung von Lebewesen als Lebewesen nicht hinreichend ist. Basierend auf diesen Grundannahmen ergibt sich ein vielfältiger Gegenstandsbereich der Biosemiotik:

> *„Biosemiotics* proper deals with sign processes in nature in all dimensions, including (1) the emergence of semiosis in nature, which may coincide with or anticipate the emergence of living cells; (2) the natural history of signs; (3) the ‚horizontal‘ aspects of semiosis in the ontogeny of organisms, in plant and animal communication, and the inner sign functions in the immune and nervous systems; and (4) the semiotics of cognition and language (in itself an enormous field, so its subsumption under the mark of ‚biosemiotics‘ may appear a little misleading). Biosemiotics and its sub-fields are a topic of growing concern among many biologists and semioticians [...]. Biosemiotics can be seen as a contribution to a general theory of evolution, involving a synthesis of different disciplines. It is a branch of general semiotics but the existence of signs in its subject matter is not necessarily presupposed as far as the origin of semiosis in the universe is one of the riddles to be solved" (Emmeche 1992, 78).

Aus diesem Umriss des Gegenstandsbereichs wird ersichtlich, dass die Biosemiotik bei ihren Betrachtungen einerseits stets eine historische Dimension berücksichtigt – sei dies in evolutionärer, phylogenetischer oder ontogenetischer Perspektive. Andererseits wird deutlich, dass sie kein Teilgebiet der Biologie ist, sondern alle Teilbereiche der Lebenswissenschaften betrifft, indem sie diese unter einer neuen Perspektive fassen will. Hoffmeyer ist Teil der Kerngruppe von Biosemiotikern, die ihre Forschung stark an Peirce anschließen und die 2008 ein Thesenpapier erarbeitet haben, das bis heute programmatische Kernpunkte dieser Richtung der Biosemiotik präsentiert. Diese lauten:

> „(1) The semiosic–non-semiosic distinction is coextensive with the life–nonlife distinction, i.e., with the domain of general biology. [...]
> (2) Biology is incomplete as a science in the absence of explicit semiotic grounding. [...]

---

[159] Siehe auch (Kull 2015, 528): „An attempt at a brief formulation of the specificity of the biosemiotic approach from the perspective of biology would encapsulate it in the claim that life processes and the phenomena of life are inherently communicative. Biological species – the primary manner of organization that covers most organisms – is a suitable example of a communicative phenomenon".

(3) The predictive power of biology is embedded in the functional aspect and cannot be based on chemistry alone. [...]
(4) Differences in methodology distinguish a semiotic biology from non-semiotic biology. [...]
(5) Function is intrinsically related to organization, signification, and the concept of an autonomous agent or self. [...]
(6) The grounding of general semiotics has to use biosemiotics tools. [...]
(7) Semiosis is a central concept for biology that requires a more exact definition. [...]
(8) Organisms create their umwelten" (Kull et al. 2009, 168ff.).

Was den systematischen Status der Biosemiotik anbelangt, wird diese häufig entweder als Paradigma bezeichnet (Anderson et al. 1984; Eder & Rembold 1992; Hoffmeyer & Emmeche 1991; Kull, Emmeche & Favareau 2008) oder als Ansatz (*approach*) (Kull et al. 2009), als Disziplin (Carney 2008) oder als bestimmte Weise der Modellierung (Anderson & Merrell 1991; Artmann 2007; Beni 2016). Ist sie eine Sammlung von „semiotic *interpretation[s]* of biological phenomena [Hervorheb. DF]" (Kull 1999a, 407) oder einfach nur ein Forschungsfeld?[160]

Jedenfalls gibt die Biosemiotik hoch gesteckte Ziele aus und kommt in ihren Ansprüchen ambitioniert daher. Sie möchte laut Kull die philosophische Grundlage bzw. den philosophischen Hintergrund für die Biologie bereitstellen, sich gegen eine reduktionistische Evolutionstheorie als Weltanschauung im Ausgang an Haeckel zu behaupten. Sie strebt an, nicht nur eine Disziplin innerhalb der Biowissenschaften zu sein, sondern „paradigmatically different from the reductionist and biophysical approaches that have been prevalent in biology since at least the Modern Synthesis of the 1930s" (Kull et al. 2009, 62) und damit Fragen anzugehen, die in der herkömmlichen Biologie nicht einmal gestellt werden.

Eine dieser Fragen, wie sie Kull formuliert, ist im Anschluss an von Uexküll die nach dem Verhältnis von Subjekt und Umwelt, die mit der kybernetischen Unterscheidung von System und Umwelt korrespondiert. Dies bedeutet, die Biosemiotik begreift Organismen nicht, wie beispielsweise Richard Dawinks als „survival machines" (Dawkins 1976) oder als gendeterminierte Roboter, wie es Hoffmeyer ausdrückt, sondern „reestablishes the conception of living beings as subjects whose

---

[160] Häufig wird jedoch gerade der Begriff des Paradigmas stark gemacht, um die Radikalität des Ansatzes zu unterstreichen: „What we propose then, is that the traditional paradigm of biology be substituted by a *semiotic paradigm* the core of which is that *biological form is understood primarily as sign*" (Hoffmeyer & Emmeche 1991, 138).

activities are governed by internal models of their surroundings" (Hoffmeyer 2008, 319). Damit schließt die Biosemiotik an von Uexküll an, dessen Lehre Hoffmeyer zufolge im Kern darauf abzielte, weder Organismen, noch auch nur einzelne Zellen als „passive pawns in the hands of the external forces" (Hoffmeyer 1996b, 56) zu betrachten. Übereinstimmend damit sollte ein semiotisches System auch nach Kull et al. stets eine Form von *agency* aufweisen, womit er meint, es sollte zu zielgerichtetem bzw. zweckhaftem Verhalten (*end-directed behavior*) fähig sein (Kull et al. 2009, 171). In der Fortführung von Uexkülls besteht aus biosemiotischer Sicht dieses Verhältnis von Organismus und Umwelt aus Zeichenrelationen, die wiederum die Fähigkeit des Organismus widerspiegeln, spezifische Unterschiede wahrzunehmen bzw. Unterscheidungen treffen zu können (Kull 2015, 524).[161] Semiotische Prozesse sind immer mit einer Art von Innen-Außen-Interaktionen verbunden, denn Zeichen sind stets Zeichen von etwas/jemandem für etwas/jemanden, womit Differenz ein weiteres zentralen Prinzip der Biosemiotik ist, wie sich auch an einer versuchte Charakterisierung dessen, was Leben sei, verdeutlichen lässt: Gerade weil die System-Umwelt Unterscheidung, d.h. die von innen und außen, für die Biosemiotik von zentraler Bedeutung ist, kann Hoffmeyer Leben gar als Oberflächenaktivität[162] ausweisen, die wesentlich auf dieser Trennung beruht: „[L]life is a surface acivity [...] life is fundamentally about insides and outsides" (Hoffmeyer 2004, 36). Die Frage nach dem Ursprung des Lebens wird somit gleichgesetzt mit der Frage nach dem Ursprung der Umwelt, denn Lebewesen seien in ihre Umwelt eingeschrieben, wie ein Muster in einen Teppich (Hoffmeyer 2010, 193f.). Die räumliche Trennung ist dabei nur *eine* mögliche Manifestation der Differenziertheit. Unterscheidbarkeit

---

[161] Vgl. hierzu (Kull 2015, 524). In diesem Kontext muss auch die Erweiterung des Begriffs der ökologischen Nische hin zur semiotischen Nische gesehen werden. „A *semiotic niche* is defined as the totality of signs or cues in the surroundings of an organism – signs that it must be able to meaningfully interpret to ensure its balance and welfare" (Kull et al. 2009, 172). Dabei wird Wert darauf gelegt, dass es darauf ankommt dass der betreffende Organismus in der Lage sein muss zwischen den entsprechenden Reizen zu unterscheiden. Kull bezeichnet mit dem Begriff der semiotischen Nische quasi denjenigen Teil der Außenwelt eines Organismus, der mit dessen internem Umwelt-Modell korrespondiert. Neben dem Begriff der semiotischen Nische wurde in Analogie zur Biosphäre auch der Begriff der Semiosphere (*semiosphere*) eingeführt, der ursprünglich von Yuri Lotman (Lotman 1990) stammt, und dann später von Hoffmeyer aufgegriffen und erweitert wurde (Hoffmeyer 1996b).

[162] Zählt man die Fläche aller im menschlichen Körper vorkommenden Membranen (inklusive aller Zellorganellen) zusammen, so ergibt sich eine Fläche von ca. 30km^2 (Hoffmeyer 2007, 152).

wird jedoch ganz allgemein zum definierenden Element für biologische Information und damit zugleich auch für Leben insgesamt:

> „Thus, the gene as a sign is a piece of information which makes a difference to the organism. The organism itself is a system of signs. [...].
> [L]ife is basically a difference in the sense of ‚distinction from sameness‘, a kind of deferment of the immediate uniform presence, the sameness of which implies the entropic flow toward death as non-discriminate being in itself. Living being arises as a distinction in being between permanent non-informational being (that is, death) and a temporary postponed death (i.e., a difference, or drive, in matter) that makes a difference between dead and living matter – that is life" (Emmeche & Hoffmeyer 1991, 37).

Hoffmeyer und Emmeche beziehen sich hier auf die vielzitierte Definition von Gregory Bateson, welcher in seiner *Ökologie des Geistes* unter Information einen Unterschied versteht, der einen Unterschied macht (*difference that makes a difference*) (G. Bateson 1972, 315). Fundamental ist hier für den Organismus zunächst die Unterscheidung zwischen Selbst und Umwelt, d.h. das Subjekt sein bedeutet hier ein System zu sein, das zu einer Selbstbeschreibung fähig ist, wodurch die Trennung von Ich und Umwelt ermöglicht wird. Diese Selbstbeschreibung ist es aus biosemiotischer Sicht, die ein Subjekt konstituiert. Subjekt sein bedeutet also ein Subjekt für sich selbst zu sein, unabhängig von unserer Zuschreibung. Hier lässt sich ein Realismus erkennen wenn konstatiert wird: „For a system to be living, it must create itself, i.e., it must contain the distinctions necessary for its own identification as *a system*. Self-reference is the fundament on which life evolves, it is its most basal requirement" (Hoffmeyer 2008, 81). Voraussetzung für die Möglichkeit der Selbstreferenz ist wiederum die Dualität zweier Arten von Code (siehe unten).

Andererseits soll es sich bei der Biosemiotik nicht um einen alternativen, sondern um einen komplementären Ansatz zur nichtsemiotischen Biologie handeln. Die unhinterfragte Annahme der modernen Biologie, der zufolge eine teleologische und eine physikochemische Beschreibung des Lebens nicht miteinander vereinbar sind, sucht die Biosemiotik zu widerlegen und eine Vereinigung beider Beschreibungen herzustellen.[163] Der alte Wunsch einer Einheitswissenschaft, die allerdings

---

[163] Dies wird deutlich am Beispiel der Erklärung eines plötzlich losrennenden Hundes. Die hierfür gegebene biochemische Erklärung auf molekularer biochemischer Ebene bleibt Hoffmeyer zufolge unbefriedigend. Die biosemiotische Erklärung einer Nachricht steht zu dieser biochemischen nicht im Widerspruch, sondern ergänzt diese. „The first is that most of what happens between animals themselves or between animals and their environment is triggered by or carried by stimuli which,

nicht auf einer reduktionistischen Rückführung auf kausalmechanische Prozesse begründet werden soll, wird dabei deutlich. Denn Zeichen seien gerade keine Ursachen im aristotelischen Sinne einer *causa efficiens*: „Signs, however, are not causes in the traditional sense of Aristotelian efficient causation, for the effect of a sign is not compulsory but depends upon a process of interpretation, and the interpretation may well be – and probably most often is – ‚mistaken'" (Hoffmeyer 2010, 190). Gerade die Möglichkeit des Fehlens, des Scheiterns und Misslingens führt eine normative Dimension ein, die einerseits von einer kausalmechanischen Betrachtung gerade ausgeschlossen bleibt, andererseits aber für Kommunikation kennzeichnend ist.[164] So werden aus biosemiotischer Perspektive psychosomatische Erkrankungen etwa als „‚unhealthy communication' between cells, tissues, and organs" verstanden (Hoffmeyer 1996b, 126).[165] Die Biosemiotik handelt daher von Codes und Regeln, nicht von universellen Gesetzen. Regeln in diesem Sinne kommt kein eigener ontologischer Status unabhängig von Individuen zu, die sie befolgen, nach ihnen handelnd und sie weitergeben. Regeln können gebrochen werden, universelle Naturgesetze nicht.[166]

> „If physics (or the exact sciences) can be defined as a group of disciplines that are engaged in the study of laws which no one has imposed – because the laws of nature are universal and cannot be created – then semiotics can be defined as a field that engages in studying the regularities (relations, rules) established by life (including humans and cultures). In addition, semiotics studies the ap-

---

from a physico-chemical point of view, are negligible when set against the volume of matter and energy thus activated. To take an example: a dog weighing one hundred pounds suddenly dashes off at top speed. Now obviously there is a physical and chemical explanation for its taking off like this. But while it may be possible to account for the dog's muscle contractions biochemically, that still does not truly explain this phenomenon. It would be truer to say that the dog has received a message, namely the scent of another dog. The other dog is, in fact, a message.

Messages can initiate events which have no rational connection with the physical and chemical elements of which the message is comprised. As, for example, with the single shot fired in Sarajevo in 1914 which triggered off a world war" (Hoffmeyer 1996b, 46). Das Problem, vor dem jede Theorie steht, die dem Ursprung von Handeln (*agency*) und Leben zu erklären versucht, ist die Notwendigkeit zwei verschiedene Arten von Dynamik miteinander vereinbaren zu müssen: „a dynamics of chemical interaction patterns and a dynamics of signification or semiosis" (Hoffmeyer 2010, 193).

[164] Dieser Aspekt ist zentral und wird in Kapitel 3.10, insbesondere in 3.10.5 wieder aufgegriffen.

[165] Siehe hierzu auch die Arbeiten von Thure von Uexküll (T. von Uexküll 1986). Eigentlich ist es die Medizin, nicht die Biologie, die sich mit Abweichungen und funktionalen Fehlleistungen befasst. Die Biologie kennt keine Pathologie und keine Teratologie.

[166] Hierzu mehr in Teil III, insbesondere in Kapitel 3.11.1.

pearance of such life created regularities and sign relations, via meaning making. Such established regularities or rules (codes) persist due to inheritance, they are memory-based. Physical laws do not require inheritance or memory in order to persist" (Kull 2015, 526f.).

Ferner lassen sich Naturgesetze mathematisch formulieren, da sie auf einer Quantifizierung der Natur beruhen, was für Regeln nicht zutrifft. Aus diesem Grund soll die Biosemiotik auch eine Alternative zu mathematischen Beschreibungen der Natur liefern (Hoffmeyer 1996b, 37f.):

„Biosemiotics sees itself as an extended and more general approach to biological explanation that complements and augments the concept of biological function. Thus the physicochemical account of biological phenomena can be seen as a special case within biosemiotics. Likewise, this concerns the different branches and theories in biology, for instance, the neo-Darwinian theory of evolution becomes a special case of a biosemiotic theory of evolution"[167] (Kull et al. 2009, 172).

Was sich aus Naturgesetzen nicht ableiten lässt und worauf die Biosemiotik abzielt, sind zum einen alle Arten von Codes in ihrer arbiträren und historischen Bedingtheit. So kann etwa die Form eines Buchstaben eben so wenig aus physikalischen Gesetzen abgeleitet werden, wie der Klang seiner Artikulation in einer bestimmten Sprache. Gleiches, so eine biosemiotische Kernthese, treffe auch etwa auf den genetischen Code, d.h. auf die Verknüpfung von Codon und Aminosäure zu (Kull 2015, 528).

„That life is the rearranger of things is down to the fact that life is based on relation-making and its products as relations or codes. Codes are correspondences that are not the result of general physical laws (naturally, they are not in contradiction with them either), but are rather local regularities that have or have been developed historically. For a code to persist, it must be constantly renewed, that is, transmitted: code is based on memory. Moreover, a code can never be isolated: in order to persist as a process, both reading in and reading out, both sensing and acting (according to Uexküll: merken and wirken) are required" (ebd., 527).

Zum anderen können aber auch die Funktion(en) von Entitäten nicht naturgesetzlich abgeleitet werden, worauf im dritten Teil dieser Arbeit näher einzugehen ist. An

---

[167] Im Lichte der Umwelttheorie dieser Lesart sind es nicht nur Gene bzw. Individuen oder Spezies die in evolutionärer Perspektive erhalten bleiben, sondern Interpretationsmuster (Hoffmeyer 1996b, 58).

dieser Stelle sei lediglich in aller Kürze darauf verwiesen, dass der Funktionsbegriff aufgrund der nichtreduktionistischen und nichtphysikalistischen Perspektive der Biosemiotik einen Erklärungswert jenseits von Naturgesetzlichkeit sichern soll. Biosemiotiker nennen hier exemplarisch die Funktion von Hämoglobin, den Sauerstofftransport. Wäre alleine die dreidimensionale Struktur des Makromoleküs bekannt und lägen keine weiteren Erkenntnisse über Lebewesen und Stoffwechselprozesse vor. Man könnte davon nicht auf die Funktion des Sauerstofftransports schließen bzw. diese nicht naturgesetzlich ableiten (Kull et al. 2009, 169). Einige Aussagen lassen sich gar als funktionalistisch bezeichnen, so z.B. wenn die Biosemiotiker die Schwierigkeit biologische Phänomene vorauszusagen damit begründen, dass sich Funktionen eben auf vielfache Weise realisieren ließen. „As a result, the physicochemical details necessarily provide an incomplete account. Functional requirements do, however, constrain the physicochemical substrates that can be recruited" (ebd., 169f.).

Mit dem insistieren auf funktionale Erklärungswerte kommen die Lebenswissenschaften nach biosemiotischer Ansicht nicht ohne eine normative Dimension aus. Normativität spielt eine Rolle, insofern die Möglichkeit der Fehlbarkeit gewährleistet sein muss. Die Frage, ob etwas seine Funktion erfüllt, lässt sich graduell beurteilen, wobei durch die Festlegung eines funktionalen Ziels ein Soll, eine Norm etabliert wird.

> „[A] pattern serving a function has, in addition to its own high or low algorithmic information content, a degree to which it serves, or fails to serve, its goal. For semiotic processes (having such functions as representation, information storing, and interpretation) the degree to which a pattern serves or fails to serve such functions constitutes a norm. [...] Semiosis is always embedded in a process that is end directed in which the semiosis can be assessed with respect to whether its interpretation is concordant or discordant with the dynamics of achieving that end. This is what determines the normative properties of a sign-interpreting process" (ebd., 171).

Die Kritik, die aus biosemiotischer Sicht gegen eine physikalistische Mainstream-Biologie geführt wird, ist nicht, dass diese falsch, sondern dass sie zu eng gefasst sei und daher viele Phänomene nicht zufriedenstellend erklären könne.[168] Physikalische

---

[168] Vgl. auch: „The aim is to understand the dynamics of organic mechanisms for the emergence of semiotic functions, in a way that is compatible with the findings of contemporary biology and yet also reflects the developmental and evolutionary history of sign functions" (Kull et al. 2009, 170).

Methoden seien schlichtweg unzureichend, um die „signness" (Kull 2015, 522) biologischer Phänomene fassen zu können.

Kritik wird auch daran geübt, dass insbesondere in der Molekularbiologie vielfach ein semiotisches Vokabular gebraucht wird, das jedoch einer theoretischen Fundierung entbehrt. Die Biosemiotik möchte aufweisen, dass es sich dabei nicht um einen bloß metaphorischen Gebrauch handelt (ebd., 528). Kaum eine Arbeit aus dem Bereich der Molekularbiologie lässt sich finden, die nicht auf semiotische Begriffe zurückgreift. Wie gezeigt, nutzt die Molekularbiologie seit ihrer Frühzeit (insbesondere im Anschluss an die *informational school*) ein semiotisches Vokabular in Begriffen wie Information, Anpassung, Signal Code Messenger/Bote, das jedoch zumeist nicht in eine adäquate Theorie eingebettet ist, sondern metaphorisch verstanden werden soll, da sie sich im Grunde auf rein biochemische Beschreibungen reduzieren lassen. Dagegen verwahrt sich die Biosemiotik. Denn „[w]hile the concepts of ‚code' and ‚translation' were initially used metaphorically, one of the more important conclusions of biosemiotics is that these are in fact semiotic processes, that is, actual aspects of semiosis" (ebd.). Nun war es nicht die Biosemiotik, die dieses Vokabular ins Spiel gebracht hat. Und, wie gezeigt, reichen ihre Wurzeln historisch weiter zurück, als die Ursprünge moderner Molekularbiologie. Bei einem Blick in die gegenwärtige Fachliteratur zur Biochemie könne man, so Hoffmeyer, schon fast den Eindruck haben, dass diese bereits zur Biosemiotik geworden sei, ohne es bemerkt zu haben. Daher sei sie momentan unfähig aus ihren eigenen Forschungsdaten die richtigen theoretischen Schlussfolgerungen zu ziehen. Auf lange Sicht sei dieser „selective eclecticism" aber wahrscheinlich nicht durchzuhalten (Hoffmeyer 2008, 317). Denn, so Hoffmeyer weiter, innerhalb eines reduktionistischen Paradigmas seien diese Metaphern, dem die meisten Biochemiker verpflichtet seien, nicht sinnvoll. Auch Kulls Kritik an der Molekularbiologie hat die gleiche Stoßrichtung, wenn er die Verwendung linguistischen Vokabulars zwar zur Kenntnis nimmt, aber als halbherzig kritisiert:

> „However, the majority of these attempts to apply semiotic terminology in biology (e.g. Tembrock, Florkin, Beadle) did not go very deep. This means one still probably see in them the establishment of semiotic biology as an approach which considers the living process itself as having basically semiotic nature. In this sense, particularly as concerns molecular biology, one may distinguish between the application of linguistic and semiotic approaches, the former being much more widely used in that period" (Kull 1999a, 397).

Daher griff die Biosemiotik diese Entwicklung wohlwollend auf und versucht seither diesen angeblich metaphorischen Begriffen einen realen bzw. theoretischen Gehalt zu geben und sie in ihr Paradigma zu integrieren.

„It is the aim of biosemiotics to make explicit those assumptions that are imported into biology by such unanalyzed teleological concepts as ‚function,' ‚information,' ‚code,' ‚signal,' and ‚cue' and to provide a theoretical grounding for these concepts. The widespread use of such terms in existing biology points to the fact that such notions cannot be avoided or fully substituted with merely chemical accounts. Biosemiotics has the scientific task of (1) grounding such terms in a physicobiological context, (2) defining and interrelating such terms with the constant aim of avoiding the anthropomorphisms that threaten when they are left with implicit definitions only, and (3) so to make biology theoretically complete" (Kull et al. 2009, 170).

Die Biosemiotik kann somit als eine Entwicklung gesehen werden, die versucht mit den Unzulänglichkeiten herkömmlicher experimenteller Biologie umzugehen. Dies bedeutet jedoch nicht, dass die Möglichkeit kausalmechanischer Beschreibungen im Allgemeinen verneint würde. Es wird jedoch bezweifelt, dass dadurch eine befriedigende Erklärung biologischer Phänomene gegeben werden kann:

„Here, just to be on the safe side, I should perhaps point out that I do, of course, accept that the processes which take place inside the cell are standard causally determined phenomena. But surely the same can be said of the processes taking place right at this minute in the reader's brain as he attempts to make sense of my words. I am assuming that no miraculous phenomena are occurring there either. To the extent that anything is happening – and it goes without saying that I hope there is – I would suppose it to center around changes in patterns of electrochemical cellular processes distributed throughout most of the brain, patterns which, if I am lucky, have something to do with the distribution of printing ink on this page.

The point is, though, that in both cases we are dealing with processes that are organized according to a form of logic which reflects the system's (the cell's or the brain's) evolved semiotic function. Understanding these systems causally – besides being impracticable because of its astronomical complexity – could never provide us with the revelations we seek. It would be difficult to provide an explanation of the traffic lights at street intersections in Manhattan based on a physical, chemical analysis of the city's electricity supply. What we are looking for is some insight into the practical principles of how the cell or the brain works, i.e., the system's inner logic, which is, as we have seen, an evolutionary product shaped in accordance with the conditions set by statutes at the semiotic level" (Hoffmeyer 1996b, 80).

Für Hoffmeyer hat sich somit in der Biologie mittlerweile die paradoxe Situation ergeben, dass semiotisches Verhalten zwar auf der einen Seite immer mehr Raum in biologischen Beschreibungen einnehme, dass diese dann aber wiederum keinen Eingang in die Theoriebildung fänden. Beispielsweise habe das *Human Genome Project* gezeigt, dass die anfängliche Hoffnung, mit der Sequenzierung des menschlichen Genoms, bzw. dem Aufweis aller menschlichen Gene, enorme Sprünge bei der Bekämpfung von Krankheiten erreichen zu können, überzogen war. Die Gründe für die Enttäuschung sieht er in der alten, aber viel zu simplen Annahme begründet, es gäbe einzelne Gene für bestimmte Merkmale. Mittlerweile würden jedoch auch Vertreter dieser alten Schule der Genetik anerkennen, „that a biosemiotic understanding of the genome as a sophisticated inventory-control system that minutely furnishes components (enzymes) for the semiotic scaffolding of ontogenesis on an as-called-for basis offers a more realistic model of the relations between genes and traits" (Hoffmeyer 2008, 317-316). Dies gilt nicht nur für die Molekularbiologie, sondern auch für die Ökologie. Nach Hoffmeyer kann die Ökologie interorganismische Kommunikation zwar nicht leugnen. Aber auch sie bleibe im Dualismus verhaftet mit der Folge einer perspektivischen Schieflage:

> „Die Ökologie untersucht im allgemeinen nicht die Interaktionen zwischen Populationen als Semiosen, denn das würde die Einbeziehung eines ihr fremden subjektiven Elements in die Natur implizieren. Das kommunikative Verhalten von Lebewesen kann zwar nicht geleugnet werden, man kann es jedoch als kausale Folge angeborener Instinkte behandeln und schließlich als Strategie der Gene verbuchen. So kommt es, daß die Ökologie die semiotische Struktur der ökologischen Interaktionsnetze weitgehend vernachlässigt. [...]
> Ich halte es für eine der wichtigsten Herausforderungen unserer Zeit, das Paradoxon in den Griff zu bekommen. Die Antwort darauf kann meines Erachtens nicht in einer Absage an den auf den Dualismus gegründeten Anspruch der Naturwissenschaften liegen. Die Erklärung der Natur als eines wundervoll komplizierten mechanischen Systems war über Jahrhunderte eine mutige und enorm fruchtbare menschliche Unternehmung. Wahrscheinlich hätte jede Kultur mit der Aufgeklärtheit des spätmittelalterlichen Westeuropa dieses stolze Projekt in Angriff nehmen müssen. Der Anspruch der Naturwissenschaften ist in seinem historischen Zusammenhang zu sehen, der an die Stelle der organischen Weltsicht der agrarischen Gesellschaft des Mittelalters die anorganische Weltsicht der industriellen Epoche stellen sollte. Diese historische Mission ist

nun reichlich erfüllt; am Ende des 20. Jahrhunderts beginnen wir ein neues Projekt und lernen, die Mächte der Information, besser gesagt, die der Semiose zu meistern. Das heißt nicht, daß die ‚gute alte‘ Wissenschaft nicht weiter betrieben werden sollte; doch gehe ich davon aus, daß sie unter dem Einfluß der Semiotik in einen neuen Rahmen gestellt werden muß“ (Hoffmeyer 1996a, 32).

In Hoffmeyers Augen ist die anfänglich noch „untergründige Strömung“ mittlerweile zwar „zu einem vorherrschenden Trend“ geworden. Allerding halte man andererseits in den Biowissenschaften noch immer an reduktionistischen Erklärungsstrategien fest, was seiner Ansicht nach verhindert, dass die semiotische Perspektive tatsächlich in der Mainstream-Biologie Fuß fassen kann (ebd., 33).

Dualismuskritik

Neben der Rehabilitierung des Subjekts kann die Überwindung des cartesianischen Substanzdualismus als weiteres wesentliches Ziel dieser Spielart der Biosemiotik angesehen werden. Und auch wenn Hoffmeyer in den 90er Jahren noch nichts von „einer Absage an den auf den Dualismus gegründeten Anspruch der Naturwissenschaften“ wissen wollte, wie im obigen Zitat nachzulesen, so war er später doch der Überzeugung dem Entweder-oder-Denken ein Denken im Mehr-oder-weniger entgegenzustellen (Hoffmeyer 2010). Um diesem Anspruch gerecht werden zu können, muss die Biosemiotik über die Grenzen empirischer Naturwissenschaft hinausgehen. Interdisziplinär und umfassend möchte sie unterschiedlichste Wissenschaften verbinden – Biowissenschaften mit der Semiotik, aber darüber hinaus ganz allgemein auch eine Brücke zwischen Natur- und Geisteswissenschaften, sowie zwischen Natur und Kultur schlagen. Sebeok betrachtete die Gegenüberstellung von Natur und Kultur als schweren Fehler, da Kultur immer eingebettet sei in Natur, denn jede Umwelt sei immer nur ein Modell, generiert vom jeweiligen Organismus (Sebeok 2001b, vii). Dabei geht die Biosemiotik davon aus, dass es seit der cartesischen Spaltung von *res cogitans* und *res extensa* eine Entwicklung gab, bei der sich die Naturwissenschaften ausschließlich der *res extensa* widmeten und bis heute einen Materialismus vertreten, während die Geisteswissenschaften sich die *res cogitans* zu ihrem Gegenstandsbereich machten – ein Erbe des Idealismus. Aus dieser Trennung ergeben sich sehr konkrete Probleme, wie erneut ein Blick auf die Behandlung psychosomatischer Erkrankungen zeige. Diese ergeben sich gerade daraus, dass die Medizin als biologisch orientierte Medizin noch immer dem Cartesianischen Dualismus anhänge. Die Biosemiotik könne hier einen Ausweg aufzeigen.

Durch die Anerkennung von körperlichen Prozessen als semiotische Prozesse werde es möglich, „to understand how the body can become ‚minded' and how the mind can become physical" (Hoffmeyer 1996b, 69). Hoffmeyer übt Kritik an dieser Spaltung, die sich auch die moderne Wissenschaft zu eigen gemacht habe:

> „To modern science, dualism still holds good as a way of dividing the world into two kingdoms, those of mind and matter, the cultural and the natural spheres. [...] And it is this boundary that biosemiotics seeks to cross in hopes of establishing a link between the two alienated sides of our existence – to give humanity its place in nature" (ebd., 94).

Auch für Kull ist die Zurückweisung des Cartesianischen Dualismus ein biosemiotisches Grundprinzip. Seiner Ansicht nach ist die Unterscheidung von *mind* und *body* nicht substantiell zu verstehen, sondern leitet sich von der tiefergehenden Teilung von lebenden und nichtlebenden Körpern und damit letztlich von der Dichotomie von *signness* und *non-signness* ab.

> „The non-Cartesian division that semiotics (from at least since the development of biosemiotics) considers to be primary is the difference between signness and non-signness, between plural and singular, between the life produced and the nonlife produced. Signness, the life created, includes both conscious and nonconscious signs, both purposeful and non-purposeful communication" (Kull 2015, 523).

Semiotic Thresholds

In Übereinstimmung mit der Dualismuskritik wird also die Grenze zwischen lebend und nichtlebend als grundlegend angesehen und in Anschluss an Umberto Eco als *semiotic threshold* bezeichnet (ebd., 527).[169]

Während Eco mit seinem Semiotikverständnis der Auffassung ist, dass die Zoosemiotik „die unterste Grenze der Semiotik" darstelle, da „sie sich mit kommunikativen Verhaltensweisen nichtmenschlicher Gemeinschaften und folglich mit nicht ‚kulturellen' Verhaltensweisen beschäftigt" (Eco 2002 [1972], 20), ist das Se-

---

[169] Später wurde vorgeschlagen, anstatt von *semiotic thresholds* besser von *semiotic threshold zones* zu sprechen, da sich ein sprunghafter Übergang nicht ausmachen lasse (Kull 2009). Kull führt mit Bezug auf die klassische aristotelische *scala naturae* insbesondere drei dieser Schwellen an: (1) Den *vegetative* oder *iconic threshold*, die Leben überhaupt kennzeichnet und ab der ikonische Relationen auftreten, die er schon bei zellulären Prozessen gegeben sieht, (2) die Schwelle hin zu den Tieren, die er als *indexical threshold* bezeichnet und die mit der Fähigkeit zu assoziativem Lernen verbunden ist und (3) den *symbolic threshold*.

miotikverständnis aus Sicht der Biosemiotik weit umfänglicher. Anthroposemiosen bilden zwar die Spitze einer semiotischen Hierarchie, die jedoch nach unten hin nicht beim quasikulturellen Verhalten von Tieren endet. Vielmehr bildet nach biosemiotischer Auffassung die Zelle – und das heißt eine jede Zelle – die kleinste semiotische Einheit.

> „In relation to semiotics, biosemiotics provides a way for grounding its theory. To the extent that semiotic theories of social and communicative processes at the human scale are defined with respect to human or animal interpreters and thus defined indirectly with respect to the biological processes constituting minds, most semiotic theories must implicitly appeal to a biosemiotic interpretation process.
>
> Recognizing this necessary dependence is the first step toward understanding how the humanities and sciences might be integrated into a new grand synthetic theory without having to reduce one to the other" (Kull et al. 2009, 172).

Damit lässt sich gewissermaßen von einer Biosemiotik von unten bzw. einer Biosemiotik von oben sprechen. Die bereits erwähnten Studien Marcel Florkins begannen sozusagen am unteren Ende, ebenso wie Howard Pattees Studien zum genetischen Code. Auch die im nächsten Kapitel beispielhaft vorgestellte Untersuchung zum Genbegriff wäre demnach ersterer zuzuordnen, während eine ökosemiotische Studie (Maran & Kull 2014) oder Studien, die sich mit der Entstehung von Kultur befassen (Cobley 2016; Lestel 2002) letzterer angehörten. Dabei ist man sich der Herausforderung bewusst,

> „to provide an account that explains what exactly constitutes semiosis without either assuming a homuncular interpreter or leaving critical relationships undefined. While this is not so problematic for human or complex animal communication, where an interpreter can be provisionally assumed without further explanation, it becomes a serious challenge for fundamental issues in biosemiotics, since we cannot in these cases appeal to an extrinsic interpreter. The organism (or the organism plus its environment) must, in itself, constitute an interpreter, but in biosemiotic analysis we must attempt to be explicit in explaining specifically which processes provide the necessary and sufficient conditions to consider that process semiosis" (Kull et al. 2009, 171).

Der Begriff des *semiotic thresholds* bezeichnet die unterste Stufe, quasi den Punkt, an dem Zeichenverarbeitung überhaupt erstmals auftritt. Damit ist jedoch erst der Anfangspunkt bezeichnet. In hierarchischer Weise werden mehrere solcher Schwellen angenommen, die zu jeweils komplexeren Formen von Semiosen führen. Ein

Ziel der Biosemiotik ist es daher „to explain how life evolves through all varieties of forms of communication and signification (including cellular adaptive behavior, animal communication, and human intellect)" (ebd., 167). Der Mensch nimmt in diesem System nur insofern einen exponierten Platz ein, als er sich vornehmlich dadurch auszeichnet, dass er um seine semiotische Natur weiß, d.h. dass ihm der Unterschied zwischen Dingen und Zeichen bewusst ist. Zwar ist symbolische Referenz (wenn vielleicht auch nicht ausschließlich, so doch am ausgeprägtesten) beim Menschen vorzufinden, doch indexikalische und ikonische Verweisungen finden sich überall in der belebten Natur (Hoffmeyer 2010, 197). Solche Zeichenprozesse erfordern nicht unbedingt Bewusstsein und stellen nur die Spitze eines Eisbergs dar. „Semiotics is not only the study of intentional and conventional signs. It is also the study of signs in nature. A distinctive feature of signs is their power to make absent things present to an interpreting organism" (Nöth 2014, 171). Semiose soll daher explizit nicht als ein Konzept mit mentalistischen Konnotationen verstanden werden. „*Semiosis* simply means ‚sign action', i.e. a process whereby a sign induces a receptive system to make an interpretation" (Hoffmeyer & Stjernfelt 2015, 8). Damit kann auch der Begriff der Interpretation eben so wenig mentalistisch gemeint sein, wie auch der Intentionalitätsbegriff in biosemiotischem Verständnis bereits auf die einfachsten Lebensformen und selbst bei einfachen Selbstorganisationsprozessen Anwendung findet. Denn „even the smallest unit, the cell, contains a store of historical information that enables it to carry out well considered interpretations at its own restricted level" (Hoffmeyer 1996b, 125). Auch andere Autoren betonen den Unterschied zwischen menschlichen Zeicheninterpretationen als Verstandesleistungen und semiotischen Prozessen, wie sie etwa in einzelnen Zellen zu finden sind. Dennoch sei es dieselbe triadische Struktur, die alle Semiosen auszeichne, egal auf welcher Ebene sie sich vollziehe. Aber auch wenn nicht das Bewusstsein im Zentrum biosemiotischer Konzeptionen steht, so stehen diese doch für die Rehabilitierung des Subjekts in der Biologie. Dennoch geht dies nicht mit einem anspruchsvollen Intentionalitätsbegriff einher. Gemeint ist eher ein einfaches Gerichtetsein auf etwas, das für Hoffmeyer schon mit einem rein körperlichen Gerichtetsein beginnt, das in der Fähigkeit zur Differenzierung von Umweltreizen besteht:

> „To say that living creatures harbor intentions is tantamount to saying that they can differentiate between phenomena in their surroundings and react to them selectively, as though some were better than others. Even an amoeba is capable of choosing to move in one direction rather than another. It will, for example, generally gravitate toward the richest source of nourishment. And

although there is a purely practical, biochemical, explanation for this faculty the true explanation must perforce be of a historical nature, since it has to be able to account for how, in evolutionary terms, such a faculty has originated" (ebd., 47f.).

Intentionen sind für Hoffmeyer stets mit der Fähigkeit verbunden die Zukunft antizipieren zu können, was wiederum nur auf Basis von in der Vergangenheit erworbenen Erfahrungen möglich ist.

Evolution

In diesem Kontext muss auch das spezifische Verständnis von Evolution aus biosemiotischer Sicht gesehen werden, der zufolge „it seems more appropriate and more satisfactory to speak of living creatures as messages rather than as vehicles for survival" (ebd., 46), womit Hoffmeyer Bezug nimmt, auf eine Formulierung Richard Dawkins', die mittlerweile ein Gemeinplatz ist. Des Weiteren ist Evolution für Hoffmeyer kein ungerichteter Prozess, sondern zeigt die Tendenz der Zunahme dessen, was er als semiotische Freiheit (*semiotic freedom*) bezeichnet (Hoffmeyer 1996a, 31).[170] Das antike Konzept einer *scala naturae* wird hier in semiotischer Perspektive reformuliert. Anstatt zunehmender Perfektion wird eine Art *Great chain of being* mit zunehmender semiotischer Freiheit begründet. Dies könnte man auch als biosemiotische Interpretation der These von der Zunahme der Komplexität von Organismen in evolutionärer Perspektive verstehen. Denn nicht die Zunahme an Komplexität im Bauplan von Organismen sei es, was der Evolution eine Richtung gäbe – diese wird als sekundär betrachtet – sondern eine Zunahme der Möglichkeit interpretativ mit der Welt in Verbindung treten zu können. Gemeint ist also nicht eine morphologische Komplexität, die im Laufe evolutionärer Entwicklung eine Zunahme erfährt, sondern die Komplexität, die ein Organismus (oder auch eine einzelne Zelle) bei der Interpretation seiner Umwelt an den Tag legt. Unter semiotischer Freiheit versteht Hoffmeyer zunächst „the ‚depth of meaning' that an individual or species is capable of communicating" (Hoffmeyer 1996b, 62). Später definiert er diese genauer als „the capacity of species or organisms to derive useful information by help of semiosis or, in other words, by processes of interpretation in the widest (Peircean) sense of this term" (Hoffmeyer 2015, 153). Aber auch wenn hier phylogenetisch von einer Zunahme die Rede ist, handelt es sich bei dem Kon-

---

[170] Der Begriff geht zurück auf (Hoffmeyer 1992).

zept der semiotischen Freiheit dennoch explizit nicht um eine quantitativ messbare Größe. Mit der phylogenetischen Zunahme an semiotischer Freiheit meint Hoffmeyer vielmehr eine Zunahme an Möglichkeiten, durch unterschiedliche bedeutungsvolle Interpretanten auf die Zeichen aus der Umwelt zu antworten, was wiederum mit einer gesteigerten Fitness einhergehe (Hoffmeyer 2010, 196). An anderer Stelle greift Hoffmeyer auf den Begriff der semiotischen Freiheit zurück, um die Biosemiotik von einem reduktionistischen Pansemiosis-Verständnis abzugrenzen, demzufolge alle Welt Zeichen ist und das damit seine Explikationskraft verliert. Zwar wird davon ausgegangen, dass der Natur immer schon und unabhängig von einem interpretierenden Bewusstsein eine Tendenz innewohnt, Regularitäten in ihren Prozessen zu bilden (*forming of habits*), was auf einen realistischen Anspruch dieser Position hinweist. Doch werden diese Regularitäten erst mit dem Auftauchen von Lebewesen thematisch und als Zeichen gedeutet.[171]

> „One should therefore distinguish between the kinds of semiotic processes that occur in physical, biological, and psychological systems. Semiotic freedom is much more pronounced in the latter two than in the former. In dealing with purely physical systems, one can in almost all cases get away with disregarding the semiotic dimension, with no lack of explanatory sufficiency. But this quickly becomes absurd if human nature is one's concern. Biology falls somewhere between these two" (Hoffmeyer 2008, 84).

Auch an dieser Stelle tritt wieder das biosemiotische Denken in Kontinuitäten zutage. Dennoch stellt sich auch hier wieder die Frage des Überganges. Bei welchen rein physischen Systemen ist denn eine rein mechanistische Beschreibung hinreichend und wann wird eine semiotische erforderlich? Hier könnte man auch die Frage stellen, was überhaupt mit einer semiotischen Beschreibung einfachster Organismen gewonnen ist. Hoffmeyer antwortet darauf:

> „But why do we insist upon calling such comparatively simple processes ‚signs'? An alternative, widespread idea is to see organismic activity as completely mechanical, up until the stage where consciousness appears in organisms with CNS [*central nervous system*; DF], implying that true semiosis would presuppose conscious mental representations. The reason why such a metaphysics is unsatisfactory is that it instates a coarse dualism where one single

---

[171] Natürliche Zeichen (Symptome und Signale) sind Anzeichen; sie indizieren ihr Objekt, aber sie repräsentieren es nicht. Symbole hingegen haben die Funktion zu repräsentieren. Als *animal symbolicum* (Cassirer) gebraucht aber der Mensch alleine Symbole, während Tiere lediglich natürliche Zeichen verwenden. Siehe (Nöth 2004, 16).

evolutionary event, that of the coming into being of nervous tissue, would distinguish a realm of semiotics from a totally asemiotic realm. But such a dualism
simplifies what went before that event, the appearance of CNS, and makes too
complex what came after it" (Hoffmeyer & Stjernfelt 2015, 10).

Semiotic Scaffolding

Das zweite Konzept, das in Bezug auf das biosemiotische Evolutionsverständnis zu
Tragen kommt, ist das des *semiotic scaffolding*. Mit diesem Begriff bezeichnet Hoffmeyer quasi die Fähigkeit zur zeichenbasierten Koordination diverser Prozesse, die
in der evolutionären Entwicklung begründet liegen. Was dies heißt, erläutert er
anhand des Beispiels einer Beschreibung einer bakteriellen Zelle. Selbst Bakterien
als verhältnismäßig einfache Organismen weisen ein derart komplexes Netzwerk
metabolischer Prozesse auf, die einer funktionalen Koordination bedürfen. An
diesem Beispiel wird deutlich, dass sich Hoffmeyer eigentlich einer rein kybernetischen Beschreibung bedient. Er betrachtet lebende Systeme als Systeme, die zwar
von metabolischer Energie angetrieben, aber durch kommunikative Aktivitäten
semiotisch kontrolliert werden, um dadurch lokale Prozesse einer globalen Funktion
unterordnen zu können. Diese funktionale Koordination, so fährt er fort, erfordere
es wiederum, ständig den aktuellen Status des Netzwerks zu evaluieren und mit
bestimmten Standards abzugleichen. Diesen Vorgang bezeichnet er als Messung
(*measurement*) und setzt ihn zugleich mit einem interpretativen Akt gleich: „something is or is not as it ‚should' be" (Hoffmeyer 2015, 154), wobei dieses Sollen einen
Wert (*value*) ausdrücke. Das Einstellen auf diesen Wert wiederum sei keine systemimmanente Eigenschaft, sondern ein auf Semiose basierender Mechanismus, der im
Laufe der Evolution eingerichtet worden sei. Daher kann Hoffmeyer diesen Begriff
auch auf folgende Kurzformel bringen: „semiotic scaffolding is what makes history
matter to an organism (or a cultural system)" (ebd.). Und gerade daran macht er den
Unterschied zwischen lebenden und nichtlebenden Systemen fest. Denn nur erstere
verfügten über „a historically created semiotic interaction mechanism" (ebd.).

Beim *semiotic scaffold* handelt sich also nicht um eine materielle Struktur, was der
Begriff des Gerüsts (*scaffold*) ja nahelegen könnte, sondern um ein abstraktes theore-
tisches Konzept. Dies wirft die Frage auf, inwiefern der Begriff des Gerüstes hier
gut gewählt ist, da von Seiten der Biosemiotik ja immer wieder darauf insistiert wird,
dass Zeichenprozesse eben keine kausalmechanische Notwendigkeit bedeuten, was
der Begriff eines Gerüstes, eines *scaffolds*, aber suggeriert. An anderer Stelle wird
gerade das Gerüst bei der Errichtung eines Hauses als Analogie herangezogen, denn

so wie dieses die Art des entstehenden Hauses beschränke (*delimit*), so würde die semiotische Kontrolle biologischer Aktivitäten beschränken, wann und wie solche fein abgestimmten biologischen Prozesse ablaufen (Hoffmeyer 2007, 154). Zur weiteren Illustration der theoretischen Bedeutung zieht Hoffmeyer den Straßenverkehr einer Stadt als Analogie heran. So wie dieser durch eine Unzahl an Verkehrszeichen gelenkt werde, so sicherten auch molekulare Wegweiser (*molecular signposts*) auf der Oberfläche oder im Innern der bakteriellen Zelle deren Funktionalität: „This matrix of independent semiotically constrained cellular interactions, whereby the flows of energy and metabolites through the cell are each kept at an optimal level relative to bacterial functionality, is what I understand as semiotic scaffolding at the level of a bacterial cell" (Hoffmeyer 2015, 154).

Code Duality

Auf die zentrale Stellung der Differenz von System und Umwelt wurde bereits mehrfach hingewiesen. Aus biosemiotischer Perspektive ist dies jedoch eine Differenz, die nicht ein externer Beobachter dem System zuschreibt, sondern eine Differenz, die der Organismus als Subjekt aufmacht. Dass diese Unterscheidung vom Organismus getroffen werden kann, setzt wiederum eine Art von Selbstreferenzialität voraus, die als Wesensmerkmal des Lebens angesehen wird. „[A]ll life is founded on self-reference" (Hoffmeyer 1996b, 42), die auf zwei unterschiedlichen Arten von Codes basiert. Dabei berufen sich Hoffmeyer und Emmeche auf Gregory Batesons Unterscheidung zweier Arten von Codes: solche, die auf Systemveränderungen graduell antworten (wie ein kontinuierlicher PID-Regler) und solche, die mit einem Zustandswechsel von an und aus (oder 0 und 1) reagieren (wie beispielsweise ein Thermostat). Erstere sind analog, letztere digital. Auf den Bereich lebender Systeme übertragen sind mit dieser Code-Duality zwei semiotische Dimensionen angesprochen, die mit der Unterscheidung von Genotyp und Phänotyp ebenso korrespondieren, wie mit der von Genom und Organismus. Erst eine Kombination dieser beiden Arten von Codes ermöglicht Selbstreferenz, wobei beide Typen von Codes immer wieder ineinander übersetzt werden müssen. Diese Selbstreferenzialität ist jedoch selbst wieder voraussetzungsreich, da sie auf eine Selbstbeschreibung zurückgreifen muss. Die ontogenetische Entwicklung entspricht einer Übersetzung des digitalen Speicher-Codes der DNA in den analogen Verhaltens-Code. Bei sich geschlechtlich fortpflanzenden Spezies muss die befruchtete Eizelle hierfür fähig sein „to decipher the coded instructions of the DNA as well as to follow its instructions in a given way" (Hoffmeyer 2008, 82). Diese Übersetzung des digitalen DNA-Codes in die analoge Form eines Proteins erfordere eine Form taziten Wissens (*tacit knowledge*), das wiederum in der Organisation der Zelle begründet und der digitalen Beschreibung vorgängig ist. Die digitale Beschreibung des Organismus sei ebendarum keine vollständige Beschreibung. Wird der digitale Code nun in den analogen übersetzt und manifestiert sich der Organismus dadurch als raumzeitliche Struktur, so wird damit auch – mit von Uexküll gesprochen – seine Umwelt bestimmt, da hiermit festgelegt wird, welche Aspekte seiner Umwelt er selektiert, welche für ihn einen Unterschied machen und auf welche er antwortet. Dies bezeichnet die aktive, analoge Phase des Lebens, die – im Gegensatz zur passiven, digitalen Beschreibung – quasi die Expression der memorierten Nachricht (*message*) darstellt (ebd., 83). Für die Betrachtung der Rückübersetzung von analoger in digitale Form, sprich Vererbung, wird der Blick auf die Ebene von Populationen gewechselt, in deren Lichte der transgenerationale Prozess der Vererbung betrachtet werden muss. „The population could in this sense be considered a codification that itself expresses a message. This codification, however, is necessarily analog – since it has to interact with the physical surroundings, and thus must share with these surroundings the properties of physical extension and continuity" (ebd.). Beide Arten von Codes sind für Leben wesentlich. Weder der analoge Code (der Organismus) noch der digitale Code (das Genom) dürfen priorisiert werden. So wird Leben zum kontinuierlichen semiotischen Prozess: „Life is a semiotic process carried forward in time by the lineage in its interaction with changing environments" (Hoffmeyer 2002, 104). In diesem immerwährenden Prozess, in dem digitale Codes in analoge übersetzt werden und umgekehrt, in diesem Codieren und Re-Codieren, wird Schlüssel zum Verstehen von Lebensphänomenen gesehen,[172] was Hoffmeyer später wie folgt präzisiert:

> „Every life form exists both as itself, i.e., as an organism of ‚flesh and blood,' and as a coded description of itself, the latter being lodged within the remarkable DNA molecules of which the genetic material is composed. In short, the genetic material contains a coded version of the organism, almost in the same way as a recipe from a cookery book contains an evening meal in code. This comparison is not as far-fetched as it may sound" (Hoffmeyer 1996b, 15f.).

Bezogen auf die gewählte Analogie wird deutlich, dass das Gericht zwar in codierter Form im Kochbuch vorliegt, dass es aber zusätzlich eines taziten Handlungswissens

---

[172] Vgl. etwa (Hoffmeyer & Emmeche 1991).

bedarf, um die digital codierte Mahlzeit in ein tatsächliches physisches Gericht übersetzen zu können. Genauso ist es zu verstehen, wenn Hoffmeyer darauf hinweist, dass etwa Zaubersprüche selbst keine kausale Wirkung in der physischen Welt haben, solange diese nicht durch die Überführung in Handlungen kausal wirksam gemacht werden.[173]

> „We do not believe in spells because there is no consistent way that the mere pronunciation of words could cause desired physical events to take place, and likewise we should not believe that genes by themselves *do* anything. In both cases it takes an interpretant to mediate between the message and the active world, in both cases large amounts of ‚tacit knowledge‘ (in the sense of Polanyi 1967) are required by the system if the digital message shall be of any use (and the never-failing availability of this ‚tacit knowledge‘ was of course taken for granted when the message was first coined in DNA).
> The invention of ‚digitality‘, I suggest, was the step which some four-billion years ago allowed certain swarms of communicating closed membrane systems floating in the prebiotic mud to escape the indifference of the mere moment and to enter a temporal world of genuine selfhood" (Hoffmeyer 2006, 169).

Information

An dieser Stelle ist es angebracht einen genaueren Blick auf den biosemiotischen Informationsbegriff zu werfen. Allgemein ist der Begriff der Semiotik, als Lehre von den Zeichen, eng mit dem Informationsbegriff verbunden, auch wenn er sich nicht auf diesen reduzieren lässt. Auch aus Sicht der Biosemiotik ist der Informationsbegriff unerlässlich für die Biowissenschaften. Allerdings konstatiert Hoffmeyer, dass im Zuge reduktionistisch-atomisierender Tendenzen auch der Informationsbegriff eine solche Wandlung erfahren habe und er nun nur noch einzelne Fakten und „chunks of knowledge" (Hoffmeyer 1996b, 63) bezeichne. Eben dieses Informationsverständnisses habe sich auch die Physik bedient, womit Information ontologisiert und von einem Subjekt losgelöst worden sei. Mittels eines sochen physikalischen Informationsbegriffs könne aber nicht mehr zwischen relevanten und irrelevanten Informationen unterschieden werden. Mit dieser Kritik wendet sich die Biosemiotik gegen einen rein syntaktischen Informationsbegriff nach Shannon, da dieser übersähe, dass Information immer Information für jemanden (oder etwas) sei und daher nicht der wirklichen vollumfänglichen Bedeutung des Informationsbe-

---

[173] Von der marginalen Wirkung der Schallwellen sei hier abgesehen.

griffs entspreche. Somit kann mit genetischer Information aus biosemiotischer Sicht hier auch nicht einfach sequenzielle Information gemeint sein, wie sie etwa im *Central Dogma* gedacht ist. Hoffmeyer verwahrt sich dagegen, sich von Physikern belehren zu lassen, dass es sich hierbei um das handle, was eigentlich unter Information zu verstehen sei und votiert umgekehrt für einen erweiterten Informationsbegriff. Er empfiehlt den Physikern besser einen anderen Terminus zu verwenden.[174]

Der von der Biosemiotik vorgeschlagene reichere Informationsbegriff soll Kontextbezüge wie interpretative Aspekte mit berücksichtigen, da diese im biologischen Informationsdiskurs vernachlässigt würden. Laut Hoffmeyer zeichnet sich Information (wie Zeichen) dadurch aus, dass sie nicht einfach Ursachen von Prozessen ist. Information besitzt einen weitläufigeren heuristischen Wert, der in der historischen Verfasstheit lebender Systeme zu finden ist. Dieser interpretative Aspekt besteht darin, dass er ausdrückt, dass ein etwas für etwas anderes steht. Durch diesen referenziellen Verweis wird einem syntaktischen Informationsbegriff nicht nur eine semantische, sondern im Anschluss an Peirce auch eine pragmatische Dimension hinzugefügt. Folgerichtig erwartet Hoffmeyer auch eher Unterstützung von den Kommunikationswissenschaften, die den Informationsbegriff in seiner Tiefe wieder erweitern sollen. Damit ist der Informationsbegriff auf den sich die Biosemiotik beruft dem umgangssprachlichen Informationsbegriff näher als dem nachrichtentechnischen, womit sich die Biosemiotik wieder auf die Definition Gregory Batesons berufen kann, die auch die umgangssprachliche Bedeutung von Information umfasst: „A ‚bit‘ of information is definable as a difference which makes a difference" (G. Bateson 1972, 315). Dies bedeutet Hoffmeyer zufolge, dass für Bateson Information etwas ist, das von einem Subjekt generiert wird. Information sei stets Information für jemanden, was er an folgendem Beispiel veranschaulicht:

> „For instance: If I happen, one evening, to hear a blackbird burst into song, I might look up into the tree to try and catch sight of it. In other words, the variations in sound reaching my ears prompt my brain to produce a piece of information to the effect that there must be a blackbird somewhere close at hand. For the moth clinging to a nearby wall, on the other hand, no information whatsoever is generated. The blackbird's song is a difference that makes absolutely no difference to it. Ergo, no information. And my small son

---

[174] Im entsprechenden Kontext hat der physikalische Informationsbegriff durchaus seine Berechtigung und sollte keineswegs abgeschafft werden. Er sollte nur nicht als eigentlicher und einziger anerkannt werden.

might well contrive to say ‚bird‘, but not ‚blackbird‘. He has, in other words, produced another piece of information from the same song.
The annoying thing about Bateson's definition is that it cannot be used to quantify information. Information is associated with an intentional creature of some kind or another, whether it be an amoeba registering a difference in nourishment levels and reacting by extending a pseudopodium toward the spot where the pickings are richest, or a human being seeing a ripe fruit on a tree and stretching out a hand to pluck it. Or – to put it another way – information is based on interpretation and, in this sense, corresponds to signs as defined by Peirce" (Hoffmeyer 1996b, 66).

Allerdings erkauft sich die Biosemiotik mit diesem weiten Informationsbegriff, der es ermöglicht eine Vielzahl von Phänomenen darunter zu fassen, eine begriffliche Unschärfe, die zu starken Einschränkungen in der theoretischen Brauchbarkeit führt – nicht nur aufgrund der Unmöglichkeit ihn zu quantifizieren.

„We doubt that a scientific understanding of the teleonomic character of living systems will ever be possible based on this restricted concept of information. Rather, we propose that biological information must be understood as embracing the semantic openness characteristic of information exchange in human communication. The cost of this, of course, is that we shall have to abandon the belief in information as an objective entity to be measured in units of bits (or genes)" (Emmeche & Hoffmeyer 1991, 3f.).

Gerade am Genbegriff der Biosemiotik, der im folgenden Kapitel dargestellt wird, wird ersichtlich, wie fundamental sich diese Konzeption von Biologie mit ihrem anspruchsvollen Informationsbegriff von der Auffassung der Synthetischen Biologie abhebt.

2.5 Der Genbegriff in der Biosemiotik

> *The aim of science is to seek the simplest ex-*
> *planations of complex facts. We are apt to fall*
> *into the error of thinking that the facts are*
> *simple because simplicity is the goal of our*
> *quest. The guiding motto in the life of every*
> *natural philosopher should be, „Seek simplicity*
> *and distrust it'.*
>
> Alfred North Whitehead

2.5.1 Der Genbegriff bei der Tartu/Kopenhagen-Schule – Das Gen als Zeichen

Wie bereits mehrfach gezeigt, schließt die Biosemiotik in weiten Teilen an die in Kapitel 2.4.2 vorgestellte Peirce'sche Konzeption von Semiotik an und integriert biologische Zusammenhänge. Dies sei hier exemplarisch am Genbegriff illustriert, der sich stark vom Genbegriff der Synthetischen Biologie unterscheidet. Ist letzterer, wie in Kapitel 2.3 gezeigt, weitgehend identisch mit dem Genbegriff der Molekularbiologie bzw. der Gentechnik, so betont die Biosemiotik gerade jene Aspekte, die in der Synthetischen Biologie (aus pragmatischen Gründen) ausgeblendet werden. Für die Betrachtung des Genbegriffs der Biosemiotik sei ein etwas ausführlicherer Blick auf die Analyse von El Hani, Queiroz und Emmeche geworfen, die in ihrer Arbeit über *Genes, Information and Semiosis* ein Modell vorstellen, in dem sie aufzeigen, wie die Perice'sche Konzeption auf den Prozess der Proteinbiosynthese angewendet werden kann (El-Hani, Queiroz & Emmeche 2009). Nach diesem Modell wird genetische Information als ein Zeichenprozess begriffen, der durch verschiedene Folgen von Zeichentriaden zustande kommt. Folgt man den Autoren, so ist genetische Information nicht mit der Nukleotidsequenz der DNA gleichzusetzen. Ontologisch betrachtet ist genetische Information keine materielle Entität, kein

DNA-Strang, sondern stattdessen ein semiotischer Prozess.[175] Zwar ist die DNA wesentlich in diesen Prozess eingebunden, doch ist genetische Information mehr als eine Nukleotidsequenz der DNA. Gleichwohl betonen die Autoren mit dem Begriff des Zeichen-Vehikels die materiale Verfasstheit des Zeichens, das maßgeblich am Zustandekommen genetischer Information beteiligt ist, auch wenn es nicht mit ihr gleichgesetzt werden darf. Unter Berufung auf den hierarchischen Strukturalismus Stanley N. Salthes (Salthe 1985) wird hier Semiose als ein emergentes Ebenenphänomen verstanden (El-Hani, Queiroz & Emmeche 2009, 139ff.).

Als Beispiel wird die Proteinsynthese von Fibronectin gewählt, bei dem es sich um ein Glykoprotein der extrazellulären Matrix handelt. Das Gen dieses Proteins weist einerseits – wie bei Eukaryoten üblich – Intron- und Exonbereiche auf und wird im Reifungsprozess des Primärtranskripts zu unterschiedlichen Isoformen entwickelt. Je nachdem, ob die Fibronectin-Proteine in Hepatocyten oder in Fibroplasten synthetisiert wurden, ähneln sich die Isoformen zwar, unterscheiden sich aber dennoch in Struktur und Funktion (ebd., 118f.). El-Hani et al. berufen sich auf die Darstellung der Proteinbiosynthese in einem der gängigsten Lehrbücher und weisen auf begriffliche Schwierigkeiten hin, die dort nonchalant übergangen werden:

> „We can now invite the reader to check the terms highlighted in the previous paragraphs by italics. They bring to light the conceptual problems one has to solve in order to ascribe a precise meaning to 'information' and the plethora of associated notions which compose information talk. What does it mean to say that genes *code for* proteins? Or that genes *represent* protein chains? Or that genes are structures that are able to *represent themselves* in polypeptide forms? Or that genes *carry* genetic *information*? Or that the *genetic code is deciphered* by an apparatus that *interprets* nucleic acid sequences and is essential if the *information carried* in DNA is to have any *meaning*? And so on. Those ideas and many other that appear in the passages quoted above should be properly explained, if we want to employ them in a manner which goes beyond mere metaphorical usage. In this book, we employ C. S. Peirce's science of Signs to address some of these problems in a biosemiotic perspective, and, thus, fill in this conceptual gap in genetics and molecular biology" (ebd., 122f.).

---

[175] Bei der Bestimmung dessen, was ein Prozess ist wird bei Nicholas Rescher und dessen *Process Metaphysics* Anleihe genommen. Dort wird unter einem Prozess „a coordinated group of changes in the complexion of reality, an organized family of occurrences that are systematically linked to one another either causally or functionally" (Rescher 1996, 38) verstanden.

Gemäß der daraufhin ausgeführten biosemiotischen Perspektive auf die Proteinbiosynthese wird zunächst der entsprechende DNA-Strang als Zeichen verstanden, das für eine bestimmte Sequenz von Aminosäuren steht, die das zum Zeichen gehörige unmittelbare Objekt darstellt, wohingegen das tatsächliche funktionale Protein das dynamische Objekt darstellt. Das Zeichen, die DNA, verweist auf eine Sequenz von Aminosäuren bzw. ein Protein, das Objekt.[176] Das unmittelbare Objekt eines Gens ist die Aminosäuresequenz als Abstraktum[177] (nicht ein Polypeptid), insofern „this is the object represented in the gene's vehicle, a string of DNA" (ebd., 127). Das dynamische Objekt eines Gens hingegen ist das konkret hergestellte Protein, das sich nicht vollständig aus der zugrundeliegenden DNA-Sequenz ableiten lässt, da weitere Prozessierungsschritte für seine Entstehung notwendig sind.[178] Damit ist der entscheidende Punkt benannt, auf dem die gesamte weitere Argumentation fußt. Er besteht darin, dass die Relation zwischen einem bestimmten DNA-Abschnitt und dem entstehenden Protein weder notwendig, noch beliebig ist. Grund hierfür ist, dass aus einem bestimmten DNA-Abschnitt, je nach Umgebungsbedingungen, die Entstehung unterschiedlicher Proteine möglich ist. Es sind vielfältige Prozesse nötig, die die letztendliche Proteinstruktur bestimmen, nämlich Transkription (von DNA in pre-mRNA), alternatives Splicing, Translation und posttranslationale Modifikation, Polypeptid-Assemblierung und Proteinfaltung, von denen hier insbesondere Translation und Transkription näher zu betrachten sind. Andererseits gibt die

---

[176] Hier differenzieren die Autoren weiter zwischen einfachem Zeichen (*Simple Sign*), d.i. ein Codon der DNA, das auf eine einzelne Aminosäure verweist einerseits und einem zusammengesetzten oder komplexen Zeichen (*Composite Sign*), d.i. ein längerer DNA-Abschnitt, der auf ein Polypeptid verweist.

[177] Auf der anderen Seite scheint es so, als sei auch das unmittelbare Objekt ein Instantiiertes, wenn behauptet wird: „After in is actualized, an Immediate Object indicates a particular Dynamical Object – say, a specific FN isoform -, which the cell finds out through habits acquired in evolution and development" (El-Hani, Queiroz & Emmeche 2009, 130).

[178] Wichtig ist hier der Hinweis, dass funktionale Proteine gerade nicht notwendig durch die Nukleotidsequenz determiniert werden. „They are rather found out through resources the cell acquired by collateral experience, i.e., by habits that a cell acquire in its development towards the states characteristic of a given cell type, and can be traced back to evolutionary processes" (El-Hani, Queiroz & Emmeche 2009, 126). Die Autoren beziehen sich hier auf Godfrey-Smith (Godfrey-Smith 1999) und Griffiths (Griffiths 2001), die darauf hinweisen, dass die „developmental information" gerade nicht im genetischen Code gespeichert sei, sondern dass es sich um Entwicklungsressourcen (*developmental resources*) handelt, die eine ganze Bandbreite verschiedener Proteine ermöglichen. Dieses Konzept sei kompatibel mit Moss' Idee, dass D-Gene molekulare Vorlagen (*molecular template resources*) enthalten, die an der Synthese von Genprodukten beteiligt sind (El-Hani, Queiroz & Emmeche 2009, 126 FN 69).

DNA aber einen Rahmen der überhaupt möglichen Proteine vor. Da aus einer DNA-Sequenz unterschiedliche Aminosäuresequenzen gebildet werden können, die zu unterschiedlichen Isoformen werden, gibt es nicht das eine, sondern mehrere unmittelbare Objekte eines DNA-Abschnitts, (so viele, wie Isoformen gebildet werden können). Daher ist das letztendlich entstehende Protein (das dynamische Objekt) nur eine der durch das unmittelbare Objekt angezeigten (*indicated*) Möglichkeiten. Die Aminosäuresequenz ist das unmittelbare (zusammengesetzte) Objekt, das funktionale, gefaltete Protein das daraus entstehende dynamische Objekt.

Schwieriger ist auch hier wieder, wie bei Peirce selbst, die Benennung des Interpretanten. Diesbezüglich wird auf die Bestimmung des Interpretanten im Spätwerk Peirce' verwiesen. In einem Entwurf bestimmt Peirce ein Zeichen nicht nur über seine triadische Struktur im Verhältnis zu Objekt und Interpretant, sondern auch als Medium oder Vehikel von Form:

> „[A] Sign may be defined as a Medium for the communication of a Form. [...] That which is communicated from the Object through the Sign to the interpretant is a Form" (MS 793) zitiert nach (Peirce 1998, 544).

Fasst man diese Bestimmung des Zeichens mit der Bestimmung als triadischer Relation zusammen, so ist die Semiose ein triadischer Kommunikationsprozess, in dem zeichenvermittelt die Form von einem Objetk auf einen Interpretanten übertragen wird.[179] Mit anderen Worten: Ein Zeichen kommuniziert eine Form von einem Objekt zu einem Interpretanten, indem es zunächst vom Objekt bestimmt wird und daraufhin seinerseits den Interpretanten bestimmt. El-Hani et al. lesen dies nun so, dass diese Form weder als Ding, noch als dessen Gestalt (*shape*) aufzufassen sei, sondern „a regularity, a habit which allows a given system to interpret that form as indicative of a particular class of entities, processes, phenomena, and, thus to answer to it in a similarly regular, lawful way" (El-Hani, Queiroz & Emmeche 2009, 93). Dies ist jedoch zirkulär, denn die Form wird als das bestimmt, was die Interpretation seinerselbst erlaubt. Doch folgen wir weiter dem Modell, so bleibt gemäß der Peirce'schen Triade noch der Interpretant zu bestimmen, der nicht

---

[179] An dieser Stelle sei nochmals an das Verständnis von genetischer Information als Prozess erinnert: „According to our interpretation of Peirce's ideas quoted above, information has a processual nature; it is a process of communicating a form to the Interpretant which operates as a constraining influence on possible patterns of interpretative behavior. When applying this general semiotic approach to biological systems, information will most often be an *interpreter-dependent* process" (El-Hani, Queiroz & Emmeche 2009, 95).

mit dem Interpreten – der Zelle – verwechselt werden darf. Der Interpretant wird hier als Prozess der Rekonstruktion einer bestimmten Form verstanden, was die Biosemiotiker in der Regel des genetischen Codes ausgemacht zu haben meinen. Das Zeichen, die DNA, ist das vermittelnde Element zwischen Objekt (dem Protein) und Interpretant (der *range of interpretability*; bzw. den Codierungsregeln), es kommuniziert die Form vom einen zum anderen. Oder umgekehrt betrachtet: Der Interpretant rekonstruiert die Form (*habit*) die im Objekt verkörpert (*embodied*) ist. Dadurch werden neue Randbedingungen für das Verhalten des Interpreten – hier der Zelle – gesetzt bzw. deren Verhalten verändert.

> „In this picture, a string of DNA is a Sign. In this sense, the FN [fibronectin; DF] gene can be treated as a Sign. As a protein-coding gene, it stands – in a triadic-dependent relation – for a specific sequence of amino acids (Immediate Object) – one of the FN isoforms, translated out of a mature mRNA after alternative splicing (which can take place or not) – through a process of reconstruction of a specific form (Interpretant).
>
> A Sign is the mediating element in a semiotic process through which a form is communicated from an Object to an Interpretant. This is the reason why we consider the Interpretant here as the reconstruction of a form (habit) which was embodied in an Object. To be more explicit, we defined above information as the communication of a form from the Object to the Interpretant, and we also argued that such a communication will in turn constrain the behavior of the interpreter. What we mean by ‚reconstruction‘ here is a process by which an aspect of the form of a protein (as a habit, a regularity) in a cell generation is communicated through Signs in DNA (in potency) to the form of a protein in next cell generation, and the latter constrains the behavior of the cell as an interpreter. Thus, a regularity obtains (which obvious evolutionary consequences) in the three-dimensional structure and function of proteins over generations“ (ebd., 124ff.).

Es sei hier hervorgehoben, dass es sich dabei um einen transgenerationalen Prozess handelt. Nur wenn dies bedacht wird, ist die Rede von der Re-Konstruktion der Form sinnvoll, da das Objekt dem Interpretanten zeitlich vorausgehen muss, sofern das Zeichen die Form von ersterem auf letzteren übertragen soll.[180] Dies bedeutet,

---

[180] Hierfür spricht auch die folgende Anmerkung: „[I]n the case we are analyzing here a Dynamical Object of a given class is created (due to the habits embodied in the cell as an interpreting system) on the grounds of indicationspresent in the Sign. A cell uses Signs in DNA as a basis for synthesizing a Dynamical Object sufficiently resembling a past Dynamical Object which does not exist anymore but resulted in successful, adaptive experiences. This is the reason why we claim that, in this

dass ein evolutionärer Blickwinkel eingenommen werden muss, wie folgendes Beispiel zeigt (ebd., 132f.). Angenommen, das Vorhandensein eins Proteins X in Individuen einer bestimmten Population zum Zeitpunkt t_1 verschafft diesen einen evolutionären Vorteil, sodass die Wahrscheinlichkeit steigt, dass das Gen x, das für dieses Protein codiert, in der Folgegeneration ebenfalls wieder in größerer Zahl vorhanden sein wird. Ferner wird angenommen, dass die DNA, die für dieses Protein kodiert, als Zeichen in die Folgegeneration t_2 die Möglichkeit überträgt, das Protein als *token*, als dynamisches Objekt, herzustellen. Übertragen wird die Möglichkeit, die Form des Proteins zu rekonstruieren. Die Tatsache, dass das die DNA als Zeichen in t_2 über den Interpretanten das Objekt (Protein) bestimmt, steht allerdings unter der Bedingung, dass das Objekt in t_1 (Protein) das Zeichen in t_2 DNA bestimmt.

> „We can say, in short, that the fact that S determines O through I in a given population t_2 is itself determined by the fact that O determined I by increasing the likelihood of S being present in a high frequency in t_2, by means of its involvement in successful experiences in t_1" (ebd.).

Man könnte sagen, dass innerhalb eines Organismus (bzw. einer Zelle) das Zeichen das Objekt über den Interpretanten bestimmt und dass dies in evolutionärer Perspektive wiederum dadurch bestimmt ist, dass das Zeichen (die DNA) dieses Organismus (bzw. dieser Zelle) durch das Objekt der Organismen der vorhergehenden Generation bestimmt ist.

Präziser muss nun auch hier zwischen unmittelbarem und dynamischem Interpretanten unterschieden werden. Der unmittelbare Interpretant eines einfachen Codons (*Simple Sign*) wird gesehen in

> „the range of interpretability established by the rules of base pairing by which specific nucleotides in DNA determine specific nucleotides in mRNA, or the range of interpretability of three-nucleotide sequences in mature mRNA as established in the genetic code, the set of rules by means of which nucleotide sequences determine the addition of specific amino acids to a growing polypeptide chain" (ebd., 128f.).

Der unmittelbare Interpretant eines zusammengesetzten Zeichens wird demgemäß definiert als „range of interpretability of that Sign in DNA, i.e., as the fact, that it can be interpreted so as to produce a range of potential Immediate Objects, poten-

---

case, the Immediate Object establishes conditions of possibility for the Dynamical Object" (El-Hani, Queiroz & Emmeche 2009, 128).

tial sequences of amino acids that can be produced from that Sign in DNA" (ebd., 129).[181] Der dynamische Interpretant entspricht dann der Durchführung bzw. Realisierung einer dieser Regeln im konkreten Fall. An anderer Stelle wird der dynamische Interpretant aber wiederum definiert als Aktualisierung eines möglichen Effekts eines Zeichens auf den Interpreten, also auf die Zelle (ebd., 130). Die Bestimmung des Interpretanten als Regel der Herstellung eines Objekts einerseits und als Effekt auf die Zelle andererseits scheint nicht kohärent.

In ihrer Gesamtheit ergibt sich demnach folgendes Bild einer Triade genetischer Information: „After all, we are describing here how S[ign] (a sequence of nucleotides) determines O[bject] (a sequence of amino acids in a polypeptide) through I[nterpretant] (a range of possibilities of reconstruction of sequences of amino acids)" (ebd., 132). Wichtig ist hier darauf hinzuweisen, dass dies gerade nicht so verstanden werden darf, als determiniere die DNA das entstehende Polypeptid kausal: „[W]e are not claiming that DNA causes or brings about the Protein as an Object, since DNA is a set of data (or, as we prefer, signs) rather than a program, a source of materials rather than a master agent in the cell. It is the DNA processing system that produces the proteins. We are not claiming, therefore, that the Sign causes the Object" (ebd., 132 FN 74).

Transkription

Die DNA ist zunächst einmal nur ein Zeichen ihrer Möglichkeit nach, das erst im Prozess der Semiose ein aktuales Zeichen wird. Bei genauerer Betrachtung lassen sich bei der Proteinbiosynthese insbesondere zwei Schritte unterscheiden: die Transkription der DNA in messenger RNA (mRNA) und die Translation der mRNA in ein Polypeptid bzw. Protein. Dies bedeutet, auch die Transkription, die den ersten Schritt zur Aktualisierung des Zeichens darstellt, überführt mögliche DNA-Zeichen zunächst in mögliche pre-mRNA-Zeichen. Jene Sequenzabschnitte (inklusive Codons als Teil möglicher offener Leseraster), die aus der mRNA herausgeschnitten (*gespliced*) werden, treten nie in den Status aktualer Zeichen über. Nicht alle möglichen Zeichen der pre-mRNA werden also zu aktualen Zeichen, sondern nur jene DNA-Codons (mögliche einfache Zeichen), die auch in der reifen, gesplicten mRNA erhalten bleiben. Die Codons der mRNA nehmen, je nach betrachteter Triade, unterschidliche Rollen bzw. Funktionen ein. Zum einen sind sie unmittelba-

---

[181] Als *coding* bezeichnen sie „a system of constraints which establishes a range of possible effects of a sign" (El-Hani, Queiroz & Emmeche 2009, 129).

res Objekt in der Transkription der DNA, zum anderen sind sie Zeichen der Translation. Erst wenn die mRNA in die Translation eintritt werden ihre Codons als aktuale Zeichen Teil einer semiotischen Triade.

Auch hier gilt es wieder die evolutionäre Perspektive in den Blick zu nehmen. Denn nur jenes gilt als aktuales Zeichen, was auch eine Wirkung entfaltet, d.h. dessen Semiose in einem dynamischen Interpretanten mündet. Denn nur diese Semiosen vermögen es auf die Zelle als Interpreten und damit auf den Organismus eine Wirkung auszuüben, die eine Adaption an die jeweilige Umgebung ermöglicht und damit wiederum die Genfrequenz der Folgegeneration zu beeinflussen. Ob ein Gen aber aktiviert wird und im Anschluss der gesamte Prozess bis zum funktionalen Protein durchlaufen wird, hängt von einem ganzen Netzwerk an intra- und extrazellulären Signalkaskaden ab, die hier als „macro-semiotic environment" bezeichnet werden. „These mechanisms determine which sequence of amino acids will be actually reconstructed (Dynamical Interpretant) among all those that might be reconstructed (Immediate Interpretant, the range of interpretability of a Sign) out of a string of DNA (Composite Sign)" (ebd., 187). Die Regulation der Transkription ist jedoch kein zufälliger Prozess, sondern „the result of mechanisms selected in the course of the evolution of a lineage, due to the differential fitness of varying responses of the cellular regulatory system (as a cellular macro-semiotic environment) to boundary conditions or selective regimens established by the environment outside the cell, and outside the organism as a whole" (ebd., 189). Erkennbar wird hier der holistische Betrachtungsansatz der Biosemiotik.

Die Autoren schlagen ferner vor zwei unterschiedliche Betrachtungsweisen einzunehmen, eine horizontale und eine vertikale. In horizontaler Perspektive zeigt sich die Transkription als ein mechanistischer Prozess. Auf die unterste Ebene einfacher Zeichen, d.h. auf Nukleotide heruntergebrochen, bedeutet dies, dass bei einer horizontalen Betrachtung der Transkription die RNA-Polymerase in einem mechanistischen Prozess die potentiellen einfachen Zeichen der DNA entlangwandert. Dadurch werden weitere Semiosen ausgelöst, in denen die potentiellen Zeichen zum Bestandteil neuer Triaden werden (ebd.). Das Zeichen (DNA-Nukleotid) verweist auf das einfache unmittelbare Objekt, d.h. das entsprechende pre-mRNA-Nukleotid mit dem es gepaart wird. Während der unmittelbare Interpretant eines einfachen Zeichens die Bandbreite möglicher Interpretation darstellt, die durch die Regeln der Basenpaarung bestimmt wird, stellt der dynamische Interpretant die aktual angewendete Regel dar, die festlegt, welche spezifischen DNA-Nukleotide mit welchen spezifischen mRNA-Nukleotide verbunden werden. Das interpretative

System, das die Basenpaarung bewerkstelligt und daraufhin zum nächsten Nukleotid weiterwandert ist die RNA-Polymerase. Damit ist das potentielle einfache DNA-Zeichen zu einem potentiellen einfachen mRNA-Zeichen geworden.

Aus vertikaler Perspektive wird die Translation mit in den Blick genommen. Ersichtlich werde hier ein „dynamical process in which the Simple Immediate Object of each triad actualized in each step of transcription, i.e., a three-nucleotide sequence in mRNA, *becomes* a potential Simple Sign in the next Sign process in the actualization if a gene, translation" (ebd.). Diese Betrachtung ist insbesondere deshalb von Interesse, da sie zeigt, dass es sich bei der Bestimmung eines Objekts oder eines Zeichens nicht um eine ontologische Bestimmung handelt, sondern um eine *als-etwas*-Betrachtung. Ein Codon der mRNA *ist* nicht einfach Objekt der DNA oder Zeichen des Proteins in der Translation, auch wenn die eliptischen Formulierungen, die der Einfachheit halber gewählt wurden, dies suggerieren. Stattdessen *fungiert* es in dieser oder jener Betrachtungsweise als solches. Der dynamische Interpretant wird dann in dem Effekt ausgemacht, den das funktionale Protein auf den Organismus ausübt. Dieser Effekt wiederum trägt zur Anpassung an die Umwelt des Organismus bei, was die Wahrscheinlichkeit erhöht, dass das Gen in der Folgegeneration wieder auftritt. Den Schritt des Splicens erwähnen die Autoren zwar, führen jedoch keine semiotische Analyse desselben durch und gehen stattdessen näher auf die Translation ein.

Translation

Die Translation besteht nach diesem Modell aus zwei unterschiedlichen Triaden, denn es finden hier zwei „Erkennungsprozesse" statt, die es näher zu betrachten gilt – zum einen das „Erkennen" von mRNA-Codons durch tRNA und das Beladen der tRNA mit der „richtigen" Aminosäure. Dies bewerkstelligen die (i.d.R.[182]) 20 aminoacyl-tRNA-Synthetasen. Jeweils ein solches Enzym pro proteinogener Aminosäure beläd die entsprechende tRNA und stellt dadurch die korrekte Korrespondenz zwischen Codon und „passender" Aminosäure her. Bei der Beladung ist die aminoacyl-tRNA-Synthetase das interpretative System, das die Verbindung zwischen dem Codon der mRNA als einfachem Zeichen und dem einfachen unmittelbaren Objekt, einer bestimmten Aminosäure, herstellt. Diese wird von der aminoacyl-tRNA-Synthetase aufgrund ihrer dreidimensionalen Struktur „erkannt". Die

---

[182] Neben den 20 kanonischen Aminosäuren sind mittlerweile mit Selenocystein, Pyrrolysin und Formylmethionin mindestens drei weitere bekannt.

aminoacyl-tRNA-Synthetase aktualisiert sozusagen eine der im genetischen Code festgelegten Regeln, was den unmittelbaren Interpretanten des einfachen Zeichens darstellt. Die Aktualisierung selbst wäre dann der dynamische Interpretant. Der zweite „Erkennungsprozess" ist die Verbindung von mRNA und tRNA.

> „With regard to the recognition of codons in mRNA by particular tRNAs, the Simple Signs are three-nucleotides sequences in mRNA (codons), the Simple Immediate Objects are particular tRNAs with specific anticodons, and the Immediate Interpretant of the Simple Sign is the range of interpretability established by the rules of base pairing by which specific nucleotides in mRNA are paired with specific nucleotides in tRNA, with the caveat that nonstandard base pairing often occurs between codons and anticodons. The Dynamical Interpretant is the actualization of a specific base pairing" (ebd., 191).

Die Codons der mRNA sind demnach einfache Zeichen; die einfachen unmittelbaren Objekte entsprechen tRNAs mit spezifischen anti-Codons. Der unmittelbare Interpretant eines einfachen Zeichens ist nun der mögliche Interpretationsraum, der durch die möglichen Basenpaarungen bestimmt wird (ebd.). Hier ist das Ribosom das *interpretative system*, das sich in horizontaler Betrachtungsweise in einem mechanistischen (*mechanistic*) Prozess von einem Codon der mRNA zum nächsten fortbewegt. In vertikaler Betrachtung zeigt sich jedoch, dass der Prozess der Proteinprozessierung noch nicht beendet ist, sondern sich semiotisch fortsetzt. Das einfache unmittelbare Objekt der einen Triade der Translation (die zur mRNA passende tRNA) ist ein potentielles einfaches Zeichen im Syntheseprozess der spezifischen aminoacyl-tRNA. Denn nachdem eine beladene tRNA ihre Aminosäure einer entstehenden Polypeptidkette bereitgestellt hat und entladen wurde, steht sie für einen neuen Beladungsprozess wieder zur Verfügung. „The *same element*, a tRNA with a specific anticodon that matches a codon in mRNAs, plays the *different functional roles* of Simple Immediate Object and Simple Sign in different triades" (ebd., 193 Abb. 15).

Zur besseren Orientierung sei hier folgende Übersicht übernommen, die die semiotische Terminologie und ihr biologisches Denotat noch einmal zusammenfasst (Tabelle 3):

Tabelle 3: Korrespondenz biologischer und semiotischer Terminologie nach (El-Hani, Queiroz & Emmeche 2009, 130f.).

Semiotic term	Biological term
Sign	A string of DNA (a gene)
Immediate Object	A specific sequence of amino acids in a polypeptide or sequence of nucleotides in RNA
Dynamical Object - of a gene	A functional, folded, and chemically modified protein (e.g., a functional FN isoform)
Composite Sign (formed by clusters of Simple Signs)	A stretch of DNA as a whole (or mature RNA)
Simple Signs	Codons
Interpretant	A process of reconstruction of a specific form
Immediate Interpretant - of a codon as a Simple Sign - of a Composite Sign	Range of interpretability of a Sign in DNA, i.e. the possibility of reconstruction on specific immediate objects - the range of interpretability established by the rules of base pairing by which specific nucleotides in DNA determine specific nucleotides in mRNA or - the range interpretability of that Sign in DNA, i.e., the fact that it can be interpreted so as to produce a range of potential Immediate Objects, potential sequences of amino acids that can be produced from that Sign in DNA
One of the processes that enrich the range of interpretability	RNA splicing

Dynamical Interpretant	
- of a codon as a Simple Sign - of a stretch of DNA or mRNA as a Composite Sign	- the realization of one of the rules of base pairing or of the genetic code - the effective reconstruction of a sequence of amino acids
The Composite Immediate Object of a protein-coding gene (= the Dynamical Object in its semiotically available form)	The sequence of amino acids of a polypeptide
a Simple Immediate Object	Each single amino acid

Nach dieser biosemiotischen Konzeption wird den Genen keine herausgehobene Stellung gegenüber anderen Biomolekülen im Entwicklungsprozess zugewiesen (ebd., 127 FN 70).[183] Letztlich bleibt die Anwendung der Peirce'schen Konzeption und deren Begrifflichkeit auf die Proteinbiosynthese aber in vielen Punkten unschlüssig. Nicht überzeugend ist etwa, weshalb erst das Protein und nicht bereits die pre-mRNA das Objekt der DNA sein soll. Da von endlosen semiotischen Prozessen ausgegangen wird, scheint jede Herausstellung willkürlich. Wo in dieser Kette der Schnitt gesetzt wird erscheint unbegründet. Auch bleibt unklar worin genau der Interpretant bestehen soll. Ferner ist fragwürdig, was denn nun als Interpret gelten kann. Auf der einen Seite werden RNA-Polymerase und Ribosomen als interpretative Subsysteme der Zelle angesehen, die diesen als *global interpreter* übergeordnet ist (ebd., 133). Auf der anderen Seite ist es aber wiederum der ganze Organismus, der insbesondere in evolutionärer Perspektive als diejenige Einheit berufen wird, auf die ein Effekt erkennbar sein muss, damit ein potentielles Zeichen zu einem aktualen wird. Dennoch ist es das Verdienst dieser Konzeption zu versuchen, auf Probleme anderer, sich auflösender Genkonzepte eine Antwort zu erarbeiten und einen umfassenderen Blick zu entwickeln – selbst wenn dies nicht immer kohärent gelingt. Es wird versucht eine alternative Sichtweise zum strikten *common-sense*-Modell zu etablieren, wie es in seiner vielleicht schärfsten Form auch in der Synthetischen Biologie vorherrscht.

> „The traditional identification of genetic information with sequential information in DNA molecules made it impossible to understand it as a triadic-dependent, semiotic process, as we propose here. In other words, in the classical molecular gene concept, information was often considered to be simply reduced to its vehicle, DNA, isolated from all other elements in what we analyze as a triadic process that comprises the action of a gene as a Sign. We propose here that we should regard information as precisely this action of a gene as a

---

[183] Auf diesen Punkt insistiert auch Hoffmeyer: „The DNA remains a passive script to be read by the cell" (Hoffmeyer 1996b, 81). Damit findet eine Verschiebung der Priorität statt. Es wird nicht geleugnet, dass der DNA eine kausale Rolle zukommt. Es wird lediglich darauf hingewiesen, dass diese Rolle abhängig ist von der zur Verfügung gestellten „Infrastruktur" der Zelle. Im Prinzip handelt es sich hierbei um eine stärkere Fokussierung der Randbedingungen. Ganz ähnlich verfährt Hoffmeyer bei der Argumentation der Wirkweise eines Rezeptors bei der Signaltransduktion: „What becomes of a cell once its receptor has bound itself to a neuropeptide is dependent not so much on that particular neuropeptide as on what kind of cell it is and what ‚cell-sociological' and or ‚cell-historical-state' this cell happens to be in" (Hoffmeyer 1996b, 126).

Sign, understanding it as a process including more elements than just Signs in DNA" (ebd., 135).

Welchen wissenschaftlichen Wert diese Konzeption hat, ob diese Analyse *in semiotic terms* etwas zu einer Erklärung beitragen kann oder ob es sich um eine bloße Beschreibung, d.h. Reformulierung in anderer Begrifflichkeit ohne erkennbaren Mehrwert handelt, ist im nächsten Teil dieser Arbeit eingehender zu erörtern. Marcello Barbieri sieht genau darin eine der Kernfragen, die es in Bezug auf die Biosemiotik zu beantworten gilt: „Is biosemiotics only a new way of looking at the known facts of biology or does it predict new facts? Does biosemiotics consist of testable hypotheses? Does it add anything to the history of life and to our understanding of evolution?" (Barbieri 2009a, 221). An dieser Stelle sei mit der Code-Biosemiotik Barbieris noch ein weiterer biosemiotische Ansatz vorgestellt, der sich nicht auf die Semiotik Peirce' beruft, sondern stattdessen den Begriff des Codes ins Zentrum stellt.

2.5.2   Der Genbegriff der Code-Biosemiotik

Marcello Barbieri verfolgt einen anderen Ansatz der Biosemiotik und will diesen explizit nicht als Philosophie, sondern als empirisch überprüfbare Hypothese verstanden wissen. Dennoch bietet auch dieser Ansatz allerhand philosophische Ansatzpunkte, insbesondere wissenschaftstheoretischer Art. Im Gegensatz zur „Kopenhagener Schule" gründet Barbieri seinen Ansatz der Biosemiotik nicht auf dem Modell von Peirce, das die Basisstruktur der Semiose immer als eine Triade aus *sign* (Zeichen), *object* (Objekt) und *interpretant* (Interpretant; Erklärung) beschreibt. Dieses Modell kann unglücklicher Weise nicht über das Tierreich hinaus ausgeweitet werden und beispielsweise auf zellulärer Ebene keine Anwendung finden, da Interpretation – zumindest nach Barbieri – stets mit vielseitigen kognitiven Voraussetzungen verbunden ist. Daher greift Barbieri auf ein Modell der Semiose zurück, das nicht auf Interpretation beruht – das Code-Modell der Semiose – und bezeichnet seinen Ansatz demzufolge als Code-based Biosemiotics (Barbieri 2008a; 2009a). Barbieri unterscheidet generell drei Arten der Semiose: *manufacturing semiosis, signaling semiosis* und *interpretative semiosis,* wobei das Peircesche Modell lediglich bei Letzterer Anwendung finden kann. Alle drei Formen der Semiose zeichnen sich hingegen dadurch aus, dass jeweils zwei distinkte Welten – die Welt des Zeichens und die

Welt der Bedeutung – durch einen kontingenten Adaptor miteinander verbunden werden. D.h., dass die Beziehung zwischen Zeichen und Bedeutung nicht determiniert ist, sondern, wie im Fall der menschlichen Sprache, eine arbiträre Verknüpfung darstellt. Diese arbiträre Beziehung qualifiziert jedes semiotische System: „[*A*] *semiotic system is a system made of two independent worlds that are connected by the conventional rules of a code*. A semiotic system, in conclusion, is necessarily made of at least three distinct entities: signs, meaning and code" (Barbieri 2009b, 20f.). Dabei gehen alle drei Entitäten (Zeichen, Bedeutung und Code) auf einen Agenten, einen *codemaker* zurück, der sie instantiiert.

Wie dies zu verstehen ist zeigt das Beispiel der Genexpression als eine Form der *manufacturing semiosis*. Beim genetischen Code kann der Translationsapparat (Ribonukleoproteine) als ein solcher *codemaker* betrachtet werden, da er die Korrespondenz zwischen dem Gen (als Zeichen) und dem entsprechenden Protein (als dessen Bedeutung) herstellt. Diese Form der Semiose ist nach Barbieri derart herstellend, dass sie ein Objekt produziert, das zuvor nicht existent war, wie in diesem Fall das entstandene Protein.

Proteine werden hergestellt, indem die Codons der mRNA mittels des Translationsapparates in Aminosäuren übersetzt werden, die, aneinandergereiht, die Primärstruktur des Proteins darstellen, das sich letztendlich entsprechend faltet. Diese Arbitrarität des genetischen Codes, die sich in der molekularen Struktur des Translationsapparats ausdrückt, wurde bereits von Francis Crick erkannt und als „frozen accident" (Crick 1968) bezeichnet. Ein weiteres Beispiel der *manufacturing semiosis*, das Barbieri anführt, ist der *splicing code*. Beim *splicing* werden nichtkodierende Abschnitte (Introns) aus der prä-mRNA, dem Primärtranskript, entfernt, wobei die eigentliche mRNA, die als Vorlage für die Translation dient, entsteht. Hierfür wird im Spliceosom, das sich aus mehreren *small-nuclear*-RNAs (snRNAs) und einer Vielzahl von Proteinen zusammensetzt, der Anfang und das Ende des Introns zusammengeführt und der nichtkodierende Abschnitt dann entfernt. In diesem Fall fungiert das Spliceosom als Adaptor: „snRNAs, like tRNAs, have properties that fully qualify them as adaptors. They bring together, in a single molecule, two independent recognition processes, one for the beginning and one for the end of an intron, thus creating a specific correspondence between the world of transcript and the world of messengers" (Barbieri 2003, 102f.).

Eine andere Art der Semiose, die keine Entitäten herstellt, aber dennoch nichtinterpretativ ist, ist die *signaling semiosis*. Als Beispiel hierfür ist die Signaltransduktion zu nennen, bei der ein Rezeptormolekül die Korrespondenz zwischen einem *first messenger* und einem *second messenger* organisiert. Da der *second messenger* bereits existiert, handelt es sich dabei zwar nicht um eine *manufacturing semiosis*. Dennoch besitzt auch das Rezeptormolekül alle Eigenschaften eines Adaptors, dessen Vorhandensein nach Barbieri den experimentellen Beweis dafür darstellt, dass der entsprechende Prozess auf einem Code basiert (Barbieri 2008b). Da der *codemaker* bei beiden Semioseformen ein organisches System ist, sind hier auch Zeichen und Bedeutung organische Entitäten und es handelt sich somit um organische Formen der Semiose. Von diesen beiden Arten der Semiose unterscheidet Barbieri nun die *interpretative semiosis*, die im Gegensatz zu den vorhergenannten kontextabhängig ist und die Fähigkeit zu Lernen bzw. eine Art von Gedächtnis voraussetzt (Barbieri 2008a). Während die beiden erstgenannten Formen der Semiose phylogenetisch bis an den Ursprung des Lebens zurückreichen, tritt die *interpretative semiosis* daher erst mit der Entstehung höherentwickelter Tiere auf. Zeichen und Bedeutung sind hier mentale Entitäten, da der *codemaker* das Bewusstsein (*mind*) ist.

TEIL 3

Wissenschaftsphilosophische Kritik

© Springer Fachmedien Wiesbaden GmbH, ein Teil von Springer Nature 2019
D. Frank, *Der Topos der Information in den Lebenswissenschaften,*
Anthropologie – Technikphilosophie – Gesellschaft,
https://doi.org/10.1007/978-3-658-24698-3_4

3.1 Einleitung – Wissenschaftliche Erklärungen

Die Gründe, aus denen Wissenschaft betrieben wird sind vielfältig (Schummer 2014). Sie reichen von der Befriedigung persönlicher Neugierde bis hin zur Weltrettung. Zudem soll uns Wissenschaft die Welt verständlich machen, sie soll Weltbilder entwerfen und uns Orientierung bieten. Sie soll uns, anhand von Prognosen Handlungsoptionen bereitstellen und unsere Entscheidungen begründen. Diese und weitere Begründungen, die sich für das Betreiben von Wissenschaft anführen lassen, sind freilich nicht völlig unabhängig voneinander, sondern bedingen und stützen sich weitgehend gegenseitig. Bei all diesen Begründungen steht jedoch ein Begriff im Hintergrund: der des Erklärens bzw. der Erklärung. Erklärungen von Phänomenen zu geben kann als eines der wichtigsten Ziele von Wissenschaft genannt werden – nicht zuletzt deshalb, weil Erklärungen Antworten auf bestimmte Fragen liefern und damit zu Erkenntnis führen. Und so gibt Ernest Nagel es gar als das charakteristische Ziel von Wissenschaft überhaupt aus, systematische und gut gestützte Erlärungen für Phänomene zu liefern (Nagel 1961, 15). Deshalb steht in diesem letzten Teil der vorliegenden Arbeit der Erklärungsbegriff im Zentrum. Was jedoch als Erklärung gelten kann, wird seit langem kontrovers diskutiert. Im Folgenden werden zunächst prominente Explikationen des Erklärungsbegriffs angeführt, um ausgehend von diesen eine wissenschaftsphilosophische Kritik der vorgestellten Felder Biosemiotik und Synthetische Biologie vorzunehmen.

Zunächst wird hierfür in Kapitel 3.2 der Zusammenhang von Erklärung und Gesetzlichkeit erörtert, der in der Mitte des vorigen Jahrhunderts eine breite Debatte um wissenschaftliche Erklärungen auslöste. Kritiker dieser Position beklagten, dass ein solcher Erklärungsbegriff in mancher Hinsicht zu eng, in anderer Hinsicht jedoch zu weit sei und es wurde versucht diesen Schwachstellen durch die Rehabilitierung des Kausalbegriffs beizukommen. Dies führte jedoch zu weiteren Problemen, denn was unter Kausalität zu verstehen ist, kann als ebenso strittig angesehen werden, wie der Erklärungsbegriff selbst. Daher werden in Kapitel 1.1 die wirkmächtigsten Ausformulierungen in gebotener Kürze vorgestellt. Dies ist im Hinblick auf das Thema der vorliegenden Arbeit von besonderer Bedeutung, da Kausalität häufig im Sinne von kausalmechanischen Ursache-Wirkungs-Zusammenhängen einerseits als Gegenspieler teleologischer Erklärungen betrachtet wird (wie in Kapitel 1.3 bereits diskutiert), andererseits aber auch Begründungen – insofern diese auf

Rationalität und Sinnhaftigkeit beruhen – gegenübergestellt werden. Dass diese Gegenüberstellung nicht einfach per se getroffen werden kann, wird im darauffolgenden Kapitel 1.1 thematisiert, bevor dann in Kapitel 3.5 mit den Vereinheitlichungsansätzen eine weitere Konzeption des Erklärungsbegriffs vorgestellt wird. Diese wird mit Blick auf das Thema der vorliegenden Arbeit an dieser Stelle näher beleuchtet, dass sie den Erklärungsbegriff zunächst nicht unter Rückgriff auf Ursache-Wirkungs-Zusammenhänge oder Regularitäten expliziert, sondern im Hinblick auf die Kohärenz unserer Theoriebildung und unseres wissenschaftlichen Weltbilds. Geht man davon aus, dass die Biosemiotik gerade keine kausal-mechanischen Erklärungen bereitstellt, so bietet die Vereinheitlichungstheorie einen aussichtsreichen Kandidaten für einen anderen Typus von Erklärungen in der Biosemiotik. Kapitel 1.1 setzt sich kritisch mit der Gleichsetzung von Erklärung und Prognose auseinander, während Kapitel 3.7 die in der Debatte lange Zeit unterbelichtete pragmatische Dimension und die Kontextabhängigkeit von Erklärungen hervorhebt. Nach diesen Darstellungen zum wissenschaftlichen Erklärungsbegriff allgemein, wird in Kapitel 3.8 ein genauerer Blick auf Erklärungen in den Biowissenschaften geworfen. Hierfür werden zunächst die Überlegungen zur Gesetzlichkeit aus Kapitel 3.2 wieder aufgegriffen und es wird gezeigt, dass eine solche Konzeption in den Biowissenschaften schon deshalb problematisch ist, da hier kaum von Gesetzen im stikten Sinne gesprochen werden kann und dass hier – gerade auf makroskopischer Ebene – besser von Regeln die Rede sein sollte. Ferner wird in diesem Abschnitt auf das zentrale Thema der funktionalen Erklärungen eingegangen, womit die Teleologiethematik aus Kapitel 1.3 wieder aufgegriffen wird. Dieser Abschnitt ist hinsichtlich der hier vorliegenden Fragestellung in zweifacher Hinsicht zentral: Zum einen gründen biosemiotische Erklärungen ihren nichtreduktionistischen Anspruch auf Funktionalität und sehen Zeichen-für-etwas-zu-sein als Funktion des Zeichenträgers an. Zum anderen besteht das primäre Ziel der Synthetischen Biologie in der Schaffung funktionsfähiger Artefakte. Das anschließende Kapitel 3.9 tritt sozusagen einen Schritt zurück und widmet sich der Frage, inwiefern Formen des analogischen Denkens – sprich Metaphern, Analogien und Modelle – für die Konstitution der Gegenstände, deren Verhalten erklärt werden soll, von Bedeutung sind. In Verbindung mit dem in Kapitel 3.10 vorgestellten Methodischen Kulturalismus wird sich zeigen, dass sich durch die Relativierung ontologischer Ansprüche im Modelldenken die Spannungen zwischen unterschiedlichen Erklärungsformen in Biosemiotik und Synthetischer Biologie lösen lassen. Biosemiotik und Synthetischer Biologie liegen unterschiedliche Modellierungen von Lebewesen zugrunde, die beide ihre je eigene Berechtigung haben. Dies wird in Kapitel 1.1 weiter erläutert, wenn die bis dahin vorgestellten Positionen und Aspekte auf die verfolgte Fragestellung nach der Bedeutung des Informationstopos im Hinblick auf den Erklärungswert in Biosemiotik und Synthetischer Biologie bezogen werden.

3.1.1 Exkurs – Wissenschaftstheorie im 20. Jahrhundert

An dieser Stelle sei auch noch darauf verwiesen, dass die anschließende Kritik im Kontext eines Wandels betrachtet werden muss, der sich innerhalb der Wissenschaftstheorie seit der zweiten Hälfte des 20. Jahrhunderts vollzogen hat. Denn wie die Wissenschaften selbst, so unterliegt auch die Philosophie derselben gewissen Entwicklungen. Einer ersten, groben Einteilung zufolge, lässt sich diese Entwicklung der Wissenschaftstheorie vom späten 19. Jahrhundert bis zum Ende des 20. Jahrhunderts in fünf Phasen einteilen (Moulines 2008). Auf eine Phase, der einerseits etwa der Empirikokritizismus Ernst Machs zuzurechnen ist und die andererseits auch noch vom Einfluss kantischer Philosophie geprägt war, folgte zwischen den beiden Weltkriegen die Zeit des Logischen Positivismus bzw. des Logischen Empirismus mit der Institutionalisierung im Wiener Kreis. Die klassische Hochphase der Wissenschaftstheorie, die bis an die 1970er Jahre hinreichte, war unter anderem geprägt durch zahlreiche akribische Detailstudien und den Kritischen Rationalismus Karl Poppers bzw. die damit verbundenen breiten Diskussionen um Verifikation und Falsifikation. In zeitlicher Überschneidung gewann jedoch, unter anderem angeregt von Thomas Kuhns *Structur of Scientific Revolutions* (Kuhn 1962) eine historizistische Strömung mehr und mehr an Gewicht. Diese maß der Wissenschaftsgeschichte besondere Bedeutung bei und rechnete scharf, mit den rein formalen und analytischen Ansätzen ab. Damit ging „eine starke Tendenz zum epistemologischen Relativismus und zum Soziologismus bezüglich der Grundlagen der wissenschaftlichen Erkenntnis" (Moulines 2008, 24) einher. Gerade in dieser Phase wurde ein objektivistisches Wissenschaftsideal mehr und mehr in Frage gestellt. Zu dieser Zeit etwa verabschiedete sich die Wissenschaftstheorie von ihren präskriptiven Ansprüchen, den empirischen Wissenschaften Maßstäbe guter Wissenschaft an die Hand geben zu wollen und beschränkte sich von nun an auf eine deskriptive Vorgehensweise. Waren in den 1960er Jahren bereits die ersten einschlägigen Arbeiten zum Modellbegriff erschienen, so lässt sich spätestens seit den 1970er Jahren beobachten, wie der Modellbegriff immer mehr ins Zentrum wissenschaftstheoretischer Überlegungen trat, weshalb Moulines diese vorerst letzte Phase wissenschaftstheoretischer Geschichtsschreibung – wenn auch in Ermangelung einer besseren Terminologie – zurecht als „modellistische Phase" bezeichnet, die eine Vielzahl unterschiedlicher Ansätze umfasst. Kennzeichnend für diese heterogene Periode ist zwar ebenfalls eine kritische Haltung gegenüber rein logisch-analytischer Wissenschaftstheorie, jedoch rückten nun anstatt linguistischer stärker auch pragmatische Aspekte der Wissenschaft in den Blick, womit „der Begriff *Modell* dem Begriff der *Aussage* als Grundeinheit der wissenschaftlichen Erkenntnis" (ebd., 25) insbesondere bezüglich der Rekonstruktion spezifischer wissenschaftlicher Theorien vorgezogen wurde. Allgemein lässt sich feststellen, dass der Handlungsaspekt innerhalb der Wissenschaftstheorie seit der Mitte des 20. Jahrhunderts eine vermehrte Aufmerksamkeit erfahren hat. Wissenschaft wurde mehr und mehr als Praxis verstanden, die von handelnden Subjekten betrieben wird, wohingegen eine rein syntaktisch-semantische Auffassung von Wissenschaft als theoretische Aussage- bzw. Satzsysteme lediglich am Ende steht. Diese Tendenz findet sich nicht nur in der wissenschaftsphilosophischen Tradition der deutsch geprägten methodischen Philosophie, sondern ebenso im amerikanischen Pragmatismus und den davon beeinflussten neopragmatistischen Ansätzen wie etwa bei Herbert Stachowiak (Stachowiak 1973). Zwar ist der experimentelle Charakter der Naturwissenschaften in der gesamten empiristischen Tradition betont worden. Allerdings wurde nun verstärkt darauf insistiert, dem aktiven Handlungsaspekt größere Beachtung zu schenken als im passiv-rezipierend orientierten Empirismus.

Vor diesem Hintergrund wird im Folgenden deutlich werden, dass der Intention bzw. der Intentionalität besondere Bedeutung zukommt und dass es gerade auch der Begriff der Intention ist, der Biosemiotik und Synthetische Biologie letztlich als Formen nichtnaturalistischer Naturwissenschaft ausweist. Es wird gezeigt, dass die Biosemiotik nicht deshalb zu kritisieren ist, weil sie metaphorische Redeweise verwendet. Auch die Intentionalität auf die sie nicht verzichten kann ist nicht das Problematische an ihrem Ansatz. Kritisch ist vielmehr, dass sie es nicht vermag einen Beitrag zur Handlungswirksamkeit zu liefern. Demgegenüber lässt sich die Synthetische Biologie dahingehend kritisieren, dass sie es versäumt, über den Akt des Herstellens hinaus rückwirkend wieder Beiträge zur Theoriebildung zu liefern, etwa im Sinn der Einführung neuer Begriffe und Beschreibungen.

3.2 Erklärung durch Gesetzlichkeit

Die Formen wissenschaftlicher Erklärungen sind mannigfach und – zumindest in einigen Fällen – Erklärungen im Alltag strukturell ähnlich. Wie bereits in Kapitel 1.1 dargelegt, wurden lange Zeit, insbesondere im und ausgehend vom südwestdeutschen Neukantianismus, Erklären (anhand von Gesetzmäßigkeiten) und (hermeneutisch-historisches) Verstehen als gegensätzliche Methodiken von Natur- und Geisteswissenschaften betrachtet. Dem Erklärungsbegriff wurde in der klassischen Wissenschaftstheorie zunächst wenig Beachtung beigemessen. Erst ab den 1950er Jahren wurde er zu einem der Zentralbegriffe und ist es – wenn auch nicht immer in gleichem Maße – bis heute geblieben, wie die große Anzahl jüngerer Publikationen zeigt. Heute wird der Erklärungsbegriff jedoch zumeist nicht mehr als Gegenbegriff zum Verstehensbegriff gesehen. Letzterer ist entweder in den Hintergrund geraten – der Erklärungsbegriff wird dann weder unter Berufung auf, noch in Abgrenzung zum Verstehen expliziert – oder aber Verstehen wird als das zentrale Moment des Erklärungsbegriffs aufgefasst, wie etwa bei Michael Friedman, für den wissenschaftliche Erklärungen ein Verstehen bewirken (Friedman 1974).[184]

Die für lange Zeit die Wissenschaftstheorie prägende Strömung ist der Logische Positivismus bzw. später der Logische Empirismus, der gelegentlich mit der lakonischen Kurzformel „Hume plus Logik" skizziert wird. Insbesondere Carl Gustav Hempel unternahm in empiristischer Tradition große Anstrengungen, einen nach eigenen Maßstäben metaphysikfreien Erklärungsbegriff der Wissenschaft zu explizieren. Da selbst der Kausalitätsbegriff seit den Tagen von Ernst Mach in Verruf geraten war und man sich strikt an das Gegebene und die darauf anzuwendenden logischen Operationen halten wollte, sollte für Hempel der Begriff der Gesetzesartigkeit im Zentrum des Erklärungsbegriffs stehen. In ihrem heute kanonischen Essay *Studies in the Logic of Explanation* (Hempel & Oppenheim 1948) gelang es Hempel gemeinsam mit Paul Oppenheim dem Erklärungsbegriff in der Wissenschaftstheorie des 20. Jahrhunderts eine zentrale Stellung zuzuweisen – wenngleich dieser Arbeit erst etwa eine Dekade später gebührende Aufmerksamkeit zuteil werden sollte.

---

[184]	Im Gegensatz dazu argumentiert Peter Lipton für ein „Verstehen ohne Erklärung" (Lipton 2009).

Hempel zufolge besteht eine Erklärung stets darin, aus einem Explanans, d.h. einer allgemeinen, gesetzesartigen Aussage in Verbindung mit den jeweils vorliegenden Anfangs- und Randbedingungen, dasjenige abzuleiten, was erklärt werden soll, das Explanandum. Hier findet sich der Kerngedanke der Gesetzeshaftigkeit als Kennzeichen der Naturwissenschaft wieder, der schon für den Neukantianismus zentral war. Für Hempel aber besitzt eine Erklärung immer die Form einer Aussage bzw. eines Satzes. War Hempel zu Anfang noch der Überzeugung eine wissenschaftliche Erklärung könne nur aus der *deduktiven* Ableitung aus wahren universellen Aussagen gelingen, so weichte er diese Bedingung später auf. So wurden außer dem deduktiv-statistischen Schema nun auch probabilistische Aussagen, d.h. Aussagen mit einem Wahrscheinlichkeitswert < 1 zugelassen. Noch weiter wurde der ursprüngliche Gedanke aufgeweicht, als Hempel aufgrund erheblicher Einwände auch ein induktiv-statistisches Schema zuließ, bei dem nun auch bloß wahrscheinliche Einzelfälle erklärt werden konnten und damit die Forderung notwendiger Gesetzesartigkeit preisgegeben worden war. Festzuhalten ist aber, dass Hempel zwar Wahrscheinlichkeiten zulässt, es sich dabei aber immer um hohe Wahrscheinlichkeiten handelt. Denn eine Erklärung beinhaltet für Hempel immer eine nomische Erwartbarkeit; sie erklärt, weshalb etwas bereits Eingetretenes zu erwarten war. Daher stehen für ihn auch Erklärung und Prognose stets in einem symmetrischen Verhältnis zueinander (siehe Kapitel 1.1). Biologischen Erklärungen (insbesondere in Form funktionaler Erklärungen) widmet sich Hempel später gesondert (Hempel 1965b), doch spielen sie seiner Ansicht nach nur eine untergeordnete, heuristische Rolle. Und Bezüge zur Evolution sind in seinen Arbeiten so gut wie gar nicht zu finden.

Gegen diesen Vorschlag Hempels wurden viele gewichtige Einwände vorgebracht. So ist der Entwurf einerseits zu eng gefasst, was sich daran zeigt, dass sich sehr leicht Gegenbeispiele anführen lassen, die (mittlerweile) als adäquate Erklärungen in der Wissenschaft anerkannt sind, obwohl sie nicht in Hempels Schema passen. Dazu gehören nicht nur historische Erklärungen, sondern gerade auch funktionale Erklärungen der Biologie, die mittlerweile allgemein als Formen wissenschaftlicher Erklärungen akzeptiert sind. Andererseits ist Hempels Schema gleichzeitig aber auch zu weit. So deckt es auch Fälle ab, die wir nicht als Erklärungen anerkennen würden; bspw. seien hier das Problem der Irrelevanz und das der Asymmetrie von Erklärungen angesprochen.

Das Problem der Invarianz lässt sich an folgendem Beispiel zeigen: Als eine mittlerweile empirisch gut belegte Regel gilt, dass ca. 80% aller Menschen, die während einer Erkältung Vitamin C zu sich nehmen innerhalb von zwei Wochen genesen. Hat man nun weiter einen Patienten vor sich, der genau dies getan hat, also während einer Erkältung Vitamin C zu sich genommen hat und der dann innerhalb von zwei Wochen genesen ist, so böte dies nach Hempels induktiv-statistischem Schema eine Erklärung für dessen Genesung. Die Tatsache, dass 80% der an einer Erkältung erkrankten Menschen, die kein Vitamin C zu sich nehmen ebenfalls innerhalb von zwei Wochen gesunden ist hierfür irrelevant. Denn rein nach dem Hempel'schen Schema können auch kausal irrelevante Faktoren Erklärungen liefern.

Ein weiterer, häufig gegen Hempels Vorschlag vorgebrachter Einwand betrifft die Asymmetrie von Erklärungen. Nach einem häufig angeführten Argument von Sylvain Bromberger können wir etwa aus den Gesetzen der geometrischen Optik, dem Stand der Sonne und der Höhe eines Fahnenmastes als Explanans die Länge des Schattens des Fahnenmastes als Explanandum deduzieren (Bromberger 1966). Dies akzeptieren wir als Erklärung für die Länge des Schattens. Umgekehrt aber könnte man gemäß dem Hempel'schen Schema ebenso gut aus den Gesetzen der geometrischen Optik, dem Stand der Sonne und der Länge des Schattens des Fahnenmastes dessen Höhe als Explanandum deduzieren.[185] In diesem Fall würden wir es jedoch nicht als eine Erklärung der Höhe des Fahnenmastes akzeptieren. Ein gewichtiges Argument gegen die ausschließliche Fokussierung auf Gesetzeshaftigkeit ist also, dass auf diese Weise bloß zufällige Korrelationen nicht von tatsächlichen Kausalitäten unterschieden werden könnten. So sei der Grund dafür, dass wir im ersten Fall von einer Erklärung sprechen würden, im zweiten jedoch nicht, darin zu finden, dass der Stand der Sonne ursächlich ist für die Länge des Schattens, wohingegen die Länge des Schattens nicht ursächlich ist für die Höhe des Fahnenmastes.

---

[185] Gleiches gilt für die Schwingfrequenz eines Pendels und die entsprechende Pendellänge. Während wir die Frequenz mit der Pendellänge erklären, erklären wir nicht umgekehrt die Pendellänge mit der Pendelfrequenz, obwohl sich beides aus dem Pendelgesetz ableiten lässt.

3.3 Erklärung und Kausalität

> *Wenn ein Arzt hinter dem Sarg seines Patien-*
> *ten geht, so folgt manchmal tatsächlich die Ur-*
> *sache der Wirkung.*
>
> Robert Koch

Während für Hempel und seine Nachfolger die Subsumtion unter allgemeine Ge-setzmäßigkeiten wissenschaftliche Erklärungen auszeichneten, regte sich bald Kritik an diesem *covering-law*-Modell der Erklärung. Exemplarisch sei hier neben Bromber-ger auch B.A. Brodys Kritik genannt, der ein Aristotelisches Kausalverständnis stark macht. Brody gibt folgendes Beispiel:

„(1) sodium normally combines with bromine in a ratio of one-to-one
(2) everything that normally combines with bromine in a ratio of one-to-one normally combines with chlorine in a ratio of one-to-one
(3) therefore, sodium normally combines with chlorine in a ratio of one-to-one.
    This purported explanation meets all of the requirements laid down by Hempel's covering law model for scientific explanation [...]. After all, the law to be explained is deduced from two other general laws which are true and have empirical content. Nevertheless, this purported explanation seems to have absolutely no explanatory power. And even if one were to say, as I think it would be wrong to say, that it does have at least a little explanatory power, why is it that it is not as good an explanation of the law in question (that sodi-um normally combines with chlorine in a ratio of one-to-one) as the explana-tion of that law in terms of the atomic structure of sodium and chlorine and the theory of chemical bonding? The covering law model, as it stands, seems to offer us no answer to that question" (Brody 1972, 20).

Für ihn und weitere Vertreter kausaler Erklärungstheorien (wie Wesley Salmon oder James Woodward) kommt es nicht nur auf die Subsumtion unter allgemeine Ge-setzmäßigkeiten an, sondern auf das Angeben von Ursachen. Kerngedanke ist es, dass ein Ereignis oder Phänomen erklärt wird, indem dessen Ursachen angegeben werden. Auch David Lewis verficht diesen Ansatz, wenn er verlautbaren lässt: „He-re is my main thesis: to explain an event is to provide some information about its causal history" (Lewis 1986, 217), was seiner Ansicht nach auch die einzige Form einer Erklärung eines Ereignisses ist. „Some information" soll hier eine Einschrän-kung sein, da eine vollständige Erklärung die gesamte Kausalgeschichte des Ereig-nisses umfassen würde.

Auch dieser Ansatz Erklärungen über Ursache-Wirkungs-Verhältnisse zu ex-plizieren besitzt ad hoc einige Plausibilität. Näher zu betrachten ist dabei jedoch, welcher Kausalbegriff der jeweiligen Position zugrunde liegt. Sofort schließt sich die Frage an, was denn unter einer Ursache zu verstehen sei – eine Frage, die viele unterschiedliche Antworten provoziert hat. Denn nur wenn klar ist, was als Ursache gelten kann, kann diese auch expliziert werden, um etwas zu erklären. Im Folgenden seien vier besonders wirkmächtige Auffassungen von Kausalität exemplifiziert.

3.3.1 Regularitätstheorie der Kausalität

Besonders langen Nachhall fanden die Überlegungen David Humes, der in empiris-tischer Manier eine besondere Art der Verknüpfung von Ursache und Wirkung in Zweifel zog, da diese niemals direkt beobachtbar sei. Kausalität ist nach Hume kein modaler Faktor, sondern lediglich eine Art psychisches Konstrukt, das auf dem Beobachten der regelmäßigen Abfolge von Ereignissen beruht. Im *Treatise of Human Nature* definiert Hume eine Ursache folgendermaßen:

> „We may define a CAUSE to be ‚An object prec'dent and contiguous to an-other, and where all the objects resembling the former are plac'd in like rela-tions of prec'dency and contiguity to those objects that resemble the latter'" (Hume 2003 [1739/40], 122).

Kausalität ist demnach die Erfahrung einer beständigen Verknüpfung von Ereignis-sen im Sinne eines regelmäßigen Aufeinanderfolgens, wobei diese Abfolge nicht umkehrbar ist; die Ursache hat der Wirkung immer zeitlich vorauszugehen. Dies alleine genügt jedoch noch nicht, um von einem kausalen Zusammenhang sprechen zu können. Darüber hinaus muss es sich nach Hume auch um eine notwendige Verknüpfung zwischen Ursache und Wirkung handeln. Diese Notwendigkeit ergibt sich jedoch nicht aus einer modalen Kraft[186], sondern aus der ausnahmslosen Erfahrung. Sie besteht in einem induktiven Schluss, wie Hume am Beispiel der Wärmeentwicklung einer Flamme ausführt:

> „'Tis therefore by experience only, that we can infer the existence of one object from that of another. The nature of experience is this. [...] Thus we remember to have seen that species of object we call *flame*, and to have felt that species of sensation we call *heat*. We likewise call to mind their constant conjunction in all past instances. Without any farther ceremony, we call the one *cause* and the other *effect*, and infer the existence of the one from that of the other. In all those instances, from which we learn the conjunction of particular causes and effects, both the causes and effects have been perceived by the senses, and are remembered: But in all cases, wherein we reason concerning them, there is only one perceived or remembered, and the other is supplied in conformity to our past experience" (ebd., 63).

Eine solche Regularitätsauffassung erfordert jedoch, dass es sich bei Aussagen über kausale Zusammenhänge letztlich um Aussagen über Typen von Ereignissen handelt – Hume spricht hier von gleichartigen Gegenständen (*similar objects*) (Hume 1998 [1748], 75) – und nicht um Aussagen über Verknüpfungen von Einzelereignissen. Denn Regularitäten von Ereignissen sind auf wiederkehrende Ereignisse angewiesen, die als zum selben Typus gehörend klassifiziert werden. Nur so ist es überhaupt möglich Regularitäten zu bestimmen. Diese Regularitäten erwecken den Eindruck, der letzlich zur Idee einer notwendigen, kausalen Verknüpfung führt. Wie wir zu dieser Vorstellung der notwendigen Verknüpfung kommen beschreibt Hume einige Jahre später so:

> „We then call the one object, *Cause*; the other, *Effect*. We suppose that there is some connexion between them; some power in the one, by which it infallibly produces the other, and operates with the greatest certainty and strongest necessity.
> It appears, then, that this idea of a necessary connexion among events arises from a number of similar instances which occur of the constant conjunction of these events; nor can that idea ever be suggested by any one of these instances, surveyed in all possible lights and positions. But there is nothing in a number of instances, different from every single instance, which is supposed to be ex-

---

[186] Ob Hume tatsächlich das Vorhandensein von Kräften, die die notwendigen Verknüpfungen kausaler Relationen gewährleisten, bestritten hat oder wir uns nur einer Aussage darüber enthalten müssen, da wir keine Vorstellungen von einer solchen Kraft haben bzw. keine solche erkennen können, ist seit einigen Jahren Gegenstand einer umfassenden Debatte siehe (Read & Richman 2007).

actly similar; except only, that after a repetition of similar instances, the mind is carried by habit, upon the appearance of one event, to expect its usual attendant, and to believe that it will exist. This connexion, therefore, which we *feel* in the mind, this customary transition of the imagination from one object to its usual attendant, is the sentiment or impression from which we form the idea of power or necessary connexion. Nothing farther is in the case" (ebd.).

Die Idee der notwendigen Verknüpfung ist eine Projektion, sie besteht im Geist und nicht in den Gegenständen. In sehr ähnlicher Weise wie David Hume formuliert auch John Stuart Mill Kausalität als eine Form der Regularität.

„Between the phenomena, then, which exist at any instant, and the phenomena which exist at the succeeding instant, there is an invariable order of succession; and, as we said in speaking of the general uniformity of the course of nature, this web is composed of separate fibres; this collective order is made up of particular sequences, obtaining invariably among the separate parts. To certain facts, certain facts always do, and, as we believe, will continue to, succeed. The invariable antecedent is termed the cause; the invariable consequent, the effect. And the universality of the law of causation consists in this, that every consequent is connected in this manner with some particular antecedent, or set of antecedents. Let the fact be what it may, if it has begun to exist, it was preceded by some fact or facts, with which it is invariably connected. For every event there exists some combination of objects or events, some given concurrence of circumstances, positive and negative, the occurrence of which is always followed by that phenomenon. We may not have found out what this concurrence of circumstances may be; but we never doubt that there is such a one, and that it never occurs without having the phenomenon in question as its effect or consequence. On the universality of this truth depends the possibility of reducing the inductive process to rules. The undoubted assurance we have that there is a law to be found if we only knew how to find it, will be seen presently to be the source from which the canons of the Inductive Logic derive their validity.

§3. It is seldom, if ever, between a consequent and a single antecedent, that this invariable sequence subsists. It is usually between a consequent and the sum of several antecedents; the concurrence of all of them being requisite to produce, that is, to be certain of being followed by, the consequent. In such cases it is very common to single out one only of the antecedents under the denomination of Cause, calling the others merely Conditions" (Mill 1872 [1842]).

Im Unterschied zu Hume spricht Mill hier jedoch nicht von *der* Ursache einer Wirkung, sondern von „several antecedents", also einem ganzen Bedingungskomplex, von dem für gewöhnlich *eine* der Bedingungen als Ursache benannt wird. Mit Blick auf diese Ausführungen Mills sei hier noch John L. Mackie angeführt, der im Anschluss an Hume und Mill eine der elaboriertesten Ausformulierungen der Regularitätsthese im 20. Jahrhundert geliefert hat. Mackie entwickelt seinen Kausalbegriff zunächst in (Mackie 1965) und überarbeitete diesen anlässlich der Kritik Jeagwon Kims (Kim 1971) in *The Cement of the Universe* (Mackie 1980 [1974]). Mackie bezieht sich auf Mills Hinweis auf die Pluralität von Ursachen und fasst Ursachen ebenso als Bedingungskomplexe auf. Darüber hinaus wendet er sich insbesondere gegen die weitläufig verbreitete Ansicht, dass eine Ursache ein Ereignis ist, das notwendig und hinreichend für das Eintreten einer Wirkung ist. Mackie (Mackie 1965, 245) verdeutlicht dies am Beispiel eines Hausbrandes, der, so wird von den Experten, die mit der Ermittlung der Brandursache beauftragt sind, gesagt, durch einen Kurzschluss verursacht wurde. In diesem Fall kann nicht davon gesprochen werden, dass der Kurzschluss eine notwendige Bedingung für den Brand des Hauses war. Ebenso hätte dieser etwa durch das Umstürzen eines brennenden Ölofens ausgelöst werden können. Andererseits kann aber auch nicht davon gesprochen werden, dass der Kurzschluss alleine hinreichend für den Brand war. Denn wäre kein entzündliches Material zugegen gewesen oder wäre eine entsprechende Sprinkleranlage installiert gewesen, wäre der Brand trotz des Kurzschlusses nicht ausgebrochen. Nach Mackie handelt es sich in diesem Fall um einen ganzen Bedingungskomplex, der ursächlich für den Brand war. Andererseits hätte der Brand aber auch auf völlig andere Weise eintreten können. Der vorgeschlagene Bedingungskomplex kann daher nicht als notwendig für einen Hausbrand angesehen werden, da er nur einen von mehreren möglichen Bedingungskomplexen darstellt, die den Brand hätten verursachen können:

> „The short-circuit which is said to have caused the fire is thus an indispensable part of a complex sufficient (but not necessary) condition of the fire. In this case, then, the so-called cause is, and is known to be, an insufficient but necessary part of a condition which is itself unnecessary but sufficient for the result. The experts are saying, in effect, that the short-circuit is a condition of this sort, that it occured, that the other conditions which conjoined with it from a sufficient condition were also present, and that no other sufficient condition of the house's catching fire was present on this occasion. I suggest that when we speak of the cause of some particular event, it is often a condition of this sort that we have in mind" (ebd., 246).

Gemäß diesem Vorschlag ist das, was wir allgemein als Ursache bezeichnen ein nicht hinreichender, aber notwendiger Teil einer komplexen Bedingung, die selbst als ganze nicht notwendig, aber hinreichend ist für die Wirkung. Für einen solchen Bedingungskomplex prägte Mackie den Ausdruck INUS-Bedingung, wobei INUS dementsprechend das Akronym für *insufficient but necessary part of an unnecessary but sufficient condition* ist. Diese wird von Mackie abstrakt so definiert: „*A* is an INUS condition of a result *P* if and only if, for some *X* and for some *Y*, (*AX* or *Y*) is a necessary and sufficient condition of *P*, but *A* is not a sufficient condition of *P* and *X* is not a sufficient condition of *P*" (ebd.). Mackie präzisiert damit Humes Regularitätstheorie, mit der er sich im ersten Kapitel von *The Cement of the Universe* intensiv auseinandersetzt, weiter, indem er darauf verweist, dass *relevante* Umstände betrachtet werden müssen. Dabei geht es auch Mackie um Kausalität zwischen Typen von Ereignissen, nicht zwischen Einzelereignissen. Eine zentrale Frage, die sich daran anschließt, ist die, wann welche Ereignisse denn zum selben Typus gehören. Dies wiederum ist abhängig vom jeweiligen Interesse.

Bemerkenswert ist neben den INUS-Bedingungen aber auch der Begriff des kausalen Feldes, den Mackie unter Berufung auf John Anderson einführt (ebd., 248ff.). Dieser soll es ermöglichen zwischen bloßen Bedingungen und tatsächlichen Ursachen eine Unterscheidung treffen zu können. Das kausale Feld kann als eine Art Kontrastklasse betrachtet werden, da es sozusagen immer in Hinblick auf einen Unterschied zu bestimmen ist. Dabei hängt es nach der Konzeption Mackies vom jeweiligen fragenden Subjekt ab, welche Umstände zum kausalen Feld zu rechnen sind und welche zu den Ursachen. Mackie erläutert den Begriff des kausalen Feldes näher am Beispiel der Frage nach der Ursache von Influenza (ebd., 249). Fragt man nach der Ursache dieser Erkrankung *beim Menschen*, so könnte man das entsprechende Influenza-Virus als Ursache angeben. Nun bricht die Krankheit aber nicht bei jedem aus, der sich mit dem Virus infiziert. Fragt man danach, was die Krankheit *bei den Trägern des Virus* auslöst, so wechselt man in Mackies Terminologie das kausale Feld. Dieses ist somit immer abhängig vom jeweiligen Interesse und den betrachteten Umständen.

> „In all such cases, the cause is required to differentiate, within a wider region in which the effect sometimes occurs and sometimes does not, the sub-region in which it occurs: this wider region is the causal field" (ebd.).

Mackie spezifiziert den Begriff des kausalen Feldes später (Mackie 1980 [1974], 35ff.), um damit tatsächliche Ursachen von anderen Bedingungen unterscheiden zu können. So könnte man die Geburt eines an Influenza erkrankten Patienten natürlich als eine Bedinung für sein späteres Erkranken ansehen. Wenn aber an seiner Heilung und dem Auffinden eines Gegenmittels Interesse besteht, dann wäre dies ein unterinteressanter Teil des Ursachenkomplexes. So gesehen müsste man die gesamte Geschichte des Universums – oder zumindest weite Teile davon – angeben, wollte man einen vollständigen Bedingungskomplex angeben. Darüber hinaus müssten auch alle möglichen, aber nicht eingetretenen Gegenursachen genannt werden – hier etwa eine nicht vorhandene Impfung. Sehr viele Bedingungen werden also schon (meist stillschweigend) unterstellt, wenn wir die Frage nach der Ursache eines Ereignisses stellen. Damit wird zunächst das kausale Feld abgesteckt und anschließend innerhalb dessen nach den INUS-Bedingungen gesucht.

3.3.2 Kontrafaktisches Kausalverständnis

In seiner *Untersuchung über den menschlichen Verstand* gelangt David Hume neben der angeführten, auf Regularität gründenden Bestimmung des Ursachebegriffs zu folgender weiteren Fassung und glaubt (irrtümlicherweise) damit eine Umformulierung seiner Regularitätsthese gefunden zu haben. Er schreibt im zweiten Teil seiner Abhandlung: „[W]e may define a cause to be *an object, followed by another, and where all the objects similar to the first are followed by objects similar to the second.* Or in other words *where, if the first object had not been, the second never had existed*" (Hume 1998 [1748], 75). Weiter ausgeführt hat Hume diesen Gedanken jedoch nicht. Und es ist kaum verwunderlich, dass dieser Ansatz bei Empiristen wenig Beachtung fand, bedenkt man, dass Kontrafaktuale einer empirischen Untersuchung nicht zugänglich sind. Allerdings wurde diese Passage häufig aufgegriffen und dient auch David Lewis als Einstieg für seine Ausarbeitung eines kontrafaktischen Kausalbegriffs (Lewis 1973), der eine weitschweifige Diskussion nach sich gezogen hat. Für Lewis ist ein Ereignis U dann eine Ursache einer Wirkung W, wenn von der Ursache U eine kausale Kette von Ereignissen zur Wirkung W führt und all diese Ereignisse kausal voneinander abhängig sind, wobei diese kausale Abhängigkeit als kontrafaktische Abhängigkeit zu verstehen ist. Kontrafaktische Abhängigkeit (zwischen Propositionen) bedeutet dabei Folgendes: Betrachten wir die Frage, ob eine Krankheit X eine monogenetische Ursache im Vorhandensein eines Gens G hat:

Proposition A: Person X hat Gen G.

Proposition B: Person X hat Krankheit K.

Proposition C: Wenn Person X Gen G hat, dann hat sie auch
                      Krankheit K.

Proposition D: Hätte Person X nicht Gen G gehabt, dann hätte sie
                      auch Krankheit K nicht gehabt.

Wie lässt sich überprüfen, ob dies der Fall ist? Lewis entwirft hierfür eine Mögliche-Welten-Semantik, um somit die Wahrheitsbedingungen von Kontrafaktualen angeben zu können. Diese Proposition ist in zwei Fällen wahr. Zum einen ist sie dann wahr, wenn A nicht wahr ist, also wenn es falsch ist, dass Person X Gen G hat – nach Lewis Konzeption: wenn es keine mögliche Welt gäbe, in der Person X Gen G hat. Dieser Fall wird als trivialerweise wahr bezeichnet und ist daher uninteressant. Ferner ist diese Präposition jedoch auch dann wahr, wenn es eine mögliche Welt gibt, in der Person X Gen G hat, in der Person X auch Krankheit K hat und die unserer Welt ähnlicher ist als jede andere Welt, in der Person X Gen G hat aber nicht Krankheit K.[187] Der Begriff der Ursache ist damit eng verknüpft mit der Vorstellung, dass etwas einen Unterschied macht, was wiederum sehr gut durch Kontrafaktuale ausgedrückt werden kann: „We think of a cause as something that makes a difference, and the difference it makes must be a difference from what would have happened without it" (ebd., 557). Ein solcher Kausalitätsbegriff steht Hempels Vorschlag recht nahe. Denn bei genauerer Betrachtung beinhaltet auch schon der Begriff der Gesetzesartigkeit im engeren Sinne eine Kontrafaktizitätsbehauptung. Um nämlich gesetzesartige, d.h. nomische von bloß akzidentellen Generalisierungen unterscheiden zu können wird genau darauf zurückgegriffen, dass wenn U nicht eingetreten wäre, W nicht stattgefunden hätte. D.h. wenn U und W zwei distinkte mögliche Ereignisse sind, dann hängt W genau dann kausal von U ab, wenn, falls U auftritt auch W auftritt und falls U nicht auftritt, dann auch W ausbleibt.[188]

Problematisch ist diese Explikation des Kausalbegriffs jedoch aus mehreren Gründen. Zum einen herrscht bis heute keine Einigkeit darüber, was die Wahr-

---

[187] Tatsächlich geht es Lewis zwar um Ereignisse, nicht um Propositionen, doch kann der Übergang von Propositionen zu Ereignissen problemlos durch einfache Zuordnung vollzogen werden.

[188] Dies schließt jedoch nicht aus, dass die Wirkung W auch durch eine andere Ursache U' herbeigeführt werden kann. Dies auszuschließen führt in der Praxis empirischer Wissenschaften häufig zu großen Schwierigkeiten.

heitsbedingungen kontrafaktischer Konditionalsätze sind. Der Begriff der Ähnlichkeit wird von Lewis nicht befriedigend geklärt bzw. er gibt kein Kriterium dafür, wie sich entscheiden lässt, welche von zwei möglichen Welten, die sich von unserer in nur einem Merkmal unterscheiden, unserer ähnlicher ist. Dies kann an Quines Überlegungen zu Konditionalen in *Methods of Logic* (Quine 1982 [1950], 21 ff.) verdeutlicht werden. Quine fragt sich was wäre, wenn Bizet und Verdi Landsleute gewesen wären:

> „If Bizet and Verdi had been compratiots, Bizet would have been Italian;
> If Bizet and Verdi had been compratiots, Verdi would have been French"
> (ebd., 23).

Welche dieser beiden möglichen Welten wäre unserer nun ähnlicher und anhand welcher Kriterien ließe sich das entscheiden? In der empirischen Wissenschaft wird freilich nicht auf mögliche Welten Bezug genommen. Stattdessen werden diese in gewisser Weise simuliert, indem in Versuchsanordnungen Kontrollgruppen geschaffen werden, die sich von der Experimentalgruppe nach Möglichkeit lediglich in einer einzigen Variable unterscheiden – nämlich der zu untersuchenden. Dabei wird allerdings nicht ein Einzelereignis erklärt, sondern Prozesse zwischen Gruppen als Abstrakta.

Zum anderen ist dieser Kausalbegriff aber auch problematisch, da damit i.d.R. mehr benannt ist als das, was wir gemeinhin als Ursache anführen würden, da die Verursachungsrelation transitiv ist. Dies bedeutet, dass, wenn A die Ursache von B ist und B die Ursache von C, dann ist auch A die Ursache von C. So wird hier die gesamte Kausalgeschichte des zu erklärenden Ereignisses oder Phänomens als Ursache aufgefasst. Dies beinhaltet, dass damit etwa auch die Verschmelzung der elterlichen Gameten als Ursache der Krankheit X angeführt werden müsste, denn ohne diesen Prozess wäre die Person gar nicht Träger des Gens G geworden. Ferner kommt Kontrafaktizität nicht in der Welt vor. Sie ist damit empirischen Untersuchungen nicht zugänglich.

3.3.3 Interventionistisches Kausalverständnis

Hier könnte nun folgendermaßen argumentiert werden: Um eine Kausalerklärung eines Ereignisses geben zu können, müsste man kontrafaktische Konditionale ableiten können, was jedoch nicht möglich ist. Insofern wären wir nicht zu Kausalerklärungen legitimiert. Wir könnten uns lediglich „auf das Beobachten und Registrieren von Koinzidenzen beschränken, würden viel über das *post hoc* lernen, aber nichts über das *propter hoc*" (Keil 1993, 374). Kausalität lässt sich jedoch auch anders bestimmten, nämlich über die Bezugnahme auf menschliches Handeln, wie dies der interventionistische Kausalbegriff versucht. Kerngedanke ist hierbei, dass ein Ereignis U dann Ursache einer Wirkung W ist, wenn durch Manipulation von U eine Änderung von W herbeigeführt werden kann. Auch dieser Gedanke geht bereits auf David Hume zurück und wurde im 20. Jahrhundert insbesondere von Georg Hendrik von Wright und später prominent von James Woodward aufgegriffen. Von Wright wendet sich gegen Hempel, indem er aufzeigt, dass es Verwendungsweisen des Ursachebegriffs gibt, die sich nicht mit dem Gesetzesschema von Erklärungen fassen lassen (von Wright 2000 [1971], 27). Er zeigt die begriffliche Abhängigkeit des Kausalbegriffs vom Handlungsbegriff auf und interpretiert den Kausalbegriff in der Folge handlungstheoretisch:

> „Ich schlage nun vor, wie folgt zwischen Ursache und Wirkung mit Hilfe des Begriffs der Handlung zu unterscheiden: *p* ist eine Ursache relativ auf *q* und *q* ist eine Wirkung relativ auf *p* dann und nur dann, wenn wir dadurch, daß wir *p* unterdrücken, *q* beseitigen oder am Zustandekommen hindern könnten. Im ersten Fall ist der Ursache-Faktor eine hinreichende, im zweiten Fall ist er eine notwendige Bedingung des Wirkungs-Faktors" (ebd., 72).

In diesem Primat des Handelns lässt sich eine gewisse Übereinstimmung mit den Grundüberlegungen der methodischen Philosophie erkennen (Keil 1993, 377 FN 10). Keil schließt sich hier der Überzeugung von Wrights an, dass Kausalverknüpfungen keine natürlichen Gegenstände, sondern Abstraktionen sind. Sie sind nicht in der Welt vorfindbar, es gibt keinen ‚causal glue'. Kausale Verbindungen sind „nichts anderes als die Wahrheit des kontrafaktischen Satzes" (ebd., 379). Dies bedeutet allerdings nicht, dass Kausalrelationen subjektivistisch sind. Der Zusammenhang, den von Wright zwischen Kausalität und Handlungen aufzeigt, ist ein begrifflicher, kein ontologischer oder epistemischer. Auch Stephen Toulmin steht dieser Auffassung nahe (Toulmin 1953, 120f.). Zwar habe Kausaliät traditionell eine bedeutende Rolle in philosophischen Abhandlungen über die wissenschaftliche Methode gespielt. Jedoch sei abseits von Logikbüchern und teilzeitphilosophischen Arbeiten von Wissenschaftlern in Fachjournalen der Wissenschaften (und Toulmin bezieht sich hier auf die *physical sciences*), wo der tatsächliche wissenschaftliche Fortschritt stattfinde, von Ursachen und verwandten Begriffen kaum die Rede. Ursachen-Wirkungsbeziehungen seien immer dort relevant, wo es um angewandte Wissenschaften geht, so etwa in den Ingenieurswissenschaften und der Medizin. Mit Blick auf unterschiedliche Alltagsbeispiele, in denen wir von Ursache-Wirkungs-Zusammenhängen sprechen – etwa beim Ansteigen der Körpertemperatur hin zum Fieber, das durch eine Infektion hervorgerufen wird oder beim Einstürzen eines Bahndamms aufgrund einer Unterspühlung des Terrains – kommt Toulmin zu dem Schluss, die Entdeckung einer Ursache bedeutet immer, dass wir damit angeben, was wir unter den gegebenen Umständen geändert werden müsste, damit der in Frage stehende Vorgang anders verlaufen wäre. Wesentlich sei für diese Beispiele jedoch nicht der anthropozentrische Charakter, d.h. die Tatsache, dass es in diesen Beispielen immer darum geht, dass Menschen etwas herbeiführen verändern oder verhindern möchten. Entscheidend sei vielmehr Folgendes:

> „Wherever questions are asked about causes, some event, which may matter to us or may not, has a spotlight turned on it: the investigation of its causes is a scrutiny of its antecedents in order to discover what would have to be different for this sort of thing to happen otherwise – what in the antecedents God or man would need to manipulate in order to alter the spot-lighted event. It is not essential that the search for causes should be anthropocentric; but that it should be *diagnostic*, i.e. focused on the antecedents in some specific situation of some particular event, is essential. People sometimes mystify one by asking what would happen if the order of all physical events were reversed, suggesting that as a result effects would then precede causes. This suggestion misses the point of the notion of cause in particular, its dependence on context. If one puts a steam-engine into reverse, one has to apply the brake at quite a different point in the cycle in order to achieve a given result, e.g. to stop it at top dead centre: in the new context the same pairs of happenings no longer belong together as causes and effects. But the causes are still, necessarily, among the *antecedents* of the effects" (ebd.).

Toulmin sieht darin den Grund dafür, dass der Ursachebegriff in der Physik keine Rolle spielt, in den angewandten Wissenschaften wie den Ingenieurswissenschaften und in der Medizin hingegen von großer Bedeutung ist. Gerade im Hinblick auf die Synthetische Biologie ist auf dieses Kausalverständnis zurückzukommen.

3.3.4 Wahrscheinlichkeitsabhäniges Kausalverständnis

Eine weitere Lesart des Kausalbegriffs ist das wahrscheinlichkeitsabhängige Kausalverständnis. Hierbei wird nicht mehr angenommen, dass eine Ursache eine Wirkung notwendig herbeiführt. Vielmehr wird dasjenige als Ursache eines Ereignisses gesehen, was das Eintreten des Ereignisses wahrscheinlicher macht. Anders formuliert: Wenn ein Ereignis W in der Folge eines Ereignisses U mit höherer Wahrscheinlichkeit eintritt, als wenn U nicht stattgefunden hätte, so wird U als Ursache des Auftretens von W betrachtet. Gerade dieser Kausalbegriff spielt in den empirischen Wissenschaften aus praktischen Gründen eine wichtige Rolle. Denn hier ist man häufig mit der Erklärung von Phänomenen konfrontiert, die keine monokausalen Zusammenhänge erkennen lassen. Aber gerade dann wird es wiederum schwierig, zwischen Korrelationen und Kausalitäten eine sinnvolle Unterscheidung zu treffen. Problematisch ist dieser Ansatz außerdem immer dann, wenn Wahrscheinlichkeit als relative Häufigkeit aufgefasst wird. Deutlich wird dies am Begriff der genetischen Disposition. Liegen etwa bestimmte Veränderungen in den Genen BRCA1 und BRCA2 vor, so hat dies in 60 bis 80 Prozent der Fälle das Auftreten von Brustkrebs zufolge. Diese Mutation führt also nicht notwendig zum Entstehen von Brustkrebs, erhöht aber die Wahrscheinlichkeit für dessen Auftreten erheblich und kann daher im Sinne des wahrscheinlichkeitsabhängigen Kausalbegriffs als Ursache bezeichnet werden. Korrekter wäre es, hier besser von einer Mitursache zu sprechen. Umgekehrt können Personen jedoch auch dann an Brustkrebs erkranken, wenn die genannten Gene keine Veränderungen aufweisen. Es wäre daher verfehlt von *der* Ursache von Brustkrebs zu reden. Allgemein gibt es (nahezu) keine monokausalen Ursache-Wirkungszusammenhänge zwischen Genotyp und Phänotyp.

An dieser Stelle soll auf das Problem der Kategorienbildung hingewiesen werden. Wenn hier davon die Rede ist, dass eine bestimmte Veränderung der Gene BRCA1 und BRCA2 mit einer gewissen Wahrscheinlichkeit zu Brustkrebs führt, wobei Brustkrebs auch dann auftreten kann, wenn diese Veränderung nicht vorliegt, so ist dazu zweierlei zu sagen. Zum einen ist zu fragen, ob es sich vielleicht um unterschiedliche Arten von Brustkrebs handelt. So könnte es ja durchaus sein, dass der Brustkrebs, der infolge von Veränderungen der Gene BRCA1 und BRCA2 auftritt sich qualitativ von demjenigen unterscheidet, der aufgrund anderer Ursachen – etwa anderer genetischer Mutationen – auftritt und dass diese beiden Formen nur aufgrund eines ähnlichen Krankheitsbildes unter dem einheitlichen Begriff „Brustkrebs" zusammengefasst wurden. In diesem Fall würde vielleicht „Brustkrebs

A" mit einer 60- bis 80-prozentigen Wahrscheinlichkeit auf Mutationen in den Genen BRCA1 und BRCA2 folgen, „Brustkrebs B" aber vielleicht niemals. Dies ist aber eine klassifikatorische Frage. Hier muss eine pragmatisch begründete Entscheidung getroffen werden, welcher Krankheitsverlauf welcher Krankheitskategorie zugeschlagen werden soll.

Zum anderen ist hier die Frage nach den Umständen angebracht. Bei derartigen kausalen Zusammenhängen wird im Allgemeinen von einer *ceteris-paribus*-Klausel ausgegangen, d.h. dass die übrigen Umstände unverändert sind. De facto ist dies aber nie der Fall. Da sich keine zwei Organismen exakt gleichen – insbesondere beim Menschen sind die interindividuellen Unterschiede enorm – ist es eine pragmatische Entscheidung, welche Individuen als hinreichend ähnlich betrachtet werden, um begründet eine Kategorie bilden zu können. So wird etwa angenommen, dass das Geschlecht hinsichtlich bestimmter Krankheiten keine (oder eine vernachlässigbare) Rolle spielt, während es für andere Krankheiten ein maßgeblicher Faktor ist. Ähnliches trifft auf Alter, Bewegungs- und Ernährungsgewohnheiten, ethnische Zugehörigkeit oder klimatische Umgebung zu. Bei der Berücksichtigung von immer mehr Faktoren und einer immer genaueren Auflösung der jeweiligen Umstände schrumpft die Kategorie zu einer Klasse mit einem einzelnen Individuum zusammen, womit die wissenschaftliche Aussagekraft wiederum verschwindet. Denn wissenschaftliche Aussagen sollen keine Aussagen über Individuen sein: *De singularibus non scientia est.* Naturwissenschaft zielt ja gerade auf allgemeine Aussagen anstatt auf Aussagen über den Einzelfall – dies tut die Geschichtswissenschaft. Man könnte nun sagen, dass hier allgemeine Prinzipien gewonnen werden sollen, um sie dann – in Kombination – personalisiert auf das Individuum anwenden zu können. Doch auch dieses Argument trägt nicht, denn es ist ja gerade die Gewinnung allgemeiner Prinzipien, die verwehrt bleibt.

3.4 Erklärung anhand von Mechanismen und intentionale Erklärungen

> *It is a question of fact, whether the influence of motives be fixed by laws of nature, so that they shall always have the same effect in the same circumstances.*

> Thomas Reid

Gesetzlichkeit und Kausalität sind jedoch nur zwei Aspekte, die immer wieder im Kontext wissenschaftlicher Erklärungen genannt werden. So möchten wir häufig doch auch erklärt bekommen wie, d.h. auf welche Weise, ein Ereignis oder ein Phänomen zustande kommt. In die Debatte um den Erklärungsbegriff brachte Peter Railton daher 1978 den Begriff des Mechanismus ein (Railton 1978), der vielfach in der Diskussion um den Erklärungsbegriff aufgegriffen wurde und der eng mit dem Kausalbegriff verbunden ist. Später dann, um die Jahrtausendwende, waren es die Arbeiten von Peter Machamer, Lindley Darden und Carl F. Craver, die gemeinsam die These vertraten, dass sich die praktische Arbeit insbesondere in Biologie und Medizin als eine Suche nach Mechanismen ansehen lässt. Allerdings bleibt häufig nur sehr vage bestimmt, was unter einem Mechanismus zu verstehen ist.

Häufig ist es uns zu wenig nur die Ursache dessen anzugeben, was wir als erklärungsbedürftig ansehen. Gerade in den Naturwissenschaften und insbesondere in der Biologie möchten wir gerne wissen auf welche Art und Weise etwas vor sich geht. Wir gehen davon aus, dass es bestimmte Mechanismen in der Natur gibt, die es zu erforschen gilt und deren Kenntnis uns erklärt weshalb dies oder jenes der Fall ist. Glennan etwa argumentiert dafür, dass Mechanismen die notwendige Verbindung zwischen Ursache und Wirkung schaffen – jene Verbindung die Hume nur postulierte (Glennan 1996). Damit ist der Ursachebegriff für ihn vom grundlegenderen Mechanismusbegriff abgeleitet. Die Probleme von gesetzesartigen Erklärungsformen durch die Berufung auf Mechanismen umgehen zu wollen stößt jedoch auch wieder auf Schwierigkeiten. So dürften Naturwissenschaftler nicht die Mechanismen zwischen einzelnen Token interessieren, d.h. nicht die Mechanismen des Zustandekommens einzelner Ereignisse. Sie dürften vielmehr an denjenigen interessiert sein, die auf einer verallgemeinerten Type-Ebene liegen. „Mechanists are interested in descriptions of how kinds of mechanisms work: for instance, what is the mechanism by which neurons signal across synapses? Whatever this mechanism is, there are countless such neurons in organisms on this planet, and those neurons fire countless times" (Glennan 2010, 257). Genau damit handelt man sich wieder das Problem ein, von allgemeinen Regularitäten bzw. Gesetzen sprechen zu müssen. Dies wird auch ersichtlich, wenn man sich die folgenden Bestimmungen des Mechanismusbegriffs anschaut:

> „A mechanism for a behavior is a complex system that produces that behavior by the interaction of a number of parts, where the interactions between parts can be characterized by direct, invariant, *change-relating generalizations* [Hervorheb. DF]" (Glennan 2002).

Ähnlich formulieren auch Peter Machamer et al.:

> „Mechanisms are sought to explain how a phenomenon comes about or how some significant process works. Specifically:
> Mechanisms are entities and activities organized such that they are productive of *regular changes* [Hervorheb. DF] from start or set-up to finish or termination conditions" (Machamer, Darden & Craver 2000, 2f.).

Legt man diese Bestimmungen zugrunde, so wird deutlich, dass der Mechanismusbegriff weiter zu fassen ist als derjenige der klassischen Mechanik.[189] So ist nicht nur

---

[189] Mechanismen sollen hier zwar in einem weiteren Sinne verstanden werden und nicht als auf die klassische Mechanik beschränkt. Im Rahmen dieser Arbeit soll jedoch nicht näher auf den Erklärungsbegriff auf der Ebene von Quantenphänomenen oder Elementarteilchen eingegangen werden. Salmon war der Ansicht, dass auch hier Erklärungen anhand von Mechanismen angeführt werden können. Den Kollaps der Wellenfunktion etwa bezeichnete er als einen Mechanismus. Gleichzeitig gestand er aber zu, dass wir diesen Mechanismus als Mechanismus nicht verstehen: „My basic feeling about explanation in the quantum realm is that it will involve mechanisms, but mechanisms that are quite different from those that seem to work in the macrocosm. Perhaps the crucial mechanism is simply the so-calles *collapse of the wave function*. But I think we must admit, in all candor, that we do not understand that mechanism and that significant numbers of physicists share this view" (Salmon 1989, xii). Die Frage ist jedoch: Mit welcher Berechtigung sprechen wir dann hier noch von „Mechanismen"? Dies kann nur noch metaphorisch gemeint sein. Denn der Begriff des Mechanismus ist aus der lebensweltlichen Erfahrung mit Gegenständen mesokosmischer Dimensionen hervorgegangen.

bei einer mechanischen Uhr von einem Mechanismus zu sprechen, sondern etwa auch bei Handlungen, die in Routinen ablaufen. Wir sprechen etwa von den Mechanismen, die ablaufen, wenn in einer Feuerwache der Alarm ertönt oder von den Mechanismen des Marktes. In einem weiteren Sinne ist unter Mechanismus daher lediglich die Formulierung eines strukturierten Prozesses zu verstehen, der von A zu B führt. Glennan glaubt daher, im Begriff des Mechanismus eine Gemeinsamkeit zwischen historisch-gesellschaftlichen Erklärungen einerseits und naturwissenschaftlichen Erklärungen andererseits benennen zu können:

> „It is certainly true that many or even most explanations given by historians would be historical in my sense: a historian seeking to explain the causes of the rise of Greek city states or the collapse of the British Empire would be providing an explanation of how certain particular events came to occur. But at the same time, people we typically call natural scientists offer explanations that are historical in this same sense; these range from ecological explanations of extinctions to geological explanations of the formation of particular features of a landscape, or astrophysical explanations of the formation of the solar system. What unites these forms of explanation across the natural and human sciences is their narrative character: they provide stories about how something came to pass" (Glennan 2002).

Dennoch ist mit dem Begriff des Mechanismus stets auch eine gewisse Zwangsläufigkeit bzw. Notwendigkeit gemeint. Dies wird von Glennan jedoch relativiert. „Mechanisms behave in regular but not exceptionless ways" (Glennan 2010, 257).[190] Um dies begrifflich fassen zu können spricht er hier von ephemeren Mechanismen, die sich auch bei Erklärungen historischer Art benennen lassen. Als Beispiel für eine solche Generalisierung, die jedoch nicht die Strenge eines Gesetzes aufweist, nennt er die Reaktion von Soldaten auf die Befehle ihres Generals:

> „For instance, if we were to describe how changes in the general's plan led to changes in the position of a regiment on a battlefield, we could appeal to a generalization about how orders from generals affect regiments. When generals order regiments to march, they typically march. But this is no law of nature. It is true only in virtue of the operations of mechanisms of command and control, and these mechanisms can break down in a variety of ways – for instance through garbled communications or mutinies" (ebd., 261).

---

[190] Glennan zitiert an dieser Stelle auch Craver, der von „mechanistically fragile generalizations" spricht.

Ein solcher Mechanismusbegriff ist durchaus auch verträglich mit (bio)semiotischen Erklärungen. Und Hoffmeyer etwa versucht ja gerade den eigenständigen Wert semiotischer Beschreibungen in der Biologie in Analogie zur Beschreibung eines historischen Ereignisses, das er als Ursache-Wirkungs-Zusammenhang begreift, nämlich dem Ausbruch des ersten Weltkriegs als Folge der Schüsse auf den Erzherzog Franz Ferdinand, zu verdeutlichen (Hoffmeyer 1996b, 46).

3.5 Erklärung durch Vereinheitlichung

> *People are always asking for the latest developments in the unification of this theory with that theory, and they don't give us a chance to tell them anything about one of the theories that we know pretty well. They always want to know things that we don't know.*
>
> Richard Feynman

Können die Versuche den Erklärungsbegriff über kausale Zusammenhänge und Mechanismen zu explizieren als sehr wirkmächtig angesehen werden, so darf an dieser Stelle nicht unerwähnt bleiben, dass der Erklärungsbegriff auch auf andere Weise bestimmt wurde, nämlich über den Begriff der Vereinheitlichung. Die beiden elaboriertesten Ansätze hierzu stammen aus den 1970er und 1980er Jahren von Michael Friedman und Philip Kitcher.[191] Kerngedanke ist hierbei, dass es in der Wissenschaft nicht immer nur um die Erklärung (singulärer) Ereignisse geht. Eine wichtige Rolle kommt dem Entwerfen ganzer Theorien zu. Diese müssen aber nicht nur einzelne Ereignisse erklären können. Ihr explanativer Wert bemisst sich gerade daran, dass eine Theorie möglichst viele verschiedene Ereignisse erklären kann, also einen möglichst hohen Allgemeinheitsgrad besitzt, womit die kohärenzstiftende Funktion von Erklärungen betont wird, die bei pragmatischen und kausalen Erklärungskonzeptionen kaum berücksichtigt wird. Newton gelang eine Vereinheitlichung innerhalb der Physik, indem er sowohl die Himmelsmechanik als auch die Bewegung von terrestrischen Körpern anhand derselben Prinzipien erklärte. Die

---

[191] Andeutungsweise, wenn auch weder priorisiert noch elaboriert, findet sich dieser Gedanke auch schon bei Hempel, wenn er zu verstehen gibt, „[...] a worthwhile scientific theory explains an empirical law by exhibiting it as one aspect of more comprehensive underlying regularities, which have a variety of other testable aspects as well, i.e., which also imply various other empirical laws. Such a theory thus provides a systematically unified account of many different empirical laws" (Hempel 1965a, 444).

Anziehungsbewegungen wurden durch dasselbe Set von Gesetzen erklärt. Ein weiteres Beispiel sind die Mendel'schen Gesetze, die es erlauben die Verteilung sehr unterschiedlicher Merkmale innerhalb einer Population über Dominanz und Rezessivität von Merkmalen zu erklären. Klärner fasst den Grundgedanken des Vereinheitlichungsansatzes so zusammen: „Erklärungen haben die Funktion, unser Bild von der Welt zu vereinfachen, zu systematisieren, die verschiedenen Phänomene, die wir beobachten, in eine einheitliche Gesamtstruktur einzubetten" (Klärner 2003, 65). Dazu, was aber genau unter Vereinheitlichung zu verstehen ist bzw. was vereinheitlicht werden soll, wurden unterschiedliche Vorschläge gemacht.

3.5.1 Vereinheitlichung von Phänomenen

Michael Friedman setzt sich mit dem D-N-Schema auseinander und kritisiert daran, dass es damit zwar gelungen sei eine objektive, d.h. von Personen unabhängige Erklärungskonzeption zu liefern, dass es jedoch nicht gelungen sei anzugeben, was an einer Erklärung uns ein Verstehen der Welt ermöglicht (Friedman 1974, 9). Problematisch ist nach Friedman der starke Fokus auf die Erwartbarkeit bei Hempel. Während diese nach dem *covering-law*-Modell Verstehen gewährleistet, bestreitet Friedman die Gleichsetzung von Verstehen und Erwartbarkeit. Hempels Ansatz zeige hier eine weitere Schwäche. Denn diesem gehe es prinzipiell um die Erklärung von Einzelereignissen. An der Erklärung von Regularitäten scheitert er jedoch – Regularitäten sind nicht zu erwarten, aber gerade Regularitäten sind zumeist Gegensand des wissenschaftlichen Erklärungsinteresses. Hier bietet Friedmans Ansatz eine Lösung an. Als Beispiel wählt er die bereits in Teil I der vorliegenden Arbeit thematisierte kinetische Gastheorie. Hier werden unterschiedliche Verhaltensweisen von Gasen, d.h. unterschiedliche Phänomene auf wenige vereinheitlichende Prinzipien zurückgeführt. Vor der Entwicklung der kinetischen Gastheorie schienen drei Phänomene, die durch unterschiedliche Gesetze beschrieben werden konnten, völlig unabhängig voneinander zu sein. Erst mit der Entwicklung der kinetischen Gastheorie, die das Verhalten von Gasen auf das Verhalten von Atomen, aus denen Gase bestehen, redurierte, konnten diese auf eine einheitliche Basis zurückgeführt werden:

> „Consider a typical scientific theory – e.g., the kinetic theory of gases. This theory explains phenomena involving the behavior of gases, such as the fact

that gases approximately obey the Boyle Charles law, by reference to the behavior of the molecules of which gases are composed. For example, we can deduce that any collection of molecules of the sort that gases are, which obeys the laws of mechanics will also approximately obey the Boyle-Charles law. How does this make us understand the behavior of gases? I submit that if this were all the kinetic theory did we would have added nothing to our understanding. We would have simply replaced one brute fact with another. But this is not all the kinetic theory does – it also permits us to derive other phenomena involving the behavior of gases, such as the fact that they obey Graham's law of diffusion and (within certain limits) that they have the specific heat capacities that they do have, from the same laws of mechanics. The kinetic theory effects a significant unification in what we have to accept. Where we once bad three independent brute facts that gases approximately obey the Boyle-Charles law, that they obey Graham's law, and that they have the specific-heat capacities they do have – we now have only one – that molecules obey the laws of mechanics" (ebd., 14f.).

Das ist aber nur der eine Teil. Darüber hinaus erlaubt es uns die kinetische Gastheorie, Phänomene miteinander in Verbindung zu bringen, die auf den ersten Blick völlig unterschiedlich sind.

„Furthermore, the kinetic theory also allows us to integrate the behavior of gases with other phenomena, such as the motions of the planets and of falling bodies near the earth. This is because the laws of mechanics also permit us to derive both the fact that planets obey Kepler's laws and the fact that falling bodies obey Galileo's laws. From the fact that all bodies obey the laws of mechanics it follows that the planets behave as they do, falling bodies behave as they do, and gases behave as they do. Once again, we have reduced a multiplicity of unexplained, independent phenomena to one. I claim that this is the crucial property of scientific theories we are looking for; this is the essence of scientific explanation – science increases our understanding of the world by reducing the total number of independent phenomena that we have to accept as ultimate or given. A world with fewer independent phenomena is, other things equal, more comprehensible than one with more" (ebd., 15).[192]

Man kann Friedmans Ansatz dahingehend als global bezeichnen, als er klar macht, dass die wissenschaftliche Erklärung eines Phänomens nicht isoliert betrachtet werden darf. Friedman zufolge geht es in wissenschaftlichen Erklärungen nicht um

---

[192] Friedman liefert auch eine formale Explikation seines Entwurfes, die im vorliegenden Kontext nicht weiter von Interesse ist. Sie zeigt aber, dass Friedman, wie Hempel, davon ausgeht, dass Pänomene in gesetzesartige Aussagen überführt werden müssen.

Einzelereignisse, sondern ganz allgemein um Phänomene, die für gewöhnlich einer bestimmten Regelhaftigkeit oder gar einer Gesetzmäßigkeit folgen.[193] Friedmans Lösungsvorschlag ist hier der des Zurückführens, d.h. der Reduktion:

> „On the view of explanation that I am proposing, the kind of understanding provided by science is global rather than local. Scientific explanations do not confer intelligibility on individual phenomena by showing there to be somehow natural, necessary, familiar, or inevitable. However, our over-all understanding of the world is increased; our total picture of nature is simplified via a reduction in the number of independent phenomena that we have to accept as ultimate. [...] However, attention to the global aspects of explanation – the relation of the phenomena in question to the total set of accepted phenomena – allows one to dispense with any special epistemological status for the phenomenon doing the explaining. As long as a reduction in the total number of independent phenomena is achieved, the basic phenomena to which all others are reduced can be as strange, unfamiliar, and unnatural as you wish – even as strange as the basic facts of quantum mechanics" (ebd., 18).

Ein kohärentes Weltverständnis – und man könnte auch sagen Weltbild –, das aus möglichst wenigen Basisphänomenen besteht auf die alle anderen zurückgeführt werden können, ist nach Friedman Ziel des wissenschaftlichen Verstehens. Allerdings geht es ihm nicht darum, die zu erklärenden Phänomene auf *bekannte* oder *vertraute* Phänomene zu reduzieren.[194] Die Phänomene auf die reduziert wird können völlig nichtintuitiv sein und ihnen muss auch kein „special epistemological status" zugewiesen werden, wie dies bei anderen Ansätzen für das erklärende Phänomen der Fall ist.[195] Die erklärenden Phänomene müssen es lediglich erlauben auf einen umfassenderen Gegenstandsbereich anwendbar zu sein.

> „We don't simply replace one phenomenon with another. We replace one phenomenon with a *more comprehensive* phenomenon, and thereby effect a reduction in the total number of accepted phenomena. We thus genuinely increase our understanding of the world" (ebd., 19).

---

[193] Da nach Friedmans Ansatz ausschließlich Regularitäten in Form von gesetzesartigen Aussagen erklärt werden können, finden induktiv-statistische Erklärungen in diesem Konzept keinen Platz.

[194] Auch Hempel kritisierte im Kapitel *Explanation vs. Reduction to the Familiar* diese Form der Erklärung durch Zurückführen von Unbekanntem auf Bekanntes (Hempel 1965a, 430ff.). Ebenso Stegmüller, der diese Form der Erklärung als „psychologisch verständlich, aber trotzdem wissenschaftlich unhaltbar" (Stegmüller 1969, 131) erachtet.

[195] Hierauf wird in den folgenden Kapiteln 3.9 und 3.10, in denen der Modellbegriff thematisiert wird, noch näher einzugehen sein.

Doch auch wenn sich Friedman explizit gegen das *covering-law*-Modell wendet, in einigen Punkten bleibt er Hempels Vorschlag doch sehr nahe. Denn auch Friedman geht davon aus, dass sich die zu untersuchenden Phänomene durch (gesetzesartige) Propositionen repräsentieren lassen.

3.5.2 Vereinheitlichung von Argumentationsmustern

Einen etwas anderen und weitaus elaborierteren Ansatz verfolgt Philipp Kitcher, der mit seinem Vereinheitlichungsansatz ebenfalls das *covering-law*-Modell kritisiert und versucht es weiterzuentwickeln, um dessen Mängel zu beheben. Zwar verfolgt auch Kitcher einen reduktiven Ansatz. Doch geht es ihm im Gegensatz zu Friedman nicht um die Reduktion der Basisphänomene, die zur Erklärung herangezogen werden, sondern um die Anzahl der erklärenden Argumentationsmuster. Und darin sieht er auch einen wissenschaftlichen Fortschritt begründet:

> „Science advances our understanding of nature by showing us how to derive descriptions of many phenomena, using the same patterns of derivation again and again, and, in demonstrating this, it teaches us how to reduce the number of types of facts we have to accept as ultimate (or brute) [kursiv im Original]" (Kitcher 1989, 432).

Auch für Kitcher sind, wie für Hempel, wissenschaftliche Theorien und Erklärungen Aussagenmengen und Erklären bedeutet das zu Erklärende aus einer Reihe von Annahmen abzuleiten. Ausgangspunkt für Erklärungen bildet nach Kitcher ein Korpus K von (allgemein akzeptierten) Überzeugungen, die es zu systematisieren gilt, wobei unterschiedliche Systematisierungen mit einem unterschiedlichen Grad an Vereinheitlichung möglich sind. Aus diesem Korpus K von Überzeugungen, die sich als Sätze formulieren lassen, lassen sich wiederum Gesetze ableiten. Aus dem Korpus K muss ein sogenannter „explanatory store" (E)K identifiziert werden. Dieser besteht aus einem Set von Argumentationsmustern, aus denen eine Erklärung abgeleitet wird. Je weiter (E)K den Korpus K vereinheitlicht, umso besser ist die Erklärung.

Zur Ausführung seines Vorschlags führt Kitcher eine eigene Terminologie ein. Demnach lassen sich die allgemeinen Argumentationsmuster wissenschaftlicher Theorien folgendermaßen fassen: Ein allgemeines Argumentationsmuster besteht aus einem schematischen Argument, d.h. einer Abfolge schematischer Sätze. Dies sind solche Sätze, in denen nichtlogische Terme (zumindest z.T.) durch Variablen ersetzt werden. *Ersetzungsanweisungen* geben Aufschluss darüber, wie die nichtlogischen Ausdrücke zu ersetzen sind. Damit wird festgelegt, welche konkreten Aussagen aus den schematischen Sätzen gebildet werden können. In einer *Klassifikation* der Anweisungen wird festgelegt, welche der Sätze als Prämissen bzw. welche als Ableitungsregeln der Argumente gelten. Für eine Vereinheitlichung müssen sich die Argumente (= Aussagenfolgen) auf möglichst wenige Argumentschemata oder Argumentationsmuster reduzieren lassen: „[A] theory unifies our beliefs when it provides one (or more generally, a few) pattern(s) of argument which can be used in the derivation of a large number of sentences which we accept" (Kitcher 1981, 514). Vereinheitlichung wird nach Kitcher also dadurch erreicht, dass ein bestimmtes Argumentationsmuster auf verschiedene Phänomene angewendet werden kann. Wie aber sehen diese aus?

> „To grasp the concept of explanation is to see that if one accepts an argument as explanatory, one is thereby committed to accepting as explanatory other arguments which instantiate the same pattern.
> To say that members of a set of arguments instantiate a common pattern is to recognize that the arguments in the set are similar in some interesting way" (ebd., 206).

Wie dies zu verstehen ist verdeutlicht Kitcher an zwei prominenten Beispielen: dem Newton'schen Programm und der Darwin'schen Evolutionstheorie. Newton habe gezeigt, wie sich eine Vielzahl akzeptierter Sätze anhand eines einzigen Argumentmusters (Basisgesetze) herleiten lassen. Darwin wiederum verwies auf die Erklärungskraft seiner Theorie, ohne auch nur ein einziges biologisches Phänomen vollständig herleiten zu können (ebd., 204f.). Die Erklärungskraft seiner Theorie lag vielmehr darin, dass seine Evolutionstheorie die Vereinheitlichung einer Unzahl biologischer Phänomene versprach:

> „The answer lies in the fact that Darwin's evolutionary theory promises to unify a host of biological phenomena [...]. The eventual unification would consist in derivations of descriptions of these phenomena which would instantiate a common pattern. When Darwin expounds his doctrine what he offers us is the pattern. Instead of detailed explanations of the presence of some particular trait in some particular species, Darwin presents two ‚imaginary examples‘ [...] and a diagram, which shows, in a general way, the evolution of species *represented by schematic letters* [...]. In doing so, he exhibits a pattern of argument, which, he maintains, can be instantiated, *in principle*, by a complete and rigorous deri-

vation of descriptions of the characteristics of any current species. The derivation would employ the principle of natural selection – as well as premises describing ancestral forms and the nature of their environment and the (unknown) laws of variation and inheritance. In place of detailed evolutionary stories, Darwin offers *explanation-sketches*. By showing how a particular characteristic would be advantageous to a particular species, he indicates an explanation of the emergence of that characteristic in the species, suggesting the outline of an argument instantiating the general pattern.
From this perspective, much of Darwin's argumentation in the *Origin* (and in other works) becomes readily comprehensible. Darwin attempts to show how his pattern can be applied to a host of biological phenomena. He claims that, by using arguments which instantiate the pattern, we can account for analogous variations in kindred species, for the greater variability of specific (as opposed to generic) characteristics, for the facts about geographical distribution, and so forth" (ebd., 514f.).

Später arbeitete Kitcher seinen Vorschlag noch weiter aus, versah ihn mit weiteren Beispielen und setzte sich mit den zahlreichen Einwänden auseinander, die ihm entgegengehalten worden waren. Als eines der Beispiele, die Kitcher ausführt, sei hier die Entwicklung der Genetik von Mendel bis Watson genannt. Nach Kitcher ging es der klassischen Genetik um Fragen wie die Verteilung von Merkmalen in nachfolgenden Generationen, deren Erwartbarkeit, die Wahrscheinlichkeit ihres Auftretens etc. Solche Fragen beantwortete die klassische Genetik zunächst indem sie Hypothesen über die relevanten Gene und deren phänotypischen Effekte und die Verteilung der resultierenden Merkmale über die Generationen hinweg aufstellte. Soweit die allgemeine Idee, die sich mit der Fortentwicklung der Genetik in unterschiedlichen Ausformungen allgemeiner Argumentationsmuster niederschlägt, die es gestatten zuvor widerspenstigen Problemen beikommen zu können. Auch Kitchers Ansatz kann als global bezeichnet werden, da eine Bewertung von Erklärungen stets einen Blick auf einen weiteren Kontext erfordert und insofern er Wissenschaft nicht als Unternehmen vieler unverbundener Argumente begreift. Stattdessen spricht er von einem „explanation store", der nach Bedarf angezapft werden kann:

„On both the Hempelian and the causal approaches to explanation, the explanatory worth of candidates – whether derivations, narratives, or whatever – can be assessed individually. By contrast, the heart of the view that I shall develop in this section (and which I shall ultimately try to defend) is that successful explanations earn that title because they belong to a set of explanations, the explanatory store, and that the fundamental task of a theory of explanation is to specify the conditions on the explanatory store. Intuitively, the explanatory store associated with science at a particular time contains those derivations which collectively provide the best systematization of our beliefs. Science supplies us with explanations whose worth cannot be appreciated by considering them one-by-one but only by seeing how they form part of a systematic picture of the order of nature" (Kitcher 1989, 430).

Was hier also vorgeschlagen wird ist eine Suche nach immer allgemeineren Prinzipien, die einen immer größeren Phänomenbereich abdecken können. An dieser Stelle besteht allerdings die Gefahr, dass irgendwann aber eine Beliebigkeit eintritt. Eine Theorie, die alles erklärt, erklärt letzlich gar nichts. Eine weitere gewichtige Schwierigkeit dieses Ansatzes besteht darin, ein Maß für die Vereinheitlichung anzugeben, was Kitcher nicht leistet.

Diese beiden Ansätze den Erklärungsbegriff zu explizieren – der kausale bzw. mechanistische Ansatz und der Vereinheitlichungsansatz – sind eher komplementär als exklusiv zu betrachten. Schaffner, ein Proponent kausaler Erklärungen, lehnt den Vereinheitlichungsansatz nicht prinzipiell ab. Allerdings hat dieser für ihn nur heuristischen Wert und vorläufigen Charakter, zumindest hinsichtlich prinzipiell indeterministischer Systeme wie sie die Quantenmechanik kennt. „In such cases it seems reasonable to appeal to another aspect of explanation and accept as scientifically legitimate BMSs [biomedical systems; DF] which ‚unify' domains of phenomena" (Schaffner 1993, 264). Nicht-kausale Erklärungen sollten für ihn im Allgemeinen lediglich als „provisional surrogates for deeper causal explanations" (ebd.) angesehen werden. Und auch James Woodward sieht beide Konzeptionen miteinander kompatibel. Seiner Ansicht nach kann der Vereinheitlichungsansatz gerade durch eine Vereinigung mit kausalen Erklärungskonzepten eine explanatorische Kraft erhalten (Woodward 2003, Kap. VIII).

3.5.3 Vereinheitlichung und Systematisierung

Eine wiederum andere Argumentation bringt Victor Gijsbers ein, der, anders als Friedman beispielsweise, eine Unterscheidung zwischen Verstehen und Erklären vornimmt (Gijsbers 2013). Gijsbers zufolge wird durch Vereinheitlichung zwar unser Verständnis von der Welt verbessert, jedoch ohne dass damit auch eine Erklärung geliefert würde („understanding without explanation"). Allerdings hebt sein

Verständnis von Erklärung stark auf den Aspekt der Erwartbarkeit und der Prognose ab. Erklärung und Vereinheitlichung seien zwei unterschiedliche Dinge, die seiner Ansicht nach aber beide auf ihre Weise zum Verstehen beitragen. Gijsbers veranschaulicht diesen Punkt anhand des Beispiels der systematisierenden Biologie des 18. Jahrhunderts. Diese habe es nicht nur ermöglicht Voraussagen zu treffen, sondern auch zu wissenschaftlichem Verstehen geführt. Als Beispiel nennt er die Möglichkeit, anhand bestimmter Schädelmerkmale auch einen bislang unbekannten Schädel klassifizieren zu können und auf diese Weise einer bislang unbekannten Spezies Merkmale zusprechen zu können, die für diese Kategorie (etwa warmblütig sein) typisch sind. Dass es sich dabei lediglich um induktive Aussagen handeln kann, tut dem keinen Abbruch. Eine solche Subsumtion wie Gijsbers sie hier beschreibt kann allerdings, wenn überhaupt, bestenfalls in einem sehr schwachen Sinne als eine Erklärung gelten. Und auch der Schluss von Schädelformen auf weitere Eigenschaften ist nur bedingt zulässig. Selbst Gijsbers gesteht zu, dass mit der modernen Biologie diese zunächst nichtkausal miteinander verbundenen Eigenschaften durch die Evolutionstheorie eine kausale Erklärung erhalten haben. „One might object the example that modern biology puts these seemingly not causally connected features of an organism together in an explanatory scheme through the theory of evolution, a theory that *does* make causal claims" (ebd., 520). Es wäre jedoch seiner Ansicht nach verfehlt zu behaupten, dass die systematische Biologie vor ihrer evolutionären Untermauerung nicht zu unserem Verstehen beigetragen hätte, auch wenn sie es quasi nicht erlaubte Prognosen zu formulieren.

3.6 Erklärung und Prognose

*Was heute Prognosen oder Szenarien sind, das
war früher mal das Orakel von Delphi.*

Armin Grunwald

Verläufe prognostizieren zu können erachtet Georg Henrik von Wright gemeinsam
mit der Bereitstellung von Erklärungen als die beiden Hauptzwecke der Theoriebildung (von Wright 2000 [1971], 16). Und lange Zeit war in der Wissenschaftstheorie
allgemein die Annahme populär, dass Erklärung und Prognose zwei quasi symmetrische Aussageformen seien, die sich nur durch ihre Ausrichtung auf der Zeitachse
unterscheiden. D.h. eine Voraussage sei ein Blick von der Gegenwart in die Zukunft, während bei einer Erklärung der Blick von der Gegenwart in die Vergangenheit gerichtet sei. Vertreten wurde diese These insbesondere auch von Hempel. Jede
korrekte Erklärung gemäß des DN-Modells könne unter angemessenen Umständen
auch als Prognose genutzt werden, wie umgekehrt auch eine wissenschaftliche
Prognose, die dem DN-Modell entspräche, unter geeigneten Umständen als DN-
Erklärung genutzt werden könne. Dies drückt sich auch im Begriff der Erwartbarkeit aus, der in Hempels nomischer Konzeption zentral ist und der seiner Ansicht
nach Verstehen begründet. Denn „the argument shows that, given the particular
circumstances and the laws in question, the occurence of the phenomenon *was to be
expected*; and it is in this sense that the explanation enables us to *understand why* the
phenomenon occurred" (Hempel 1965a, 337). Auch Halbach argumentiert im Kontext wissenschaftlichen Erklärens für die Bedeutung der Voraussagefähigkeit von
Theorien. Allerdings begründet er dies, inspiriert vom neopragmatistischen Ansatz
Herbert Stachowiaks damit, dass sich in der Voraussagefähigkeit die Brauchbarkeit
einer Theorie als wichtigstes Gütekriterium zeigt (Halbach 1974, 293).

Diese These von der Gleichförmigkeit von Erklärung und Prognose fand ihre
Kritiker später in Wesley Salmon, Michael Scriven (Scriven 1970), Bas van Fraassen

und anderen.[196] Dass es zwischen Prognosen und Erklärungen einen erheblichen Unterschied gibt zeigt sich etwa bei Indikatoren, die ein Phänomen erwarten lassen, aber keine Erklärung liefern. So kündigen in der Medizin auftretende Symptome häufig den Ausbruch einer Krankheit an – wie die Koplick'schen Flecken den Ausbruch der Masern – sie bieten jedoch keine Erklärung des Auftretens der Krankheit. Auch andere Indikatoren wie der Barometerstand können genutzt werden um Vorhersagen – hier bezüglich des Wetters – zu treffen. Eine Erklärung liefern sie jedoch nur, wenn auch die dahinterstehenden Mechanismen beschrieben werden können.

Eine frühe Kritik dieses Zusammenhangs von Erklärung und Prognose formulierte Stephen Toulmin bereits 1961 in *Foresight and Understanding*. Hierfür wendet Toulmin seinen Blick zurück in die Frühzeit der Astronomie zwischen dem 6. und 4. Jahrhunderts v. Chr. Zu dieser Zeit entstanden in Babylon und bei den Ioniern zwei sehr unterschiedliche Weisen der wissenschaftlichen Sternenkunde. Den Babyloniern gelang es aufgrund ihrer hochentwickelten mathematischen Fähigkeiten meisterhaft bestimmte Himmelsphänomene wie Sonnen- oder Mondfinsternisse zu prognostizieren. Darin waren sie, ebenso wie in ihren Kalenderberechnungen, den Griechen zunächst überlegen. „Aber sie haben all dies erreicht, ohne sich – soweit wir das wissen – irgendwie originelle Vorstellungen über die Natur der Himmelskörper gemacht zu haben" (Toulmin 1968 [1961], 34), sondern allein aufgrund arithmetischer Verfahren. Sie unterteilten die Bewegungen der beobachteten Himmelskörper in unabhängige Variablen, die sich separat berechnen und nach Belieben kombinieren ließen. Mit denselben Verfahrensweisen versuchten sie auch anderen, weniger periodisch ablaufenden Phänomenen wie Erdbeben und Heuschreckenplagen Herr zu werden und scheiterten dabei. Wie sie sich dieses Scheitern erklärten bleibt Toulmin zufolge im Dunkeln, denn „wir haben weder über die Dinge, die sie vorhersagen konnten, noch über die Dinge, die sie nicht vorhersagen konnten, irgend so etwas wie eine Theorie gefunden" (ebd., 35). Die frühen Griechen hingegen zeigten Toulmin zufolge einen erstaunlichen Einfallsreichtum in Bezug auf „Spekulationen, Theorien, Interpretation der Phänomene, und es gibt kaum so etwas wie ‚Vorhersage' – weder im Blick auf die Zukunft noch im Rückblick auf die Vergangenheit" (ebd.). Stattdessen versuchten sie alle Phänomene auf ihnen Ver-

---

[196] Auch nach von Wright ist diese Konzeption kritisierbar, wobei eine solche Kritik bedeutet die „Rolle allgemeiner Gesetze in wissenschaftlichen Erklärungen in Frage [zu] stellen und das Problem auf[zu]werfen, ob Theoriebildung in Naturwissenschaften im wesentlichen dasselbe Unternehmen ist wie Theoriebildung in den human- und sozialwissenschaftlichen Disziplinen" (von Wright 2000 [1971], 16).

trautes zurückzuführen. Toulmin zieht aus diesen beiden sehr unterschiedlichen Formen früher Astronomie folgende Schlussfolgerung:

> „Die komputistischen Leistungen der Babylonier sind höchst bewundernswert, doch wenn es zu einer Deutung der Himmelsbewegung kommt, zeigt sich, wie sehr ihren Vorhersagetechniken die theoretische Basis fehlt. Niemand, der einen zutreffenden Begriff von den Unterschieden zwischen Mondfinsternissen und Erdbeben, Heuschreckenplagen und politischen Katastrophen hat, würde auch nur einen Augenblick lang auf den Gedanken kommen, daß diese Phä nomene alle durch dieselbe Art von arithmetischer Analyse voraussagbar gemacht werden könnten. Die Babylonier erwarben ein bedeutendes *Vorhersagevermögen*, aber es zeigt sich ganz deutlich, daß sie die Dinge nicht *verstanden*. Die Entdeckung, daß bestimmte Ereignisse voraussagbar sind – ja selbst die Entwicklung effektiver Vorhersagetechniken – ist offenbar etwas ganz anderes als der Besitz einer für sie adäquaten Theorie, mit deren Hilfe sie verstanden werden können.
> Heute verlangen wir natürlich von einem Wissenschaftler, daß er beide Leistungen vollbringt." (ebd., 36).

Dass Erklärungen keine prognostische Funktion haben müssen zeigt auch Michael Scrivens Beispiel der progressiven Paralyse. Danach entwickeln nur Personen, die an Syphilis erkrankt sind, später neurologische Ausfälle in Form einer progressiven Paralyse. Allerdings betrifft dies nur einen sehr kleinen Anteil der Syphilispatienten. Allein aufgrund einer Syphiliserkrankung kann also keine progressive Paralyse prognostiziert werden, denn die Wahrscheinlichkeit, dass die progressive Paralyse eintritt, ist deutlich geringer, als die Wahrscheinlichkeit, dass sie nicht eintritt. Im Falle des Eintretens von einer Prognose zu sprechen wäre daher verfehlt. Umgekehrt aber wird die Erkrankung an Syphilis jedoch als Erklärung einer tatsächlich eingetretenen progressiven Paralyse akzeptiert, da sie dieser immer vorausgeht und keine andere Erkrankung mit dieser assoziiert ist.[197]

Die Frage, ob die Voraussagekraft eine notwendige oder eine hinreichende Bedingung für Erklärungen darstellt, wurde lebhaft diskutiert. Auch Mary Hesse ist der Ansicht, dass jeder Erklärungsansatz der Forderung der Voraussagbarkeit Rechnung tragen müsse – schon allein um dem Postulat der Falsifizierbarkeit zu entsprechen (Hesse 1966, 175). Wie Hesse aber auch gezeigt hat, kann die Forde-

---

[197] Hempels Gegeneinwand, dass es sich beim Loskauf und einem späteren Lotteriegewinn genauso verhalte, wir aber den Loskauf nicht als Erklärung für den Lotteriegewinn akzeptieren, wird von Stegmüller widerlegt (Stegmüller 1983, 978ff.).

rung der Voraussagbarkeit in diesem Kontext unterschiedliches bedeuten. In einem schwachen Sinne von Voraussage geht es um die Anwendung einer Theorie, d.h. darum, Voraussagen über Geschehnisse innerhalb des Anwendungsbereichs der Theorie machen zu können. Interessant sind hier für Hesse aber gerade Voraussagen in einem starken Sinne, d.h. „a strong sense of prediction in which new observation predicates are involved, and hence, in terms of the deductive view, additions are required to the set of correspondence rules" (ebd., 176). Hierbei geht es ihr um eine Erweiterung des Anwendungsbereichs einer Theorie.

3.7 Pragmatische Aspekte von Erklärungen

Man muss Kinder und Vögel fragen wie Kir-
schen und Erdbeeren schmecken.

Johann Wolfgang von Goethe
zugeschrieben

So fruchtbar der Verweis auf Ursache-Wirkungs-Zusammenhänge und Mechanismen einerseits bzw. auf die Vereinheitlichung von Theorien und Weltbildern andererseits im Hinblick auf Erklärungen auch sein mag, es gibt noch weitere Spezifika von Erklärungen – und nicht nur von wissenschaftlichen Erklärungen –, die davon nicht erfasst werden. Beispielsweise muss berücksichtigt werden, dass Erklärungen stets Antworten auf gewisse Fragen liefern sollen und damit auch kontextabhängig sind. Die Frage „Warum fällt der Apfel vom Baum?" beantwortet der Physiker, der sich auf die Gravitation beruft, anders als der Botaniker, der auf den Prozess der Abszission verweist.[198] Erklärungen sind damit auch niemals absolut. Sie sind kontextabhängig, d.h. relativ zum jeweiligen Interesse des Fragenden und zu dem, was er als befriedigende Antwort akzeptiert. Bas van Fraassen hat diesen Umstand herausgestellt und darauf hingewiesen, dass Erklärung nicht mit Propositionen oder Argumenten gleichgesetzt werden dürfen. Stattdessen handle es sich um Antworten auf „Warum-Fragen", die kontextabhängig durch drei Faktoren bestimmt werden: das Thema, die Referenz (d.h. die Kontrastklasse) und die Relevanzbeziehung. Zur Pragmatik des Erklärens gehört auch die Feststellung dessen, was als erklärungsbedürftig angesehen wird. Dies sind häufig die Abweichungen vom Normalfall, der sich je nach Kontext beträchtlich unterscheiden kann und der nicht zuletzt vom jeweiligen Weltbild abhängig ist. Während etwa bei Aristoteles der ruhende Körper als Normalfall galt, kann es als eine der wesentlichen Neuerungen Newtons betrachtet werden, dass für ihn die gleichförmige Bewegung den Normalfall darstellt

---

[198] Freilich könnte man hier darauf verweisen, dass es sich dabei eigentlich um Erklärungen unterschiedlicher Phänomene handelt.

(Toulmin 1968 [1961], Kap. 3). Entscheidend ist hierbei, dass die pragmatische Dimension insbesondere bei der Formulierung der Frage zu berücksichtigen ist, auf die die angestrebte Erklärung eine Antwort sein soll. Auch Hempel war sich im Klaren darüber, dass Erklärungen pragmatische und psychologische Aspekte beinhalten – zu diesen zählte er das Verstehen und die Verständlichkeit. Allerdings seien diese Aspekte, die sich von Person zu Person unterscheiden können gerade nicht das, womit sich die Wissenschaftsphilosophie zu befassen habe (Hempel 1965a, 425ff.). Und auch Friedman stimmt Hempel darin zu, dass die Wissenschaftsphilosopie an einem objektiven Erklärungsbegriff interessiert sein sollte, der nicht sprunghaft zwischen Individuen variiert (Friedman 1974, 7).

3.8 Erklärungen in den Biowissenschaften

Rote Lippen soll man küssen, denn zum küssen sind sie da.

Cliff Richard

3.8.1   Gesetze und Regeln

Während bisher die Behandlung des Erklärungsbegriffs in der Wissenschaftstheorie im Allgemeinen betrachtet wurde, stehen in diesem Abschnitt Erklärungen in den Biowissenschaften im Speziellen im Mittelpunkt. Die Wissenschaftstheorie konzentrierte sich im 20. Jahrhundert zunächst beinahe ausschließlich auf ihre wissenschaftliche Leitdisziplin, die Physik, als Ideal exakter, quantitativ arbeitender und messender Wissenschaft. Teilweise parallel, teilweise in Erweiterung zum Diskurs einer allgemeinen Wissenschaftstheorie, die lange Zeit am Anspruch einer exakten Wissenschaft festhielt, entwickelte sich ein eigenständiger Diskurs einer Philosophie der Biologie. Erst in den 1970er Jahren begannen sich einige Wissenschaftstheoretiker wie David Hull, Michael Ruse oder William Wimsatt verstärkt der Biologie zuzuwenden und bereiteten das Feld für eine stetig wachsende Anzahl von Interessierten. Wie der schiere Umfang an Literatur zum Thema belegt, erlangte der Begriff der Erklärung auch in der wissenschaftsphilosophischen Betrachtung der Biowissenschaften eine zentrale Stellung.[199] Die Phänomene, mit denen sich die Biowissenschaften befassen, sind äußerst heterogen und mit sehr unterschiedlichen Fragestellungen verbunden. Die obigen Beispiele zeigen, dass es in den Biowissenschaften und insbesondere auch in der Medizin häufig darum geht Regelmäßigkeiten zu erkennen, die nicht den Status von Naturgesetzen haben. Regeln lassen, im Gegensatz zu Gesetzen, Ausnahmen zu und beschreiben daher keine Notwendigkeiten. Dennoch ziehen wir aus gutem Grund auch Regeln für Erklärungen heran.

---

[199]   Einen guten Überblick geben die in den folgende Anthologien zusammengeführten Texte: (C. Allen 1998; Buller 1999; Schlosser & Weingarten 2002).

Zu unterscheiden ist hier zwischen Regeln, die sich auf Regelmäßigkeiten in der Natur beziehen und Regeln, die auf sozialen Konventionen beruhen. Betrachten wir folgenden Satz:

Coleoptera ist diejenige Gruppe, die im Tierreich die meisten Arten umfasst.

Fragen wir etwa, weshalb dieser Satz ein Komma enthält, so können wir auf die Regel verweisen, dass Relativsätze durch Kommata abgetrennt werden. Solche Regeln, die auf Konventionen beruhen, können ohne weiteres auch missachtet werden. Während es nicht möglich ist einen materiellen Gegenstand auf Überlichtgeschwindigkeit zu beschleunigen, da dies „gegen Naturgesetze verstößt", ist es durchaus möglich den genannten Satz auch ohne Komma zu schreiben. Regeln gibt es aber nicht nur im Bereich menschlicher Konventionen. Insbesondere in den Biowissenschaften sind sie Teil von Naturbeschreibung und Naturerklärung. Hier sind Allaussagen eher eine Ausnahme als die Regel.

Exemplarisch sei hier die Bergmann'sche Regel genannt, dernach Individuen von Populationen einer warmblütigen Tierart in klimatisch kälteren Regionen größer sind als in wärmeren. Obwohl diese Regel sehr häufig zuzutreffen scheint, gibt es doch zahlreiche Ausnahmen (Meiri & Dayan 2003). Bei dieser Art von Regel geht es nicht um Konventionen oder Normen, die eingehalten werden müssen. Vielmehr um die Beschreibung eines Phänomens, nämlich eines Zusammenhangs von Körpergröße und klimatischen Bedingungen. Solche Regeln sind zunächst jedoch noch nicht mehr als die Benennung von Korrelationen – und zwar von Korrelationen, die häufig weit entfernt sind von universalen Regularitäten. Mit dem Verweis auf die Bergmann'sche Regel ist daher noch keine befriedigende Erklärung gegeben. Vielmehr würden wir gerne auch wissen, weshalb dieser Zusammenhang besteht. Eine mögliche Erklärung dieses Phänomens könnte darin bestehen, dass sich der energetische Grundumsatz von Organismen proportional zur Körpergröße verhält, während der Energieverlust durch Wärmeaustausch mit der Umgebung proportional ist zur Körperoberfläche. Im Verhältnis zu ihrem Volumen haben daher Organismen mit größeren Körpern weniger Wärmeverluste als körperlich kleinere Organismen.

Ein ähnliches Phänomen beschreibt eine andere ökogeographische Regel: die nach Joel Asaph Allen benannte Allen'sche Regel. Dieser zufolge bilden Individuen homoiothermer, d.h. gleichwarmer Arten (oder nah verwandter Arten) in kimatisch wärmeren Regionen größere Extremitäten und exponierte Körperteile aus als Individuen derselben oder nah verwandter Arten in klimatisch kälteren Regionen.[200] So hat Allen beispielsweise festgestellt, dass die Größe der Ohren und Extremitäten beim nordamerikanischen Grauhasen (*Lepus sylvaticus*) von Norden nach Süden hin zunimmt. Ähnliches lässt sich auch bei anderen Säugern wie etwa Füchsen feststellen. Polarfüche (*Vulpes lagopus*) besitzen deutlich kleinere Ohren und Körperfortsätze als Wüstenfüchse (*Vulpes zerda*), obwohl sie derselben Gattung angehören. Auch dieser Effekt wird mit der Wärmeregulation und der Optimierung des Volumen/Oberflächen-Verhältnisses der Organismen erklärt. So könnte man versucht sein zu behaupten die Ohren dieser Spezies – zumindest die Außenohren – würden die Funktion der Thermoregulation erfüllen.

3.8.2 Funktionale Erklärungen

Der Begriff der Funktion nimmt in der Diskussionen um biologische Erklärungen eine prominente Stellung ein; ein Begriff, der in der Physik lediglich im Sinne mathematischer Funktionen als Wertzuweisungen auftaucht. Funktionale Erklärungen in den empirischen Wissenschaften finden zwar auch schon im Logischen Empirismus, bei Carl Gustav Hempel oder Ernest Nagel Berücksichtigung. Allerdings wird hier davon ausgegangen, dass diese verlustfrei eliminierbar seien und lediglich heuristischen Wert besitzen (Hempel & Oppenheim 1948). Demgegenüber wurde immer wieder darauf hingewiesen, dass gerade funktionale Erklärungen die Sonderstellung der Biologie rechtfertigen, da biologische Funktionen etwas anderes seien als physikalische Wirkungen. Halbach konstatiert bereits Mitte der 1970er Jahre als Konsequenz der im 20. Jahrhundert entstehenden Quantenphysik „eine Abschwächung des klassischen Kausalismus, die nicht auf die Physik beschränkt blieb"

---

[200] Allen formuliert dies folgendermaßen: „As a general rule, certain parts of the organism vary more than does general size, there being a marked tendency to enlargement of peripheral parts under high temperature, or toward the tropics,--hence southward in North America. This is more readily seen in birds than in mammals, in consequence, mainly, of their peculiar type of structure. In mammals it is manifested occasionally in the size of the ears and feet, and in the horns of bovines, but especially and more generally in the pelage. At the northward, in individuals of the same species, the hairs are longer and softer, the under fur more abundant, and the ears and the soles of the feet better clothed. This is not only true of individuals of the same species, but of northern species collectively as compared with their nearest southern allies" (J. A. Allen 1877, 116ff.).

(Halbach 1974, 293) und damit einhergehend eine Ersetzung des Ursachebegriffs durch den Funktionsbegriff. Die Suche nach Ursache-Wirkungs-Zusammenhängen sei bei derart komplexen Systemen wie den biologischen geradezu naiv. Andere sahen in funktionalen Erklärungen hingegen nur eine pseudonaturalistische Umlabelung teleologischen Gedankenguts. Nissen etwa steht der Verwendung solch teleologischer Sprache in der Biologie ablehnend gegenüber, da diese „essentially mentalistic" (Nissen 1997, viii) sei und verwirft deshalb auch Theorien, die Funktionsaussagen enthalten als unwissenschaftlich (ebd., 228). Noch rigoroser Falkenburg, die zwar feststellt, dass die Biologie auf funktionale Erklärungen angewiesen bleibt, sie aber gerade deshalb in einer „„Grauzone' zwischen wissenschaftlicher Erkenntnis und teleologischem Denken" (Falkenburg 2012, 295) verortet bleibe:

> „Die Objektivierung durch naturwissenschaftliche Methoden ist aber nicht in der Lage, teleologische Erklärungen in wissenschaftliche Erklärungen zu *integrieren*. Sie kann sie nur anhand von DN-Erklärungen, probabilistischen Gesetzen, kausalen Modellen und mechanistischen Erklärungen *eliminieren*. Dass wir unsere Ziele, Absichten und Pläne als kausal relevant erleben, steht der Objektivierung nur dann nicht im Wege, wenn man unsere Gründe schlicht mit Ursachen identifiziert. Es ist jedoch unklar, wie sich Intentionen in die kausalen Erklärungen der Neurowissenschaft einfügen lassen.
> Doch auch die Biologie kann auf teleologische Erklärungen nicht völlig verzichten. Sie kommen überall dort ins Spiel, wo die Beschaffenheit eines Organs durch seine Funktion erklärt wird. Das Auge ist so gebaut, dass es sehen oder, physikalistisch ausgedrückt, die optische Information aus Lichtsignalen verarbeiten kann" (ebd., 293).

Dieses lapidare Statement darf als exemplarisch angesehen werden für eine weit verbreitete Ansicht, die schon als Standardauffassung in den an den Idealen der Physik orientierten Naturwissenschaften bezeichnet werden kann. Genauer besehen erweist sich die Debatte um den Funktionsbegriff in den Lebenswissenschaften jedoch als wesentlich ausdifferenzierter, wie im Folgenden gezeigt wird.

In seinen Gedanken über *Zweckfreie Wissenschaft und Verantwortung* differenziert Hans Jonas zwei unterschiedliche Fragestellungen, wie die Forderung nach einer zweckfreien Wissenschaft aufgefasst werden kann. In einem methodologischen Sinne kann diese verstanden werden als Gebot zur Objektivität. Der Wissenschaftler soll seine Arbeit möglichst freihalten von seinen persönlichen Wertvorstellungen und Präferenzen.[201] Darüber hinaus beinhaltet die These von der Wertfreiheit der Natur aber auch eine ontologische Deutung derart, dass es in der Natur selbst keine Werte gebe, d.h. dass Werte lediglich menschliche Zuschreibungen seien. Denn in der modernen Naturwissenschaft wird gemeinhin von einer Wertindifferenz der Natur ausgegangen, die „besagt, daß es für sie [die Natur; DF] den Unterschied von ‚gut' und ‚schlecht' nicht gibt, sondern nur Tatsachen, die von kausaler Notwendigkeit regiert sind. Der Prozeß dieser Notwendigkeit hat kein Ziel, sondern nur das jeweilige Resultat seines Verlaufs, das nach den gleichen konstanten Gesetzen zum nächsten führt, und so fort" (Jonas 1985, 82). Diese These sieht Jonas als die Konsequenz modernen naturwissenschaftlichen Denkens, genauer gesagt als Resultat dessen,

> „daß am Anfang der modernen Naturwissenschaft[202], im 17. Jahrhundert, der Begriff der End- und Zweckursachen, der *causae finales*, aus der Naturbetrachtung ausgeschieden wurden. Die Teleologie wurde mit einem förmlichen Banne belegt. Er besagt: Kein Früheres ist um eines Späteren willen, in dem es zu seinem Ziele käme, sondern das Spätere folgt nur durch den Zufall indifferenter Notwendigkeit aus den gerade so beschaffenen Vorbedingungen. Determinativ ist nur das Woher, die *vis a tergo*, nicht ein Wohin. Die Naturgesetze, als formale Ablaufgesetze, haben keinen Bezug auf das, was inhaltlich unter ihrem Walten hervorgeht. Als zweckfrei ist dieses Walten – und was es hervorbringt – auch frei von Sinn. Den ‚Sinn' bringen erst wir hinein. Für uns allein auch gibt es den Anreiz der Zukunft, für die Natur nur den Stoß der Vergangenheit" (ebd.).

Allerdings hegt er Zweifel an diesem Postulat einer wertfreien Natur und äußert seinen Verdacht, „daß das reduktive Bild einer zweckfreien Natur, das die Wissenschaft sich zu wohlerwogenen Erkenntniszwecken herauspräpariert hat, zurechtgemacht für ein bestimmtes Wissensmodell, doch nicht die ganze Wahrheit über die Natur ist, sondern eben nur eine künstlich abgeblendete Ansicht" (ebd., 84).[203]

---

201 Inwiefern dies überhaupt möglich ist kann bestenfalls als umstritten gelten. Dennoch stellt es die Idealvorstellung insbesondere der Naturwissenschaften dar.

202 Gemeint ist hier wohl die Newton'sche Physik.

203 Zwar gesteht Jonas zu, dass „in aller kausalen Einzelerklärung das reduktive Naturschema sein Recht behält", doch ahnt er „für das Ganze dahinter eine geheime Richtungstendenz" (Jonas 1985, 85). Aus der Tatsache, dass es Subjektivität und Interesse in der Welt gibt – Menschen und Tieren geht es Jonas zufolge immer um etwas – schließt er, dass die Natur nicht nur zur Subjektivität fähig sein muss, sondern stellt die These in den Raum, „daß in ihr [der Natur; DF] selbst ein Interesse da-

Diesen Verdacht gründet er darauf, dass es innerhalb dieses materialistischen Naturverständnisses nicht gelingt, Werte im Bereich der belebten Natur zu begründen oder zu erklären.

> „[D]enn jene interesselose Natur soll doch das Phänomen des Interesses in fühlenden und strebenden Lebewesen aus sich hervorgehen gelassen haben, das Zweckhaben aus ihrer Zwecklosigkeit, ja den ganzen Luxus der Subjektivität, in der Interesse und Zweck zum Vorschein kommen, obwohl doch nach rein physikalischen Gesichtspunkten die äußere Körpernatur sehr wohl ohne Innendimension ausgekommen wäre: denn selbst die kompliziertesten Organismen, auch die zuhöchst zerebralen, könnten ja subjektlose kybernetische Automaten sein. Denen *geht* es nicht *um* etwas in ihrem Funktionieren, sie funktionieren einfach" (ebd.).

Entscheidend ist hier aber, dass selbst dieses „einfache Funktionieren" nicht ohne weiteres vereinbar ist mit dem von Jonas hinterfragten materialistisch-naturalistischen Weltbild, wie im Folgenden zu zeigen sein wird. Probleme ergeben sich auf den ersten Blick schon alleine daraus, dass Funktionen Wirkungen dessen sind, was es zu erklären gilt und Wirkungen nicht ihre Ursache hervorbringen.[204] Genau gegen diesen Punkt richtet sich Hempels Kritik am Neovitalismus und dessen Entelechiebegriff:

> „Historically speaking, functional analysis is a modification of teleological explanation, i.e., of explanation not by reference to causes which ‚bring about' the event in question, but by reference to ends which determine its course. Intuitively, it seems quite plausible that a teleological approach might be required for an adequate understanding of purposive and other goal-directed behavior; and teleological explanation has always had its advocates in this context. The trouble with the idea is that in its more traditional forms, it fails to meet the minimum scientific requirement of empirical testability" (Hempel 1965b, 303f.).

Was genau aber funktionale Erklärungen erklären sollen, darüber herrscht keine Einigkeit. Es lassen sich zwei grundlegende Positionen unterscheiden, die im Folgenden noch genauer zu untersuchen sind – ein dispositionaler Ansatz und ein

---

ran am Werke war, *daß* sich Interesse in der Welt melde, zur Geltung bringe, zum Bewußtsein seiner selbst komme" (Jonas 1985, 84). Dies soll hier nicht weiter verfolgt werden.

[204] Vgl. hierzu (Wouters 2005, 133): „[F]unctions are effects of the part or activity to be explained and effects do not bring about their causes".

ätiologischer Ansatz.[205] So können Funktionen einerseits erklären, welchen Beitrag ein Organ in einem System leistet. Es lässt sich jedoch auch ein anspruchsvollerer funktionaler Erklärungsbegriff formulieren. Danach hat funktionale Rede dann einen Erklärungswert, wenn eine Funktion als Ursache der Existenz bestimmt wird, d.h. wenn sie erklärt, warum ein Funktionsträger da ist. So unterscheidet auch McLaughlin funktionale Rede, die einen Beitrag beschreibt und funktionale Rede, die die Existenz von etwas erklärt:

> „Die Zuschreibung einer Funktion zu einem Merkmal (Organ, Verhalten) kann lediglich eine Beschreibung seines Beitrags zu den normalen Leistungen des Organismus sein oder sie kann als Erklärung seiner Entstehung aufgefasst werden. Somit kann eine Funktionszuschreibung entweder erklären, was der Funktionsträger macht, oder sie kann darüber hinaus auch erklären, warum der Funktionsträger da ist" (McLaughlin 2005, 24).

Nagel vertrat die abgeschwächte Position, während Hempel der Ansicht war, dass die stärkere Forderung gemeint sei. Er glaubte allerdings nicht, dass dies durch funktionale Erklärungen tatsächlich auch geleistet werden kann. Nagel hingegen hatte in einer Funktion lediglich eine bestimmte Wirkung gesehen bzw. die Fähigkeit oder Disposition etwas zu tun – nicht den Grund für dessen Existenz oder Dasein.

> „The object of the analysis is some ‚item' i, which is a relatively persistent trait or disposition (e.g., the beating of the heart) occurring in a system s (e.g., the body of a living vertebrate); and the analysis aims to show that s is in a state, or internal condition, c_i and in an environment representing certain external conditions c_e such that under conditions c_i and c_e (jointly to be referred to as c) the trait i has effects which satisfy some ‚need' or ‚functional requirement' of s, i.e., a condition n which is necessary for the system's remaining in adequate, or effective, or proper, working order" (Hempel 1965b, 306).

Nach Hempels Grundschema der Funktionsanalyse beinhalten Funktionen zusätzlich eine Beschreibung dessen, auf welche Weise ein etwas zu etwas beiträgt. Ergänzt wird diese Forderung, etwa bei Ernest Nagel, um die „welfare view" biologi-

---

[205] Dies ist eine sehr holzschnittartige Unterscheidung. Arno Wouters etwa unterscheidet mindestens fünf verschiedene Funktionstheorien (Wouters 2005), während Ulrich Krohs von drei paradigmatischen Ansätzen ausgeht (Krohs 2007). Doch für den hier verfolgten Zweck ist diese Differenzierung hinreichend genau.

scher Funktionen, wobei immer ein bestimmtes Ziel (*goal*) mitgedacht ist.[206] Danach bestehen Funktionen in denjenigen Beiträgen (oder Prozessen), die zum Wohlergehen (*welfare*) des Organismus beitragen. Gerade bei Hempel besteht dieser *welfare*-Aspekt schon im bloßen Überleben.[207] Das wohl am häufigsten – und oft auch als einziges – angeführte Beispiel ist die Frage nach der Funktion des Herzens. Das Pumpen von Blut wäre demnach die bzw. eine Funktion des Herzens, da es diese Leistung hervorbringt und damit zum Sauerstofftransport und letztlich zum Überleben des Tieres beiträgt. Die Produktion von Geräuschen wäre zwar ebenso eine solche Wirkung des schlagenden Herzens, sie trägt als solche jedoch nicht zum Überleben bei und wäre somit nicht als Funktion des Herzens zu bezeichnen.

Häufig wird nun von der Funktion auf die Existenz geschlossen. D.h. vielfach wird behauptet, dass sich die Behauptung, es sei *die Funktion des Herzens Blut zu pumpen*, gleichbedeutend umformulieren ließe in die Behauptung *das Herz sei da, um Blut zu pumpen*.[208] Blut zu pumpen ist dann eine ausgezeichnete physikalische Wirkung neben anderen, wie etwa der, bestimmte Geräusche zu produzieren. Damit muss aber noch nicht gesagt sein, dass jedes Herz Blut pumpt. Auch das Herz eines toten Säugetieres hätte weiterhin die Funktion des Pumpens von Blut. Besser ersichtlich wird dies an einem anderen Beispiel. Demnach kann die Funktion der Zähne auch im Zerkleinern der Nahrung gesehen werden, selbst wenn der Kauvorgang während der Schlafphasen nicht aktual ausgeführt wird. Hier lässt sich also differenzieren zwischen „eine Funktion haben" und „eine Funktion ausführen". Im ersteren Fall wird dann auch von einer Disposition gesprochen, die nicht immer aktualisiert sein muss, aber prinzipiell aktualisierbar sein sollte. Doch auch wenn ein Organ es nicht mehr schafft „seine" Funktion auszuführen – man Denke an einen nierengeschädigten Dialysepatienten – bleibt die Rede von der Funktion erhalten – dann aber im Begriff der Fehlfunktion. Die Zuschreibung einer Funktion ist damit keine Beschreibung tatsächlich ablaufender Prozesse. Vielmehr wird damit gerade auch gewährleistet, dass Fehlfunktionen möglich sind. Deshalb wurde auch oft argumentiert, dass die Funktion eines Funktionsträgers das ist, was dieser tun *sollte*. Der Begriff der Funktion wäre somit mit einer normativen Komponente verbunden, weshalb funktionale Erklärungen, wie sie in den Biowissenschaften geläufig

---

[206] Nagels Ansatz beinhaltet zwei Komponenten der Funktionsanalyse: eine kausale Komponente und eine „Ziel"-Komponente (Schaffner 1993, 370f.).

[207] Zur Kritik hierzu siehe (Keil 2007, 84f.).

[208] Allerdings dürfte sich diese Behauptung wohl hauptsächlich in philosophischen Debatten finden lassen und kaum biologischen Lehrbüchern.

sind, von Kritikern häufig lediglich als „eine metaphysisch abgespeckte Variante der teleologischen Erklärung" (Falkenburg 2012, 294) betrachtet werden. Nach Wouters besteht die Hauptaufgabe einer Theorie der Funktion aber gerade darin zu erklären, wie solche Normen in biologischen Zusammenhängen zustande kommen (Wouters 2005, 124). Als teleologisch kann dies dann angesehen werden, wenn von der Erfüllung der Norm auf die Begründung der Existenz abgeleitet wird: Säugetiere besitzen ein Herz, *damit* es Blut pumpt bzw. *um* des Blutpumpens *willen*.[209] Diese Sichtweise ist aus Sicht der vorherrschenden Meinung hoch problematisch, wie Falkenburg konzise feststellt:

> „Nur die Zweckursachen und das teleologische Denken sperren sich gegen die Integration in ein umfassendes naturwissenschaftliches Weltbild. Ihr Vorbild sind die Gründe, die unseren Intentionen entspringen. Teleologische Erklärungen unterstellen dem Naturgeschehen Sinn und Zweck und Ziele. Aus naturwissenschaftlicher Sicht ist dies zutiefst suspekt (weshalb sich die Biowissenschaften einiges einfallen lassen müssen). Es öffnet metaphysischen Spekulationen über Pläne und Absichten hinter dem Naturgeschehen Tür und Tor, legt einen Urheber der Welt nahe und nährt das Argument des ‚intelligenten Designs' des Baus von Lebewesen, der biologischen Evolution und des Universums. Teleologische Erklärungen pflastern wieder den Weg zu den traditionellen metaphysischen Gottesbeweisen, als hätte es nie die europäische Aufklärung und die kantische Vernunftkritik gegeben. Sie stellen sich in den Dienst der philosophischen Restauration; sie verabschieden das moderne naturwissenschaftliche Weltbild zugunsten von Physikotheologie, Gottesbeweisen, Kreationismus und fundamentalistischem Denken.
>
> Dies sind harsche Vorwürfe, und sie sind auch nicht ganz von der Hand zu weisen. [...] Aus wissenschaftstheoretischer Sicht sind Erklärungen *entweder* wissenschaftlich *oder* teleologisch, aber nicht beides. Das eine schließt das andere aus. Wissenschaftliche Erklärungen, ob sie nun deduktiv-nomologisch oder probabilistisch sind, kausale Modelle aufstellen, Mechanismen rekonstruieren oder auf Vereinheitlichung beruhen, können sich *nicht* auf Ziele, Zwecke, Absichten oder Pläne berufen. Sonst sind sie nicht wissenschaftlich und objektiv, sondern anthropozentrisch auf die menschliche Perspektive bezogen" (Falkenburg 2012, 291f.).

---

[209] Das Blut pumpende Herz ist das wohl am häufigsten herangezogene Beispiel funktionaler Erklärungen. Problemlos lassen sich jedoch auch unzählige weiter Beispiele, auch aus dem mikroskopischen Bereich nennen. Die Funktion des Hämoglobins ist es Sauerstoff zu transportieren, die Funktion der Ribosomen ist es, die Aminosäuren passend zur Basenabfolge auf der mRNA zu elongieren u.v.m.

Im Hinblick auf Artefakte jedoch ist diese Redeweise unproblematisch. Hier kann dieses Um-Zu auf die Intentionalität eines Designers zurückgeführt werden. So besitzt ein Schwimmbad eine Umwälzpumpe, damit diese das Wasser regelmäßig der Filteranlage zuführt und diese das Wasser reinigt. Der konstruierende Ingenieur hat sie für diesen Zweck einbauen lassen. Da der Rückgriff auf einen solchen Ingenieur oder Designer naturalistischer Naturwissenschaft verwehrt bleibt, werden verschiedene Argumentationsstrategien vorgeschlagen, wie der Funktionsbegriff naturalisiert, d.h. von der Intentionalität eines Designers entkoppelt werden könnte. Oder anders formuliert: „Wenn wir Dinge als Mittel zu einem Zweck betrachten, schreiben wir ihnen Funktionen zu. Es fragt sich allerdings, ob wir einem Ding eine Funktion zuschreiben können, auch ohne es als Mittel zu einem Zweck zu betrachten" (McLaughlin 2005, 19). Hier sind schon zwei entscheidende Punkte angesprochen, die später im Hinblick auf die modelltheoretischen Überlegungen noch ausführlicher diskutiert werden. Zum einen werden Funktionen zugeschrieben. Sie sind damit Ergebnis eines Zuschreibungsaktes und nicht natürliche Entitäten.[210] Zum zweiten geht es darum „als was" ein etwas betrachtet wird – hier „als Mittel zu einem Zweck". Deutlich wird dies, wenn wir etwa bei Artefakten zwischen einer Designfunktion (*design function*) und einer Gebrauchsfunktion (*use function*) unterscheiden. Hiermit ist gemeint, was unter den Begriff der Umnutzung fällt. [211] So kann sich die vom Designer einer Lupe intendierte Funktion als Lesehilfe unterscheiden von der Nutzungsfunktion dieses Geräts als Brennglas o.ä. Weder die eine noch die andere Funktion ist dem Gegenstand inhärent – beide beruhen auf einem Zuschreibungsakt. Doch lässt sich genauso im Hinblick auf Organismen argumentieren?

Die Diskussion der 1990er Jahre hat gezeigt, dass eine Analyse der in den Biowissenschaften gebrauchten Rede von Funktionen nicht auf einen einzigen Funktionsbegriff reduziert werden kann. Dabei changierten die vorgelegten Vorschläge immer wieder zwischen zu engen und zu weiten Bestimmungen. Indes sind vor-

---

[210] Funktionen sind damit auch immer kontextabhängig und zumeist haben Organe oder Merkmale auch mehrere Funktionen. Von „der Funktion von X" ist deshalb in einer spezifischen Hinsicht die Rede (McLaughlin 2005, 20f.). Umgekehrt bedeutet dies aber, dass nicht jeder Eigenschaft immer eine Funktion zugeschrieben wird. Wir unterscheiden zwischen Funktionen und Nebenprodukten/-effekten.

[211] Zusätzlich kann noch eine Dienstfunktion (*service function*) unterschieden werden (siehe Achinstein 1977, 349).

nehmlich zwei Strategien zu nennen: eine herkunftsbezogene, ätiologische Strategie einerseits und eine systemimmanente, dispositionale Argumentation andererseits.[212]

Evolutionäre Funktionsbegründung

John Canfield und Michael Ruse sind einflussreiche Autoren, die in unterschiedlichen Varianten Begründungsstrategien vorgeschlagen haben, den Funktionsbegriff evolutionär zu bestimmen. Auch Karen Neander versucht eine Naturalisierung funktionaler Erklärungen.[213] Gemäß dieser Strategie wird argumentiert, dass die Rolle, die einem Funktionsträger zukommt, lediglich Produkt eines natürlichen Selektionsprozesses sei,[214] was auf unterschiedliche Weise begründet wird. Während Ayala auf die reproduktive Fitness (Ayala 1968, 217)und Maynard Smith auf „survival and reproduction" (Maynard Smith 1990, 67) rekurrieren, setzt Michael Ruse Funktionen quasi mit Anpassungen gleich (Ruse 1971, insbes. 91).[215] Diese Ansätze werden im Anschluss an die Terminologie Larry Wrights häufig auch als ätiologisch bezeichnet, da sie stets Bezug nehmen auf die kausale Vor- bzw. Entstehungsgeschichte eines Organs/Merkmals (Wright 1973).[216] Nach Wright erklärt die kausale Disposition die Existenz bzw. das Weshalb des Zustandekommens eines Merkmals – nicht nur dessen Erhalt. Mitte der 1970er Jahre schlug er folgende Analyse des Funktionsbegriffs vor:

> „The function of X is Z *means*
> (2) (a) X is there because it does Z
> (b) Z is a consequence (or result) of X's being there" (ebd., 161).

---

[212] Es gibt jedoch auch Bestrebungen, beide Ansätze zu vereinheitlichen, wie dies etwa Kitcher versucht (Kitcher 1993).

[213] Dabei ist zu beachten, dass eine Naturalisierung nur dann gelingen könnte, wenn ausgeblendet wird, dass die natürliche Selektion wiederum ein Modell ist, das methodisch anhand menschlicher Praxen, nämlich der Zuchtwahl, gewonnen wurde.

[214] Hierbei muss eigentlich wiederum unterschieden werden zwischen dem Erhalt einer Funktion (*maintenance*) und dem Entstehen einer Funktion.

[215] In der Gleichsetzung von Funktion und Anpassung sieht McLaughlin „in principle the attempt to show the ‚metaphysical innocence' of functions by reducing them to adaptions and thus basically eliminating the term" (McLaughlin 2002, 85), wobei er zugleich feststellt, dass der Funktionsbegriff de facto nicht als synonym zum Anpassungsbegriff verwendet werden kann.

[216] Bereits 1973 verwendet Larry Wright zwar den Begriff etiological, bezogen darauf, dass „functional explanations, although plainly not causal in the usual, restricted sense, do concern how the thing with the function *got there*" (Wright 1973, 156). Allerdings bleibt der Bezug zu Selektionsprozessen hier noch unbestimmt und implizit.

Wright glaubte mit seinem Vorschlag eine allgemeine Analyse des Funktionsbegriffs geliefert zu haben, die sowohl Funktionen biologischer Systeme wie auch Funktionen von Artefakten gleichermaßen gerecht wird. Dennoch ist bis heute umstritten, ob es überhaupt einen einheitlichen Funktionsbgriff gibt, der sowohl auf Organismen wie auch auf Artefakten anwendbar ist. Damit wäre bei Wright eine „funktionale Erklärung eine kausale Erklärung des Ursprungs des Merkmals" (McLaughlin 2005, 28), wie McLaughlin Wrights Argument zusammenfasst. Und auch wenn der Bezug auf evolutionäre Entstehung in Bezug auf Organismen bei Wright anfangs nur implizit vorhanden ist, so erläuterte er seinen Gedanken später genau in diese Richtung (Wright 1976). Säugetiere besäßen somit ein Herz, weil dieses Blut pumpt und Blut zu pumpen wäre eine Wirkung davon, dass Säugetiere ein Herz besitzen, wobei dieses „weil" als evolutionäre Ursächlichkeit zu verstehen sei. Dennoch blieb die Antwort auf die Frage „Weshalb ist der Funktionsträger da?" bei Wright unterbestimmt und sein Funktionsbegriff erwies sich als zu weit,[217] sodass wiederum Einschränkungen vorgenommen werden mussten.

Im ätiologischen Ansatz der *selected effect theory* wurden diese beiden Charakteristika von Funktion (*disposition* und *welfare*) beibehalten und um ein Drittes ergänzt – einen Feedbackmechanismus, womit zugleich eine historische Dimension in den Funktionsbegriff eingeschrieben wurde. Denn indem eine Funktion einem System zuträglich ist begünstigt sie ein erneutes Auftreten des Merkmals, womit die Funktion quasi auf den Funktionsträger zurückwirkt. Ruse (Ruse 1982) legitimiert die Rede von Funktionen in der Biologie durch die Identifikation mit Adaption und damit letztlich über Selektion.[218]

1) S actually does (can do) Y by means of X;
2) Doing Y is adaptive for S; and
3) X in S is an adaption (for doing Y).

Während die ersten beiden Punkte stark an Hempel anschließen, bringt Ruse mit (3) über die historische Dimension einen negativen Feedbackmechanismus in seinen Ansatz ein, um dadurch eine Erklärung der Existenz bereitstellen zu können. So wird gesagt, das Herz sei selektiert worden, um Blut zu pumpen – oder anders formuliert: Das Herz hat die Funktion Blut zu pumpen, da es aufgrund dieser Eigenschaft selektiert wurde. Ein so verstandener Funktionsbegriff kann sich folglich

---

[217] Vgl. etwa (Boorse 1976).

[218] Jon Elster stimmt dem zu. Aus diesem Grund erachtet er funktionale Erklärungen in den Sozialwissenschaften für unangebracht, da Feedbackmechanismen (= Mechanismen der natürlichen Selektion) dort nicht vorkommen (Elster 1979, Kap. 1.5).

auch nicht auf *token* von Organen beziehen, sondern bezeichnet immer die Funktion von abstrakten Organtypen. Blut zu Pumpen wäre dann die funktionale Erklärung dafür, dass Säugetiere ein Herz besitzen. Von einem anderen Ausgangspunkt aus, aber in der Stoßrichtung dennoch sehr ähnlich argumentieren auch Ruth Millikan, der es eigentlich um eine naturalistische Theorie des Geistes geht, und Karen Neander für eine *selected effect theory*. Neander und Millikan versuchen aufzuzeigen, wie Funktionen mit ihren normativen Implikationen in einer rein physischen Welt entstehen können. Gleich zu Beginn ihres Buches *Language, Thought, and Other Biological Categories: New Foundations for Realism* (Millikan 1984, 17ff.) macht Millikan dies mit der Einführung des Begriffs der Eigenfunktion (*proper function*) klar:

> „Having a proper function is a matter of having been ‚designed to' or of being ‚supposed to' (impersonal) perform a certain function. The task of the theory of proper functions is to define this sense of ‚designed to' or ‚supposed to' in naturalist, nonnormative and nonmysterious terms" (ebd., 17).

Eigenfunktionen werden von Millikan ebenfalls auf Basis von Hempels „Dispositions"-Forderung definiert und auch ihr Ansatz kommt nicht ohne *welfare* aus. Dieser muss jedoch nicht aktuell gegeben sein, sondern wird in die Vergangenheit verlegt. Es geht nicht darum, dass ein Organ *jetzt* angepasst ist, sondern dass es in der Vergangenheit zur Anpassung (d.h. Reproduktionserfolg) beigetragen hat, weshalb sie von *reproductive welfare* spricht. Ein Vorteil solcher selektionistisch begründeter Funktionsbegriffe besteht darin, dass einem Funktionsträger seine Funktion auch dann zukommt, wenn sie nicht aktual ausgeführt wird – was bei Wright etwa nicht der Fall ist. Allerdings zeigt sich bei näherer Betrachtung, dass sich funktionale Erklärungen nicht völlig in der Rückführung auf Anpassungen erschöpfen:

> „If we say that the function of the heart (type) is to circulate the blood, we mean more than just that token hearts circulated blood in the past and thus contributed to the success of their possessors, we generally mean that performance of the function is also good for the organism now. And in fact when we assert that a trait has a function, we may not mean to say anything at all about its evolutionary past or future" (McLaughlin 2002, 86).

Eine weitere Schwierigkeit für solche Funktionsbegriffe, die auf historische bzw. evolutionäre Analysen zurückgreifen sind gerade neu entstandene Eigenschaften. So ist es problematisch die Funktion von Organen zu erklären, die nicht durch Selektion entstanden sind – etwa wenn sich die Umwelt geändert hat. Auch eine funktionale Erklärung eines Organs in der ersten Generation seines Auftauchens ist mit diesem Ansatz nicht möglich, da sich der Selektionsvorteil erst in den darauffolgenden Generationen einstellen kann. So mögen sich viele evolutionäre Veränderungen in kleinteiligen Schritten vollziehen. Dennoch ist strittig, ob sich nicht Beispiele dessen anführen lassen, was Richard Goldschmidt als *hopeful monsters* bezeichnet hat: durch Großmutationen makroevolutionär-sprunghaft entstandene Arten – ein Gedanke, der später von Stephen J. Gould aufgegriffen wurde. Gould und Vrba führten in diesem Kontext auch den Begriff der Exaptation ein (Gould & Vrba 1982). Damit sollten solche Merkmale bezeichnet werden, die zunächst für eine oder gar keine Funktion selektiert worden waren und später durch eine andere Funktion vereinnahmt wurden. Kritisch gegen die *selected effect theory* wurde auch eingewandt, dass Charakteristika und Organen von sterilen Bastarden wie Maultieren Funktionen zugeschrieben werden, die weder vom Züchter intendiert waren, noch einen Beitrag zur Fitness leisten können, da diese am Fortpflanzungserfolg gemessen wird und diese Tiere keine Nachkommen haben.[219] Darüber hinaus bleibt genau besehen unklar, was überhaupt als Funktion anzusehen ist. Es werden keine Verfahren angegeben, wie man denn überhaupt zu Funktionen kommt.

Systemische bzw. dispositionale Funktionsbegründung

Es greifen jedoch nicht alle Positionen im Diskurs um biologische Funktionen auf evolutionäre und damit historische Begründungen zurück – was nicht zu bedeuten hat, dass solche Positionen leugnen, dass in der Evolutionsbiologie funktionale Erklärungen eine große Rolle spielen. Sie bestreiten lediglich die Notwendigkeit auf evolutionäre Argumente zurückgreifen zu müssen, um den Funktionsbegriff naturalistisch explizieren zu können. Systemtheoretische Ansätze eint folgende Grundidee:

> „According to the systemic approach the function of an item is the role of that item in bringing about an activity or capacity of a complex system of which that item is a part. For example, on this view it is the function of the heart to pump the blood because pumping the blood is how the heart contributes to the circulation of the blood" (Wouters 2005, 135).

Argumente zur Stützung dieses Ansatzes finden sich bereits in den 1960er Jahren bei (Bock & von Wahlert 1965) und prominent später bei Robert Cummins (Cum-

---

[219] McLaughlin schlägt daher einen anderen Feedbackmechanismus als den der natürlichen Selektion vor, um auch Organen der ersten Generation Funktionen zusprechen zu können: den der Selbstreproduktion (McLaughlin 2002).

mins 1975). Auch Autoren wie Kitcher, Amundson und Lauder sowie Wouters argumentieren nicht historisch. Cummins' *dispositional view* (häufig auch als *causal-role*-Ansatz bezeichnet) rekurriert wie evolutionäre Funktionserklärungen ebenfalls auf Nagels Funktionsanalyse und entwickelte dessen Ansatz weiter. Während bei Nagel und Hempel eine Funktion aber immer relativ zu einem nichtarbiträren Ziel (*goal*) des Systems bestimmt wurde, weicht Cummins diesen Punkt auf. Während für Nagel die Leistung einer Funktion also noch zu deren Ziel (*goal*) oder charakteristischen Tätigkeit beitragen musste, ist Cummins' Ansatz noch weniger anspruchsvoll. Denn Cummins zufolge gibt es überhaupt keine intrinsischen Funktionen, sondern stets nur Funktionen relativ zu einer Systemleistung (*system capacity*), wobei es völlig vom Erkenntnisinteresse abhängt, was als Systemleistung zählt. Für Cummins gibt es keine „natürlichen" Ziele und keine „natürlichen" Systemleistungen. Jeder Effekt kann daher eine Funktion eines Organs darstellen, relativ zu unserem Interesse, das somit auch bestimmt, was die Funktion (und was der Nebeneffekt) ist. Damit *haben* Organe keine Funktion, solange sie nicht *als funktional beschrieben* werden bzw. solange ihnen keine Funktionen zugeschrieben werden:

> „To ascribe a function to something is to ascribe a capacity to it which is singled out by its role in an analysis of some capacity of a containing system. When a capacity of a containing system is appropriately explained by analyzing it [...], the analyzing capacities emerge as functions" (ebd., 765).

Je nachdem also, ob uns die Systemleistung des Überlebens, der Fortpflanzung oder der Geräuschproduktion eines Säugetierkörpers interessiert, erfüllt das Herz unterschiedliche Funktionen.

> „For no matter which effects of something you happen to name, there will be some activity of the containing system to which just those effects contribute, or some condition of the containing system which is maintained with the help of just those effects" (ebd., 752).

Cummins Funktionsbegriff ist damit äußerst flexibel und umfänglich. Er beschränkt sich nicht auf biologische Funktionen, sondern deckt ebenso Funktionen von Artefakten oder auch Funktionen in sozialen oder psychischen Systemen ab. Damit gelingt es zwar, einen nichtteleologischen Funktionsbegriff zu formulieren. Andererseits wurde einem solchen Funktionsbegriff aber entgegengehalten, dass er zu unspezifisch, d.h. nicht selektiv genug sei und mehr umfasse, als das, was gemeinhin oder sinnvollerweise als Funktion bezeichnet wird. Ferner ist es mit der von Cummins vorgeschlagenen Funktionsanalyse dadurch, dass sie gerade auf ein normativteleologisches Moment verzichtet, nicht mehr möglich zwischen einer Funktion und einer Fehlfunktion zu unterscheiden. Jede Wirkung kann eine Funktion sein und damit ist auch die Differenzierung zwischen Funktion und Nebenwirkung rein subjektiv.[220]

Wie verhalten sich nun diese beiden Ansätze zueinander? Was den Erklärungsanspruch angeht, so ist der ätiologische Ansatz sicherlich umfangreicher. Er erhebt nicht nur, wie der dispositionale Ansatz, den Anspruch zu erklären was der Funktionsträger tut. Darüber hinaus behauptet der ätiologische Ansatz auch noch erklären zu können, weshalb es ihn (den Funktionsträger) gibt, d.h. erklärt dessen Existenz. Damit geht auch eine pluralistische Haltung einher. Denn die ätiologische Position akzeptiert laut McLaughlin, „dass Funktionszuschreibungen unterschiedlich *gemeint* sein können – als Teil einer kausalen Erklärung des Beitrags eines Merkmals oder auch als Teil einer kausalen Erklärung der Entstehung des Merkmals" (McLaughlin 2005, 29). Ihm zufolge „hat es nur dann einen Sinn, die dispositionale Position als eigenständigen Ansatz zu behaupten – statt als bloße Vorstufe oder Voraussetzung zur metaphysisch etwas spannenderen ätiologischen Deutung –, wenn man die ätiologischen Erklärungsüberlegungen ablehnt und diese Erklärungen für illegitim hält oder für Fehldeutungen des von den Wissenschaftlern eigentlich Gemeinten" (ebd., 29f.).

---

[220] An einer Stelle relativiert Cummins dies jedoch (Cummins 1975, 755). So möchte er nicht alle Wirkungen organismischer Prozesse, die zur Gesundheit oder zum Überleben beitragen als Funktionen verstanden wissen. Als Beispiel führt er an, dass Adrenalin zwar den Stoffwechsel beschleunigt und damit auch zum Abbau von gesundheitlich bedenklichen Fettreserven beiträgt. Dennoch möchte er im Abbau von Fettreserven keine Funktion von Adrenalin bei übergewichtigen Personen sehen, selbst wenn dadurch ein Beitrag zur Gesundheit geleistet werde. Dies ist aber letztlich inkonsequent, da Cummins kein weiteres Kriterium an die Hand gibt, das zur Unterscheidung von Funktionen von anderen Wirkungen dienen könnte. Er versucht lediglich dem Unbehagen, das mit solch kontraintuitiven Funktionszuschreibungen verbunden ist, Rechnung zu tragen.

3.9 Erklärungsleistung von Metaphern, Analogien und Modellen

> *Gleichnisse dürft ihr mir nicht verwehren,*
> *Ich wüßte mich sonst nicht zu erklären.*
>
> Zahme Xenien

Ein großer Teil des wissenschaftsphilosophischen und erkenntnistheoretischen Diskurses um den Erklärungsbegriff kreist immer wieder um Kausalität und Vereinheitlichung in unterschiedlichen Spielarten. Wie gezeigt, gibt es insbesondere in den Biowissenschaften darüber hinaus eine lebhafte Diskussion um den Status funktionaler Erklärungen. Ein weiterer Diskurs aber, der nur partielle Berührungspunkte mit dem erstgenannten aufweist, kursiert um die Rolle von Modellen in der Wissenschaft und deren Erklärungskraft. Die Frage nach der Erklärungskraft von Modellen stellt allerdings keine alternative Erklärungsform zu den bisher vorgestellten Erklärungsansätzen dar, sondern steht systematisch quer zu diesen oder kann gar als diesen vorgelagert angesehen werden. So gibt es Modelle, in denen kausale Prozesse modelliert werden, in anderen hingegen stehen funktionale Relationen im Vordergrund. Modelle stellen eine Beschreibung von etwas dar, sie modellieren ein Etwas *als* etwas.

Der Modell-Diskurs kann hier nicht vollständig entfaltet werden. Doch ist es aufschlussreich, einzelne Aspekte des Modellbegriffs im Hinblick auf die hier verfolgte Fragestellung fruchtbar zu machen. Im Anschluss daran gilt es auf die ursprüngliche Fragestellung zurückzukommen und zu fragen, welche Modelle in der Synthetischen Biologie und in der Biosemiotik relevant sind, von welchen diese Gebrauch machen und anschließend nach deren Erklärungswert zu fragen.

Die Rolle von Modellen in der Wissenschaft ist seit jeher umstritten. Im Hinblick auf analoge Modellbildung war wissenschaftshistorisch gerade die Zeit der zweiten Hälfte des 19. Jahrhunderts „eine Hochphase des konstruktiven Einsatzes von ausgefeilten mechanischen Modellen" (Hentschel 2010, 45). Gerade durch die damalige „Pluralität, ja diese Proliferation von Modellen wurde umgekehrt diejenigen Strömungen der damaligen Erkenntnistheorie gestärkt, die von einer Korrespondenztheorie der Wahrheit abzugehen bereit waren und eine Konventionalität menschlicher Erkenntnismittel betonten, also z.B. Heinrich Hertz' Bildtheorie, Henri Poincarés Konventionalismus, Charles Sanders Peirces Pragmatismus und Percy W. Bridgmans Operationalismus" (ebd.). Der vielleicht bekannteste Kritiker der Verwendung von Modellen, speziell von mechanischen Modellen in der Wissenschaft, war der französische Physiker Pierre Duhem, der Modellen lediglich einen kleinen heuristischen bzw. didaktischen Wert zuerkannte, sie aber im Allgemeinen für verzichtbar hielt (Duhem 1991 [1914], insbes. 55-106). Er verwahrte sich insbesondere gegen die Vorstellung, physikalische Prozesse müssten in mechanischen Bildern veranschaulicht werden.[221] Er steht damit am Beginn einer langen Reihe weiterer Kritiker der Erklärungsfunktion von Modellen, zu denen neben Duhem prominent etwa auch Carnap und Braithwaite gerechnet werden können, wohingegen etwa Harré, Toulmin und Sellars Modellerklärungen eine wichtige Rolle im Erkenntnisprozess beimessen. Diskutiert wird ihr Beitrag zur Theoriefindung. Michael Ruse argumentiert für die Bedeutung von Modellen, nicht im Entdeckungskontext, sondern zur Begründung von Theorien am Beispiel Darwins (Ruse 1973). Nahezu zeitgleich diskutiert Halbach die Bedeutung von Modellen in der Biologie. Demnach sollen Modelle „zum besseren Verständnis des Originals beitragen (Erklärung) und eventuell Voraussagen gestatten beziehungsweise Entscheidungen erleichtern" (Halbach 1974, 293). Dieses Erklären muss nicht auf Forschungsmodelle bezogen sein. Darüber hinaus ist die Rolle von Demonstrationsmodellen bei der Vermittlung von Wissen und als didaktisches Instrument zu nennen. Auch eine wissenschaftssoziologische Funktion kann konstatiert werden. Denn Modelle können in gewisser Weise – wie auch Metaphern – als „Leitbilder" dienen, um die herum sich ein Forschungsfeld formiert. Sie strukturieren Kommunikation, ermöglichen die Akquirierung von Forschungsgeldern, indem sie neue oder scheinbar neue Erkenntnisse einer vermeintlichen Innovativität suggerieren. Neben diesen wichtigen Aspekten wird in dieser Arbeit aber primär die epistemologische Funktion von Modellen untersucht, die, wie weiter unten näher ausgeführt wird, äußerst einflussreich von Mary Hesse herausgearbeitet wurde.

---

[221] Siehe zu Duhems Kritik auch (Hentschel 1988; 2010, 43; Hesse 1966; Leatherdale 1974, Kap. 2; Mellor 1968).

3.9.1 Erklärung und Beschreibung

Bevor auf verschiedene Typen von Modellen näher eingegangen wird, seien hier noch einige Bemerkungen zum Begriff der Beschreibung vorweggeschickt. Während der Begriff des Verstehens häufig als Gegenbegriff zu dem der Erklärung diskutiert wurde, erachtet Wolfgang Stegmüller es nur für sinnvoll, dem Erklären das Beschreiben gegenüberzustellen (Stegmüller 1969, 362). Stegmüller grenzt dabei den anspruchsvolleren Erklärungsbegriff vom „bloßen Beschreiben" ab. Damit ist gemeint, dass etwa bei historischen Verläufen eine einfache Formulierung der stattgefundenen Abläufe gegeben werden kann, ohne dass damit zugleich auch erklärt wäre, weshalb diese Ereignisse so (und nicht anders) eingetreten sind. Bei einer Beschreibung würde demnach angegeben *was* der Fall war, aber nicht *weshalb* es der Fall war.

> „Eine noch so vollständige und genaue Beschreibung liefert keinen Ersatz für eine Erklärung. Wissen wir auch in allen Einzelheiten, was geschehen ist, so kann uns der Vorgang dennoch unverständlich bleiben. Erst nach der befriedigenden Beantwortung der Erklärung heischenden Warum-Frage ist unser tieferes Bedürfnis nach Erkenntnis befriedigt. Wir wissen dann nicht nur, was geschieht, sondern warum es geschieht. Dieses zweite Wissen erlangen wir dadurch, daß wir neben der Kenntnis der Einzeltatsachen zusätzlich *die gesetzmäßigen Zusammenhänge zwischen diesen Einzeltatsachen erkennen*. Darum nehmen Erklärungen stets einen höheren Rang in der wissenschaftlichen Weltbetrachtungen ein als Beschreibungen" (ebd., 77).

Dieser Punkt scheint auf den ersten Blick einleuchtend. Dennoch kann diese Gegenüberstellung nicht aufrechterhalten werden. Zwar mag es durchaus möglich sein bestimmte Dinge, Ereignisse oder Prozesse zu beschreiben ohne damit eine Erklärung liefern zu wollen. Dennoch ist eine bestimmte Beschreibung immer Voraussetzung für eine Erklärung – schon alleine, um den zu erklärenden Sachverhalt überhaupt formulieren zu können. Und gerade in einer Beschreibung von etwas als etwas liegt ein Erklärungswert von Modellerklärungen, wie im nächsten Abschnitt ersichtlich wird. Eine Erklärung ist damit nicht etwas, das zu einer bloßen Beschreibung von Tatsachen hinzutritt. Bereits in der Wahl der Art und Weise der Beschreibung wird die Erklärung bereits angelegt.

3.9.2 Eine kleine Typologie von Modellen

Der Begriff des Modells, was seiner Wortherkunft (lat. *modulus*: Maß, Maßstab) nach so viel wie Muster oder Entwurf, aber auch (Vor)bild, Weise oder Art bedeutet, entstammt wohl dem Kontext der Baukunst. Heute wird der Modellbegriff so vielfältig gebraucht, dass es kein einziges Charakteristikum gibt, was allen Modellen gemein ist; sie weisen aber – mit Wittgenstein gesprochen – eine Familienähnlichkeit auf. Wir sprechen von Fotomodellen in der Werbung ebenso wie von Modelleisenbahnen im Spielwarenhandel und mathematischen Modellen des Klimawandels oder des Bevölkerungswachstums. Nelson Goodman diagnostizierte schon 1960 in *Languages of Art* 1968: „Few terms are used in popular and scientific discourse more promiscuously than ‚model‘" (Goodman 1968, 171) und W.H. Leatherdale beklagte sechs Jahre später, es sei unglücklich, „that the literature on ‚models‘ displays a bewildering lack of agreement about what exactly is meant by the word ‚model‘ in relation to science" (Leatherdale 1974, 41). Heute ist die Lage diesbezüglich nahezu unverändert. Daher wird im Folgenden auf diejenigen Aspekte von Modellen fokussiert, die im Zusammenhang mit deren Erklärungsleistung und ihrer epistemischen Funktion stehen. Und dies ist insbesondere der Aspekt des Analogischen. Im Analogischen sieht Leatherdale auch die verbindende Eigenschaft, die unterschiedlichen Arten von Modellen zugrunde liegt (ebd., 42). Auch Halbach schlägt für eine möglichst weite Definition des Modellbegriffs vor

> „jedes Analogon eines *natürlichen* Systems, sei es struktureller oder funktioneller Art, als Modell [zu] bezeichnen. Alle bestehenden Vorstellungen von Modellen stimmen nämlich darin überein, daß Modelle reale Systeme abbilden oder repräsentieren. In der Regel ist ein Modell jedoch kein komplettes Abbild, sondern es spiegelt bestimmte Aspekte des Systems wider" (Halbach 1974, 293).

Ferner unterscheide sich ein Modell vom Original (man könnte auch sagen das Modellsystem vom Zielsystem) dadurch, dass es in einem anderen Substrat verfasst sei, d.h., dass es durch Abstraktion andere Dimensionen aufweise.

Was unterschiedliche Typen von Modellen anbelangt, so kann nach Zill unterschieden werden zwischen individuellen Modellen einerseits, wie etwa dem Modell eines Portraitmalers und Typenmodellen andererseits, bei denen „das Vorbild nicht für sich als Individuum, sondern für etwas, das es selbst schon repräsentiert, etwa einen Typus, einen Berufsstand oder sogar eine Allegorie, Modell steht" (Zill 2008, 6). Man denke hier etwa an einen Maler, der sich selbst als Maler darstellt. Typenmodelle weisen – im Gegensatz zu individuellen Modellen – eine doppelte Referenz auf. Sie verweisen einerseits auf ein Vorbild, das sie abbilden und andererseits auf ein Allgemeines.[222] „Man könnte sagen, sie sind Modelle *von* etwas *für* etwas" (ebd., 7). Neben individuellen Modellen und Typenmodellen führt Zill maßstabsgetreue Modelle (oder Skalenmodelle) als weitere Klasse gegenständlicher Modelle ein. Diese finden sich vorzugsweise in der Architektur, in der Technik oder in Form von Spielzeugen, sprich bei Modelleisenbahnen oder Miniaturflugzeugen wieder. Was hierbei von Belang ist sind die Proportionen unter Absehung der Materialität. Die Proportionen werden bei einem Portrait übernommen und die Proportionen bleiben auch bei einem architektonischen Modell erhalten, wobei dieses auch aus Karton oder Kunststoffen hergestellt sein kann – wie etwa bei einem Modell des Eifelturms, das man als Souvenir nach Hause nimmt –, während das Vorbild vielleicht aus statisch festeren Materialien gebaut sein muss. Hier kann die Vorbild-Abbild-Relation jedoch auch gerade Umgekhrt sein. Das Modell kann als Vorbild für die Errichtung von Bauwerken genutzt werden, wie dies etwa beim Bau der Kuppel des florentinischen Doms geschehen ist. Gerade solche Planungs- bzw. Baumodelle, die als Vorbild für spätere Artefakte dienen, entfalten auch eine normative Wirkung, indem sie vorgeben, wie beim Bau zu verfahren ist (Gutmann 1996, 174ff.). Andererseits sind hier auch physische Modelle zu nennen, bei denen es weniger auf die Relationen, als auf die stoffliche Basis ankommt, wie bei Testgeweben des *tissue engineering*. Solchen gegenständlichen Modellen sind theoretische Modelle gegenüberzustellen, wie sie in wissenschaftlichen Kontexten häufig zu finden sind und wie sie im hier vorliegenden Kontext größere Relevanz haben. Als theoretische Modelle können einerseits mathematisch-numerische Modelle in Abgrenzung zu physischen Modellen angesprochen sein. Andererseits kann damit aber auch gemeint sein, dass hier die Differenzierung zwischen einer Theorie und einem Modell verschwimmt. Zill zufolge wird der Modellbegriff oft synonym mit dem Theoriebegriff gebraucht, gelegentlich auch im Sinne von „eine provisorische, eine tentative Theorie" (Zill 2008, 9). Darüber hinaus werde unter einem Modell auch eine Theorieübertragung verstanden:

---

[222] Natürlich könnte man hier die Frage stellen, ob denn die reine Abbildrelation zum Vorbild jemals gegeben ist, ohne auf ein Allgemeines zu verweisen. Zumindest ist dann fragwürdig, ob es sich dabei dann noch um Kunst handelt. Aber für die Einführung von Idealtypen sei die Möglichkeit dieser Unterscheidung hier unterstellt.

„Eine Theorie wird zum Vorbild, nach der eine andere Theorie, das heißt eine Theorie in einem ganz anderen Gegenstandsbereich, modelliert wird. Sinn dieses Verfahrens ist, die Errungenschaften einer entwickelten Wissenschaft bei der Konstruktion einer neuen, noch unentwickelten nutzbar zu machen. Besonders dort, wo man etwa über eine Wissenschaft verfügt, die für sehr leistungsfähig gehalten wird, die in ihrem Bereich sehr erklärungskräftig ist, erscheint es Erfolg versprechend, ihre Strukturen versuchsweise in einen Bereich zu übertragen, in dem zwar schon einige Tatsachen oder Verknüpfungsregeln bekannt sind, in dem man aber noch keine besonders konsistente Theorie ausgearbeitet hat" (ebd., 10f.).

Insbesondere diese Art von Modellen spielt in den Wissenschaften eine besondere Rolle. Der russische Modelltheoretiker Viktor A. Štoff gibt einen kurzen Überblick über die verschiedenen Bedeutungen des Modellbegriffs in der Wissenschaft und trifft dabei weitere grundlegende Unterscheidungen. So bezeichnen Modelle zum einen Theorien, die eine Ähnlichkeit zu anderen Theorien aufweisen. Štoff spricht hier von einem „Begriff des Modells als isomorphe Theorie und als isomorphe Struktur" (Štoff 1969, 20), der seinen Ursprung bei Descartes und Fermat in Bezug auf die Übereinstimmung zwischen verschiedenen Teilgebieten der Mathematik hat. Neben diesem Verständnis von Modell als Theorie, der hier nicht im Mittelpunkt stehen soll, kann der Modellbegriff laut Štoff aber auch gerade das bezeichnen, was Gegenstand von Theorien ist.[223] Gerade in den Naturwissenschaften wurde der Terminus – im Unterschied zur Mathematik –

„nicht zur Bezeichnung einer Theorie verwendet, sondern zur Bezeichnung dessen, worauf sich die jeweilige Theorie bezieht oder beziehen kann, dessen, was sie beschreibt. Hier sind mit dem Wort ‚Modell‘ zwei verwandte, aber etwas unterschiedliche Bedeutungen verbunden. Erstens wird unter dem Modell in weiterem Sinne eine gedanklich oder praktisch geschaffene Struktur verstanden, die einen bestimmten Bereich der Wirklichkeit in vereinfachter (schematisierter oder idealisierter) und anschaulicher Form nachbildet" (ebd.).

---

[223] Auf eine ähnliche, fast autoantonyme Bedeutung des Modellbegriffs weist Jammer hin: „Das Wort ‚Modell‘ wird in so zahlreich verschiedenen Bedeutungsnuancen gebraucht, daß es fast eine Sache und ihr genaues Gegenteil bedeuten kann: es ist ‚ein Vorbild, nach dem man etwas gestaltet‘ und ‚eine Kopie von etwas, das schon fertiggestellt ist oder existiert.‘ Für einige ist es eine mathematische Konstruktion, während andere solche Identifizierung kategorisch ablehnen. Die Ursache dieser Unstimmigkeiten ist mit der eigentümlichen etymologischen Geschichte des Wortes verknüpft. Als terminus technicus wurde es nicht vor der zweiten Hälfte des 19. Jahrhunderts gebraucht, während es doch im Handwerk, in der Kunst und Architektur beträchtlich älter ist" (Jammer 1965, 167) zitiert nach (Zill 2008, 5).

Der Abbild- oder Repräsentationscharakter wird häufig als zentrales Merkmal von Modellen genannt. Ein Modell bilde bestimmte Aspekte eines Originals bzw. der Wirklichkeit ab. So mag ein skaliertes Architekturmodell die Proportionen der Teile des Originals korrekt abbilden, dessen Gewicht bildet es hingegen nicht ab. Dies ist in der Regel auch nicht nötig, denn Modelle werden stets für einen bestimmten Zweck erstellt bzw. konstruiert. So mag ein Architekturmodell einem Bauherrn einen räumlichen Eindruck von seinem zukünftigen Heim vermitteln. Für die Ermittlung der statischen Tauglichkeit des geplanten Untergrunds ist es völlig nutzlos. Gerade deshalb haftet dem Modell in diesem Sinne auch eine pejorative Konnotation an. „Modell" wird dann als verarmt gegenüber der Wirklichkeit verstanden – als etwas Unzulängliches, das dieser nicht in ihrer Fülle gerecht werden kann.[224] Dennoch zielt diese Bedeutung des Modellbegriffs nach Štoff seit der Antike auf die „Schaffung anschaulicher Bilder der Wirklichkeit" (ebd.), um Weltbilder, wie sie seit der Antike entworfen wurden. Für Štoff „bilden Modelle in diesem Sinne ein notwendiges Element der naturwissenschaftlichen Erkenntnis, weil sie sich nicht auf den mathematischen Formalismus beschränkt, sondern nach Aufdeckung des objektiven Inhalts, der qualitativen Seite der Theorie strebt" (ebd., 21). Im engeren Sinne „wird der Terminus ‚Modell' dann verwendet, wenn man einen Erscheinungsbereich mit Hilfe eines anderen darstellen will, der besser untersucht, leichter verständlich, gewohnter ist – wenn man, mit anderen Worten, Unbekanntes auf Bekanntes zurückführen will" (ebd.). Beispielhaft erwähnt er an dieser Stelle die Anstrengungen der Physiker des 18. Jahrhunderts optische und elektrische Phänomene anhand von bekannten mechanischen Erscheinungen darzustellen. Gerade in diesem Sinne ist der Modellbegriff engstens mit dem der Erklärung in den Wissenschaften verbunden. Štoff gibt zu bedenken, „daß nicht nur Theorien eine Erklärungsfunktion erfüllen, sondern auch Hypothesen, Modelle und Analogien, und daß ein Modell nicht nur Interpretation einer Theorie ist, sondern auch eine spezifische Erklärung der Wirklichkeit" (ebd., 218f.). Beinahe zeitgleich wurde eine ähnliche Position auch von Michael Scriven vertreten, für den etwas zu erklären heißt, es an schon Verstandenes anzuschließen:

---

[224] Häufig hört man von Naturwissenschaftlern, dass es sich bei diesem oder jenem ja nur um ein Modell handle – nur um im nächsten Satz zu verkünden, dass Wärme ja eigentlich nichts anderes als Molekularbewegung von Teilchen und Emotionen ja eigentlich nichts anderes als biochemische Reaktionen seien.

„[…] the request for an explanation presupposes that something is understood, and a complete answer is one that relates the object of inquiry to the realm of understanding in some comprehensible and appropriate way" (Scriven 1970, 202).

In Abgrenzung zu positivistischen Erklärungsansätzen[225] versteht Štoff im Kontext der Widerspiegelungstheorie unter einer wissenschaftlichen Erklärung nichts weniger als „die Aufdeckung des *Wesens*, der inneren Natur des zu untersuchenden Objekts" (Štoff 1969, 220), wobei er unter dem „Wesen" jedoch lediglich verschiedene Arten von Zusammenhängen subsumiert. Je nachdem, worauf sich das „Warum?" einer Frage bezieht, die eine Erklärung erfordert, unterscheidet er all diejenigen Typen von Erklärungen, die in den vorangehenden Kapiteln dieser Arbeit auch schon thematisiert wurden:

1)   kausale Erklärung
2)   Erklärung durch Gesetz
3)   funktionelle Erklärung
4)   strukturelle Erklärung
5)   genetische oder historische Erklärung

Dass das deduktive Schema bei dieser Aufzählung nicht auftaucht liegt daran, dass es nach Štoff kein eigener Erklärungstypus ist, sondern nur ein logisches Mittel zur Darstellung unterschiedlicher Erklärungsformen (ebd., 223). Ebenso stellt auch die Modellerklärung nach Štoff keinen zusätzlichen Typus von Erklärung dar. Im Unterschied aber zur DN-Erklärung – die Štoff als theoretische Erklärung bezeichnet – spielt die Deduktion in der Modellerklärung eine untergeordnete Rolle, denn „[d]ie Hauptfunktion kommt der Analogie und der Konstruktion zu" (ebd., 225). Während „die theoretische Erklärung, die das deduktive Schema benutzt, eine exakte, zuverlässige und direkte Erklärung darstellt" (ebd.), verhält es sich bei der Modellerklärung anders. Sie vermag es aufgrund der Analogiemethode lediglich eine „nicht-eindeutige (mögliche), hypothetische und indirekte Erklärung" (ebd.) zu liefern. Dies führt Štoff folgendermaßen näher aus: Die Modellerklärung

---

[225] Štoff attestiert positivistischen (und quasipositivistischen) Erklärungsansätzen einen „gewissen Eklektizismus" (Štoff 1969, 219), mit dem „das Fehlen eines folgerichtig durchgeführten philosophischen Prinzips" (Štoff 1969) einhergehe und schlägt vor, diesen Mangel durch eine Widerspiegelungstheorie zu kompensieren.

„ist nicht eindeutig, weil sie nicht andere mögliche Erklärungen ausschließt, die sich auf andere Analogien stützen. Sie ist hypothetisch, weil im Modell$_1$, auf dem sie basiert, die dabei benutzte Haupthypothese verkörpert ist. Sie ist insofern indirekt, als das Modell$_2$ ein Vermittler ist, mit dessen Hilfe Gesetze, Ursachen, Bedingungen, Strukturen und andere Inhalte der erklärenden Prämisse mit entsprechenden Modifikationen auf einen dem Modell isomorphen Bereich übertragen werden, zu dem die zu erklärende Erscheinung gehört. [...] Folglich läßt sich in der Modellerklärung im Unterschied zum deduktiven Schema jeder der oben aufgezahlten Erklärungstypen ausdrücken, denn das geschaffene oder gewählte Modell kann kausale Zusammenhänge, Gesetze, Strukturen und strukturell-funktionelle Abhängigkeiten, Funktionen und eine Dynamik (Geschichte) zum Ausdruck bringen, die den entsprechenden Charakteristika der zu erklärenden Erscheinung ähnlich ist.

Das Prinzip der Modellerklärung gründet sich also darauf, daß eine Theorie, die eine kausale gesetzmäßige, strukturelle oder andere Erklärung eines Faktenbereiches durch ein Modell enthält, auf einen anderen Faktenbereich angewendet wird, der erklärt werden soll. [...] Diese Beziehung wird zwischen der Struktur eines gut bekannten Erscheinungsbereichs (diese Struktur kann in Form eines Modells als ihres vereinfachten Abbildes dargestellt werden), für den eine Theorie existiert, nach der uns die Prozesse in diesem Bereich verständlich sind, und einem Modell des Bereichs, der der Erklärung bedarf, hergestellt. In der Regel ist eine solche Beziehung die der Analogie; denn Ziel der Modellierung auf der Grundlage der physikalischen Ähnlichkeit ist nicht so sehr die Erklärung als vielmehr die Erforschung der Parameter des Originalobjekts. [...]

Ein Analogiemodell kann realisiert und experimentell untersucht werden. Dies ist jedoch kein notwendiges Element der Erklärungsfunktion des Modells. Unbedingt erforderlich ist allerdings eine theoretische Begründung für die Berechtigung einer solchen Analogie und die strikte Beachtung der Regeln der Zuordnung des Modells sowohl zur Struktur der Ausgangserscheinung oder des ursprünglichen Gegenstandsbereichs als auch zu den Erscheinungen und Fakten des zu untersuchenden Bereichs. In diesem Fall kann der uns gut bekannte Bereich, für den also eine ausgearbeitete und in der Praxis bestätigte Theorie vorliegt, zur Konstruktion des gedanklichen Modells eines neuen, in gewisser Hinsicht noch unverstandenen Prozesses genutzt werden. Da das Verhältnis der Übereinstimmung zwischen Modell$_2$ und Erklärungsgegenstand deutlich formuliert ist, wird die Theorie des Bereichs, aus dem das Modell$_2$ entnommen ist, auf den untersuchten Bereich übertragen und der letztere mit Hilfe der im ersten Bereich wirkenden Gesetze erklärt. Es muß nochmals betont werden, daß diese Ausdehnung der Theorie nur innerhalb der Grenzen vorgenommen werden kann, die in der gegebenen Modellbeziehung zulässig sind, und daß ständig Vorsicht erforderlich ist, um die Untersuchung vor einer Identifizierung von Modell und Untersuchungsobjekt in allen Elementen und Funktionen, in Struktur und Zusammenhängen zu bewahren" (ebd., 225ff.).

Neben solchen Analogiemodellen erinnert Štoff daran, dass die Erklärungsfunktion darüber hinaus auch von Zeichenmodellen erfüllt werden kann.

3.9.3 Wissenschaftliche Bedeutung von Metaphern

Gerade die von Štoff angesprochene Klasse der Analogiemodelle ist im Kontext dieser Arbeit von besonderem Interesse. Analogiemodelle stehen hier stellvertretend für einen ganzen Komplex des Analogischen, der sich um die Begriffe Modell, Analogie und Metapher gebildet hat. Die Gemeinsamkeit, die Metaphern, Analogien und auch einer gewissen Klasse von Modellen zu eigen ist, ist die Übertragungsfunktion. Im Hinblick auf die Diskussion um Erklärung in den Wissenschaften ist dieser Komplex deshalb von Interesse, da er an die Frage anschließt, inwiefern Erklärungen durch Rückführung auf Bekanntes gegeben werden können. Bekanntes wiederum ist eng mit dem Begriff der Lebenswelt verknüpft, wie er in der methodischen Philosophie zentral ist. Bevor darauf näher eingegangen wird, zunächst einige Bemerkungen zum Zusammenhang von Modell, Analogie und Metapher, über deren systematische Abgrenzung bis heute keine Einigkeit besteht.

Die Arbeit zum Metaphernbegriff verlief in Frankreich, im anglo-amerikanischen Raum und in Deutschland lange Zeit ohne dass die verschiedenen Traditionen voneinander Kenntnis genommen hätten. Hans Blumenberg etwa hat die angelsächsische Debatte quasi nicht wahrgenommen, so wie seine Arbeiten zum Metaphernbegriff dort auch so gut wie gar nicht rezipiert wurden. In Bezug auf das hier vorliegende Thema der Erklärung ist ein Blick auf die Rolle von Metaphern in der Wissenschaft schon alleine deshalb weiterführend, da es eine strukturelle Ähnlichkeit zwischen einer Erklärung und einer Metapher gibt. Beide bestehen aus zwei Teilen, einem vertrauten und einem unvertrauten. Bei der Erklärung wird das Explanandum durch das Explanans erhellt. Analog findet bei der Metapher ein Übertrag eines Begriffs von einem vertrauten Kontext auf einen unvertrauten statt. Max Black, dessen Arbeiten aus den 1960er Jahren und später aus den 1980er Jahren hier einschlägig sind, spricht von den „two distinct subjects" einer Metapher, die er zunächst als „principal" und „subsidiary subject", später als „primary" und „secondary subject" (Black 1977) bezeichnet. Ähnlich verhält es sich bei einer Erklärung. Das Explanans muss für denjenigen, dem es etwas erklären soll, eine gewisse Vertrautheit vermitteln, damit das Explanandum ebenfalls vertraut – d.h. verstanden – wird.[226] Als Rahmen einer Metapher definiert Black das, was wörtlich genommen werden soll, als Metaphernfokus hingegen das, was nicht in diese Rahmung passt. Zusammen ergibt dies ein Metaphernthema. Im Gegensatz zur seit Quintilian geläufigen Vergleichstheorie, der zufolge eine Metapher einen verkürzten Vergleich darstellt,[227] verficht Black eine Interaktionstheorie, die auf einer wechselseitigen Fokussierung der beiden Subjekte beruht. Wie dies zu verstehen ist verbildlicht er am Beispiel des Hobbes'schen „der Mensch ist dem Menschen ein Wolf". Wichtig für das Funktionieren der Metapher sei, was im Allgemeinen mit dem Begriff des Wolfes assoziiert wird:

> „A suitable hearer will be led by the wolf-system of implications to construct a corresponding system of implications about the principal subject. But these implications will *not* be those comprised in the commonplaces *normally* implied by literal uses of ‚man'. The new implications must be determined by the pattern of implications associated with literal uses of the word ‚wolf'. Any human traits that can without undue strain be talked about in ‚wolf-language' will be rendered prominent, and any that cannot will be pushed into the background. The wolf-metaphor suppresses some details, emphasises others – in short, organizes our view of man" (Black 1955, 288).

Nur wenn ein gewisses Narrativ entsprechend weit verbreitet ist kann die Metapher als Metapher wirksam werden. Diese Filterung ist jedoch eine wechselseitige – daher auch der Begriff Interaktionstheorie. Nach Black wird nicht einfach das Narrativ, das sich mit dem Begriff des Wolfes verbindet auf den Menschen übertragen. Vielmehr wirkt auch das Narrativ, das sich mit dem Begriff des Menschen verbindet schon als Fokus, unter dem der Begriff des Wolfes als Metapher dienen kann. Denn wie der Wolf gewisse Eigenschaften des Menschen herausfiltert, indem er auf diese verweist, so bestimmt der Hauptgegenstand der Metapher, der Mensch, welche Art von Eigenschaften gefiltert wird und welche ausgeblendet wird. Von welcher Art

---

[226] Was allerdings als vertraut gelten kann ist kulturell bedingt. Kulturell kann hier auch meinen, dass etwas zur geteilten und anerkannten Wissensbasis einer wissenschaftlichen Disziplin zählt.

[227] Verkürzt sei der Vergleich daher, da das „Wie" der Komparation nicht ausformuliert wird. Metaphorisch *ist* „das Herz die Pumpe der Säugetiere" und *ist* „Heinrich der Löwe" im Gegensatz zum herkömmlichen Vergleich, in dem das Herz der Säugetiere *wie* eine Pumpe funktioniert und Heinrich mutig *wie* ein Löwe handelt.

die Interaktion zwischen den beiden Metaphernpolen ist, bleibt bei Black allerdings
ebenso vage wie die Ausführungen zum epistemischen Mehrwert, der in ihr steckt.
An dieser Stelle setzen die Überlegungen Mary Hesses an, die Blacks Metaphern-
konzept auf wissenschaftliche Theorien[228] anwendet. Metaphern kommt dabei mehr
zu als nur „a decorative literary device" (Hesse 1966, 158) zu sein. Ihr Ansatz der
Explanation as Metaphoric Rediscription wurde zwar lange wenig beachtet – in Salmons
Überblickswerk *Four Decades of Scientific Explanation* wird er quasi gar nicht diskutiert.
Dennoch gehören ihre Überlegungen heute zu den klassischen Texten über die
(Erklärungs-)Funktion von Modellen in den Wissenschaften. Es geht Hesse darum,
das zur damaligen Zeit dominante DN-Modell von Erklärung zu modifizieren und
um ein Moment der theoretischen Erklärung als metaphorische Redeskription zu
ergänzen – nicht darum, es gänzlich zu verwerfen. Sie fordert eine neue Theorie der
Erklärung, die „the conception of theories as metaphors" bereitstellen soll. Allerdings soll damit wiederum nicht gesagt sein, dass *jegliche* Erklärung in einer metaphorischen Redeskription besteht. Hesse geht es ausschließlich um theoretische
Erklärungen, d.h. solche bei denen neue Begrifflichkeiten bzw. eine neue Sprache
ins Explanans eingeführt werden.

> „[I]t has been taken for granted that the essence of a theoretical explanation is
> the introduction into the explanans of a new vocabulary or even of a new lan-
> guage. But introduction of a metaphoric terminology is not in itself explanato-
> ry, for in literary metaphor in general there is no hint that what is metaphori-
> cally described is also thereby explained. The connection between metaphor
> and explanation is, therefore, neither that of necessary nor sufficient condition.
> Metaphor becomes explanatory only when it satisfies certain further condi-
> tions" (ebd., 171).

Metaphern sind weder hinreichend noch notwendig für eine Erklärung. Dafür müssen weiteren Bedingungen erfüllt sein. Das Explanandum entspricht dem ersten
(*primary*) System, das in der Beobachtungssprache formuliert wird. Dem sekundären
System entstammt das Modell – den Modellbegriff verwendet Hesse hier offenbar
synonym zu Metapher. Dieses wird entweder in der Beobachtungssprache oder der
Umgangssprache formuliert. Hesses Standardbeispiel ist ebenfalls die kinetische
Gastheorie bzw. die ihr zugrundeliegende Analogie von Billardkugeln und Molekü-

---

[228] Neben der hier untersuchten epistemologischen Funktion von Metaphern kann auch eine wissenschaftssoziologische Funktion konstatiert werden. Denn Metaphern können in gewisser Weise als
„Leitbilder" dienen, um die herum sich ein Forschungsfeld formiert.

len. Es soll dabei nicht behauptet sein, dass hier eine Eins-zu-eins-Übertragung aller Eigenschaften vorgenommen werden kann, was an der in diesem Zusammenhang eingeführten Differenzierung von positiver, negativer und neutraler Analogien gezeigt wird. Betrachtet man Gasmoleküle als Billardkugeln, so kann die mathematische Beschreibung von Impuls und Bewegung, die für Billardkugeln bereits formuliert wurde, nun auch auf Gase angewendet werden, für die eine derartige mathematische Beschreibung zuvor nicht möglich war. Diejenigen Eigenschaften, deren Übertragung gelingt, bezeichnet Hesse unter Berufung auf John Maynard Keynes[229] als positive Analogie des Modells, während sie für diejenigen, die nicht übertragen werden können – etwa Steifigkeit oder Farbe der Billardkugeln – den Begriff der negativen Analogie verwendet. Darüber hinaus – und darin liegt Hesses origineller Beitrag – führt sie den Begriff der neutralen Analogie für solche Eigenschaften ein, bei denen wir nicht wissen, ob es sich dabei um eine positive oder um eine negative Analogie handelt (ebd., 9f.). Gerade solche bergen das Potential neue Erkenntnisse über das Zielsystem zu gewinnen, indem anstatt dessen das Modell studiert wird. Eine Erklärung wird in diesem Fall deshalb geliefert, da die Bewegung von Billardkugeln bereits in mathematischen Gleichungen beschreibbar war und eine Übertragung auf den derart noch nicht erfassten Bereich molekularer Gase vorgenommen werden konnte.

> „In a scientific theory the primary system is the domain of the explanandum, describable in observation language or the language of a familiar theory, from which the model is taken: for example, ‚Sound (primary system) is propagated by wave motion (taken from secondary system)‘; ‚Gases are collections of randomly moving massive particles‘" (ebd., 158f.).[230]

Dass sich Hesse damit prinzipiell noch immer im Fahrwasser des Logischen Empirismus befindet wird ersichtlich, wenn sie von der Möglichkeit einer neutralen Beobachtungssprache ausgeht, der eine metaphorische Beschreibung gegenübergestellt

---

[229] Keynes spricht von positiven und negativen Analogien, um die übertragbaren Elemente einer Analogie (positive Analogie) von den Unterschieden zwischen Basis- und Zielbereich (negative Analogie) zu unterscheiden (Keynes 1921, Teil II Kap. XIX). Hesse hat Keynes und dessen Ausarbeitung der Rolle von Analogien in der Wissenschaft später ausführlich untersucht (Hesse 1987).

[230] Darüber hinaus legt sie in einem fiktiven Dialog zwischen einem „Duhemisten" und dessen Gegenspieler, einem „Campbellianer", letzterem die Worte in den Mund: „Let us call this third set of properties the *neutral analogy*. If gases are really like collections of billiard balls, except in regard to the known negative analogy, then from our knowledge of the mechanics of billiard balls we may be able to make new predictions about the expected behavior of gases" (Hesse 1966, 8f.).

wird. Während erstere unproblematisch und bereits verstanden ist, bedarf die metaphorische Sprache einer theoretischen Analyse (ebd., 159). Beide Systeme, so nimmt sie an, sind mit bestimmten, allgemein verbreiteten Assoziationen und Überzeugungen verbunden.[231] Allerdings ist die Unterscheidung zwischen wörtlicher und metaphorischer Beschreibung aufgrund der Dynamik von Sprache nicht einfach zu ziehen. Früher Wörtliches wird zu Metaphorischem und Metaphorisches wird zu Wörtlichem, was zusätzlich mit einer Kontextabhängigkeit einhergeht (ebd., 166). Während die beiden Bereiche in Bezug auf sprachliche Metaphern verhältnismäßig vage sein können, sind diese im wissenschaftlichen Kontext „highly organized by networks of natural laws" (ebd., 159f.). Im Anschluss an Black verweist sie darauf, dass von Anfang an eine gewisse Angleichung (*assimilation*) zwischen den beiden Systemen gegeben sein muss. Eben jene, die in der Literatur als „,analogy,' ,intimations of similarity,' ,a programme for exploration,' ,a framework through which the primary is seen'" (ebd., 160f.) beschrieben werden. Diese Analogie bzw. Ähnlichkeit sei jedoch nicht bereits existent, sondern werde erst durch die Metapher hergestellt, wie Hesse in Übereinstimmung mit Black erläutert.[232] Auf der anderen Seite ist sie allerdings darauf bedacht, gerade im Fall wissenschaftlicher Modelle eine Beliebigkeit dieser Herstellung zu vermeiden. Denn ein Fehlen solcher Übertragungen ist nicht nur möglich, sondern historisch aufweisbar:

> „[...] whatever may be the case for poetic use, the suggestion that any scientific model can be imposed a priori on any explanandum and function fruitfully in its explanation must be resisted. Such a view would imply that theoretical models are irrefutable. That this is not the case is sufficiently illustrated by the history of the concept of a heat fluid or the classical wave theory of light. Such examples also indicate that no model even gets off the ground unless some an-

---

[231] Für Zill besteht gerade in ihrer Vagheit ein wesentliches Charakteristikum der Metaphern als „offene und instantane Figur" (Zill 2008, 19). Denn es hängt von den jeweiligen Assoziationen des Rezipienten ab, welche Bedeutung sie erhält. Eine Paraphrase der Metapher mag zwar einen Kern explizieren, allerdings bleiben damit randständige Konnotationen ausgeschlossen. Diese hängen vom Erfahrungshorizont des Rezipienten ab.

[232] Kritisch bemerkt Zill gegen Black, dass eine Ähnlichkeit durch die Metaphern nicht hergestellt, sondern lediglich akzentuiert werde. Die Metapher bringe keine neuen Erkenntnisse, sondern stelle nur heraus, was schon da gewesen sei. Eine Metapher akzentuiere aber nicht nur. Vielmehr seien manche Eigenschaften (wie die Musikalität des Menschen in der Wolfsmetapher) völlig irrelevant, während andere gerade ausgeschlossen werden sollen – nämlich solche, die dem intendierten Assoziationsmuster zuwiderlaufen (wie die Fähigkeit des Menschen Mitleid zu zeigen durch die Wolfsmetapher gerade ausgeschlossen werden soll) (Zill 2008, 20).

tecedent similarity or analogy is discerned between it and the explanandum"
(ebd., 161).

Weshalb diese Modelle jedoch nicht tragfähig waren, darauf geht Hesse an dieser
Stelle nicht weiter ein. Allerdings wendet sie sich gegen die vorherrschende Meinung, eine Metapher sei ein verkürzter Vergleich. Der Gebrauch von Metaphern
lasse sich nicht vollständig in wörtliche Beschreibungen auflösen, da sich eben nicht
einfach eine Liste vergleichbarer Eigenschaften aufzählen lässt. Denn „as an ingre-
dient in an explanation, we do not know how far the comparison extends – it is
precisely in its extension that the fruitfulness of the model may lie" (ebd., 162). Es
muss aber im Auge behalten werden, dass Metaphern nicht beliebig sind.

Bei Hesse wie auch bei Black werden die Begriffe Metapher und Modell eher
undifferenziert und teilweise synonym verwendet. Ein Grund hierfür liegt darin,
dass es sich bei beiden um Formen analogisierenden Denkens handelt, bei dem eine
Übertragung vorgenommen wird. Nun gilt es diese beiden Begriffe jedoch noch
weiter zu präzisieren. So hebt Zill etwa auch Unterschiede hervor, die zwischen
Modellen und Metaphern bestehen:

> „Worin sich die Metapher – abgesehen von möglichen Unterschieden im Me-
> dium (Sprache, Bild, dreidimensionaler Gegenstand) – grundsätzlich vom Mo-
> dell unterscheidet, ist erstens ihre Offenheit und damit zweitens ihr prinzipiel-
> ler Widerstand gegen die Paraphrase [...]. Durch sie ist die Metapher ein ewig
> unabgeschlossener Prozess, der sich letztlich auch nicht in ein eindeutiges Er-
> gebnis verfestigen kann und somit nur begrenzte Möglichkeiten bietet, an ihn
> anzuschließen.
>
> Das ist beim Modell anders. Die Modellübertragung ist ein im Prinzip re-
> guliertes, öffentliches, interpersonelles Verfahren. Bei ihm wird dezidiert ange-
> geben, welche Merkmale man überträgt, ein Transfer, der nach- und überprüf-
> bar und bei Bedarf auch revidierbar ist. Das Ergebnis dieser Übertragung ist in
> gewissen Grenzen klar bestimmbar. Man kann dann daran anschließen und
> etwa die neue Theorie unabhängig von ihrer ursprünglichen Genese modifizie-
> ren. Das bedeutet allerdings nicht, dass die Übertragung von einem Bereich in
> den anderen nicht wiederholt werden könnte. Andere Theoretiker können so
> zum Beispiel dem Transfer grundsätzlich zustimmen, bestimmte Züge aber zu-
> rücknehmen und andere nachtragen" (Zill 2008, 21).

Eine deutlich präzisere und historisch begründete Analyse des Verhältnisses von
Metapher, Analogie und Modell hat Klaus Hentschel vorgelegt (Hentschel 2010).
Danach lassen sich diese Formen analogischen Denkens in ein hierarchisches Ver-
hältnis bezüglich ihrer Tiefe und systematischen Reichweite bringen. Hentschel

postuliert eine „Stufenfolge von einfachem, gewissermaßen harmlosen und nicht weiter belastbaren verkürzten *simile* über die Analogie als einem komplexen Vergleich mit mehrstufigen, belastbaren Ähnlichkeitsrelationen hin zu einem voll ausgebautem Modell als letzter und komplexester Stufe" (Abbildung 9).[233]

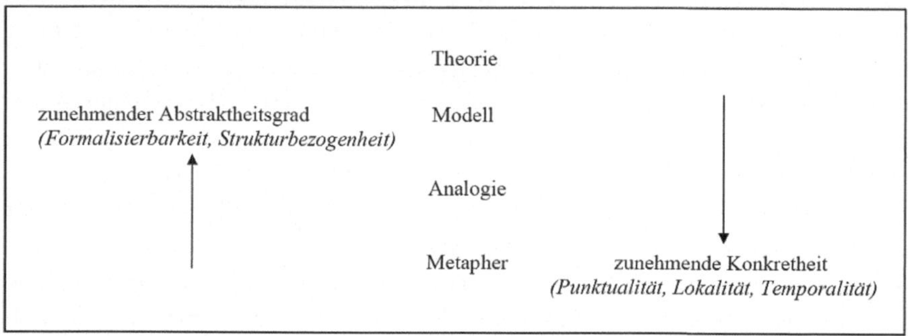

Abbildung 9 Abstraktionsgrad und Objekteigenschaftsbezogenheit von Methapher, Analogie, Modell und Theorie.
Quelle: (Hentschel 2010, 20).

Er sieht

> „eine klare Stufenabfolge Metapher – Analogie – Modell – Theorie: Analogien unterscheiden sich von Metaphern durch die Symmetrie der durch die Analogierelation ausgedrückten Beziehungen zwischen Basis und Zielbereich, während Metaphern eine einseitig gerichtete und verkürzte Form eines *similes* sind. Analogien unterscheiden sich auch von Modellen darin, dass letztere wiederum stärker asymmetrisch angelegt sind: sowohl mechanische wie auch mentale Modelle repräsentieren und ‚modellieren' einen Gegenstand des eigentlichen Interesses, das *target*, durch partielle Abbildungen einiger durch die jeweilige Fragestellung ausgezeichneter Relationen, um dadurch etwas über dieses *target* zu lernen. Integraler Bestandteil vieler Modelle sind Analogien; obwohl letztere keineswegs zwingender Bestandteil von Modellen sind, gaben vielfach doch anerkannte Analogien zweier Objekte oder Prozesse den Ausschlag für die Entwicklung komplexer Modelle von einem dieser Gegenstandsbereiche. Entwicklungspsychologisch wie auch wissenschaftstheoretisch lassen sich Erweite-

---

[233] Als weitere Form des Analogischen wäre hier die Allegorie zu nennen, die ebenfalls über einzelne metaphorische Ausdrücke hinausreicht und ganze Narrative beinhalten kann. (Gutmann & Rathgeber 2008)

rungen von Metaphern zu Analogien, von Analogien zu Modellen sowie schließlich auch von Modellen zu Theorien nachweisen, ferner auch eine Tendenz zur schrittweisen Erhöhung des Abstraktionsgrades von Analogien und Modellen mit fortschreitendem Entwicklungsgrad" (ebd., 47).

Metaphern beziehen sich demnach lediglich unsystematisch auf vereinzelte Aspekte im Kontext einer Übertragung einzelner Attribute. Im Gegensatz dazu sind mit der Behauptung von Analogien

> „zeitlich wie auch systematisch weitreichende Behauptungen und Absichten [verbunden]. Ich bediene mich einer Analogie nicht nur zur Verdeutlichung oder Ausschmückung eines einzelnen ‚Punktes' in meiner Argumentation und auch nicht im Sinne eines Trojanischen Pferdes wie etwa die verführerische Holismus-Metapher in präfaschistoiden Texten, sondern weil ich weitgehende Absichten damit verfolge, die meinen Argumentationsgang für längere Zeit (mit)bestimmen werden und in der jeweils vorgebrachten Analogie offen zum Ausdruck gebracht werden" (ebd., 22).

Daher spricht Hentschel Analogien – bei denen es um ein ganzes Gefüge von Relationen geht – eine größere zeitliche Reichweite zu als Metaphern. Er sieht in solchen „Analogien mit die wichtigsten Vehikel des Neuen in den Wissenschaften; heuristische Verfahren der Wissenserweiterung auf der Basis von Bekanntem" (ebd., 23). Aus diesen Analogien werden „durch weitere ‚Vertiefung' und ‚Andockung' theoretischen Wissens in der obersten hier betrachteten Stufe der Wissensorganisation dann veritable Modelle" (ebd.), die auch über einen längeren Zeitraum innerhalb der *scientific community* diskutiert werden, um nach einiger Zeit dann eventuell durch neue Modelle ersetzt zu werden. Diese Analogien besitzen eine heuristische Funktion insofern sie als Instrument der Erkenntnisfindung und –erweiterung zu betrachten sind:

> Wenn nämlich bezüglich des Basisbereichs das Wissen bereits fortgeschritten ist und vieles über die Binnenrelationen verschiedener Attribute von B [dem Basisbereich] bekannt ist, leistet die Analogie eine quasi-automatische Übertragung dieses gesamten Wissens über B auf den noch unbekannten oder unzureichend erforschten Zielbereich Z, so z.B. von den optischen Komponenten eines Mikroskops auf die elektrischen Komponenten eines zum Mikroskop ‚analog' konstruierten Elektronenmikroskops. Selbstverständlich ist durch die Verwendung der Analogie noch keineswegs garantiert, dass diese Übertragung von B auf Z legitim ist, dass also Z tatsächlich auch genau die gleichen Binnenrelationen seiner Attribute aufweist, wie B dies tut, aber letzteres ist dann durch weitere Erforschung von Z abprüfbar und führt im besten Falle zur Be-

stätigung und zum weiteren Ausbau der Analogie, andernfalls früher oder später zur Modifikation oder zum Fallenlassen dieser Analogie, vielleicht zugunsten einer anderen, neuen Analogie" (ebd., 25).

Die Frage der Legitimität bzw. nach der Begründung und den Kriterien für die Legitimität ist in Bezug auf wissenschaftstheoretische Fragestellungen zentral. D.h. die vorgeschlagenen Analogien bedürfen einer kritischen Bewertung. Bei vielen Befürwortern analogischen Denkens in den Wissenschaften lag der eigentliche Beitrag Hentschel zufolge „nicht so sehr im Produzieren einer besonders großen Zahl analogischer Verknüpfungen, sondern eher darin, aus diesem großen Fundus von Möglichkeiten besonders *effizient* und zuverlässig diejenigen Operationen herauszufischen, die wissenschaftlich *erfolgversprechend* weiterzuverfolgen sind [Hervorheb. DF]" (ebd., 31). Statt nach der Legitimität kann hier auch nach der Adäquatheit und den Adäquatheitskriterien gefragt werden. Zunächst sei an dieser Stelle aber lediglich betont, dass Metaphern, Analogien und Modelle stets partiell und selektiv sind.

3.9.4   Zur Bewertung und Adäquatheit von Modellen

Dass Adäquatheit ein maßgebliches Kriterium zur Bewertung von Modellen ist, kann als unstrittig gelten. Umstritten ist jedoch, worin diese Adäquatheit besteht. Wann ist ein solcher „Wechsel des Mediums"[234] durch die Verwendung einer Metapher gerechtfertigt und wie wird dieser begründet? Teilweise wird auch von Adäquatheit gesprochen, wenn der schwierige Begriff der Wahrheit vermieden werden soll. Denn die Verwendung des Wahrheitsbegriffs würde dessen Definition oder zumindest dessen Explikation voraussetzen Ohne detailliert auf den Wahrheitsbegriff einzugehen, seien hier zwei Möglichkeiten unterschieden, die die Adäquatheit von Modellen bestimmen: eine repräsentationale und eine pragmatische.

Wird der Begriff der Adäquatheit im Sinne von Angemessenheit aufgefasst, so wirft dies die Frage auf, nach welchem Maß Adäquatheit bestimmt werden kann. Es

---

[234]   Black spricht von einem Analogmodell als „some material object, system or process designed to reproduce as faithfully as possible in some new medium the structure or web of relationships in an original" (Black 1962, 221). Gedacht sei hier etwa an den von Alban W. Phillips Ende der 1940er Jahre entworfenen MONIAC (Monetary National Income Analogue Computer), ein hydraulischer Analogcomputer, der die Geldflüsse einer Volkswirtschaft modellieren sollte (Barr 2000).

kann einerseits dafür argumentiert werden, dass dasjenige Modell angemessener sei, das besser mit den vorliegenden Daten übereinstimmt. Allerdings sei hier die These vertreten, dass die Erhebung von Daten bereits eine Art der Modellierung voraussetzt. Dennoch stellt sich die Frage, ob es nicht bessere und schlechtere Modelle gibt. Häufig wird davon ausgegangen, dass bessere Modelle mehr realen Gehalt haben bzw. der Realität näher stehen. Hentschel erwähnt in seiner historischen Analyse die Arbeiten des Experimentalphilosophen George Francis FitzGerald, der sich bereits am Ende des 19. Jahrhunderts intensiv mit der wissenschaftlichen Rolle von Modellen auseinandergesetzt hat. Dieser unterscheidet in seiner Analyse verschiedener Modelle des Äthers zwischen *models* und *likeness,* wobei diese Differenzierung den Grad des Realitätsbezuges widerspiegelt. Hentschel gesteht zu, dass man diese Korrespondenztheorie der Wahrheit freilich nicht teilen muss. Dennoch hält er fest „dass es systematisch gesehen einen erkennbaren Unterschied zwischen ‚flachen‘ und ‚tiefen‘ Analogien gibt, wobei letztere sich dadurch auszeichnen, dass in ihnen sehr viel mehr ‚drin steckt‘ als anfänglich zu vermuten war, oft sogar, ohne dass zu dem Zeitpunkt, in dem eine Analogie als ‚tief‘ empfunden wird, ein Ende dieser Ausreizbarkeit erkennbar wäre" (ebd., 48). Als Beispiel dafür, wie „ein und derselbe Gegenstand nacheinander Basis ‚flacher‘ und ‚tiefer‘ Analogien darstellen kann" wendet sich Hentschel nochmals dem Planetensystem zu, das von Francesco Algarotti im 18. Jahrhundert in Analogie zur Monarchie gedacht wurde. Hentschel paraphrasiert Algarottis Modell folgendermaßen:

> „Die Sonne solle man sich als *Souverain* eines immens großen Reiches vorstellen, dessen *Seigneurs* und Barons die Hauptplaneten darstellen. Einige von ihnen würden eigene Domänen verwalten, auf denen im Kleinen die gleiche Jurisdiktion gelte, wie der *Souverain* sie im großen Reich auch walten lasse, denn in beiden würden kleinere die größeren umrunden, um ihnen den Hof zu machen. Unsere Erde sei nur ein kleines Reich, in dem lediglich ein Mond sich die Mühe dieser Umrundung mache, gar nicht zu vergleichen mit den viel größeren Reichen eines Jupiter oder Saturn, die beide sehr viel mehr Vasallen hätten" (ebd.),

um es anschließend gleich einer Kritik zu unterziehen:

> „Trotz des gefälligen Bildes einer Umkreisung des Königs durch seinen Hofstaat, das an höfische Schreittänze und anderes Zeremoniell denken lässt und wie angegossen auf den von Algarotti primär avisierten Leserkreis der gebildeten Hofdamen passte, bleibt seine Analogie doch ‚flach‘, denn es gibt nur eine recht kleine Zahl wirklich übertragbarer Relationen. *In puncto* Kurzatmigkeit

handelt es sich eher um eine Art rhetorisch ausgeschmückter Metapher, wie diese nur für den Augenblick, den Effekt konzipiert. Entsprechend kurzlebig war die Wirkung dieser Analogie, die ebenso schnell wie Algarottis Traktat der Vergessenheit anheimfiel. Algarottis Analogie hatte keinerlei Systematizität, sondern verblieb auf der Ebene bloßer Illustration, wie dies übrigens für viele Analogien im populärwissenschaftlich vermittelnden Kontext gilt" (ebd.).

Diese Kritik, die sich lediglich auf die „Zahl wirklich übertragbarer Relationen" und die fehlende Systematizität bezieht mag zwar zutreffend sein, sie ist jedoch im hier vorliegenden Kontext unbefriedigend und präziser zu bestimmen. Was sind die Kriterien für die Übertragbarkeit von Relationen? Und woran bemisst sich der Grad an Systematizität einer Analogie? Ist der zeichenabhängige Informationsbegriff in der Biosemiotik letztlich auch eine solche tiefe oder nur eine flache Analogie? Für die Beantwortung dieser Frage wenden wir uns nun dem Vorschlag Ulrich Krohs' zu, um diesen anschließend mit den Überlegungen Peter Janichs und Mathias Gutmanns zum Modellbegriff zu kontrastieren.

3.9.5 Konservative und nichtkonservative Modelle

Krohs entwirft *Eine Theorie biologischer Theorien* und legt darin eine Konzeption funktionaler Modelle vor, die sowohl Artefakte als auch biologische Systeme abdecken soll. In dieser will er unter einem biologischen Modell „eine wissenschaftliche Erklärung eines biologischen Phänomens verstanden [wissen], ein Theoriestück, das informell oder formalisiert vorliegen kann. Bei einem durch ein Modell erklärten Phänomen kann es sich sowohl um einen Prozess als auch um eine Struktur handeln" (Krohs 2004, 137). Krohs unterscheidet diesbezüglich im Anschluss an Marko (Marko 1965) zwischen konservativen und nichtkonservativen Modellen (Krohs 2004, Kap. 7). Erstere, die er auch als physikalistische Modelle bezeichnet, stellen physikalische oder chemische Beschreibungen von Strukturen oder Prozessen dar, bei denen Erhaltungssätze der Energie und der Masse berücksichtigt werden. In der Physik (zumindest in ihrer derzeitigen Form) kann es keine Modelle unter Absehung der Erhaltungssätze geben. In nichtkonservativen Modellen spielen die physikalischen Erhaltungssätze hingegen keine Rolle. Zwar genügen auch Modelle dieser Sorte den Erhaltungssätzen, sie sind jedoch für die vorgenommenen Beschreibungen irrelevant. Krohs argumentiert für die These,

„dass biologische Theorien häufig Theoriestücke enthalten, in denen beide Modellsorten verwendet sind, und dass beide Sorten epistemische Relevanz haben. Weder ist das nicht-konservative Modell bloßes Beiwerk zur Veranschaulichung der physikalistisch beschriebenen Phänomene, noch dient die konservative Modellierung etwa lediglich der Absicherung hinsichtlich der Realisierbarkeit des im nicht-konservativen Modell beschriebenen Prozess" (ebd., 163).

Ein physikalistisches und ein funktionales Modell finden in den Biowissenschaften häufig gemeinsam zur Erklärung desselben Phänomens Anwendung, wobei beide sich ergänzen. Nach Krohs beschreiben die Modelle beider Sorten Bestandteile desselben Theoriestücks, da „beide korrespondierende Modelle erst zusammengenommen die biologische Erklärung des Phänomens ergeben" (ebd., 241). Konservative – oder auch physikalistische Modelle – und nichtkonservative Modelle sind also nicht alternativ, sondern komplementär zueinander zu betrachten. Weder bei den einen noch bei den anderen handelt es sich um eine vollständige Beschreibung eines Phänomens. Die Frage, welche Art der Modellierung jeweils vorzuziehen ist hängt wiederum von der zu beantwortenden Fragestellung ab.

Was zeichnet aber ein nichtkonservatives Modell im Unterschied zu einem konservativen Modell aus? Zu dieser Sorte von Modellen sind nach Krohs alle funktionalen Modelle zu rechnen (ebd., 156). Krohs greift hier zur Bestimmung eines analytischen Funktionsbegriffs, der für nichtkonservative Modelle maßgeblich ist, auf einen allgemeinen Designbegriff zurück (Krohs 2004; 2005; 2014). Denn die Anwendbarkeit funktionaler Begriffe ist davon abhängig, ob eine Entität als auf einem Design beruhend beschrieben werden kann oder nicht. Ein solcher Designbegriff soll technisches Design und biologisches Design gleichermaßen abdecken können. Krohs schlägt daher eine Formulierung eines allgemeinen Designbegriffs vor, der nicht an Intentionalität gebunden sein soll. Ein Design zeichne sich stattdessen durch unterschiedliche Arten der Typenfixierung aus. Damit ist gemeint, dass in einem Design *types*, nicht einzelne *token* der Komponenten des Systems festgelegt werden. In Bezug auf Artefakte werden diese in einem Bauplan, einer Konstruktionszeichnung o.ä. festgelegt. Krohs verdeutlicht dies am Beispiel einer Schraube in einem technischen Gerät. Diese ist dort nicht aufgrund ihrer individuellen Eigenschaften verbaut, sondern insofern sie einem bestimmten Typus zugehörig ist – nämlich jenem, der in der Konstruktionszeichnung an entsprechender Stelle vermerkt ist (Krohs 2004, 81; 2005). Zwar mag hier die Auswahl der Typen durchaus der Intentionalität des Designers nach bestimmten Kriterien unterliegen. Doch ist der Rückgriff auf diese Intentionalität für die Beschreibung als Design nicht nötig. Deshalb kann auch eine Form natürlichen Designs festgestellt werden, die auf Intentionalität verzichten könne. Hier liege die natürliche Typenfixierung[235] in der DNA als Bauplan oder Programm. Jedes Protein als *token* wäre demnach in der DNA als *type* hinterlegt. Auch wenn dies relativiert wird und prinzipiell weitere, auch externe Faktoren einbezogen werden können, „so ist das Design eines Organismus in erster Näherung identisch mit seinem Genom" (Krohs 2005, 65).[236] Unter Typfixiertheit versteht Krohs folglich, dass es nicht auf die individuelle Eigenschaften von Komponenten in biologischen Systemen ankommt, wenn diese hinsichtlich ihrer Funktionalität beschrieben werden. Relevant sind lediglich bestimmte Eigenschaften, die sie als *token* eines bestimmten Typs auszeichnen. Und dieser Typ ist es, der in entsprechenden Konstruktionsplänen von Artefaken bzw. im Genom fixiert sei.[237]

Wie ist aber das Verhältnis von funktionalen Modellen zu semiotischen Modellen? Semiotische Modelle stellen nach Krohs eine Untergruppe allgemeiner funktionaler Modelle dar und sind als solche ebenfalls zu den nichtkonservativen Modellen zu zählen. Damit gilt für semiotische Modelle, dass ihre Anwendbarkeit dann als nachgewiesen gelten kann, wenn gezeigt werden kann, dass sich die physikalischen Rollen etwaiger Zeichen- oder Signalprozesse als analytische Funktionen ausweisen lassen. In Bezug auf die an semiotischen Prozessen beteiligten Proteine hält Krohs dies für unproblematisch, „da es sich um Rollen typfixierter Komponenten einer Entität mit Design handelt" (Krohs 2004, 214f.), wie er in Bezug auf die Signaltransduktion konstatiert.[238] Funktionalität – und damit einhergehend Zeichenhaf-

---

[235] Mit „Typfixierung" meint Krohs hier in Bezug auf die Teile von Organismen, „dass genetisch Strukturen fixiert sind, durch die aufgrund der immer gleichen Mechanismen von Stoffwechsel und Entwicklung, und in Abhängigkeit von weiteren fixen Spezifika eines oder mehrerer *token* des fixierten Typs hervorgebracht werden" (Krohs 2004, 85).

[236] In diesem Kontext mag vielleicht kein direkter Rückgriff auf die Intentionalität eines Designers genommen werden. Dennoch ist die Modellierung der DNA als Programm oder als Bauplan letztlich nur unter Rückgriff auf intentionalistische Begriffe möglich.

[237] Ferner ist diese Typfixiertheit nach Krohs „kontingentes Resultat eines Kausalprozesses. Der Prozess läuft nicht *umwillen* eines Resultates ab, Zielgerichtetheit wird nicht unterstellt. Der Prozess der Typfixierung durch Modifikation (Mutation) und natürliche Selektion ist teleologiefrei beschreibbar" (Krohs 2004, 112).

[238] Zeichenprozesse sind also in bestimmter Hinsicht immer auch funktionale Prozesse. Denn ein Zeichen für etwas zu sein kann immer als die Funktion eines Zeichenträgers bestimmt werden. Dasselbe gilt in Bezug auf Signale. Ein Signal zu sein wird als Funktion des physischen Signalträgers aufgefasst.

tigkeit – lässt sich nicht aus einer konservativen Beschreibung eines biologischen Systems ableiten. Denn

> „[d]ie Zuschreibung der Funktionalität erfolgt nicht allein aufgrund physikalischer Eigenschaften, sondern erst in Anwendung eines funktionalen Modells auf eine Entität mit Design. Es verwundert deshalb nicht, dass auch bezüglich biologischer Entitäten der Versuch regelmäßig scheitert, die Funktionalität z.B. der Signalwandlung aufgrund beobachtbarer Eigenschaften zuzuschreiben" (ebd., 212).

Dennoch konnen die zugrundeliegenden Mechanismen selbstverständlich auch konservativ beschrieben werden. „Neben dem funktionalen wird also ein korreliertes physikalisches Modell verwendet. Beide Modelle sind jeweils eng miteinander verknüpft, und in den verwendeten Darstellungen werden semiotische Erklärungen und Beschreibungen der zugrunde liegenden Mechanismen parallel und einander ergänzend verwendet" (ebd., 212:220). Krohs führt hierfür als Beispiele von Signalverarbeitung etwa die hormonelle Regulation an, ebenso wie die G-Protein-vermittelte Signaltransduktion und als weiteres, umfänglicheres nichtkonservatives Modell das Informationsmodell der Proteinbiosynthese in der Molekularbiologie. Alle drei sind Beispiele, die auch von Seiten der Biosemiotik angeführt werden. Allerdings bezieht sich Krohs explizit nicht auf die biosemiotischen Ansätze in denen „eine Konzeption des *Gebrauchs* von Zeichen durch den Organismus und auch durch organische und molekulare Komponenten von Organismen eine zentrale Rolle spielt" (ebd., 209). In Abgrenzung dazu bezieht er sich auf semiotische *Modelle*, insofern bei diesen von Intentionalität und einem Bedeutungsgehalt abgesehen werden kann.

Was Krohs für funktionale Modelle im Allgemeinen anhand des Designbegriffs, der sich auf Typenfixiertheit gründet, gezeigt hat, wendet er auch auf Zeichenprozesse in semiotischen Modellen (als Sonderfall funktionaler Modelle) an. Wie in Bezug auf Funktionalität im Allgemeinen mit dem Designbegriff wird auch hinsichtlich des Zeichenbegriffs im Speziellen nach einem Ersatz für Intentionalität als Charakteristikum gesucht. Unabhängig von Intentionalität und Bedeutung sieht er in der unterschiedlichen Aktualisierbarkeit von Zeichen ein Charakteristikum semiotischer Prozesse, das es rechtfertigt von semiotischer Modellierung zu sprechen. Hier sei etwa an eine Rechenmaschine gedacht. Für die Konstruktion einer solchen Maschine ist es zunächst nur von Bedeutung, dass die physischen Komponenten dem Typus der jeweiligen logischen Schaltung („AND", „OR", „NAND", „NOR"...) entsprechen. Demnach ist es für eine funktionale Beschreibung völlig unerheblich, ob deren Aufbau in logischen Schaltkreisen mittels elektrischer, hydraulischer oder auch genetischer Schaltkreise realisiert wird. Ebenso sind die Masse- und Energieerhaltungssätze auch für die Beschreibung von semiotischen Regulationsprozessen irrelevant, unbenommen der Tatsache, dass jede physikalische Beschreibung diesen zu genügen hat.[239] Die unterschiedliche Aktualisierbarkeit von Zeichen wird dann folgerichtig als Spezialfall der multiplen Realisierbarkeit von Funktionen aufgefasst (ebd., 214). Krohs schreibt:

> „Die Beschreibung eines Prozesses in einem Organismus oder in einem technischen Artefakt als Prozess der Signalverarbeitung nimmt genau diesen Aspekt der verschiedenartigen Aktualisierbarkeit eines Zeichens auf. Ein Signal wird in der Regel in einem solchen Prozess verstärkt und gewandelt. Es kann verschiedene Aktualisierungsformen haben, als elektrischer Impuls, als Druckwelle usw., aber alle *‚sind‘* dennoch dasselbe Signal. [...] Unterschiedliche Aktualisierungen bleiben dasselbe Signal zu unterschiedlicher Zeit und/oder an unterschiedlichen Orten. Dieser semiotische Aspekt von Signalprozessen ist unabhängig von intendierten Bedeutungen. Es kann deshalb als Charakteristikum einer Sorte semiotischer Modelle dienen, die Strukturen und Prozesse sowohl von Entitäten mit intentionalem als auch von solchen mit biologischem Design repräsentieren" (ebd., 211).

Den Ausweis dieser Identität bleibt Krohs jedoch schuldig. Dies ist bezeichnend. Wie lässt es sich denn zeigen, dass es sich bei allen drei Instantiierungen um dasselbe Signal handelt? Wie sollte diese Identität denn anders gestiftet werden als im Zeichengebrauch, wodurch – sozusagen durch die Hintertüre – die Intentionalität wieder ins Spiel kommt? Auf diesen Aspekt kommen wir im nächsten Abschnitt in Bezug auf die methodische Philosophie näher zu sprechen. Für Krohs gilt jedoch, dass zum Zwecke der Modellierung von Intentionalität abgesehen werden kann. Dies bedeutet allerdings nicht, dass damit Intentionalität als Phänomen eliminiert oder naturalisiert wäre, was auch gar nicht Krohs' Anliegen ist. Ihm geht es darum, über die verschiedene Aktualisierbarkeit von Zeichen die Anwendung semiotischer Modell und damit auch informationaler Modellierung als Sonderfall funktionaler Modelle in den Biowissenschaften zu begründen und damit zu belegen, dass diese nicht einfach auf physikalische Modelle reduziert werden können. Dies gilt insbesondere auch für informationale Modelle als prominenter Form semiotischer Modelle.

---

[239] Hierzu mehr im Unterkapitel 3.10.5 *Defekte Rechenmaschine.*

„Informationsübertragende Prozesse sind unterschiedlich realisiert, es gibt kein ‚Informationsstück' als physikalische Entität, das konservativ beschreibbar wäre. [...] Da alle Enzyme und Nukleinsäuren des informationsverarbeitenden Mechanismus' typfixierte Komponenten einer Entität mit biologischem Design sind, ist es wiederum gerechtfertigt, das betrachtete Modell als funktionales Modell zu klassifizieren. Alle Prozesse, die in diesem Modell als Informationsübertragung beschrieben werden, sind gemäß (AF) analytische Funktionen[240] der beteiligten Komponenten. Sie werden den physikalistisch beschriebenen Prozessen zugeschrieben: Eine analytische Funktion der DNA-abhängigen RNA-Synthetase (Transkriptase) ist es, in Abhängigkeit von der Randbedingung einer gegebenen DNA-Struktur RNA zu synthetisieren; die analytische Funktion der Ribosomen ist es, in Abhängigkeit von der Randbedingung der einer gegebenen RNA-Struktur Protein zu synthetisieren usw. Die zugrunde liegenden Prozesse sind konservativ zu beschreiben" (ebd., 227).

Allerdings ist zu beachten, dass die Rede von Information kontextabhängig ist. Die Struktur der DNA ist nicht als solche Information. Nach Krohs besteht dieser Kontext darin, dass die entsprechende Entität einerseits „als auf einem Design basierend beschrieben wird, dass andererseits aber die Rede von Information immer in ein funktionales Modell eingebettet bleibt und nicht als physikalistische Zuschreibung gedeutet werden kann" (ebd., 229). Gerade diese Einbettung zeigt, dass semiotische Modelle über einzelne Metaphern hinausgehen und weitläufigere Bezüge erfordern.

Doch wie sieht es bei Krohs mit der Adäquatheit semiotischer Modelle in den Biowissenschaften aus? Die Anwendung semiotischer Modelle selbst auf molekularer biowissenschaftlicher Ebene rechtfertigt Krohs durch die seiner Ansicht nach vorliegende strukturelle Ähnlichkeit semiotischer Prozesse zu den zu modellierenden molekularen Prozessen – nicht durch die Richtigkeit der verwendeten Begriffe. Gerade da die Voraussetzung von Intentionalität ausgeschlossen werden soll, rekurriert Krohs auf die Struktur semiotischer Prozesse um deren explanatorische Leistung zu begründen: „Structurally, the semiotic model appears to fit well to the phenomena as described by the physicalistic model. [...] Its structure, consequently, must be regarded as carrying or contributing to the explanatory power of the semiotic model" (Krohs 2014, 94ff.). Damit beschreitet er an dieser Stelle einen anderen Weg als die im nächsten Abschnitt vorgestellte methodische Philosophie und schließt an die Modelltheorie strukturalistischer Prägung im Ausgang von Wolfgang

---

[240] Eine analytische Funktion ist der Beitrag einer typfixierten Komponente zu einer Systemleistung. Krohs schließt hier an den Vorschlag von Cummins an, der in 3.8.2 bereits angesprochen wurde.

Stegmüller und Wolfgang Balzer an, indem er davon ausgeht, dass es sich um eine Erweiterung der Klasse der intendierten Anwendungen handelt (Krohs 2004, 230ff.). Krohs geht hier weniger von einer Übertragung vom Bereich nachrichtentechnischer Beschreibungen auf biologische Phänomene aus, als vielmehr von einer Ausweitung des Anwendungsbereichs des Modells auf Prozesse mit hinreichender struktureller Ähnlichkeit. In dieser sieht er das erste und entscheidende Kriterium dafür, dieselbe Modellstruktur zur Anwendung bringen zu dürfen. Diese strukturelle Ähnlichkeit, die Krohs am Beispiel des Brotbackens[241] illustriert, ist jedoch nur dann gegeben, wenn dieser behavioristisch, d.h. unter Absehung von Intentionalität beschrieben wird. Dies soll hier nicht näher erörtert werden. Es ist jedoch nicht ganz klar, inwiefern Krohs hier Modellen eine konstitutive Rolle zuweist. Handelt es sich bei der Proteinbiosynthese einfach um einen ontologisch primär physischen Prozess, der zufällig eine Struktur aufweist, die der Struktur von Zeichenprozessen entspricht? Oder erhält er diese Struktur erst, indem er als semiotischer Prozess beschrieben wird? Im ersten Fall wäre das Modell lediglich deskriptiv, im letzteren konstitutiv. Die strukturelle Ähnlichkeit alleine stelle jedoch noch kein hinreichen-

---

[241] „Man betrachte zunächst folgendes Beispiel: Jemand möchte Brot backen. Allerdings hat er ein schlechtes Gedächtnis. Er ruft deshalb einen Freund an und lässt sich ein Rezept vorlesen. Er schreibt es sogar mit und macht sich dann gleich an die Umsetzung. Alle benötigten Zutaten und ausreichend Gerätschaft findet er in seiner gut ausgestatteten Küche. Die benötigte Information entnimmt er dem niedergeschriebenen Rezept. Er handelt wie dort vorgeschrieben, nimmt, rührt, lässt gehen und backt bei der vorgeschriebenen Temperatur aus. Letztlich hat er – hoffentlich – einen Laib Brot hergestellt. Die Struktur des beschriebenen Prozesses ähnelt stark der Struktur des Prozesses der Proteinbiosynthese gemäß dem Informationsmodell. Beide Prozesse können als strukturell hinreichend ähnlich betrachtet werden, um durch strukturgleiche Modelle beschrieben zu werden. Zumindest soll dies hier unterstellt sein: Dem Anruf beim Freund entspricht die Bindung der Transkriptase an die DNA. Der DNA entspricht – auch der Freund habe ein schlechtes Gedächtnis – das Backbuch des Freundes. Dem Mitschreiben des Rezeptes entspricht die Transkription in RNA. Den Handlungen des Brotbäckers ist der Translationsprozess am Ribosom analog. In der Zelle entsteht letztlich als Produkt der Reaktion nicht ein Brot, sondern ein Protein. Macht aber nicht die Intentionalität im Bäcker-Beispiel und die [...] im molekularbiologischen Modell unterstellte nicht-Intentionalität molekularer Vorgänge diese Ähnlichkeitsbetrachtung zunichte? Keineswegs. In der Beschreibung des Backvorgangs wurde zwar, da Handlungen beschrieben wurden, ein intentionales oder mentalistisches Vokabular verwendet. In der beschriebenen Struktur des Backprozesses findet die Intentionalität jedoch keinen Niederschlag. Eine behavioristische Interpretation aller Handlungen ist vollständig mit der Beschreibung und damit mit der beschriebenen Struktur kompatibel (soll hier jedoch nicht vertreten werden). Es wird an keiner Stelle auf Vorstellungen, mentale Repräsentationen oder intentionale Gehalte Bezug genommen. Die Modellstruktur ist, zumindest in diesem Falle, unabhängig von intentionalen Gehalten der verwendeten Begriffe" (Krohs 2004, 230f.).

des Kriterium dar. Zusätzlich sei der Sortenerhalt bei einer Übertragung bzw. Ausweitung des Bereichs intendierter Anwendungen gefordert. Sprich: „Die Klasse intendierter Anwendungen eines nicht-konservativen Modells wird nur zur ebenfalls nicht-konservativen Beschreibung weiterer Phänomene erweitert" (ebd., 232). Allerdings erscheint dieser Weg die Angemessenheit funktionaler und insbesondere semiotische Modelle zu begründen insofern fragwürdig, als ja die struktureller Ähnlichkeit selbst infrage gestellt werden kann, wenn es zu beurteilen gilt, ob es angemessen ist, den Prozess der Proteinbiosynthese (oder andere informations- bzw. signalübertragende Prozesse) als semiotische Prozesse zu bezeichnen. Aber selbst wenn diese als gesetzt gelten könnte, so gibt die strukturelle Ähnlichkeit alleine ja noch nicht an, weshalb eine solche Beschreibung vorgenommen werden sollte. Krohs nimmt hier Abstand davon weitere erkenntnistheoretische oder ontologische Kriterien für die Ausweitung des Bereichs intendierter Modellanwendungen anzugeben, da diese schon über die Modellstruktur selbst festgelegt – mit Stegmüller gesprochen autodeterminiert – seien. Damit scheidet jedoch eine Antwort auf die Frage, ob damit gleichfalls ein erkenntnistheoretischer Mehrwert gegenüber einer bloß konservativen Beschreibung verbunden ist, aus. Die Frage, ob es möglich ist etwas zu tun ist bekanntlich eine andere, als die Frage, ob es sinnvoll ist etwas zu tun. So könnte man die Proteinbiosynthese sicherlich auch okkasionalistisch beschreiben. Zumindest aber auf die Frage, weshalb sich semiotische Modelle zur Beschreibung molekularbiologischer Prozesse durchgesetzt haben, stellt Krohs Vermutungen an:

> „For now, I can just present a guess why biologists describe the functional organization of protein biosynthesis in semiotic terms. The guess is that simply no other functional model could yet be found that has a comparable structure; i.e.; that describes various sequential conformation changes as realizations of the same function, or more generally, of the same nonconservative quantity. No such model was found that uses a terminology that avoids semiotic concepts and nevertheless manages *to hook up with our understanding of some processes we are familiar with so that it can be integrated into our system of knowledge* [Hervorheb. DF]. The use of the concept of information seems to be the price biologists have to pay for gaining a structurally adequate nonconservative model of the functionality of protein biosynthesis" (Krohs 2014, 96).

Damit nimmt Krohs letztlich Bezug auf das Kriterium der Vertrautheit. Durch die Vertrautheit bzw. die Zurückführung auf bereits Bekanntes oder Verstandenes ermöglichen es semiotische Modelle neue Phänomene in unser Wissenssystem zu integrieren. Im Gegensatz dazu steht ein Erklärungsbegriff, der es uns ermöglicht unsere Handlungsspielräume zu erweitern, der im folgenden Abschnitt vorgestellt werden soll.

3.10 Methodischer Kulturalismus, Information und Funktion

3.10.1 Methodische Philosophie

Bevor wir jedoch einen genaueren Blick auf die Adäquatheitskriterien von Modellen bei Peter Janich und Mathias Gutmann werfen können, seien an dieser Stelle einige Bemerkungen zu den Grundannahmen des Methodischen Kulturalismus[242] vorweg geschickt. Zentral ist für den Methodischen Kulturalismus, wie er in den 1990er Jahren von einem Philosophenkreis um Peter Janich entwickelt wurde, und für die gesamte methodische Philosophie, der Verweis auf Wissenschaft als Form menschlicher Praxis.

> „Es ist ein Kernprogramm der methodischen Philosophie, die Auseinandersetzung des Menschen mit der Welt primär als Praxis und seine Sprache als einen Teil dieser Praxis zu fassen. Das Attribut ‚methodisch‘ verdankt sich der Einsicht, daß jedes menschliche Handeln nicht nur gewisse Kriterien wie Unterlaßbarkeit oder Unterscheidbarkeit von Gelingen und Mißlingen aufweist, sondern sich auch in Handlungsketten abspielt" (Janich 1999, 48).

Diese Handlungsketten sind in ihren Schritten nicht beliebig vertauschbar. So muss die Statue zuerst aus dem Felsblock gehauen werden, bevor sie bemalt werden kann. Ebenso ist die DNA erst aus den sie enthaltenen Zellen zu isolieren, bevor sie in einer Polymerasekettenreaktion vervielfältigt werden kann, um daraufhin mit dem vervielfältigten Erbmaterial etwa einen Vaterschaftstest vornehmen zu können. Dieses Prinzip der methodischen Ordnung (PmO) besagt somit, dass die Teilhandlungen, die zur Erreichung bestimmter Zwecke vonnöten sind, nicht beliebig vertauscht werden können. Dies bezieht sich jedoch nicht nur auf die Handlungen selbst, sondern ebenfalls auf die Handlungsanweisungen und Beschreibungen der auszuführenden Handlungsketten (ebd., 49). Als weiteres Charakteristikum sei hier genannt, dass in der methodischen Philosophie von einem „lebensweltlichen Apri-

---

[242] Hervorgegangen ist der Methodische Kulturalismus aus einer Weiterentwicklung des Methodischen Konstruktivismus und der Arbeiten der Erlanger Schule. Als „methodisch" ist diese Form des Kulturalismus deshalb zu bezeichnen, um ihn von Kulturrelativismen und Kulturalismen mit ontologischem Anspruch abzugrenzen.

ori" ausgegangen wird (Janich 1996, 219f.).[243] Wissenschaftliche[244] Praxen werden als Weiterentwicklungen und „Hochstilisierungen lebensweltlicher Praxen" (Janich 2005, 77) rekonstruiert.[245] Dies bedeutet, dass wissenschaftliche Praxen immer schon unterschiedliche lebensweltliche Voraussetzungen und Ansprüche haben – bezogen auf die Biowissenschaften etwa ein vorwissenschaftliches Verständnis davon, was lebt und was nicht lebt. Ohne ein solches Vorverständnis sei die Möglichkeit einer wissenschaftlichen Formulierung dieser Frage bzw. nachgeordneter wissenschaftlicher Beschreibungen und Erklärungen gar nicht erst gegeben.[246] Als weitere lebensweltliche Apriori und methodische Ziele der instrumentalistisch betriebenen Biowissenschaften bestimmt Janich beispielsweise „den Zweck der Heilkunst, der Tier- und Pflanzenzüchtung und der technischen Aufrechterhaltung ökologisch zuträglicher Bedingungen" (Janich 1996, 221). Demnach hätte die Biologie gar keinen Gegenstand, ginge ihr nicht ein „*lebensweltliche[s] Verständnis* von Leben und Tod, von Schmerz und Lust, von Bedürfnis und Befriedigung, von Empfindung, Wahrnehmung und Erkenntnis, von Nahrung und Paarung, von Krankheit und Vitalität, von Ähnlichkeit und Verschiedenheit von Menschen, zumal, wenn sie direkte Verwandte sind" (ebd.) voraus. Auf der Suche nach den vorbiologischen Anfängen gelangt man zu lebensweltlichen Praxen des Ackerbaus, der Pflanzen- und Viehzucht oder der Heilkunst. Daraus entwickeln sich dann durch Normierungen von Herstellungshandlungen und den Aufbau einer standardisierten Fachsprache, durch Systematisierung der Handlungsabläufe, durch Abstraktion und Ideation die einzelnen Fachwissenschaften.

---

[243] Es sei hier allerdings darauf verwiesen, dass auch die Lebenswelt nicht fixiert ist. Wissenschaftliche Erkenntnisse können diese durchaus auch beeinflussen und verändern.

[244] Wenn hier von Wissenschaft die Rede ist, so sei damit vornehmlich Naturwissenschaft gemeint.

[245] Im Unterschied zu lebensweltlichen Praxen zeichnen sich wissenschaftliche Praxen dadurch aus, dass sie ihre Leistungen hinsichtlich bestimmter Zwecke auch diskursiv ausweisen können (Janich 2005, 77).

[246] Damit soll nicht gesagt sein, dass es keine wissenschaftssprachlichen Reformulierungen lebensweltlicher Begriffe und Beschreibungen geben kann. Lediglich eine methodische Vorgängigkeit der Lebenswelt vor den Wissenschaften wird behauptet. Ebenso muss die Fähigkeit zur erfolgreichen Herstellung bestimmter Geräte zur Messung jener physikalischen Theorie vorausgehen, die erst durch diese Messungen ermöglicht wird. Zur *Messung in den Wissenschaften* siehe (Janich 1997, 85ff.).

3.10.2 Natur, Naturwissenschaft und Naturalismus

Dass es sich bei Wissenschaft um eine Praxis handelt, mag offensichtlich sein. So ist moderne Naturwissenschaft nicht denkbar ohne die Tätigkeiten des Beobachtens, Messens und Experimentierens, des Simulierens und Modellierens, die sich wiederum nur mithilfe technischer Mittel und Apparaturen durchführen lassen.[247] Zum einen ist diese dem ersten Anschein nach unspektakuläre Hervorhebung des Handlungsaspekts von Wissenschaften allerdings vor dem Hintergrund des Umstands zu sehen, dass Wissenschaft unter dem enormen Einfluss des Logischen Empirismus lange Zeit als Theoriesystem gesehen wurde, das sich aus widerspruchsfreien wahren Aussagen zusammensetzt, womit der Handlungsaspekt nahezu völlig in den Hintergrund trat. Zum anderen sind die Konsequenzen dieser Einsicht weitreichender als es auf den ersten Blick augenscheinlich ist. Denn akzeptiert man, dass es sich bei Naturwissenschaft um eine Praxis handelt, so tritt Natur in gewisser Weise zweimal auf. Einmal als lebensweltlich bzw. vorwissenschaftliche und einmal als Gegenstand der Naturwissenschaft. Waren in der griechischen Antike *physis* (Natur) als das von sich aus Seiende und *techné* (Kunst) (lat. ars) als das vom Menschen Hervorgebrachte als Gegensatz gedacht, so schließt sich Janich dieser Unterscheidung als *vorwissenschaftlicher* Unterscheidung zwar an.[248] In der wissenschaftlichen Betrachtung werde Natur jedoch zum kulturell zugerichteten Gegenstand. Während Natur vorwissenschaftlich durchaus unter ästhetischen oder emotionalen Gesichtspunkten zugänglich sein kann, wurde der Naturbegriff der Naturwissenschaften im Zuge der Konstitution eines modernen Naturwissenschaftsverständnisses im Hinblick auf die technische Zugänglichkeit eingeschränkt. So konstatiert Janich in Bezug auf die neuzeitliche Form der Naturerkenntnis,

---

[247] Bezüglich des Wahrheitsanspruchs kann in den empirischen Wissenschaften daher auch nur von „bedingten Wahrheiten" ausgegangen werden. Auch wird hier kein Objektivitätsanspruch erhoben. Stattdessen müssen Invarianzen, etwa bezüglich der Person oder der verwendeten Messgeräte möglich sein, um eine transsubjektive Geltung zu gewährleisten (Janich 2005, Kap. 4).

[248] Für Janich gilt als gesetzt, „daß die Unterscheidung von gemacht und vorgefunden, von technisch (oder künstlich) und natürlich, von Kultur und Natur aus der Welt des täglichen Lebens heraus zu den primären Unterscheidungen gehört. Wer im Wald einen Steinpilz findet, nimmt an, er sei dort natürlich gewachsen; bei einem Autoschlüssel geht man von einem dort verlorenen Artefakt aus. Nicht grundlegend aber kann eine Sichtweise der Welt sein, die nur als Konsequenz einer bereits erfolgreichen, vom Menschen gemachten und in einer Geschichte transformierten Wissenschaft verfügbar ist, wie im Falle einer materialistischen oder naturalistischen Grundeinstellung" (Janich 2006, 149).

„daß sich Natur nur noch technisch zeigt. Den historischen Entschluß der Väter der klassischen Physik, Naturgesetze als Kausalgesetze nach Maßgabe von Experimenten zu formulieren, verdanken wir zwar die brilliante technische Effizienz dieser Naturwissenschaft, aber wir schulden ihr auch den nur noch technischen Umgang mit der Natur. Die beharrliche Frage nach den Ursachen des Naturgeschehens zieht eine enge, erkenntnistheoretische Grenze, aus dem unser Naturerkennen allem Anschein nach nicht ausbrechen kann, sofern wir nicht auf Wissenschaft gänzlich verzichten wollen" (Janich 1992, 235).

Zwar nicht die Natur, aber die Wissenschaft von der Natur wird vom Menschen hervorgebracht. Dies bedeutet aber auch, dass nicht „die Natur" selbst Gegenstand der Naturwissenschaften ist, sondern dass Naturgegenstände in der wissenschaftlichen Betrachtung zu Kulturgegenständen werden. Durch die Brille naturwissenschaftlicher Forschung gibt es keine vom Menschen unabhängige „Natur an sich". Und naturwissenschaftliche Beobachtung sei auch kein „Fenster zur Welt, durch das ungezielt, ehrfürchtig staunend, der ahnungslos entdeckende, der allein auf Wahrheit und Kontrollierbarkeit ausgerichtete Forscher hindurchblickt" (ebd., 181). Stattdessen bestehe naturwissenschaftliches Beobachten aus Zweckhandlungen zum Beantworten von Ja-Nein-Fragen durch Experimente, in denen entsprechende Sachverhalte hergestellt werden. Die Gegenstände der Naturwissenschaften sind also keine natürlichen, unmittelbar zugänglichen Erfahrungsobjekte, sondern müssen vielmehr erst in Praxen konstituiert werden.

> „Das heißt, wo es um explizites, wissenschaftliches Wissen von der Natur geht, wird auch eine Natur, die als das vom Menschen nicht Gemachte und Unabhängige definiert wird, erkenntnistheoretisch *ein Kulturprodukt*" (Janich 1996, 215).

Geht man dieses zweifache Auftauchen von Natur mit, so wird auch verständlich, wie Janich zu dem folgenden, scheinbaren Paradox gelangen kann, wonach dem Menschen die Natur nie natürlich sei, „sondern immer kultürlich, sofern man nur von einer erkannten Natur spricht" (Janich 1992, 236). Naturwissenschaft ist damit immer eine von Naturwissenschaftlern (als menschliche Subjekte) betriebene Praxis und bleibt auf diese als Handelnde bezogen.

> „Es sind menschliche Betrachtungs- und Handlungsweisen, menschliche Fähigkeiten und menschliche Bedürfnisse, die die Naturerkenntnis, auch die wissenschaftliche, zur Erkenntnis *seiner* Natur macht, die mit anderen Worten Naturerkenntnisse zu Erkenntnissen einer allein auf ihn bezogenen Natur beschränkt. Die Natur ‚an sich', d.h. abgelöst von der unverzichtbaren sprachli-

chen Form der Naturerkenntnis, zu erkennen, ist dagegen eine völlig sinnlose Vorstellung" (ebd., 231f.).[249]

Dies soll aber nicht bedeuten, dass die Naturwissenschaften beliebige Phantasmen (im aristotelischen Sinne) sind, die nicht auch auf Erfahrungen basieren. Allerdings gewinnen sie ihre Erfahrungen stets durch aktives Eingreifen in die Natur, d.h. Erfahrungen werden „gemacht" und sind damit relativ zu den Zwecken des Naturwissenschaftlers:

> „Handlungstheoretisch sind Erfahrungen Widerfahrnisse, die uns als technischer Erfolg oder Mißerfolg an unseren Handlungen (des Beobachtens und Experimentierens) zustoßen. Da Erfolg und Mißerfolg von Handlungen als Erreichen und Verfehlen ihrer Zwecke zu bestimmen sind, bleiben wissenschaftliche Erfahrungen über die Natur *abhängig von den Zwecken* der Forscherhandlungen" (Janich 1996, 215).[250]

Konsequenterweise kritisiert Janich daher auch die Position des Objektivismus. Als „methodologisch naiv" bezeichnet er die Ansicht, „der historische Forschungsprozeß der Physik [sei] ein Akkumulieren von Beschreibungs- und Erklärungswissen zur allmählichen Annäherung an ‚die' Naturgesetze" (Janich 1992, 226). Wie alle Gegenstände der Wissenschaften sind Naturgesetze demnach gerade nichts, was eben einfach besteht und das es, so wie es ist, nur noch zu entdecken gäbe. Hätten sie eine menschenunabhängige Existenz, so wären sie „metaphysische Ungetüme"

---

[249] Mit Verweis auf die Unterscheidung zwischen *physisch* und *physikalisch* gibt Janich zu bedenken, dass eine naturwissenschaftliche Betrachtung immer schon eine bestimmte Perspektive auf natürliche Gegenstände beinhaltet, die wiederum ganz bestimmte Beschreibungen der Naturgegenstände mit sich bringt. Dies gilt nicht nur für die Biowissenschaften, wie Janichs Beispiel aus der Astronomie zeigt:
> „Wenn Physiker der Teildisziplin Astronomie das Planetensystem untersuchen, vergessen sie gern, daß dessen Objekte ‚physisch' im Sinne von natürlich sind, über die ‚physikalisch' geforscht und gesprochen wird. Die um das Zentralgestirn rotierenden, durch sein Gravitationsfeld gehaltenen Objekte systematisieren sich nicht selbst, sondern bilden ein System dadurch, daß der Physiker eine bestimmte (nämlich gravitationstheoretische) Frage- oder Betrachtungsweise zugrunde legt und damit handelnd und sprechend sich den natürlich vorhandenen Gegenständen nähert. Aber in der alltäglichen Selbstverständlichkeit mit der jeder Wissenschaftler seine gerade betriebenen Forschungen und Ergebnisse für wahr und alternativlos hält, setzt er den Gegenstand mit seiner sprachlichen Darstellung gleich. Daß derselbe Gegenstand auch anders sprachlich dargestellt, nach anderen Maximen erkannt und beschrieben werden könnte (und von ungeliebten Konkurrenten auch wird), spielt dabei keine Rolle. Damit nähert man sich möglichen Motiven der Metaphorisierung" (Janich 2006, 90).

[250] Vgl. hierzu auch (Janich 2005, 81).

(ebd., 207). Indes seien sie das Resultat konstitutiver Handlungen wie etwa des Messens in experimentellen Anordnungen. Nicht die metaphysische Existenz menschenunabhängig existierender, überzeitlich und allerorten geltender Naturgesetze wäre damit die Voraussetzung dafür, dass überhaupt etwas gemessen werden kann. Umgekehrt sei es die Messkunst, die die Naturgesetze erst ermögliche, genauer zur Geltung bringe (ebd., 233). Naturgesetze sind demnach zu verstehen als „sprachliche Sätze aus physikalischen Theorien; die Auszeichnung dieser Sätze als ‚Naturgesetze' verdankt sich Kriterien und Maßstäben, die ihrerseits von Menschen gesetzt und im Laufe der Geistesgeschichte häufig genug verändert worden sind" (ebd., 226). Damit einher geht auch eine spezifische Auffassung von Theorien. Theorien der Physik wie auch der Biowissenschaften sind dann nämlich

> „nicht im empiristischen oder realistischen Mißverständnis als Abbilder einer menschenunabhängigen Natur zu interpretieren, sondern als *biologisches Bewirkungswissen* in Medizin, Tier- und Pflanzenzucht und Ökologie. Tatsächlich wird man – immer außerhalb der Naturgeschichtsschreibung – keine heute anerkannte biologische Theorie finden, die nicht nach Geltungskriterien ausgezeichnet wäre, die sich analog dem instrumentalistischen Theorienverständnis in der Physik verstehen ließe: als erfolgreiche Instruktion an den Ingenieur" (Janich 1996, 218).

So ist es auch zu verstehen, dass Janich sich gegen den häufig behaupteten Vorrang der Wissenschaft vor der Technik ausspricht. Technik sei nicht etwa eine nachgeordnete Anwendung des in den Naturwissenschaften gewonnenen Grundlagenwissens, sondern die Voraussetzung dafür, überhaupt Naturwissenschaft (im modernen Sinne) betreiben zu können (Janich 1992, 199ff.). Dennoch differenziert Janich zwischen Natur- und Technikwissenschaften. Während erstere die Auskunft darüber geben, wie etwas ist, erschließen Technikwissenschaften, wie etwas bewerkstelligt werden kann (ebd., 201). In der Kritik steht damit die „Irrmeinung" (ebd.), die „Naturwissenschaften würden die (naturgesetzlich bestimmte) Welt beschreiben, wie sie nun einmal ist, während die Technik aus einem Mittelwissen für bestimmte Zwecke sowie aus diesen Mitteln in Form von Maschinen und der Praxis ihrer Konstruktion, Herstellung und Verwendung besteht (und so wird das Wort Technik ja zweideutig auch gebraucht)" (ebd.). Stattdessen verficht er die These „daß *Naturwissenschaften letztendlich nichts anderes als technisches Know-how* sind" und zugleich „ein Primat der Technik vor der Naturwissenschaft"[251] (ebd.), womit ein Primat der

---

[251] Wie eine solche Hierarchisierung bei gleichzeitiger Identität zu verstehen ist, bleibt fraglich.

Praxis vor der Theorie bzw. des Handelns vor der Rede einhergeht. Denn „[e]s läßt sich nicht aufrechterhalten, daß man erst aus den Naturwissenschaften wissen müßte, wie die Welt ist, um in ihr erfolgreich handeln zu können; vielmehr muß man erst in ihr technisch erfolgreich handeln können, um zu wissen, wie sich die Welt im Rahmen naturwissenschaftlicher Methoden zeigt" (ebd., 202f.). Damit wird das Problem einer abschließbaren Letztbegründung über naturwissenschaftliches Weltwissen umgangen. Denn statt dieser findet eine Rückführung ihren Abschluss in der Vorschrift bzw. der Ausführung elementarer Handlungen.

Gelingt es dann „in methodischer Ordnung einen Ableitungszusammenhang zu bilden, an dessen Anfang ein lebensweltlich verfügbares Können steht und an dessen Ende eine Theorie" (Janich & Weingarten 1999, 103), kann diese als begründet gelten. Begründet sind die elaborierten wissenschaftlichen Theorien der Fachwissenschaften also aus methodisch-kulturalistischer Sicht nicht deshalb, weil sie ein System von Aussagen darstellen, das die Fakten der Welt sprachlich korrekt repräsentiert oder abbildet, sondern weil sich die wahren theoretischen Aussagen in gelingenden Handlungen bezüglich des Erreichens von Zwecken überführen lassen. Entgegen der vorherrschenden Meinung geht es in der Naturwissenschaft aus methodisch-kulturalistischer Sicht eben nicht darum,

> „wahre Behauptungen im Sinne zutreffender Beschreibungen zu geben, wo das Wort Beschreibungen wiederum nahelegt, es gehe um das sprachliche Festhalten oder Abbilden natürlicher Eigenschaften einer vorgefundenen, nicht vom Menschen erzeugten Welt. [...] Das heißt, die Angemessenheit eines sprachlichen Erfassens natürlicher Gegenstände und Ereignisse zeigt sich nicht etwa an einer Strukturgleichheit oder Abbildmäßigkeit von Satzsystemen mit der durch sie zu erfassenden Weltstücke, sondern an der gelingenden Kommunikation mit anderen Menschen. Zugespitzt gesagt ist eine noch so abbildtreue sprachliche Darstellung von Weltstücken in sogenannte Theorien oder Modellen ohne jeden lebensweltlichen oder wissenschaftlichen Wert, wenn sie nicht auch gelingender Kommunikation mit anderen Menschen darüber dient. Umgekehrt ist das Gelingen menschlicher Kommunikation in sprachlicher Verhandlung von Gegenständen und Ereignissen in der Welt bereits ein hinreichendes Erfordernis, um Verstehbarkeit und Geltung wissenschaftlicher Resultate zu bestimmen.

> Das heißt, der Aufbau eines [sic] wissenschaftlichen Terminologie und das Zusammenstellen von Sätzen zu Theorien läßt sich als *Instrument für gelingende Kommunikation* beurteilen" (ebd., 53f.).[252]

Mit dieser Hervorhebung des Handlungscharakters erhält das Experiment in Janichs Wissenschaftsverständnis eine prominente Stellung, mit dem auch verschiedene Implikationen bezüglich des Kausalverständnisses verbunden sind. So sieht Janich mit der Entstehung der klassischen Physik ab dem 17. Jahrhundert und dem Schritt von einer „Diskussionswissenschaft" in eine „Experimentalwissenschaft" die Reduktion der aristotelischen vier Ursachen auf einen einzigen, „experimentalistischen Kausalbegriff" einhergehen (Janich 1992, 234).[253]

> „Etwas vereinfacht läßt sich dies so charakterisieren: Erst mit dem Einzug des *Experiments* gewinnen Naturgesetze die Form von Wenn-Dann-Aussagen, wo der Wenn-Teil dieser Gesetze beschreibt, was der Experimentator hergestellt und in Gang gesetzt hat, und wo der Dann-Teil den darauf folgenden Ablauf beschreibt, der selbst keine menschliche Handlung mehr ist, sondern sich – an der Maschine des Forschers – ereignet; und diesen Ablauf nennen wir dann naturgesetzlich. Mit anderen Worten: Der strenge Kausalbegriff der klassischen Physik ist an eine technische *Intervention*, an den künstlichen Eingriff in die Natur gebunden. Und in diesem Sinne ist die gesamte moderne Naturwissenschaft – ungeachtet der Revision der klassischen Physik durch die relativistische und die Quantenphysik – klassisch geblieben, wo immer Experimente gemacht werden. Um es noch pointierter zu sagen: Wir würden keine Naturgesetze im Sinne moderner Naturwissenschaft kennen, wenn wir nicht den interventionistischen Kausalbegriff der experimentellen Erfahrung akzeptierten" (ebd.).

Dieser „Wenn-Teil" eines Experiments, die zweckhafte Zurichtung der Natur im Experiment, ist von besonderem Interesse. Denn an ihm verdeutlicht Janich den fundamentalen Irrtum des Logischen Empirismus, der Wissenschaft als ein Zusammenspiel von logischen Ableitungen empirisch gewonnener Sätze verstand. So gebe es neben dem Bereich der Logik und dem der Erfahrung einen weiteren wissenschaftlich relevanten Bereich, nämlich den der Geltung (s.u.), der hier übersehen werde. Denn dieser „Wenn-Teil" eines Experiments kann

> „weder bloß auf Logik beruhen, denn er trifft einen tatsächlichen Sachverhalt an realen Dingen, noch kann er ausschließlich empirisch sein, da ja dann die

---

[252] Siehe hierzu auch (Janich 2005, Kap. III).

[253] Vgl. (Janich 1998, 176)

> Ungestörtheit der Geräte wieder mit Geräten empirisch kontrolliert werden müßte und diese ihrerseits die Frage nach der Ungestörtheit aufwerfen. Empirie allein unterscheidet eben nicht das gestörte vom ungestörten Gerät, weil auch das defekte Gerät, übrigens auch dem Verständnis der Naturwissenschaftler nach, selbstverständlich nicht aus dem Geltungsbereich naturwissenschaftlicher Gesetze herausfällt. Vielmehr werden Störungen mit diesen Gesetzen kausal erklärt, damit das Gerät repariert, die Störung behoben werden kann" (Janich 2005, 80).

Damit verschwimmen auch die Unterschiede zwischen Ingenieur und Naturwissenschaftler – zumindest in methodologischer Hinsicht. „Denn jedes experimentell gewonnene Kausalwissen ist immer ein technisches Verfügungswissen über Verläufe, die der Mensch durch künstliche Intervention zwar in Gang setzt, dann aber sich selbst überlassen muß" (Janich 1996, 218). Experimente sind für Janich daher auch als Quasi-Maschinen zu sehen. Der einzige „marginale" Unterschied besteht für ihn in geringfügig unterschiedlichen Interessen: „Beim Experimentator steht das Interesse im Vordergrund zu erkennen, ob die neue Maschine funktioniert, während beim Ingenieur das Interesse im Vordergrund steht, die Maschine verfügbar zu machen. Marginal bleibt der Unterschied, weil die technische Verfügbarkeit gerade das Kriterium für die Form der Erkenntnis im Experiment ist" (Janich 1992, 207). Erfahrungswissen ist somit ein Wissen darüber, wie es gelingt die Bedingungen dafür zu schaffen, dass sich bestimmte Verläufe einstellen, wobei die Welt dem Empiriker eine Widerständigkeit entgegensetzt. Das wissenschaftliche Experimentieren, das die Herstellung eines geeigneten, d.h. zweckdienlichen Versuchsaufbaus voraussetzt, wird dadurch mit der Herstellung technischer Maschinen als Mittel zur Erreichung bestimmter Zwecke gleichgestellt, das aufgrund der Widerständigkeit der Welt durchaus die Möglichkeit des Scheiterns beinhaltet.

Selbst die Naturgeschichtsschreibung ist nach Janich, wenn auch nicht direkt interventionistisch, so letztlich dennoch ein Kulturprodukt. So gilt es vergangene Verläufe anhand von Indizien zu rekonstruieren, wobei sich die Hypothesen einer direkten Überprüfbarkeit entziehen. Eine solche Rekonstruktion erfordert aber immer die Investition von Kausalwissen, das durch neuere Erkenntnisse laborwissenschaftlicher Forschung revidierbar bleibt, wie Janich zu bedenken gibt.[254] Insofern ist auch die Naturgeschichtsschreibung nicht unabhängig von interventionis-

---

[254] Vgl. auch (Janich 1996, 219; Janich & Weingarten 1999, 59 und 73-77) sowie insbesondere (Gutmann 2015). Ausgehend von im Labor gewonnenem Kausalwissen werden im zweiten Schritt Hypothesen über mögliche (!) Entstehungszusammenhänge gebildet.

tisch begründetem und technisch hergestelltem Kausalwissen, was letztlich bedeutet, dass mit einem Zugewinn an Kausalwissen auch die Naturgeschichtsschreibung einer Revision unterzogen werden muss[255] (ebd., 236).

Hier sollte bereits deutlich geworden sein, dass sich mit der methodisch-kulturalistischen Wissenschaftskonzeption auch eine fundamental andere Stellung des Menschen verbindet als im naturalistischen Wissenschaftsverständnis. Während menschliche Handlungen hier den Anfang und Ausgangspunkt der Begründung darstellen und darauf verwiesen wird, dass die methodischen Vorgaben empirischer Wissenschaft selbst nicht wiederum aus der Erfahrung zu gewinnen sind, sind menschliche Handlungen dort dasjenige, was es wissenschaftlich zu erklären gilt. Nimmt naturwissenschaftliche Erkenntnis im ersten Fall ihren Ausgang beim Menschen (und seinen Handlungen), so stellt dieser im zweiten Fall ausschließlich einen Naturgegenstand dar. Der Mensch ist nichts anderes als eine spezifische Konfiguration molekularer Prozesse am Ende einer naturhistorisch-evolutionären Reihe. So erhebt der Naturalismus[256] (zumindest in bestimmten Varianten) den Anspruch, mit naturwissenschaftlichen Beschreibungen und Erklärungen geistes- und kulturwissenschaftliche Beschreibungen und Erklärungen überflüssig, unpräzise, falsch oder obsolet werden zu lassen.[257] In Auseinandersetzung mit W.v.O. Quine, der für Janich als Repräsentant eines in den Naturwissenschaften weit verbreiteten Naturalismus' gelten kann, charakterisiert Janich Naturalisierung als „Selbstbezüglichkeit empiristisch-naturwissenschaftlich verstandener Erkenntnistheorie: die Naturwissenschaften beschreiben und erklären sich selbst, mit Rückgriffen auf Wahrnehmungspsychologie, Evolutionsbiologie oder auf eine mit informationstheoretischen Modellen arbeitenden Kognitionswissenschaft" (Janich 1999, 33).

3.10.3 Die Naturalisierung der Information

Dieses Wissenschaftsverständnis liegt auch jenen Arbeiten zugrunde, in denen Janich sich mehrfach der Stellung des Informationsbegriffs in den Naturwissenschaften widmet und die dort vorfindlichen Ansprüche naturalistischer Hinter-

---

[255] Exemplarisch verdeutlicht Janich dies mit einem Verweis auf die Geschichte verschiedener Entwürfe der Entstehung des Sonnensystems.

[256] Für eine Darstellung verschiedener Varianten des Naturalismus vgl. (Schulte 2010).

[257] Zur These des Menschen als Naturgegenstand siehe (Janich 2000, 299ff.).

grundannahmen kritisiert. Präziser formuliert kritisiert er den „von Naturwissenschaften erhobenen Anspruch, naturwissenschaftliche Beschreibungen und Erklärungen auf alle Erscheinungsformen von Information erschöpfend auszudehnen" (ebd., 23). Mit dieser Kritik setzt er bei den Anfängen technischer Informationstheorie von Claude E. Shannon und Warren Weaver[258] bzw. der Kybernetik Norbert Wieners an. Janich sieht Wieners Kybernetik-Buch als „Beleg für die logisch-empiristische Überzeugung, daß allen philosophischen und kulturwissenschaftlichen Ansprüchen durch radikale Beschränkung auf die Mittel von Mathematik und naturwissenschaftlicher Erfahrung ein Ende zu bereiten sei" (ebd., 25). Ansatzpunkt dieser Kritik ist, dass Wiener in seiner systematischen Gleichsetzung von Information, Materie und Energie nicht eindeutig Stellung dazu beziehe, ob der Informationsbegriff der Objektsprache der Naturwissenschaften angehörig sei – und damit wie Energie als Naturgegenstand der Naturwissenschaften zu verstehen wäre – oder aber der Ebene der Metasprache angehöre und damit „*nur eine Metapher* im Bereich der Modellbildung"[259] (Janich 1999, 26; 2006, 55). Für Janich ist klar, dass aus Sicht naturalistischer Ansätze der Informationsbegriff zumindest implizit zu einem „objektsprachlichen Terminus naturwissenschaftlicher Theorien gemacht und mit dem Anspruch verknüpft wird, daß sich spezifische Aspekte menschlicher Kommunikation wie Bedeutung und Geltung auf diesem Weg erfassen und letztlich als strukturelle Eigenschaften materieller Systeme erklären lassen" (Janich 1999, 30). Diese Sichtweise wäre kohärent mit der oben beschriebenen naturalistischen Weltsicht. Janichs Ansicht nach kann der Informationsbegriff jedoch kein objektsprachlicher Begriff der Naturwissenschaften sein. Dafür sei es schon Indiz genug, dass Kommunikation wohl kein Naturvorgang sei, sondern als Mittel zur Organisation von Kooperation verstanden werden müsse, auf die wir als Menschen angewiesen sind und mit deren Gelingen die Zuschreibung von Verantwortung eng verbunden ist

---

[258] Dass es Shannon um die Lösung eines technischen Problems der Nachrichtenübertragung ging und nicht um eine Naturalisierung der Information sei hier dahingestellt. Shannon und Weaver müssen oft für naturalistische Positionen herhalten (Janich 1992, 144ff.). Dabei habe diese mathematisch ausformulierte Informationstheorie „aber auch gar nichts mit natürlichen Gegenständen zu tun. Sie betrifft vielmehr nur menschliche Sprache, menschliche Handlungen und menschliche Kunstprodukte wie Automaten und Nachrichtensysteme" (Janich 1992, 145). „Die Auffassung, Information sei ein Naturgegenstand und Informationsaustausch ein Naturprozeß, verdankt sich damit dem vorsätzlichen Ignorieren aller Herkunfts- und Entstehungszusammenhänge und einer Umdeutung einer Theorie zu etwas, als das sie weder intendiert noch erzeugt worden ist" (Janich 1992, 146).

[259] Energie ist eine fundamentale physikalische Größe, Materie hingegen nicht. Letztere hat keine Einheit und taucht in keiner physikalischen Gleichung auf.

(Janich 2006, 147f.). Daher könne Information auch nicht als Naturgegenstand dafür herangezogen werden, um naturwissenschaftliches, d.h. kausales Wissen über menschliche Kommunikation (als naturwissenschaftlichen Gegenstand) zu erlangen. Dies bedeutet

> „die Rede von Information und Kommunikation soll programmatisch auf menschliche Sprache begrenzt werden, weil nur für sie, und dort methodisch primär, von Bedeutung und Geltung sinnvoll die Rede sein kann. Über eine spätere Verwendung des sprachphilosophisch Geklärten als Metaphern z.B. für technische oder natürliche Vorgänge ist damit noch nichts vorentschieden" (ebd., 148).

Somit bleibt der Informationsbegriff auf der Ebene der Metasprache verortet – ein Reflexionsterminus, was wiederum für die naturwissenschaftliche Modellbildung von Relevanz ist.

3.10.4 Information als Naturgegenstand?

Gerade dies wird aber aus Sicht der Naturwissenschaften, insofern sie naturalistische Ansprüche erheben, bezweifelt. Problematisch sei die Verwendung des Informationsbegriffs genau dann,

> „wenn Naturwissenschaftler in Wahrnehmung ihrer fachspezifischen Kompetenz behaupten, die Menschenähnlichkeit ihrer nachrichtentechnischen oder informationstheoretischen Sprechweisen sei gerade *keine Metaphorisierung*, sondern die eigentliche, direkte, ursprüngliche, nichtmetaphorische Darstellung. Hier erreicht man sozusagen den innersten oder harten Kern der Naturalisierung der Information" (ebd., 106).

Denn in dieser Haltung drückt sich eine bestimmte Position in Bezug auf die Emergenzthematik aus. Problematisch sei es, wenn „in einer typisch materialistischen Umkehrung zum Erklärungsanspruch ‚von unten nach oben', d.h. vom rein materiellen Geschehen zu den höheren und höchsten Erscheinungsformen des Lebendigen, des Menschlichen und des Kultürlich-Geistigen" (ebd., 55) umgekehrt wird. In Bezug auf die Emergenzthematik heißt es bei Janich:

> „Wonach entscheidet sich, ob die Beschreibung von Tönen und Melodien, von Zahnrädern und Uhren, von Farben und Ölgemälden, von Rechenmaschinen und Rechenleistungen, von Telefonen und Telefonaten usw. diesen

angemessen sind im Hinblick auf die Frage, wie sie jeweils zusammenhängen? Wieder einmal taucht am Horizont das philosophische Dogma auf, es könnten nur logisch definitorische Beziehungen oder nur kausale Erklärungen im Sinne physikalischer Methoden sein, die solche Zusammenhänge stiften. Und wieder einmal fehlt in dieser philosophischen, heute auf den Naturalismus fixierten Tradition, daß all dies sich *in Sprache abspielt* und *von Menschen gemacht*, also an eine *Ordnung des Handelns* gebunden ist" (ebd., 130).

Emergenztheorien können demnach nichts zu der Frage beisteuern, ob Information ein Naturgegenstand ist oder nicht. Janich verweist auf den

„methodische[n] Primat des Komplexen vor dem Einfachen, des Zwecks vor dem Mittel, des Herbeiführens von Funktionen vor der Beschreibung des Natürlichen. Kurz, die Emergenztheorien leisten keinen Beitrag dazu, der Naturalisierung der Information eine glückliche Fortsetzung zu erlauben, nämlich eine glückliche Fortsetzung von einem Naturgegenstand Information in höheren und hohen Kommunikationsleistungen eines Alltagsgesprächs zwischen Personen oder gar eines wissenschaftlichen, eines dichterischen oder eines philosophischen Textes" (ebd., 135f.).

Dass Information überhaupt zum Gegenstand der Naturwissenschaften auserkoren wurde und in Chemie, Biologie und Psychologie eine prominente Stellung eingenommen hat, „verdankt sich dabei den beiden Großprojekten, einerseits menschliches Verhalten im Reiz-Reaktions-Schema nach dem Vorbild der Physik zu beschreiben, zu erklären und vorherzusagen, und andererseits, aus der Perspektive des objektiven Beobachters das Naturgeschehen chronologisch in der Entstehung von den Elementarteilchen über die Atome zu den Molekülen, zu den Zellen, zu den Organismen und zu ganzen Populationen nachzuzeichnen" (Janich 1999, 30).

Dies ist das Grundproblem, das letztlich auch die Basis des Körper-Geist-Problems oder der Qualia-Debatte darstellt, wenn dort etwa gefragt wird, wie aus einem materiellen Gehirn mentale Zustände entstehen können bzw. wie das Gehirn diese hervorbringt. Anders gewendet handelt es sich hierbei um die Frage, ob sich aus einer Syntax eine Semantik bzw. eine Pragmatik ableiten lässt. Wie dies gelingen kann versucht Bernd Olaf Küppers in seinem Buch *Der Ursprung biologischer Information* zu zeigen.[260] Ein analoges Problem ergibt sich bei der Betrachtung einer Schall-

---

[260] Janich übt scharfe Kritik an Küppers und dessen Umgang mit den Begriffen Metapher und Analogie. „Metaphern sind ‚übertragene Bedeutungen', Analogien Struktur- und Funktionsgleichheiten. Der Autor hätte sich schon für einen der beiden Ausdrücke entscheiden und außerdem sagen müssen, ob die Genom-Sprache-Analogie strukturell oder funktionell gemeint ist. Denn dies macht ge-

platte. Denn auch hier kann gefragt werden, ob aus der räumlichen Geometrie der Rille (quasi der Syntax) die Bedeutung des Textes gewonnen werden kann, der beim Abspielen der Platte erklingt (Janich 2006, 103f.). Janich bestreitet vehement, dass dies überhaupt möglich sei und bezeichnet dies als den „grundlegende[n] Fehler des Naturalisierungsprogramms" (Janich 1999, 42f.). Ihm zufolge ist es prinzipiell unmöglich, aus der Beschreibung materieller Strukturen die darin codierte Information abzuleiten. Und eben so wenig könne „Semantik und Pragmatik gesprochener Rede, logisch und definitorisch abgeleitet [werden] etwa aus der Geometrie der Schallplattenrille" (Janich 2006, 104). Denn hierbei handelt es sich um Fragen der Geltung, die einzig in Bezug auf die Zwecke handelnder Subjekte beurteilt werden können.

3.10.5 Defekte Rechenmaschine

Um zu verstehen, weshalb es nach Janich nicht möglich ist, Semantik und Pragmatik aus einer Syntax ableiten zu wollen, ist es nötig, einen Blick auf die Möglichkeit von Irrtümern und Fehlern zu werfen. Janich greift in seinen Schriften immer wieder auf das Beispiel einer defekten Rechenmaschine zurück.[261] Angenommen der mittlere Querstrich der zweiten Ziffer kann nicht mehr angezeigt werden, sodass anstatt der Ziffer 8 für den Benutzer die Ziffer 0 zu sehen ist. Als Ergebnis der Eingabe „8x111" würde die Maschine dann das Ergebnis „808" ausgeben. Um die Geltung der Rechnung beurteilen zu können, bedarf es laut Janich eines Benutzers, der selbst in der Lage ist richtig zu rechnen.[262] Es sei hingegen nicht möglich, die Geltung des angezeigten Ergebnisses aus der physikalischen Beschreibung des Rechners abzuleiten. Sprich, das Referenzobjekt des Taschenrechners kann auf

---

nau den Unterschied zwischen einer nahezu beliebigen Zuordnung molekularer und sprachlicher Bausteine und einer (Sinn und Geltung tragenden) Sprache!" (Janich 2006) in Bezug auf (Küppers 1986, 50). Janich mahnt an, „daß die informationsbegriffliche Sprechweise a priori in die Modellbildung investiert werden muß, um funktionelle Zusammenhänge als wahr oder falsch bzw. als semantisch bedeutungsvoll bezeichnen zu können. Von einer ‚Entstehung' biologischer (richtig: biotischer) Information kann dagegen keine Rede sein. Die Anwendung informationsbegrifflicher Sprechweise auf den Modellbaukasten molekularer Genetik ist eine Analogiebildung, in der nach dem PmO die informationstheoretische Sprache ihrerseits ihre Semantik bereits haben muß, um in die Sprache der Modellbildung eingebracht werden zu können – und als solche überflüssig" (Janich 1998, 177).

[261] Vgl. hierzu etwa (Janich 1998, 173f.; 1999, 44f.; 2006, 104ff.).

[262] Ebenso muss auch der empirische Forscher in der Lage sein beurteilen zu können, ob seine Messgeräte funktionieren.

unterschiedliche Weisen beschrieben werden, die zunächst einmal voneinander unabhängig sind: eine technisch-physikalische und eine mathematisch-informationstheoretische. D.h., die Richtigkeit bzw. die Geltung der angezeigten Ergebnisse lässt sich nicht logisch ableiten aus den kausalen Beschreibungen der physischen Komponenten, aus denen der Rechner besteht, und deren Prozesse. Auch im Falle falscher Ergebnisse bleiben die anzulegenden Naturgesetze „unverletzt". Damit kann aber auch von einer richtigen physikalischen Beschreibung nicht auf die Richtigkeit des Rechenergebnisses geschlossen werden.

> „Ein und dasselbe (hier: künstliche) Referenzobjekt kann in zwei verschiedenen Sprachen (hier: technisch-physikalischen und der mathematisch-informationstheoretischen) beschrieben werden, die ihre je eigenen Geltungskriterien haben. Selbst für den unterstellten Fall, daß beide Beschreibungen gelungen (gültig, wahr oder ähnliches) sind, ist deren Verhältnis weder logisch zwingend noch beliebig" (Janich 1998, 173f.).

Das Verhältnis ist jedoch auch nicht beliebig, sondern „über die (metasprachlichen) Beurteilungen ihrer jeweiligen Geltung zu bestimmen" (ebd., 174), weshalb hier von einer Funktionsstörung gesprochen werden kann. Die Richtigkeit der Rechenergebnisse ist eine Frage der Geltung, die sich letztlich wiederum – so Janich – nach interpersonalen Normen richtet. Dies bedeutet aber, dass die Richtigkeit der Rechenergebnisse nicht alleine der Maschine als Eigenschaft zugeschrieben werden. „Der störungsfreie Rechner erzeugt nicht selbst die Geltung der an ihm abgelesenen Resultate, sondern der menschliche Konstrukteur bzw. Benützer" (ebd.). Die beschriebene Fehlleistung ist also eine Störung bezüglich des Konstruktions- bzw. Nutzerzwecks, der in der Erzeugung richtiger Rechenergebnisse besteht. Geht man nun davon aus, dass die Geltung eines Rechenergebnisses etwas Geistiges ist, dann ist auch dieses Beispiel letztlich als Kritik gegen eine naturalistische Lesart des Körper-Geist-Problems zu verstehen. So, wie es nicht gelingen kann, die Gültigkeit des angezeigten Ergebnisses allein aus der korrekten physikalischen Beschreibung der Maschine abzuleiten, so sei es ebenso unmöglich und eine illusionäre Hoffnung, die Entstehung von Information aus Prozessen materieller molekularen Strukturen erklären bzw. ableiten zu wollen (Janich 1999, 45). Ausgehend von diesem Beispiel kann dann eine Übertragung der Problematik auf die Verwendung informationaler Rede auf molekularbiologischer Ebene vorgenommen werden. Denn auch dort „führen keine Wege von der Beschreibung materieller Systeme *zur Geltung* von Beschreibungen sogenannter höherer Systemeigenschaften" (Janich 2006, 106).

Der Begriff der Geltung spielt ganz allgemein in der Wissenschaftskonzeption methodischen Philosophierens eine zentrale Rolle, wie in Bezug auf das Begründungsproblem ersichtlich wird. Denn Geltung lässt sich nicht selbst wiederum empirisch belegen. So wäre es zirkulär, die Geltung eines Messergebnisses durch dessen Messung belegen zu wollen. Geltungsbedingungen sind stattdessen an das Ge- und Misslingen von Handlungen gebunden, sodass dadurch der Gefahr eines zirkulären oder infiniten Begründungsregresses entgangen wird.[263] Geltung umfasst dabei aber mehr als nur die Wahrheit oder Falschheit von Behauptungen. Erfasst werden mit diesem Begriff alle möglichen Formen sprachlichen Handelns, wie etwa auch Auffordern, Versprechen oder Grüßen[264] (Janich 2015, 286). Dieser Bereich der Geltung ist nach Janich physikalischen Beschreibungen methodisch vorgängig und kann nicht aus diesen abgeleitet werden.[265] In Bezug auf besagte Rechenmaschine bedeutet dies, dass die Richtigkeit eines Rechenergebnisses keine Kausalwirkung ihrer physischen Verfasstheit ist:

> „Vielmehr ist der Übergang von der Körperwelt zur Welt des Geistes (wie der Wahrheit von Rechenergebnissen) von zweckrational handelnden Handwerkern und Technikern erdacht und realisiert. Sie richten Maschinen als Mittel gerade so ein, dass sie dem Zweck dienen, richtige Rechenergebnisse zu liefern. Das Verhältnis von Körper und Geist ist also nicht durch ‚Ursache und Wirkung‘, sondern durch ‚Zweck und Mittel‘ erfasst. Und Zwecke sind immer Zwecke von Handlungen, und Handlungen sind immer diejenigen von Menschen"[266] (ebd.).

Letztlich nimmt Janich damit für die Gewinnung und Begründung kommunikations- und informationstheoretischen Vokabulars wieder Ausgang „*bei den Üblichkeiten*

---

[263] Dies kann hier nicht en détail ausgeführt werden. Für eine detaillierte Darstellung siehe (Janich 1999, 49f.; Janich & Weingarten 1999, 53ff.).

[264] Geltung wird hier auch in einem Atemzug mit Bedeutung genannt.

[265] Genau darin besteht für Janich auch das Kernproblem des Naturalismus. Dieser argumentiert zwar, kann aber nicht angeben wie Argumente aus physikalischen Beschreibungen abgeleitet werden können: „Der prinzipiell unaufhebbare Irrtum des Naturalismus der Naturwissenschaften besteht also darin, in jeder seiner Behauptungen selbst Ansprüche auf Geltung zu erheben, aber in den Naturwissenschaften vom Menschen nur Resultate zu produzieren, die den Unterschied von Geltung und fehlender Geltung nicht betreffen können" (Janich 2000, 309).

[266] Hier könnte kritisch nachgefragt werden, wie sich denn dieser speziezistische Anspruch begründen lässt. Weshalb sollte – so könnten nicht nur Verfechter der Biosemiotik fragen – immer nur der Mensch zu Handlungen fähig sein? Sieht man dies nicht – wie Janich – als „programmatisch" (man könnte hier auch sagen: dogmatisch), so scheint es nicht abwegig, zumindest anderen Primaten ähnliche Fähigkeiten zuzusprechen.

der Alltagssprache und der Lebenspraxis" (Janich 2006, 144), auf denen seine anschlie-ßende methodische Reflexion des Redens als Handeln basiert, um auf diese Weise zu einer Definition grundlegender informationstheoretischer Begriffe zu kommen. Die so gewonnene Terminologie sieht Janich dann insbesondere auf zweierlei Weise zur Anwendung kommen: zum einen in „technischen Systeme[n] zur Substitution menschlichen Kommunizierens (beginnend bei der Verschriftung der Rede)" und zum anderen bei der „Anwendung der erfolgreichen Technik für die Modellierung von Naturvorgängen" (ebd.).

3.10.6 Information in technischen Systemen

Im ersten Fall richtet sich die Kritik, die Janich an Informationstheorie und Kyber-netik übt, genau betrachtet gegen deren naturalistisch orientierten „Begleitphiloso-phien" (ebd., 143), d.h. deren „philosophischen Überbau bzw. Unterbau" – nicht gegen deren technische Explikationen. Letztere „können unverändert bleiben und erkenntnistheoretisch in ihrem beeindruckenden Erfolg sogar explizit begriffen werden" (Janich 1999, 53). So hat der Informationsbegriff in den technischen Wis-senschaften eine berechtigte Stellung, da es bei diesen um die „leistungsgleiche technische Substitution" menschlicher Kommunikationsleistungen in bestimmter Hinsicht geht. Janich rekonstruiert etwa die Entwicklung der Schrift als kulturelle „Technisierung des Redens" bzw. der Sprache zur *„leistungsgleichen Substitution des gesprochenen Worts durch die Schrift, um das gesprochene durch Raum und Zeit zu transportieren.* Das technische Substitut ist in explizit bestimmbaren *Aspekten leistungsgleich,* in ande-ren ebenfalls gut bestimmbaren Aspekten leistungsverschieden" (Janich 2006, 169). Die leistungsgleiche Substituierung menschlicher Leistungen durch technische Arte-fakte betrifft jedoch nicht nur Sprachleistungen, sondern alle möglichen Arten menschlicher Leistungen. Auch kognitive menschliche Leistungen finden eine leis-tungsgleiche Ersetzung, um hier nochmals an das Beispiel der Rechenmaschine zu erinnern. Weiter werden auch (Wieder-)Erkennungsleistungen etwa in Geräten zur Gesichtserkennung an Flughäfen o.ä. technisch instantiiert und substituiert. Wichtig ist für Janich aber, dass als Voraussetzung dieser Substitution

> „zuerst der spezifische Zweck der Substitution hinreichend genau beschrieben sein [muß], um überhaupt ein Kriterium für die Funktion der zu konstruieren-den Maschine zu gewinnen. Es gilt also ohne jede Ausnahme, daß informati-

onsverarbeitende Maschinen für hochspezialisierte Anwendungen menschliche Leistungen imitieren können. Diese menschlichen Leistungen selbst sind jedoch methodisch unhintergehbar. Sie sind primär und gehen als Hervorbringungen von Kulturen jeder Technisierung voraus" (ebd., 170).

Wichtig ist Janich zu betonen, „daß dieser methodisch primäre Status menschlicher Kulturleistungen auch das Feld absteckt, in dem die *Grenzen des technisch Substituierbaren* gezogen werden. Denn die für den Ingenieur und Informatiker unverzichtbaren Kriterien der Leistungsgleichheit verlangen methodisch primär eine *hinreichende Explikation der menschlichen Kognitionsleistungen* selbst" (ebd.). Dies setzt aber wiederum voraus, dass menschliche Kommunikation und insbesondere eine adäquate Beschreibung menschlicher Kommunikation einer solchen Substitution methodisch vorgängig ist. Es muss schon ein geeignetes Verständnis davon vorhanden sein, was Kommunikation ist, um diese entsprechend ersetzen zu können. Daher wäre es zirkulär, menschliche Kommunikation mithilfe ihrer möglichen Substitute erklären zu wollen.

> „Eine technische Theorie der Information im Sinne der Nachrichtentechnik hat davon auszugehen, daß sie nach technischen Mitteln sucht, menschliche Kommunikationsleistungen zu substituieren. Diese Leistungen sind aber vollständig nicht anders definiert und definierbar als solche des Verstehens und Geltens (in allen Varianten von Sprachebenen, Sprachformen und Sprachhandlungen, ‚Sprechakten'). Diese sind per se ‚pragmatisch' in dem Sinne, als Verstehen und Gelten nur in Kontexten gemeinsamer Handlungen etabliert werden können. Erkennen mathematische Theorien der Kommunikation bzw. die Kybernetik diese methodische Abhängigkeit von sinnvoller menschlicher Kommunikation an, ist sehr wohl ihr Erfolg zu erklären als Bereitstellung von Mitteln, bestimmte leistungsgleiche technische Substitutionen vorzunehmen, von den Maschinen, die Postleitzahlen auf Briefen, Ziffern auf Bankformularen oder Magnetstreifen auf Telefonkarten ‚lesen', bis zu ‚sprachverstehenden' Computerprogrammen, gesprochene Rede zu verschriftlichen, oder Texte in eine andere Sprache zu übersetzen. Alle Wörter wie ‚lesen', ‚verstehen', ‚übersetzen' (oder auch ‚rechnen' beim Taschenrechner) sind dabei aber metaphorisch verwendet; sie hätten keinerlei Sinn, würden wir nicht die Primärbedeutungen menschlicher Handlungsfähigkeiten des Lesens, Verstehens, Übersetzens oder Rechnens zugrunde legen und dann – leistungsgleich bezüglich Bedeutung und Geltung – technische Geräte zu ihrer partiellen Substitution erfinden" (Janich 1999, 53).

Die Frage, wie in technischen Systemen aus einer syntaktischen Reihe eine semantische Information entsteht, wäre also schon falsch gestellt. Besonders deutlich wird dies in Fällen des Ge- oder Misslingens von Aufforderungen. Janich nennt hier als Beispiel ein sprachaktivierbares Diktiergerät, das sich immer dann einschaltet, wenn in das Mikrofon gesprochen wird und das sich selbstverständlich auch dann einschaltet, wenn man es auffordert sich nicht einzuschalten. Dies würde man nur von einem „sprachgesteuerten" System erwarten können, das verschiedene Sprachbefehle umsetzen kann. Auch in diesem Fall wäre das Verstehen Janich zufolge nur metaphorisch. Aber hier wäre die Metapher wenigstens nicht redundant.

> „Dieses Beispiel zeigt den Unterschied, ob die informationstheoretische Beschreibung der Leistungen einer Maschine eine überflüssige (redundante) Metaphorik darstellt oder nicht.
>
> Wieder werden die Funktionen von Maschinen anhand verschiedener Störfälle unterscheidbar: Die Funktionskriterien des ,nichtsprachverstehenden' Diktiergeräts unterscheiden nicht, wo ein ,sprach-verstehendes' System einen Unterschied zwischen gestörtem und ungestörtem Funktionieren ,macht'. Dabei können die Störungen des ,sprach-verstehenden' Systems nur wieder von einem semantisch und geltungstheoretisch kompetenten menschlichen Sprecher beurteilt und erklärt werden.
>
> Eine informationstheoretische Sprechweise für Mensch-Maschine-Verhältnisse in Steuerungs- und Regelungszusammenhängen ist also genau dann *redundant*, wenn sie *nicht nach dem Modell* des oben erläuterten Verstehens und Anerkennens menschlicher Sprechhandlungen funktioniert. Aber auch im nichtredundanten Falle werden Maschinen konstruiert, optimiert und verwendet als *leistungsgleiche Ersetzungen* menschlicher Tätigkeiten durch Maschinen, die ihrerseits nur als Verstehen und Anerkennen in Kooperation und Kommunikation bestimmt sind. Der methodische Primat der Sprachkompetenz eines menschlichen Sprechers bleibt auch für die technisch erfolgreichen ,sprachverstehenden' Systeme erhalten. Die Rede von Maschinenleistungen ist metaphorisch" (Janich 2006, 160f.).

3.10.7 Modelle in den Naturwissenschaften

Doch Kybernetik und Informationstheorie sind nicht nur nützlich zur Herstellung technischer Artefakte für bestimmte Zwecke, wie der bereits genannte Thermostat. Für das vorliegende Thema noch interessanter sind Janichs Ausführungen bezüglich technischer Artefakte, die wiederum zur Modellbildung in den Naturwissenschaften dienen. In diesem Kontext ist der Informationsbegriff in naturwissenschaftlichen Theorien zu sehen, die sich, wie insbesondere auch die Genetik, technischer Modelle aus Informationstheorie und Kybernetik bedienen. Wie verhält es sich also in diesem zweiten Fall, der Anwendung erfolgreicher Technik für die Modellierung von Naturvorgängen? Auch hier stellt Janich keineswegs deren Nützlichkeit prinzipiell in Abrede. Technische Systeme können gar „vorzügliche Modelle dafür abgeben" (Janich 1999, 25) um Körperleistungen zu erklären. Der Übergang von Ingenieurswissenschaften (wie der Kybernetik), die auf die Manipulation von Verläufen für menschliche Zwecke hin ausgerichtet sind, hin zu Naturwissenschaften und der Erforschung „natürlicher Systeme" ist mithin philosophisch unproblematisch. So wird keineswegs die Sinnhaftigkeit einer technomorphen Betrachtungsweise von Naturgegenständen bestritten. In Bezug auf Wiener und die systemtheoretische Sichtweise – hier könnte man auch von Modellierung sprechen – anerkennt Janich deren Leistung in Bezug auf die Erklärung physiologischer Homöostasen, etwa des Blutzuckerspiegels oder der Körpertemperatur (ebd.). Und natürlich könne es für bestimmte Zwecke durchaus auch sinnvoll sein, eine „Reduktion des Menschen auf das Tierische und des Menschen und des Tieres auf das Organismische, letztlich maschinentheoretisch Modellierbare" (Janich 2006, 55) vorzunehmen. Gerade aus medizinischer Sicht kann die Reduktion des Menschen auf dessen organische Verfasstheit durchaus zweckdienlich sein. Ganz allgemein geht Janich sogar noch einen Schritt weiter, indem er technische Modelle geradezu als Voraussetzung für wissenschaftliche Naturerkenntnis betrachtet. So behauptet er gar,

> „daß alles naturwissenschaftliche Wissen über ‚natürliche', d.h. nicht vom Menschen künstlich hervorgebrachte Phänomene sich letztlich wieder zusammensetzt aus einem technischen Maschinenwissen über Modelle und einem technischen Maschinenwissen über Beobachtungsgeräte, mit denen der Simulationscharakter der Modelle empirisch kontrolliert wird" (Janich 1992, 208).

Das heißt, nachdem Janich Handlungen und Leistungen des Menschen als das methodisch Primäre bestimmt hat und damit der Technik den nachgeordneten Rang des methodisch Sekundären zugewiesen hat, ist diese für ihn wiederum hinsichtlich des Umgangs mit der Naturprimär.

> „Naturgeschehen wird durch technische Modelle ‚simuliert', d.h. funktionsgleich beschrieben und erklärt. Die Homöostase des Blutzuckerspiegels oder der Körpertemperatur wird nach Analogie eines technischen Regelkreises wie beim Thermostatventil am Heizkörper erklärt" (Janich 2006, 53).

Im Zentrum von Janichs Kritik steht also nicht die Verwendung technomorpher Modelle für bestimmte Zwecke, sondern der damit häufig erhobene, dogmatische und „universelle Alleinvertretungsanspruch" (ebd., 55) naturalistischer Hintergund-philosophien. Was bedeutet dies nun für die Modellbildung in den Naturwissen-schaften? Janich geht davon aus, dass Modelle eine Rückführung auf etwas Vertrau-tes bewirken sollen um damit komplexe Sachverhalte zu veranschaulichen (ebd., 101).

> „Diese suggestive Bezugnahme ist genau das, was für Modellbildung üblicher-weise in Anspruch genommen wird: Das Modell selbst muß aus dem Bereich des Bekannten (oder besser bekannten) genommen sein, um das Unbekannte (oder weniger Bekannte), das zu Modellierende darzustellen. Aber niemals wird dadurch das Modell selbst revidiert. Diese Abhängigkeit ist eine methodi-sche und deshalb nicht umkehrbar" (ebd., 101f.).

Im Lichte dieser konstruktivistischen Auffassung beginnen die Unterschiede zwi-schen theoretischer Modellierung und herstellender Konstruktion zu verschwim-men, wie Janich mit im Hinblick auf die Naturgeschichtsschreibung darlegt. Auch hier wird modellierend vorgegangen, wobei der Ausgang beim menschlichen Han-deln liegt, von dem dann schrittweise in der Zeit zurückgegangen wird ins zuneh-mend Vagere. Damit läuft aber

> „auch die Entstehung der höheren menschlichen oder auch nur tierischen Leistungen etwa aus den Einzellern [...], wegen der Konstruktion des Modells, nicht anders ab als die Erfindung, der Bau und die Verwendung informations-verarbeitender Apparate. Natur wird nur konstruierend erkannt, erst recht, wenn sie verflossen ist" (ebd., 124).

Konstruktion und Herstellung muss für Janich also nicht im starken Sinne die mate-riale Bildung oder Erzeugung eines Artefaktes bedeuten. Es kann damit auch „nur eine beschreibende für etwas Vorfindliches" (ebd., 123) gemeint sein. Die so herge-stellten Modelle bezeichnet er aufgrund ihrer Übertragung aus dem Bereich des Technischen als metaphorisch. Nur auf dieser Ebene der Metasprache – jenseits der Objektsprache – gesteht Janich zu, dass Metaphern in Form von metaphorischen Modellen in den Naturwissenschaften durchaus vorteilhaft sein können und sogar notwendige Voraussetzung für wissenschaftliche Naturerkenntnis sind, insofern diese immer interventionistisch ist. Und selbst wenn diese Metaphern anthropo-morphe Konnotationen mit sich bringen, hat Janich solange nichts dagegen einzu-wenden, solange die Als-ob Sprechweise als solche nicht in Vergessenheit gerät und bewusst bleibt.

> „Wo allerdings aus der Modellierung des Natürlichen durch Artefakte vergessen wird, welche Investitionen an menschlichen Kulturleistungen die Funktionen der Artefakte bestimmen, beginnen die heute mehrheitsfähigen Verwirrungen des Naturalismus mit seinen Unterspielarten des Empirismus, des erkenntnistheoretischen Realismus und des wissenschaftstheoretischen Formalismus" (ebd., 177)

Außerdem dürfe kein Widerspruch entstehen zwischen der Metaphorisierung und wesentlichen Eigenschaften des betreffenden Sachverhalts. Denn dann wäre die Metapher unangemessen (ebd., 106). Genau diese Problematik sieht er allerdings in Bezug auf den Informationsbegriff in den Lebenswissenschaften gegeben.

3.10.8 Modellbildung und Leistungsgleichheit

Selbst wenn Janich metaphorische und selbst anthropomorphisierende Rede (etwa zur Modellbildung) nicht prinzipiell für problematisch hält, so sei sie im Falle informationstheoretischer und auch kognitiver Metaphern für molekulare Prozesse – das „Geschwätz der Moleküle und Neuronen" (ebd., 87) – doch zu kritisieren. Und zwar übt Janich dann Kritik an der Anthropomorphisierung von Molekülen, wenn diese etwas „erkennen" sollen:

> „Diese kognitive Metaphorik hängt mit der nachrichtentechnischen (wegen der in beiden beanspruchten Geltung des Erkannten oder Mitgeteilten) eng zusammen. Die Fortpflanzung struktureller Eigenschaften wird als kognitiver, sprachlicher oder sprachgleicher Prozess verstanden, z.B. wo von Übersetzung, von Codierung und Translatieren der Molekülstrukturen und der Molekularbiologie die Rede ist. [...]
>
> Diese Metaphorisierung hat zwei Schwächen: (1) Sie ist *redundant* gegenüber einer kausalen Beschreibung der Verhältnisse, und (2) sie ist *falsch* im Sinne der Wahl einer inadäquaten Metapher" (ebd., 92).

Falsch ist die besagte Metaphorisierung dann, wenn nicht die Möglichkeit einer Fehlbarkeit, eines Irrtums gegeben ist. Janich führt hier als Beispiel das Schließsystem eines Hotels an. Gelingt es einem Gast nicht mit seinem Schlüssel sein Zimmer zu betreten, so kann ein Irrtum entweder dahingehend vorliegen, dass er sich in der Zimmertür geirrt hat oder aber den falschen Schlüssel zur Hand genommen hat. Beides sind aber Irrtümer des Anwenders, nicht des rein kausal-mechanisch erklärbaren Schlüssel-Schloss-Systems. Von einer Schlüssel-Schloss-*Funktion* kann lediglich im Lichte der intentionalen Zwecksetzung von Konstrukteur oder Anwender gesprochen werden. „Erst die zweckrationale Handlung von Menschen in diesen Rollen machen aus den schlichten Kausalverhältnissen Funktionen im Sinne eines zielgerichteten Vorgehens" (ebd., 94). Was für dieses technische Beispiel eines Schließsystems gilt, gilt nach Janich auch für molekularbiologische Prozesse, insofern „im chemischen Bereich ebenfalls rein kausal beschreibbare und erklärbare Verhältnisse vor[liegen], wenn auch hier die Mechanik nicht ausreicht, sondern die Quantenmechanik bemüht werden muß" (ebd.).

Janichs Kritik an der Sprach- und Kognitionsmetaphorik macht sich also an der Unmöglichkeit von Irrtümern auf molekularer Ebene fest. Genau besehen kann dies wiederum darauf zurückgeführt werden, dass hier nicht davon ausgegangen werden kann, dass Moleküle intentional auf etwas gerichtet sein können. Sie verfolgen keine Absichten, denen ein Handlungsverlauf zuwiderlaufen könnte.

> „Das Schlüssel-Schloß-Beispiel zeigt also, daß auf der Ebene der Objekte kausale Erklärungen völlig ausreichen, um alle auftretenden Verhältnisse abzudecken. Sollte dennoch metaphorisch davon gesprochen werden, daß ein Schlüssel sein Schloß oder ein Schloß seinen Schlüssel ‚erkennt', ist diese Metaphorik unangemessen, weil diesem Erkennen keine Irrtumsmöglichkeiten gegenüberstehen – im Unterschied zum menschlichen Benutzer und Beschreiber des Schlüssels bzw. der Schlüssel-Schloß-Wechselwirkungen" (ebd.). [267]

Wenn aber keine Möglichkeit eines Irrtums gegeben ist, dann ist die Beschreibung auch redundant. Denn eine Beschreibung, die auf derartige Metaphern zurückgreift, habe über eine kausale Erklärung hinaus keinen Erklärungswert:

> „Sie enthält nämlich nichts über die kausale Beschreibung hinaus. Insofern ist eine häufig zu hörende Begründung für den Sprung in die Metapher unzutreffend, dadurch würden Verhältnisse im Objektbereich treffender beschrieben. In Wahrheit enthalten sie über die nichtmetaphorische Beschreibung und Erklärung hinaus keine Mitteilung" (ebd., 95).

Wie die kognitive Metaphorik des „Erkennens" ist auch die kommunikative Sprachmetaphorik, die sich mit der Rede von (genetischer) Information im Bereich

---

[267] Problematisch sieht Janich diese Art der Metaphorisierung auch noch aus einem anderen Grund. So ist die intentionale Verfolgung zweckhafter Handlungen immer auch mit der Möglichkeit der Verantwortungszuschreibung verbunden. Spricht man molekularen Prozessen folglich derartige Fähigkeiten zu, so müsste dort ebenfalls die Möglichkeit einer Verantwortungszuschreibung bestehen (Janich 1999, 53).

der Molekularbiologie findet, Janich zufolge redundant und unangemessen, wie er am Beispiel eines mittelalterlichen Kopisten veranschaulicht. Angenommen dieser habe die Aufgabe Texte zu vervielfältigen ohne aber der Sprache mächtig zu sein, in der die Texte verfasst sind. Dies ist solange unproblematisch, bis Fehler beim Kopiervorgang auftreten. Denn nur ein kompetenter Sprecher der jeweiligen Sprache sei in der Lage zu entscheiden, ob die grafische Abweichung lediglich eine optische oder darüber hinaus eine sinnentstellende Abweichung mit sich bringt. Janich folgert daraus, dass

> „[…] Wörter wie ‚abschreiben‘, ‚kopieren‘, ‚transkribieren‘ und ähnliche betreffen die Erzeugung von Texten, die prinzipiell *unter zwei verschiedenen Aspekten* miteinander verglichen werden können: den der (gestaltlichen) Übereinstimmung der Reihen von Schriftzeichen und den der Übereinstimmung des Text(sinn)es. Und nur der für den Textsinn kompetente Leser und Schreiber kann entscheiden, ob Abschreib- oder Übertragungsfehler Folgen für den Textsinn haben. […] Diese zweite Ebene des Verständnisses von Textsinn gibt es im Bereich der Molekularbiologie nicht. Wie oben im Schlüssel-Schloß-Beispiel gezeigt, können Moleküle nicht irren und deshalb auch keine Erkenntnisse haben; entsprechend können Molekülketten bei der Weitergabe von Strukturen nur (kausal) wirken oder nicht wirken. Aber selbst wo ‚Kopierfehler‘ auftauchen, sind dies wieder allein kausal beschreibbare und erklärbare Zusammenhänge. Es gibt keine höhere Instanz, die ein Urteil fällt, ob der entstandene Kopierfehler sinnentstellend ist oder nicht. […] Kurz, die Verwendung der Metaphern aus dem Bereich menschlicher Tätigkeiten ist hier nicht adäquat, weil es bei diesen auf Sinnverstehen und Geltung von Sprache ankommt“ (ebd., 97f.).

3.10.9 Modell, Funktion und kausale Erklärungen

In seiner Kritik der Verwendung des Informationsbegriffs in den Lebenswissenschaften verweist Janich zwar immer wieder auf die Rolle von Modellen in den Naturwissenschaften; eingehendere Untersuchungen hierzu hat er jedoch nicht unternommen. Seine Argumentation beschränkt sich weitgehend auf eine Kritik des zumeist hervorgehobenen Abbild- bzw. Verkürzungsaspekts von Modellen (Janich 2002). Stattdessen war es ihm darum bestellt, die pragmatische Dimension von Modellen zu betonen und damit einhergehend naturalistische Irrtümer aufzudecken.

Detaillierter hat Mathias Gutmann die Bedeutung von Modellen in Lebenswissenschaften herausgearbeitet und später in Bezug auf den Funktionsbegriff bzw. funktionale Erklärungen expliziert. Wie bei Janich wird auch von Gutmann Wissenschaft als Form der Praxis verstanden, bei der die Handlung des Modellierens, d.h. des Herstellens von Modellen eine zentrale Tätigkeit darstellt. In Bezug auf biologisches Arbeiten steht das Modellieren wiederum in engem Zusammenhang mit der Anfertigung funktionaler Beschreibungen und mechanistischer Erklärungen die für diese bedeutsam sind (Gutmann 2015, 344). Ebenso wie Janich hebt auch Gutmann die Rolle unterschiedlicher Beschreibungsebenen hervor, etwa einer lebensweltlich-technischen (L) und einer wissenschaftlich-standardsprachlichen (S). Mit der Modellierung verbunden ist dann ein Sprachübergang von lebensweltlicher Beschreibung zu einer Beschreibung in standardisierter Wissenschaftssprache.[268] Zum Bereich der lebensweltlichen und technischen Beschreibung zählt Gutmann solche Sprachstücke „die sich auf Praxen des Umgangs mit Lebewesen beziehen, wie etwa Merkmale, Bewegung, Fortbewegung, Nahrungsaufnahme etc., ohne daß biologisches Wissen zu investieren wäre" (Gutmann 2002, 35). Von dieser Ebene grenzt er die standardisierten Wissenschaftssprachen ab.

> „Zu diesen gehören Sprachstücke von Wissenschaften, wie Physik, Chemie der Mathematik und eben auch der Biologie. Unter Nutzung nicht-biologischen, wissenschaftlichen Wissens, lebensweltlichen oder technischen aus L können biologische Beschreibungssprachen konstruiert werden, wie etwa jene der Morphologie" (ebd.).

Der *methodische* Anfang theoretischer Beschreibungen findet sich somit in der Lebenswelt. Dort gewonnenes Wissen, etwa über gezielte Manipulationen in züchterischen Praxen oder das Herstellen bestimmter Maschinen, kann nun wiederum dazu genutzt werden, um wissenschaftliche Gegenstände einzuführen, was ganz allgemein als Konstitution bezeichnet wird (Gutmann 2005, 405). Das im einen Bereich,

---

[268] Mit dem Übergang von lebensweltlichen Sprachspielen zu standardisierten wissenschaftlichen Sprachspielen wird gleichsam von der metaphorischen Rede zum Modellieren übergegangen (Gutmann & Rathgeber 2008, 228). Allerdings müsste hier genauer zwischen unterschiedlichen Arten von Metaphern differenziert werden. So unterscheiden Gutmann und Rathgeber bloße und notwendige Metaphern als verschiedene Formen uneigentlicher Rede (Gutmann & Rathgeber 2010). Letztere bezeichnen gerade solche Metaphern, die nicht in eigentlicher Rede auflösbar sind. Gerade diese können im Hinblick auf die empirischen Wissenschaften eine gegenstandskonstituierende Funktion besitzen. Umgekehrt ist dann jedoch auch die Auswahl bloßer Metaphern im Hinblick auf den Aufbau von Wissenschaftssprachen von Relevanz.

etwa dem lebensweltlich-technischen, gewonnene Wissen kann dann im zweiten Schritt also zum Aufbau einer wissenschaftlichen Standardsprache dienen, womit ein Sprachübergang stattfindet, indem „Teile von Lebewesen, [...] unter Verwendung expliziten technischen Wissens als Strukturen beschrieben werden (in S)" (Gutmann 2002, 35). Systematisch betrachtet bedeutet dies, „daß technisches Wissen über die gezielte Veränderung von Artefakten – etwa Maschinen – als Grundlage der Einführung von Begriffen genutzt werden kann, die dann zur Beschreibung von Handlungszielen – der Veränderung und Manipulation von Lebewesen – dienen" (ebd., 25). Gutmann führt exemplarisch die Strukturierung von Lebewesen *als* Organismen nach einem mechanischen Modell aus, deren Zweck in der Präzisierung von Züchtungszielen liegt:

> „Nach der allgemeinen Beschreibung des Baus, Betriebs und der Veränderung von Maschinen, die die Unterscheidung der Verbesserung von der Einsatzerweiterung erlaubt, besteht der nächste Schritt in der *Nutzung* der so gewonnenen Sprachelemente zur *Beschreibung* von Lebewesen. Diese aus dem technisch-physikalischen Bereich stammenden Sprachstücke können dazu genutzt werden, ebendiese *Züchtungsziele* hinsichtlich bestimmter Eigenschaften der Lebewesen zu präzisieren. Dazu muss die Strukturierung dieser Lebewesen nach Maßgabe der Modellparameter vorgenommen werden. Bestimmten Teilen von Lebewesen [...] werden dabei Funktionen bei der Erzeugung der für die Zugleistung notwendigen Kraft [...] zugewiesen. [...] Ist die Funktionszuschreibung vorgenommen, so soll von den Teilen der Lebewesen, die lebensweltlich oder anatomisch beschrieben wurden, zur Rede von Strukturen als Funktionsträgern übergegangen werden. Es sind also zwei Sprachebenen voneinander zu unterscheiden, nämlich die hier als ‚lebensweltliche‘ und die als ‚Standardsprache‘ bezeichnete, in welcher über das Ergebnis der Strukturierung, die *Strukturen*, zu reden ist, welche mittels des Modells als Funktionsmodell erzeugt wurden" (Gutmann 2005, 409).

Hier stellt sich jedoch die Frage nach den Zwecken der Modellierung. Wie bereits ersichtlich ist, richtet Gutmann den Fokus in seinen Arbeiten, wie auch Janich, auf den instrumentellen Charakter von Modellen, d.h. weniger Modelle *von* etwas stehen im Zentrum der konstruktiven Modelltheorie als vielmehr Modelle *für* etwas, wobei dieses „für etwas" den Mittelcharakter von Modellen ausdrücken soll.[269] Es ist ihm also um die Modellierung (als Handlung) zur Erreichung bestimmter Zwecke be-

---

[269] Damit weisen Modelle auch erhebliche Ähnlichkeiten mit Zeichen auf. Beide repräsentieren etwas und beide sind das was sie sind lediglich für jemanden.

stellt, die sich zunächst einmal an lebensweltlichen Verwendungen orientieren (Gutmann 2002, 24). Präziser gefasst wird mit der Betonung der Handlung des Modellierens, die das Modell erst entstehen lässt, einerseits die Zweckhaftigkeit von Modellen betont (in Abgrenzung zum Abbildungsaspekt) und zweitens wird auch hier die Differenzierung zwischen materieller Herstellung und theoretischer Konstruktion nivelliert:

> „In den Vordergrund rückt damit die Frage nach den Zwecken der Modellierung. Bezeichnen Modelle ein bestimmtes, im Rahmen der Konstitution eingesetztes Wissen, so erhellt dies, dass ein modellhaftes Wissen zu unterschiedlichen Zwecken eingesetzt werden kann, wie auch umgekehrt verschiedene ausgezeichnete Wissensbestände als Modelle zu einem, je festgesetzten Zweck. Die Suche nach ‚Entsprechungen‘ des zu Modellierenden zum modellierenden Wissen oder Know-how sollte daher von vornherein ersetzt werden durch die genaue Angabe des Konstitutions- bzw. Verwendungszusammenhangs. Während im klassischen Verständnis von Modellen ebendiese Analogiebehauptung systematisch die Funktion der Erfolgskriterien übernimmt (die Modellierung konnte deshalb als gelingen angesehen werden, weil im Modell bestimmte ‚Aspekte‘ oder ‚Eigenschaften‘ des Gegenstands abgebildet oder ‚wiedergegeben‘ wurden), kann die konstruktive Modelltheorie darauf nicht zurückgreifen. Bestimmt man aber Modelle im Sinne von strukturierenden Handlungsanweisungen, so zeigt sich, dass die Handlung des Modellierens einem quasi-experimentellen Vorgehen sehr nahe kommt. Denn nun ist in der Tat das Scheitern von Modellierung nicht mehr auszuschließen, ja, die Bestimmung der ‚Adäquatheit‘ des Modells muss an den investierten Beschreibungs- oder Erklärungszwecken orientiert werden. Misslingt die Beschreibung eines Lebewesens in dem Sinne, dass die Leistungen, von denen ausgehend die Modellierung vorgenommen wurde, und der standardisierten Beschreibungssprache nicht angebbar sind, so ist der Modellierungszweck verfehlt" (Gutmann 2005, 410).

Entscheidungskriterium über die Güte eines Modells ist daher dann nicht, wie häufig angenommen, ob ein Modell die Realität wahrheitsgemäß repräsentiert oder abbildet. Entscheidend ist vielmehr, ob es das Modell ermöglicht die verfolgten Handlungszwecke zu erreichen, oder ob man letztlich bei deren Umsetzung an der „Widerständigkeit des Materials (also des Untersuchungsgegenstands selber)" scheitert, wie dies beim Versuch einer mechanischen Modellierung des Regenwurms anhand eines Hebelmodells der Fall ist (ebd.).[270] Auf dieses Scheitern kann nun

---

[270] Siehe zur hydraulischen Modellierung in der Zoologie detaillierter (Gutmann & Hertler 1999).

entweder mit einer Revision der Mittel – also des konstruierten Modells – oder aber der Modellierungszwecke selbst reagiert werden. Die Tatsache, dass es sich beim Modellieren um eine intentionale, konstruktive Tätigkeit handelt, darf also nicht dahingehend missverstanden werden, dass jede beliebige Modellierung möglich bzw. sinnvoll ist. Modellierung ist zwar ein kreativer, aber kein rein fiktionaler Akt. Denn auch wenn es sich bei Modellen um Konstruktionen handelt, so müssen diese doch immer der Widerständigkeit des modellierten Gegenstandes Rechnung tragen. Oder in Gutmanns Worten: „[D]ie spezifische Widerständigkeit des Gegenstandes [zeigt sich] *nach Maßgabe* der Tätigkeit *an ihm selber*" (Gutmann 2015, 345f.). Nur daher kann hier davon gesprochen werden, dass es sich dabei „um einen echten Erfahrungsvorgang [handelt], bei dem am – etwa im Rahmen der Laborpräparation *bereit*gestellten – Gegenstand Erfahrungen gemacht werden" (ebd., 345).

Durch die Modellierung und den damit verbundenen Übergang von einer Beschreibung lebensweltlicher Gegenstände zu lebenswissenschaftlichen Gegenständen kann nun ein Wissen über deren funktionale Zusammenhänge gewonnen werden, wie Gutmann am Beispiel des Vogelflugs rekonstruiert. Ausgangspunkt der Modellierung bildet zunächst die Beschreibung eines biotischen Phänomens in Form bestimmter Leistungsbeschreibungen. Hier ist dann auch die teleologische Rede des Um-zus zu verorten:

> „Funktionale Strukturierungen – wie hier die des Flügels – gehen von der Beschreibung gewisser (interessanter) Leistungen aus (hier des Schwirrflugs). Die eigentliche Erklärung erfolgt in engem Zusammenhang mit dem Vorgang der Modellierung, der für die Biologie wesentlich ist." (ebd.).

Auf diese Beschreibung folgt sodann mit dem Übergang von der lebensweltlichen Beschreibung zur wissenschaftlich-organismischen Redeform eine Abblendung der für die Leistung irrelevanten Aspekte. Damit einhergehend wird die Beschreibung der interessierenden Leistung „in Bezug auf – im wesentlichen technische, physikalische und chemische – Parameter vorgenommen" (ebd., 346). Außerdem wird die Betrachtung des Organismus auf diejenigen Strukturen reduziert, die im Hinblick auf die untersuchte Leistung von Interesse zu sein scheinen und damit die Grenzen des zu untersuchenden Systems definiert, die als relevant erachtet werden. Es erfolgt ein Übergang von der Fragestellung „wozu" der entsprechende Leistungsträger da ist und damit einhergehenden, intentionalen Redeformen hin zu der Frage wie er diese Leistung erbringt. Die Untersuchung der Funktion der in Frage stehenden Struktur erfolgt dann „indem von der intentionalen auf eine kausale Beschreibung übergegangen wird", was sich daran zeigt, „daß eine Beschreibung des Flugvorgangs einerseits und der krafterzeugenden und energietransformierenden Strukturen andererseits vorgenommen werden muß [...], die es erlaubt, unter Nutzung ausschließlich physikalischer oder technischer Gesetzmäßigkeiten das Zustandekommen der Bewegung am untersuchten Gegenstand (Vogelflügel) darzustellen" (ebd., 347). Hierbei wird quasi empirisch festgestellt, was die physikalischen, chemischen oder technischen Bedingungen sind, unter denen das zu untersuchende Phänomen auftritt. Damit wird eine gewisse Erklärung gegeben, „und zwar *ohne* Berücksichtigung intentionaler Elemente im Explanans" (ebd.). Im letzten Schritt wird wiederum auf die funktionale Ebene gewechselt. Es erfolgt eine funktionale Anreicherung der erreichten Kausaldarstellung und eine Iteration der vorhergehenden Schritte, indem neuerlich nach der Funktion einzelner Strukturen der Kausalerklärung gefragt wird und diese ebenfalls in eine empirische Aussage über die Bedingungen ihres Auftretens überführt wird. Entscheidend ist hier für Gutmann, dass

> „die eigentliche Erklärungsleistung durch die kausale Strukturierung der jeweiligen Elemente geschieht, sodaß die ursprüngliche Um-zu-Struktur den hypothetischen Rahmen angibt, in den die kausale Struktur eingeführt wird. Zugleich zeigt sich aber auch, daß die Modellierung iterierbar ist – was bedeutet, daß die Resultate der ersten Modellierung wiederum funktional den hypothetischen Rahmen der weiteren kausalen Struktur abgeben.
>
> Einerseits ist damit das intentionale Moment unverzichtbar – es konstituiert die *Tätigkeit* des Erklärens, das, was immer sonst es sei, jedenfalls *wesentlich* menschliches Handeln nach Maßgabe menschlicher Zwecke ist. Andererseits liefert aber die intentionale Rede *selber* gerade keine *Erklärung* im – modern wissenschaftlichen – Sinne" (ebd., 348).

Nach Gutmanns Analyse des biologischen Forschungsprozesses

> „liegen also Funktionen nicht einfach vor oder könnten durch schlichtes Beschreiben ‚gefunden' oder ‚herausgegriffen' werden – sie sind vielmehr Resultat der (prozedierenden) Beschreibung und Strukturierung von Lebewesen als funktionalen Einheiten unter der Leistung technischer, physikalischer oder chemischer Gesetzmäßigkeiten. Diese Beschreibung beginnt im (*für uns*) Bekannteren, in lebensweltlichen Bewegungen, Regungen oder Eigenschaften von Lebewesen und den in Umgängen mit diesen auftretenden Phänomenen, und schreitet zu einer wissenschaftlichen Strukturierung derselben fort" (ebd., 348f.).

Damit stehen sich funktionale und kausale Erklärungen nicht ontologisch gegenüber und sind auch nicht aufeinander reduzierbar. Sie beziehen sich nicht auf die

Gegenstände selbst. Vielmehr ist diese Differenz nach Gutmann „eine *analytische* an der Tätigkeit des Erklärens, deren Verhältnis durch Fragestellung und Modellierungsmittel bestimmt wird" (ebd., 351). Damit ist erneut der praktische Aspekt von Wissenschaft maßgeblich für die Bestimmung unterschiedlicher Erklärungen, was auch daran ersichtlich wird, dass diese Differenz „als *methodische Folge* des Forschungshandelns selbst rekonstruiert" (ebd.) wird. Liegt dann eine kausale Erklärung vor, so kann, ausgehend von den gewonnenen Prinzipien wieder zu einem neuen Explanandum übergegangen werden (ebd., 349). Denn das, was als Wissen durch die Strukturierung der Lebewesen gewonnen wurde, kann nun wiederum in die Konstruktion bionisch-technischer Gerätschaften fließen. Gelingt dies und damit die technische Umsetzung der geforderten Leistung, so kann dies als zusätzlicher Beleg für die Güte und Reichweite der Erklärung angesehen werden. Zusammenfassend sei hier also festgehalten, dass Lebewesen als funktionale Einheiten verstanden werden, indem diesen – ausgehend von Modellen – Funktionen zugeschrieben bzw. unterstellt werden. [271] Demnach ist

> „die *Identifikation* von Strukturen wesentlich von der Art und Durchführung der funktionalen Zuschreibung abhängig. *Was* also als Struktur anzusprechen ist, kann nicht einfach dem Lebewesen selber abgesehen werden, sondern ist im Zusammenhang der Fragestellung, der in die Modellierung eingehenden Parameter und der genutzten Mittel jeweils spezifisch zu ermitteln" (ebd.).

Mithin wird durch solche Erklärungen auch nicht der Grund oder die Ursache für die Existenz eines Funktionsträgers angegeben. Gutmann zufolge zielt eine solche Kausalerklärung gerade nicht auf die Erklärung der Existenz des Flügels ab. [272] Vielmehr ermöglicht sie es zu bestimmen, welchen Beitrag der Gegenstand der Untersuchung im Hinblick auf die ausgezeichnete Leistung erbringt.

Kausalerklärung, funktionale Erklärung und Modellerklärung stehen sich folglich nicht gegenüber. Je nach Erkenntnisinteresse findet eine Modellierung in kausalen oder wechselseitig in funktionalen und kausalen Zusammenhängen statt. Aufgegeben wird damit jedoch der ontologische Anspruch, Natur an sich erklären zu wollen. Vielmehr wird nach und nach ausgelotet, welche Grenzen die Natur in Form von Widerständigkeit unserem Handeln setzt. Diese Widerständigkeit lässt

---

[271] Ansonsten ergibt sich das Problem der Dysfunktionalität, d.h. man beraubt sich der Möglichkeit zwischen Funktion und Fehlfunktion unterscheiden zu können.

[272] In der Evolutionsbiologie wird allerdings häufig so verfahren. Dort wird von der funktionalen Erklärung zur Existenzerklärung übergegangen (Gutmann 2015).

sich allerdings nur bidirektional bestimmen. Sie wird einerseits definiert durch die ausübende Kraft wie auch durch das, worauf sie ausgeübt wird. Ebenso liefert die Wissenschaft zwar nur bedingte Erkenntnisse über die Welt insofern diese vom zweckhaften Handeln der Wissenschaftler abhängen. Jedoch ist die Welt nicht beliebig konstruierbar, sondern immer nur auf eine Weise, die mit ihrer Widerständigkeit vereinbar ist.

In Bezug auf die hier verfolgte Fragestellung bleibt nun anhand einer Rekapitulation des bisher Erarbeiteten zu untersuchen, inwiefern unterschiedliche Modellbildungen in der Synthetischen Biologie und in der Biosemiotik dem Zweck der Erklärung dienlich sind, bzw. welche Art von Erklärung sie liefern.

3.11 Erklärungen in der Biosemiotik und der Synthetischen Biologie

> *Der entscheidende Punkt ist, dass nur der Verzicht auf eine Erklärung des Lebens im üblichen Sinne uns die Möglichkeit schafft, den charakteristischen Merkmalen des Lebens Rechnung zu tragen.*
>
> Niels Bohr

Abschließend gilt es nun den in diesem Kapitel entwickelten Gedankengang im Hinblick auf das vorliegende Klärungsinteresse bezüglich des Erklärungswertes der Synthetischen Biologie und der Biosemiotik zu fokussieren. Gefragt wird dabei nicht, welchen Erklärungswert *die* Synthetische Biologie bzw. *die* Biosemiotik haben, sondern inwiefern durch diese Felder Erklärungen bereitgestellt werden. Hierfür wird dargelegt, wie Biosemiotik und Synthetische Biologie in den vorgestellten Explikationen des Erklärungsbegriffs einzuordnen sind. Dabei ist jeweils zu beachten, dass Erklärungen nicht nur eine zweistellige Relation in Form von Explanandum und Explanans darstellen. Darüber hinaus darf nicht übersehen werden, dass Erklärungen auch immer Erklärungen für jemanden sind und damit einhergehend in Beziehung zu einem jeweiligen Erkenntnisinteresse stehen.

3.11.1 Gesetzlichkeit

Gesetzmäßigkeiten spielen sowohl in der Biosemiotik als auch in der Synthetischen Biologie eine untergeordnete Rolle. Der Biosemiotik geht es ja darum, Lebendes gerade *nicht* als passive Entitäten zu betrachten, die einer strikten Naturgesetzlichkeit unterworfen sind. So wird auch immer wieder herausgestellt, dass Zeichen und Codes kontingent sind und keine Folge naturgesetzlicher Notwendigkeit. Hier wird

ein Bogen geschlagen zur Arbitrarität von Zeichen und zur Konventionalität im
menschlichen Zeichengebrauch. Dennoch wird davon ausgegangen, dass semiotische Prozesse keinen Naturgesetzen zuwider laufen. Naturgesetzlichkeit liegt jedoch
nicht im Fokus biosemiotischer Betrachtungen. Vielmehr werden biologische Entitäten – Organismen wie auch einzelne Organe oder Zellen – als Akteure begriffen,
die ihre Umwelt aktiv gestalten; ganz anders die Synthetische Biologie, deren Gegenstände je nach Betrachtungsweise Artefakte bzw. lebende Systeme sind, die als
Mittel zur Gestaltung von Umwelt (im Sinne von *environment*) nach eigenen Zwecken angesehen werden. Auch hier gerät man mit einer strikt naturgesetzlichen
Erfassung an Grenzen, fasst dies jedoch als epistemischen Mangel auf und arbeitet
daher mit probabilistischen Zusammenhängen.

3.11.2 Vereinheitlichung

In beiden Feldern wird versucht eine Vereinheitlichung vorzunehmen, die mit einer
Reduktion der Phänomene einhergeht. Während dies in der Biosemiotik semiotische Prozesse sind, sind es in der Synthetischen Biologie kausal-mechanistische.
Zwar werden hier auch häufig probabilistische Erklärungen angeführt, doch sind
diese im Denken der Synthetischen Biologie lediglich der unzureichenden empirischen Auflösungsschärfe geschuldet, während sie in der Biosemiotik als Freiheit
organischer Entitäten gedeutet werden. Die Biosemiotik strebt damit sozusagen
eine „Vereinheitlichung von oben" an, indem sie den intendierten Anwendungsbe-
reich semiotischer Modelle von menschlicher Praxis und Kommunikation auf den
gesamten Bereich des Biotischen ausweiten möchte. Dadurch aber, dass die Biosemiotik auf die Vereinheitlichung sehr unterschiedlicher Bereiche der Biowissenschaften anhand des Zeichenbegriffs setzt, findet dadurch zugleich eine Nivellie-
rung bzw. Identifikation sehr unterschiedlicher Bereiche statt. So ist hier zu fragen,
ob denn der Zeichenbegriff hinsichtlich des Verhaltens höherer Organismen vielleicht angebracht ist, wohingegen er auf molekularer Ebene verfehlt ist. Die Synthetische Biologie betreibt mit ihrem Ansatz hingegen eine „Vereinheitlichung nach
unten", indem sie Organismen ontologisch auf molekulare Konfigurationen reduziert, die nach bestimmten Prinzipien zusammengesetzt und zusammensetzbar sind,
was sich insbesondere auch an der Forderung der Modularisierbarkeit festmachen

lässt. Damit steht sie in einer Linie mit naturalistischen Positionen die eine *Einheit des Wissens* anstreben, wie folgende Äußerung E.O. Wilsons beispielhaft zeigt:

> „Der Naturwissenschaft gelang es, ein kausales Netz zu knüpfen, das von der Quantenphysik bis zur Hirnforschung und Evolutionsbiologie reicht. Noch gibt es Löcher unbekannter Größe in diesem Gewebe, und viele seiner Fäden sind so zart wie der Seidenfaden einer Spinne. Synthesen, die Voraussagen ermöglichen – das ultimative Ziel der Wissenschaft –, sind vor allem im Bereich der Biologie noch im Frühstadium. Trotzdem glaube ich, daß wir bereits genug wissen, um das Vertrauen in das Prinzip einer universellen, rationalen Einheit aller Naturwissenschaften rechtfertigen zu können" (E. O. Wilson 2000, 169)

3.11.3 Kausalität und Prognose

Diesem kausalen Netz, das nach Wilson Prognosen als „ultimatives Ziel der Wissenschaft" garantieren soll, wird in Biosemiotik und Synthetischer Biologie unterschiedliche Bedeutung zugemessen. Insbesondere die unterschiedlichen Informationsbegriffe sind hier zu betonen. In der Biosemiotik wird am Informationsbegriff gerade der Aspekt betont, dass sich Informieren nicht auf kausales Verursachen reduzieren lässt. Eine biosemiotische Modellierung spricht biotische Prozesse daher gerade als nichtnotwendig verlaufende Prozesse an. Denn Zeichen üben gerade keinen Zwang aus. Hier sei nicht nur an das Stopp-Schild gedacht, dem sich der Verkehrsteilnehmer durchaus widersetzen kann, wenn er ohne anzuhalten eine Kreuzung überquert.[273] Diesen Aspekt muss die Biosemiotik stark machen, da sie dadurch die Nicht-Reduzierbarkeit auf kausalmechanische Erklärungen begründen möchte. Zwar könnte man mit Peirce auch auf Indices als notwendige, natürliche Zeichen verweisen. Doch handelt es sich dabei lediglich um degenerierte Zeichen auf die sich die Biosemiotik zur Erfassung von Lebensprozessen kaum berufen kann, wenn sie ihren eigenständigen Status gegenüber Kausalerklärungen begründen möchte. Indices beruhen gerade auf herkömmlichen Kausalprozessen, weshalb sie keinen eigenständigen Erklärungswert besitzen. Dies soll zwar nicht heißen, dass Kausalität in biosemiotischen Konzeptionen keine Rolle spielt. Allerdings wird der

---

[273] Dies haben Zeichen mit Begründungen gemein, wie beispielsweise das Phänomen der Willensschwäche zeigt. Dort wird gerade wider die Einsicht in die Gründe für oder gegen eine Handlung gehandelt.

Kausalität im Sinne einer *causa efficiens* weiterhin eine Form von *causa finalis* (Braga 1999) bzw. eine semiotische Kausalität (Emmeche 2012) an die Seite gestellt. Hält die Biosemiotik an der ontologischen Lesart symbolischer Zeichenprozesse fest und begründet ihren eigenen Erklärungsanspruch damit, so wird es ihr schwerfallen ihren Status als Experimentalwissenschaft zu belegen. Sie kann dann lediglich ex post das Verhalten ihrer Gegenstände als zeichenvermittelt beschreiben. Erst im Nachhinein kann somit ein semiotischer Prozess als eine Art von Mechanismus verstanden werden. Dass es sich hier nicht um einen Mechanismus im Sinne der klassischen Mechanik handelt ist offensichtlich. Allerdings hat der Begriff des Mechanismus über die letzten Jahre hinweg eine Erweiterung erfahren. Ähnlich wie in der Geschichtswissenschaft, wo wir von bestimmten Mechanismen sprechen, kann selbst durch deren Aufweis jedoch keine Prognose über zukünftige Verläufe angestellt werden. Erinnert sei an das in Kapitel 1.1 angeführte Beispiel der Syphilis und der progressiven Paralyse. Auch im Falle herkömmlicher biomedizinischer Forschung treten Fälle auf, in denen lediglich eine Ex-post-Erklärung und keine Prognose möglich ist. Allerdings wird hier davon ausgegangen, dass dies lediglich eine epistemische Beschränkung in dem Sinne ist, dass die den entscheidenden Faktoren zugrundeliegenden kausalmechanischen Prozesse noch nicht genau genug bekannt sind. Wie in den Geschichtswissenschaften mag der Mangel an Prognostizierbarkeit auch in der Biosemiotik daran liegen, dass hier quasi nie – auch nur idealisiert – hinreichend ähnliche Situationen vorliegen, um Vergleichsgruppen bilden zu können. Insofern die Biosemiotik jeden ihrer Gegenstände als Individuum mit je eigener Geschichte betrachtet, verunmöglicht sie es Klassen zu bilden, über die sie verallgemeinerte Aussagen anstellen kann. Erst durch die Betrachtung eines Gegenstandes als „einen von diesen" gelingt es bekanntlich Gesetzeaussagen zu formulieren.

Demgegenüber ist die Prognostizierbarkeit für die Synthetische Biologie von elementarem Interesse, da der Aspekt des Herstellens eine viel stärkere Forderung der Prognostizierbarkeit beinhaltet. Denn Herstellen bedeutet mehr als bloßes Zur-Existenz-Bringen. Im Herstellen ist – zumindest in einem gewissen Grad – die Forderung der Planbarkeit enthalten. Die Synthetische Biologie mit ihrem Ingenieursparadigma will ja gerade nicht etwas Zufälliges, sondern das Geplante herstellen. Somit muss der Herstellende auch absehen können, welche Folgen sein Handeln haben wird. Er muss wissen, wie er etwas bewerkstelligen kann. Zwar beinhaltet jedes Experimentieren eine gewisse Planung. Es geht ja darum Erfahrungen in einem vorher definierten Möglichkeitsraum zu machen, wenn etwa eine Hypothese getestet wird. Experimentieren ist nie zufällig. Doch das Herstellen, insbesondere das ingenieurhaft-planende Herstellen erfordert eine noch weiter reichende Prognostizierbarkeit. Gerade im Bereich der Synthetischen Biologie ist dieses Herstellen von anderer Art als etwa bei der Herstellung mechanischer Maschinen. Denn im Hinblick auf die Herstellung von Organismen kann es lediglich darum gehen Bedingungen von solcher Art herzustellen, dass sich bestimmte Verläufe von selbst einstellen. Damit ist das Herstellen in der Synthetischen Biologie vergleichbar mit dem Experimentieren im Allgemeinen nach Janich. Demgegenüber sieht Alfred Nordmann durch den Ingenieursansatz der Synthetischen Biologie einen Wandel im Hinblick auf biologische Erklärungen:

> „From the point of view of the engineering approach, knowledge and understanding need not be tied to intellectual tractability of causal relations, nor does it consist in the truth or falsity, or empirical adequacy of linguistic statements such as theories or hypotheses. Instead, knowledge and understanding might reside in computer models and other technologically robust constructions, tied to the iterations of the design cycle as a learning process of sorts" (Nordmann 2015, 55).

Die Prognostizierbarkeit, die durch die Synthetische Biologie zur Verfügung gestellt wird, ist seiner Ansicht nach von anderer Art als die bisheriger biologischer Forschung. Während letztere auf Prognostizierbarkeit durch die Erklärungsleistung von Theorien setzte, beruhe die Prognoseleistung in der Synthetischen Biologie auf „technological robustness" (ebd.).

3.11.4 Funktionen

Auch der Funktionsbegriff bzw. funktionale Erklärungen spielen in beiden Bereichen eine prominente Rolle. So geht es der Synthetischen Biologie als Technowissenschaft bzw. Ingenieursdisziplin gerade darum, funktionale Artefakte herzustellen. Ziel sind dabei insbesondere Funktionen, die so in der Natur nicht vorhanden sind. Damit kann zweierlei gemeint sein: Einerseits, dass in der Natur bereits vorhandene Stoffe hergestellt werden sollen, allerdings auf einfacherem, kostengünstigerem oder nachhaltigerem Wege. Hier wäre etwa die Herstellung von Spinnenseide in *E. coli* zu nennen (Yang et al. 2016). Andererseits geht es der Synthetischen Biologie aber auch darum, die Soffwechselwege von Organismen derart zu gestalten, dass völlig neuartige Funktionen entstehen. So kann die Funktion darin bestehen, einen Stoff herzustellen, der in der Natur nicht vorkommt, wie etwa 1,4-Butandiol, das etwa als wichtiges Zwischenprodukt in der industriellen Kunststoffproduktion genutzt wird (Liu & Lu 2015). Häufig ist es jedoch der Fall, dass die angestrebte Funktion in einer Neukombination natürlicher Teile liegt. So ist das für viele Biosensoren verwendete GFP, das etwa für die optische Anzeige des Vorhandenseins eines toxischen Stoffes steht (Prindle et al. 2011), ein Protein, das natürlich in der Qualle *Aequorea victoria* vorkommt. Erst durch die Rekombination mit weiteren natürlichen Elementen wie einem arsensensitiven Promotorsystem (Ars Operon), das in natürlich vorkommenden Bakterien an der Entgiftung, d.h. dem Abtransport von Arsen aus der Zelle beteiligt ist, erhält es seine neuartige Funktion. Neu ist hier also lediglich die Kombination einzelner, in natürlichen Organismen vorkommender Elemente zu einer intendierten Nutzung. Dies ist allerdings nicht spezifisch für die Synthetische Biologie sondern Grundprinzip der Biotechnologie im Allgemeinen. Auch muss die Synthetische Biologie ihre *Living Machines* streng funktional konstruieren – gerade darin besteht ja der Zweck der Realkonstruktion dieser lebenden Systeme als Artefakte. Eine äußerst eingeschränkte Perspektive findet sich in der Synthetischen Biologie schon deshalb, weil zum einen die evolutionäre Dimension nahezu völlig bedeutungslos ist. Denn insofern derartige Systeme hergestellt sind, können deren Funktionen auch nur bedingt über eine evolutionäre Entstehung begründet werden. Dies ist nur dadurch möglich, dass die Funktion eines hergestellten Systems als funktional äquivalent zu einem evolutionär entstanden System begriffen wird. Allerdings ist im Falle der Synthetischen Biologie ein Rückgriff auf evolutionäre Funktionsexplikationen auch gar nicht nötig,[274] da ja problemlos auf die Intentionalität des Designers oder Herstellers bzw. des Nutzers rekurriert werden kann. Zum anderen werden diese lebenden Systeme häufig gerade in einer künstlichen, extrem reduzierten Umwelt betrieben, in der genau diejenigen Parameter eingehalten werden, die dem technischen Optimierungszweck entsprechen. Fraglich bleibt dann aber, inwiefern es sich dabei noch um natürliche Entitäten

---

[274] Abgesehen von Studien, die gezielt Ansätze einer „gerichteten Evolution" (*directed evolution*) einsetzen. Auch hier wird aber ein Zweck als evolutionäres Ziel ausgegeben, womit dieser Begriff bestenfalls irreführend und schlimmstenfalls falsch ist. Gemeint ist lediglich, dass nicht zielgerichtete Veränderungen erzeugt werden, die dann einem gezielten Selektionsprozess unterzogen werden. Damit haben diese Verfahren jedoch ein gesetztes Ziel auf das die Veränderung der Organismen über die Generationenfolge hinweg zuläuft. Gerade dies wird in Bezug auf die „natürliche" Evolution aber verneint.

handelt. Natürlich kann es dann nicht mehr „ein von sich aus Seiendes" bedeuten, sondern bestenfalls, dass es sich dabei um Systeme aus organischem Material handelt. Dies ist jedoch ein äußerst schwacher Naturbegriff. Es kann in Bezug auf funktionale Erklärungen durchaus von Relevanz sein, ob der vorliegende Gegenstand als Artefakt oder als Lebewesen mit evolutionärer Vergangenheit betrachtet wird. So sind im ersten Fall funktionale Erklärungen unter Rückgriff auf die Intentionalität eines Designers möglich, während im zweiten Fall etwa (auch) ätiologische Funktionserklärungen angeführt werden können. Dieser Funktionsbegriff der Synthetischen Biologie ist durchaus verträglich mit dem vorgestellten Ansatz Robert Cummins. Denn auch dort sind die Funktionen, Prozessen und Organen/Organellen bezogen auf den externen Herstellungszweck, der das Erkenntnisinteresse darstellt. So ist es gerade ein großes Problem der Synthetischen Biologie, dass diese häufig nicht mit systemimmanenten Zielen wie dem Überleben in Übereinstimmung sind. Die Produktion von höheren Alkoholen etwa, wird in der Synthetischen Biologie als Funktion eines bestimmten metabolischen Stoffwechselweges angesehen, da die Organismen mit diesem Stoffwechselweg zu diesem Zweck hergestellt wurden. Ebendiese Herstellung toxischer Stoffe führt aber zum Absterben der herstellenden und hergestellten Organismen.[275] Allerdings besitzt die Synthetische Biologie auch gar nicht die Möglichkeit einen ätiologischen Funktionsbegriff in Anschlag zu bringen. Denn in der Regel werden solch synthetische Organismen ja nach Möglichkeit gerade von evolutiven Veränderungen abgekoppelt. Griffith sieht hier allerdings kein Problem, da seiner Ansicht nach auch Funktionen von Artefakten über Selektionsprozesse begründet werden können – wenn auch über intentionale:

> „Artifact functions can be handled in a manner analogous, although not identical, to my treatment of biological functions. The etiological account can be extended to artifacts because human selection does for artifacts what natural selection does for organisms. The prevalence of an artifact, or an artifact trait, can be explained by selective processes in which people meet their needs, sometimes by conscious design, sometimes by trial and error, and sometimes by an amalgam of the two" (Griffiths 1993).

Und auch der von Krohs vorgeschlagene analytische Funktionsbegriff soll ja gerade auf biologische Gegenstände wie auch auf Artefakte gleichermaßen anwendbar sein (Krohs 2004).

---

[275] In diesem Fall kann unter Umständen auf zellfreie Systeme ausgewichen werden.

Eine ganz andere Rolle spielen der Funktionsbegriff und funktionale Erklärungen hingegen in der Biosemiotik (Hoffmeyer 2008, insbes 54-57; Sharov 2010). Dort spielen sie darum eine ausgezeichnete Rolle, da sie als dasjenige begriffen werden können, das sich einer Reduktion biologischer Erklärungen auf bloß kausal-mechanische Erklärungen widersetzt. Die Biosemiotik rekurriert auf den Funktionsbegriff um zu belegen, dass ein rein kausal-mechanistisches Denken in den Biowissenschaften zu kurz greift. Insbesondere auch die multiple Realisierbarkeit von Funktionen wird hier genannt. Wie Krohs gezeigt hat, können semiotische Modelle als eine Form funktionaler Modelle aufgefasst werden. Allerdings möchte sich Krohs explizit nicht auf die ontologischen Verpflichtungen einlassen, die seiner Ansicht nach mit Zeichenbegriff bzw. dessen Gebrauch in der Biosemiotik verbunden sind. Tatsächlich ist der ontologische Status von Zeichen in der hier untersuchten Variante der Biosemiotik nicht klar. So wird teilweise darauf insistiert, dass es sich bei Zeichen um reale natürliche Entitäten handelt. An anderer Stelle wird jedoch auch von biosemiotischen Modellen gesprochen, was nahelegt, dass damit keine derartigen ontologischen Verpflichtungen verbunden sind. Dabei ist die letztere, schwächere Lesart sicher die vielversprechendere.

Gerade in Anbetracht dessen, dass sich die Synthetische Biologie mit der Herstellung von *Living Machines* befasst, während die Biosemiotik die Subjekthaftigkeit alles Lebenden herausstellt, darf gefragt werden, ob beide überhaupt den gleichen Gegenstand haben. Dies könnte nur dann bejaht werden, wenn man zu einem lebensweltlichen Begriff von Lebewesen zurückginge, von dem ausgehend unterschiedliche Strukturierungen bzw. unterschiedliche Modellierungen vorgenommen würden.

3.11.5 Modelle

Viele der Untersuchungen, die sich mit der Rolle von Metaphern, Analogien und Modellen in der Wissenschaft befasst haben, richteten ihren Blick auf die Physik. Dies ist verständlich, schon aufgrund der längeren Historie und dem damit verbundenen Fundus an Beispielen. Doch auch in der Biologie ist das analogische Denken in quasi allen Teildisziplinen von wesentlicher Bedeutung. Konrad Lorenz widmete gar seinen Nobelvortrag 1973 dem Thema *Analogy as a Source of Knowledge* (Lorenz 1973). Aber nicht nur die Verhaltensbiologie, auch andere Teilgebiete der Biowissenschaften wie die Systematik (Breidbach 2010), die Bionik (Nachtigall 2010a; 2010b) und die Morphologie sind durchdrungen von analogischem Denken. Dabei ist die Betrachtung von Organismen als Maschinen wahrlich keine Neuerung, die mit der Synthetischen Biologie in die Lebenswissenschaften Einzug gehalten hätte. Tatsächlich reicht der Topos des Verhältnisses von Organismus und Maschine mindestens bis in die frühe Neuzeit zurück. Damals stand zunächst eine besondere Klasse von Maschinen, nämlich die Automaten als sich quasi selbst bewegende Körper im Zentrum.[276] Im 20. Jahrhundert wurde dieser Topos dann unter dem Stichwort des „artifact model" im englischsprachigen Raum bzw. als „technomorphe Modelle"[277, 278] im deutschsprachigen Raum diskutiert. So stellt Lewens fest, dass „[i]n summary, many biologists adopt what I call the artifact model of nature: they talk of organisms as though they were designed objects" (Lewens 2004, 2).

So könnten je nach Erkenntnisinteresse unterschiedliche Modellierungen von Lebewesen vorgenommen werden. Die im ersten Teil getroffene Feststellung, dass

---

[276] Eine ausführliche Darstellung des Topos der „Maschinalisierung des Lebendigen" von Descartes bis Kant findet sich bei (Sutter 1988).

[277] Ernst Topitsch konstatiert diesbezüglich in seiner Analyse der Grundformen mythischen Denkens: „Häufig werden auch technische Modelle auf Lebensvorgänge übertragen. Hierher gehört vor allem die Auffassung der Lebewesen als Artefakte, die schon im Bereich der Töpfer- und Handwerkergötter auftritt und die sich in der Philosophie von Aristoteles bis Thomas von Aquin immer stärker durchgesetzt hat. In der Neuzeit hat die ‚Maschinentheorie des Lebens' die technomorphe Deutung biologischer Erscheinungen fortgesetzt, aber zum Unterschied von der älteren ‚teleologischen' Interpretation nicht das Planen und Ausführen, sondern den selbsttätigen, auf Grund der Eigenschaften und der Anordnung des Werkstoffes erfolgenden Gang des fertigen Artefaktes als Modell verwendet. Nicht selten kommt es auch zu Doppelübertragungen und Rückübertragungen, und zwar besonders in der späteren Entwicklung. Wenn beispielsweise noch heute von einer ‚organischen Staatstheorie' die Rede ist, so liegt dieser Sprechweise zunächst eine Anwendung des Gleichnisses vom zweckrationalen Gebrauch des Werkzeuges (organon) auf die Funktionen des lebendigen Körpers zugrunde, und die so entstandene Vorstellung des belebten ‚Organismus' wird aus der biologischen in die politische Sphäre übertragen. Andererseits hat man das Universum oder das menschliche Individuum als Sozialgebilde aufgefaßt und aus der so zustande gekommenen Idee des ‚Weltgesetzes' oder der ‚Hierarchie der Menschennatur' Rückschlüsse auf die wahre oder beste Gesellschaftsordnung oder Staatsorganisation gezogen. Auf diese Phänomene von Projektion und Reflexion, die für die Hochmythologie und Philosophie von äußerster Wichtigkeit sind, wird die vorliegende Untersuchung immer wieder zurückkommen" (Topitsch 1958, 29).

[278] Dass Maschinen als Modell für die Erklärung von Naturvorgängen herangezogen werden ist nicht auf den Bereich der Biowissenschaften begrenzt. So sei hier etwa an das Geodynamomodell erinnert. In diesem wird – grob gesprochen – der Erdkern als elektrisch leitende Flüssigkeit modelliert, die aufgrund von Konvektionsströmungen und des elektrodynamischen Prinzips ein Magnetfeld erzeugt.

historisch betrachtet mit der Molekularisierung der Biologie zugleich eine Informatisierung diagnostiziert werden kann, beruht letztlich auf einer Vermischung zweier unterschiedlicher Modellierungen. Allerdings darf keine dieser Modellierungen mit einer eigentlichen Beschreibung derselben gleichgesetzt werden. Eine Modellierung liegt nicht nur dann vor, wenn, wie in der Synthetischen Biologie mathematische Modelle erstellt werden (Chandran et al. 2008; Kaznessis 2007), um Voraussagen über das Gelingen des physischen Herstellungsprozesses zu erhalten. Dieser vorgelagert findet schon, im Hinblick auf das jeweilige Forschungsinteresse, eine Auswahl bestimmter Eigenschaften statt, die den Gegenstand als etwas modellieren. Die Umsetzung des so entstandenen Modells in ein mathematisches Modell wäre dann der nächste Schritt. Dabei sind die Erkenntnisinteressen der Synthetischen Biologie als Ingenieursdisziplin stark anwendungsbezogen (König et al. 2013). Insofern ist es durchaus sinnvoll, Lebewesen als Organismen derart zu beschreiben als seien sie Produktionseinheiten, Sensoren oder Toxin abbauende „Remediatoren".

Vor diesem Hintergrund wurde durch den Fokus auf den Modellbegriff ein anderer Aspekt von Erklärung beleuchtet. Biosemiotik und Synthetische Biologie, so kann festgehalten werden, entwerfen unterschiedliche Modelle von Lebewesen. Betrachtet man beides jedoch als unterschiedliche Modellierungen, so schließen sich Kausalität (im Sinne von *causa efficiens*) bzw. Kausalerklärungen und Funktionalität bzw. funktionale Beschreibung (im Sinne von *causa finalis*) nicht mehr aus. Beides sind unterschiedliche, sich ergänzende Beschreibungen für bestimmte Zwecke. Dies ist durchaus verträglich mit einem interventionistischen Kausalverständnis, womit zugleich die Verpflichtung umgangen wird, Kausalität als ontologisch eigenständige Entität anerkennen zu müssen. Allerdings ist dies häufig nur unter Berücksichtigung von Wahrscheinlichkeiten möglich, da – im Denken der Synthetischen Biologie – aufgrund epistemischer Beschränkungen wie etwa der Rechenkapazität derart komplexe Systeme immer nur näherungsweise berechenbar sind. Somit kann hier durchaus auch als (Mit-)Ursache angenommen werden, was das Eintreten einer Wirkung erhöht. Von „der Ursache" kann hier nicht mehr die Rede sein, sofern damit Einzelereignisse gemeint sind.

Ferner beschreiben Synthetische Biologie und Biosemiotik in ihren Modellen Lebewesen als etwas Unterschiedliches und strukturieren sie damit auf unterschiedliche Weise. Im Falle der Biosemiotik wird eine Strukturierung als Zeichenprozesse, im Falle der Synthetischen Biologie als Maschinen vorgenommen, wobei der Maschinentypus wiederum von der jeweiligen intendierten Anwendung abhängig ist. Je nach Anwendung erfolgt diese Strukturierung als Produktionsmaschinen, Remediationsmaschinen oder auch als Rechenmaschinen. Unterschiedlich ist allerdings das unterliegende Narrativ.

In dieser Hinsicht ist auch festzuhalten, dass der Informationsbegriff in beiden Feldern eine zentrale Rolle spielt, jedoch auf völlig unterschiedliche Weise. Während er in der Biosemiotik in engster Verwandtschaft mit dem Zeichenbegriff gebraucht wird, bezeichnet er in der Synthetischen Biologie häufig eine Art von Programm oder von Software die zur Herstellung und zum „Betrieb" lebender Systeme genutzt werden kann. D.h., während die Biosemiotik den Zeichengebrauch über den Bereich menschlicher Verwendung hinaus ausweitet und auch allen weiteren Lebewesen zuschreibt, wodurch es diese zu Subjekten erhebt, gelangt der Informationsbegriff im Falle der Synthetischen Biologie über technische Artefakte, die zur Substitution menschlicher Leistungen konstruiert wurden, in die Lebenswissenschaften. Auf diesem Weg nimmt die Synthetische Biologie die Objekthaftigkeit quasi mit in ihre Attribuierung lebender Systeme auf. Der Informationsgebrauch wird ein hohler. Während also die Biosemiotik einen starken Informationsbegriff vertritt, indem für ihre Vertreter Information – ähnlich wie Funktion – in einer intentionalistischen Lesart gerade den Sonderstatus von Lebewesen rechtfertigt, verhält es sich in der Synthetischen Biologie quasi umgekehrt. Hier ist der Informationsbegriff insofern Teil des Narrativs, als dass Lebewesen als programmierbare Maschinen aufgefasst werden. Hier schließt die Synthetische Biologie an eine bestimmte, von der Kybernetik inspirierte Tradition der Molekularbiologie an und geht ebenfalls davon aus, den Informationsbegriff wie in der Kybernetik naturalisieren zu können. Letztlich ist die Synthetische Biologie gerade als Technowissenschaft jedoch eher als Ingenieursdisziplin denn als Naturwissenschaft zu betrachten.

Nun kann man sicher einen radikal-physikalistischen Standpunkt vertreten, der behauptet die Rede von biologischer Information sei ganz allgemein rein metaphorisch und habe noch nicht einmal einen theoretischen Nutzen. Problematisch ist diese Position jedoch dann, wenn zugleich die Rede von Information im Kontext menschlichen Informierens und Kommunizierens als nicht metaphorisch anerkannt wird. Vertritt man eine solche naturalistische Position, so müsste begründet werden, wie Information als emergentes Phänomen oder ähnliches im Bereich menschlichen Handelns möglich ist. In dieser Richtung sind zwar zahlreiche Versuche unternommen worden – restlos überzeugen konnte bis heute keiner. Die Biosemiotik muss sich zweifelsohne einer ähnlichen Problematik stellen. So macht sie zwar Semiosen als Wesensmerkmal allen Lebens aus, unterlässt es aber, den Übergang von unbelebter zu belebter Materie – bzw. vom Asemiotischen zum Semiotischen –

zu erklären. Dieser bleibt ein kontingenter. Ferner ist mit einer semiotischen Beschreibung molekularbiologischer Prozesse noch lange keine Erklärung für das Vorhandensein tatsächlich intentionaler Kommunikationsprozesse geleistet.[279]

Wie ist aber die Adäquatheit der vorgestellten Modellierungen zu bewerten? Wird im Anschluss an die methodische Philosophie Wissenschaft als menschliche Praxis begriffen, die sich als solche nicht in einem zweckfreien Raum abspielen kann, so hängt die Adäquatheit von Modellen nicht davon ab, ob diese ihren Gegenstand richtig oder wahr abbilden, sondern davon, ob die Modellierung im Hinblick auf die intendierten Zwecke sinnvoll ist. Die Adäquatheit der unterschiedlichen in der Synthetischen Biologie in Anschlag gebrachten Modellierungen zeigt sich dann letztendlich darin, ob die hergestellten Artefakte in der Lage sind, die intendierten Zwecke zu erfüllen. Dies wäre auch in Übereinstimmung mit dem Selbstverständnis der Synthetischen Biologie. Eine biosemiotische Modellierung kann demgegenüber zunächst einmal eine mögliche Beschreibung eines biowissenschaftlichen Sachverhaltes darstellen. Janich vertritt hier allerdings die Position, dass eine semiotische Modellierung molekularer Prozesse innerhalb einer naturwissenschaftlichen Theorie lediglich eine Reformulierung biochemischer Reaktionen in semiotischer Terminologie darstellt, die ebensogut auch anders – etwa mittels Sprachstücken der Passung – beschrieben werden können (Janich 2006, 93ff.). Anders mag es sich jedoch im Hinblick auf Leistungen verhalten, die menschlichen kognitiven Leistungen wie dem Rechnen entsprechen. Gerade bei Ansätzen, die eine Substitution derartiger Leistungen anstreben, kann eine Modellierung, basierend auf Metaphern des informational-kommunikativen Sprachfeldes sinnvoll sein. Man denke hier etwa an das ganze Feld genetischer Schaltkreise und des Biocomputings. Hier können sich auch semiotische Beschreibungen und Synthetische Biologie treffen (Friedland et al. 2009; Sprinzak & Elowitz 2005); (Manzoni et al. 2016). Dennoch kann es als strittig angesehen werden, ob derartige Systeme tatsächlich rechnen können oder ob sie dies nur simulieren. Dies hängt wiederum vom jeweils angelegten Begriff des Rechnens ab. Aus behavioristischer Sicht mag dies vielleicht akzeptiert werden. Sicherlich können sie jedoch auf dieselbe Weise rechnen, wie auch eine Rechenmaschine bzw. ein Taschenrechner. Daher sei hier vorgeschlagen besser davon zu sprechen, dass es dem Anwender solcher Systeme gelingt mit die-

---

[279] Janich hat eine solche Erklärung mit Verweis auf den Methodischen Kulturalismus gar nicht nötig. Denn aufgrund des pragmatischen Verständnisses ist die Möglichkeit der Überführbarkeit unterschiedlicher Bereiche ineinander keineswegs garantiert. Er gibt damit allerdings das Ideal von der Einheit der Wissenschaft preis.

sen zu rechnen, wenn er eine Modellierung dieser Lebewesen als Rechner vornimmt. Sie sind jedoch keine Rechner jenseits dieser Beschreibung. Derartige Anwendungen bieten jedoch Raum für eine mögliche Konvergenz von Biosemiotik und Synthetischer Biologie.

Kritisch sei hier abschließend bemerkt, dass die Synthetische Biologie wie auch die Biosemiotik Vorteile wie auch Defizite aufweisen. Die Synthetische Biologie könnte als konsequente Fortführung der Biotechnologie längerfristig dazu beitragen, die Eingrifftiefe und damit den Optionsraum menschlichen Handelns enorm auszuweiten. Als Technowissenschaft versäumt sie es jedoch, die aus den hergestellten Systemen gewonnenen Strukturierungen wiederum in die Begriffs- und Theoriebildung zu investieren. Darin sieht sich auch gar nicht ihre Aufgabe, was durchaus im Einklang mit einem pragmatischen Wissenschaftsverständnis steht. Wissenschaft bedeutet dann nicht die Erfassung der Welt durch Theorien. Dennoch bleibt auch die Synthetische Biologie in ihrer Weiterentwicklung auf „new fundamental biological knowledge" (Nordmann 2015, 55) angewiesen, das sie nicht selbst erbringt.

In gewisser Weise umgekehrt verhält es sich im Fall der Biosemiotik. Dieser gelingt es nicht überzeugend zu zeigen, wie aus ihrem Ansatz Experimentalsysteme entstehen können. Insbesondere aufgrund ihrer starken ontologischen Forderungen ist sie kaum anschlussfähig an den etablierten Korpus der Biowissenschaften. Dennoch vermag sie es auf Probleme, Simplifizierungen, Inkonsequenzen und Inkonsistenzen gängiger Positionen (wie der des Gendeterminismus oder zumindest einer überhöhten Rollenzuschreibung des Genoms) aufmerksam zu machen. In einer ontologisch weniger anspruchsvollen Lesart, d.h. als semiotisches Modellieren biotischer Prozesse, lässt sich ihr Beitrag zu den Biowissenschaften und deren Erklärungen allerdings besser ausweisen.

Gemeinsam ist der Biosemiotik wie der Synthetischen Biologie hingegen, dass es keinem der beiden Forschungsfelder gelingt, sich vom Intentionsbegriff zu befreien. Hier ist zu fragen, ob es sich bei den Gegenständen der Synthetischen Biologie um Artefakte oder Organismen handelt (Gutmann 2014). In erstem Fall wären funktionale Erklärungen letztlich nur über die Intentionen des Designers bzw. Herstellers zu begründen. Sollte es sich um Organismen in der Fortführung moderner funktionalistischer Biologie handeln, so könnte eine Funktionsbegründung über die Selbstreproduktion als systemimmanentes Ziel ebenso wie der Weg einer evolutionär-ätiologischen Funktionsbegründung lediglich in der Form des Als-ob vorgenommen werden. Ein an einem allgemeinen Designbegriff festgemachter analytischer Funktionsbegriff wie der von Krohs (Krohs 2004; 2007) ließe sich zwar auf beide Lesarten anwenden. Doch auch dieser lässt sich nicht ohne Rekurs auf den Intentionsbegriff denken. Die Biosemiotik hingegen schafft es nicht, einen gehaltvollen Zeichenbegriff unabhängig von intentionalen Annahmen zu formulieren. Ohne eine Naturalisierung des Informationsbegriffs durch seine Entkoppelung von (menschlicher) Intentionalität ist jedoch keine naturalistische Naturwissenschaft möglich (Keil 2000). Zumindest insofern kann sowohl in Bezug auf die Biosemiotik als auch auf die Synthetische Biologie von Varianten nichtnaturalistischer Naturwissenschaft gesprochen werden. Aus Sicht der methodischen Philosophie stellt dies jedoch kein Defizit dar, da Wissenschaft als menschliche Praxis stets kulturell verfasst ist.

Résumé

Abschließend gilt es nun die Hauptlinien dieser Arbeit noch einmal zusammenzuführen und einige Kernpunkte anzusprechen. Ziel dieser Arbeit war es, die Bedeutung des Informationstopos in den Lebenswissenschaften herauszuarbeiten und am Beispiel der Biosemiotik und der Synthetischen Biologie zu verdeutlichen.

Die historischen Verortungen, die in Teil I der Arbeit unternommen wurden, haben rekonstruiert, auf welchen Wegen der Topos der Information in den Lebenswissenschaften seine Relevanz erhalten hat. Hierfür wurden zunächst die Wurzeln der Synthetischen Biologie und der Biosemiotik anhand des wissenschaftlichen Wirkens von Jacques Loeb und Jakob von Uexküll freigelegt und in den Kontext der damaligen Debatte um die Begriffe Erklären und Verstehen in den Wissenschaften eingebettet. Während Loeb Organismen einerseits als Maschinen betrachtet, die rein kausalmechanischen Gesetzmäßigkeiten gehorchen, spricht er ihnen andererseits die Planmäßigkeit ab, die Maschinen gerade auszeichnet. Von Uexküll hingegen sieht in Organismen ebenso wie in Maschinen eine planmäßige Organisation vorliegen und erachtet aus diesem Grund eine ausschließlich kausalmechanische Betrachtung von Organismen als inadäquat. Wie die spätere Biosemiotik hebt er den Subjektstatus von Organismen hervor.

Diese Problematik, die sich in den gegensätzlichen Ansätzen Loebs und von Uexkülls ausmachen lässt, konvergiert in der Kybernetik, was im anschließenden Abschnitt nachgezeichnet wurde. In der Kybernetik nimmt der Informationsbegriff eine zentrale Stellung ein, da Steuerungs- und Regelungsprozesse nicht nur kausalmechanisch, sondern primär als Informations- und Kommunikationsprozesse beschrieben werden, womit er in dieser Hinsicht der biosemiotischen Auffassung nahesteht. Andererseits findet sich in der Kybernetik aber auch bereits die Betrachtung von Organismen als Maschinen – und zwar oft in ontologischer Gleichstellung – wie sie auch die Synthetische Biologie heute häufig postuliert.

Der anschließende Einschub widmete sich der Rede von Information in der Biologie hinsichtlich der Reduktionismus-Thematik und der damit verbundenen Frage nach der Biologie als autonomer Wissenschaft. Vorbereitet wurde so die historische Betrachtung des Genbegriffs im darauffolgenden Kapitel. Ursprünglich bei Johannsen als formales Konzept eingeführt, wurden bald Bemühungen unternommen, um diesem eine materiale Entsprechung zu geben und Gene selbst als

© Springer Fachmedien Wiesbaden GmbH, ein Teil von Springer Nature 2019
D. Frank, *Der Topos der Information in den Lebenswissenschaften*,
Anthropologie – Technikphilosophie – Gesellschaft,
https://doi.org/10.1007/978-3-658-24698-3

materiale Entitäten aufzufassen. Interessanter Weise ging mit dieser Materialisierung der Gene und dem Erkennen der Rolle der DNA gleichzeitig eine Informatisierung einher. Diese wurde in der Gegenüberstellung der sogenannten *structural school* und der *informational school* bzw. von Biochemie und Genetik bis zur „Entschlüsselung" des genetischen Codes in den 1960er Jahren nachgezeichnet.

Teil II diente der ausführlichen Darstellung der beiden Paradigmen – der Synthetischen Biologie und der Biosemiotik –, wobei für eine möglichst deutliche Kontrastierung die unterschiedlichen Genbegriffe in diesen beiden Feldern analysiert wurden. Wie dieser Teil der Arbeit gezeigt hat, vertritt die Biosemiotik mit ihrer Betonung der horizontalen, wie vertikalen Integriertheit von Genen ein konträres Verständnis zum Konzept der BioBricks der Synthetischen Biologie. Denn während die Biosemiotik darauf insistiert, dass die Funktion eines Gens eine integrative Leistung ist, setzt das BioBrick-Konzept gerade auf die Separierbarkeit einzelner Funktionen durch die Projektion auf definierte DNA-Abschnitte. Beides ist nicht unproblematisch. Während es aber der Biosemiotik nicht gelingt die Peirce'sche Zeichenkonzeption konsequent und plausibel auf die Proteinbiosynthese anzuwenden, nimmt die Synthetische Biologie für ihre Zwecke notwendige Verkürzungen und Vereinfachungen vor, die jedoch einem umfassenden Verständnis von Organismen nicht gerecht werden.

Dieses Spannungsverhältnis zwischen Biosemiotik und der Synthetischen Biologie wurde in Teil III der Arbeit einer wissenschaftsphilosophischen Kritik im Hinblick auf die jeweiligen Erklärungsansprüche unterzogen. Der Blick auf unterschiedliche Erklärungsansätze hat gezeigt, dass Erklärungen nicht ausschließlich als Kausalerklärungen und dass Kausalität nicht allein im Sinne eines kausalmechanischen Ursache-Wirkungs-Verhältnisses verstanden werden dürfen. Der Kausalbegriff ist äußerst schwierig und löst sich bei näherer Betrachtung jenseits seines Alltaggebrauchs in probabilistische Regularitäten und kontextabhängig gewählte Bedingungen auf. Damit können – zumindest prinzipiell – auch bedeutungsabhängige Prozesse als Ursache-Wirkungs-Zusammenhänge gesehen werden. Dies wiederum setzt voraus, dass die untersuchten Gegenstände überhaupt als bedeutungstragend angesehen werden. Im Bereich menschlicher Interaktionen ist dies selbstverständlich. Im Bereich der (Natur-)Wissenschaft wurde dies hier als Modellierung bezeichnet. Die grundlegende Frage ist folglich, wann welche Art der Modellierung sinnvoll, adäquat und zielführend ist, womit jedoch nicht impliziert werden soll, dass jede Art von Modellierung prinzipiell auch gelingt. Eine rein physikochemische Modellierung von Lebewesen kann, etwa in der Medizin, angemessen sein. Dass dies nicht hinsichtlich jeder Erkrankung der Fall ist, zeigt die psychoso-matische Forschung. Ebenso kann für viele Zwecke eine physiko-chemische Modellierung anderer, nichtmenschlicher Lebewesen sinnvoll sein; sie ist dies jedoch nicht für alle Zwecke. So gibt es sicherlich auch wissenschaftlich-technische Gründe dafür semiotische Modellierungen vorzunehmen. Ein Beispiel wurde mit dem Biocomputing angesprochen. Allerdings fertigen wir häufig je nach Bedarf unterschiedliche Arten von Modellen an. Welche Modellierung dann gewählt wird, ist nicht unabhängig von den verfolgten Zwecken, womit die Art der Modellierung letztlich auch kulturabhängig ist. Problematisch sind aber die mit der jeweiligen Modellierung verbundenen ontologischen Ansprüche. Zu trennen von der in dieser Arbeit unternommenen Analyse sind Fragen des Sollens. Zu welchen Zwecken welche Modellierung gestattet oder gar geboten ist, ist Frage der Ethik und lag bei aller Dringlichkeit nicht im Horizont dieser Arbeit.

Literatur

Im folgenden Literaturverzeichnis werden sowohl die wörtlich zitierten Arbeiten als auch alle weiteren verwendeten und lediglich erwähnten Quellen aufgeführt. Wo dies für die historische Einordnung relevant ist, wird nach dem Erscheinungsdatum der zitierten Ausgabe auch das Datum der Erstveröffentlichung in eckigen Klammern ergänzt.

ACHINSTEIN, P. 1977. „Function Statements." *Philosophy of Science* 44 (3): 341–367.

AGASSI, Y. UND COHEN, R. S., (HG.). 1982. *Scientific Philosophy Today: Essays in Honor of Mario Bunge.* Dordrecht: Reidel.

ALLEN, C., (HG.). 1998. *Nature's purposes: Analyses of function and design in biology A Bradford book.* Cambridge Mass. u.a. MIT Press.

ALLEN, G. E. 1979 [1975]. *Life Science in the Twentieth Century Cambridge history of science.* London, New York: Cambridge Univ. Press.

———. 2005. „Mechanism, vitalism and organicism in late nineteenth and twentieth-century biology: the importance of historical context." *Studies in history and philosophy of biological and biomedical sciences* 36 (2): 261–283.

ALLEN, J. A. 1877. „The Influence of Physical Conditions in the Genesis of Species." *Radical Review* 1: 108–140.

AMOROSO, L. 2006. *Erläuternde Einführung in Vicos Neue Wissenschaft.* Würzburg: Königshausen & Neumann.

ANDERSON, M., DEELY, J., KRAMPEN, M., RANSDELL, J., SEBEOK, T. A. UND VON UEXKÜLL, T. 1984. „A semiotic perspective on the sciences: Steps forward a new paradigm: Semiotica." *Semiotica* 52 (1-2): 7–48.

ANDERSON, M. UND MERRELL, F., (HG.). 1991. *On Semiotic Modeling Approaches to semiotics* 97. Berlin: Mouton de Gruyter.

© Springer Fachmedien Wiesbaden GmbH, ein Teil von Springer Nature 2019
D. Frank, *Der Topos der Information in den Lebenswissenschaften,*
Anthropologie – Technikphilosophie – Gesellschaft,
https://doi.org/10.1007/978-3-658-24698-3

ANDRIANANTOANDRO, E., BASU, S., KARIG, D. K. UND WEISS, R. 2006. „Synthetic Biology: New Engineering Rules for an Emerging Discipline." *Molecular systems biology* 2 (1): 1–14 (2006.0028).

APEL, K.-O. 1955. „Das Verstehen – Eine Problemgeschichte als Begriffsgeschichte." *Archiv für Begriffsgeschichte* 1: 142–199.

————. 1975. *Der Denkweg von Charles Sanders Peirce: Eine Einführung in den amerikanischen Pragmatismus.* Frankfurt am Main: Suhrkamp.

————. 1979. *Die Erklären-Verstehen Kontroverse in transzendentalpragmatischer Sicht.* Frankfurt am Main: Suhrkamp.

————. 1994. „Die ökologische Krise als Herausforderung für die Diskursethik." In *Ethik für die Zukunft: Im Diskurs mit Hans Jonas*, hg. v. Böhler, D. und Hoppe, I., 369–404. München: C.H. Beck.

ARTMANN, S. 2007. „Computing Codes versus Interpreting Life: Two alternative ways of synthesizing biological knowledge through semiotics." In *Introduction to biosemiotics: The new biological synthesis*, hg. v. Barbieri, M., 209–33. Dordrecht: Springer.

ASTBURY, W. T. 1950-1951. „Adventures in Molecular Biology." *Harvey Lect* Series 46: 3–44.

ATKIN, A. 2010. „Peirce's Theory of Signs." In *Stanford Encyclopedia of Philosophy*, hg. v. Zalta, E. N. http://plato.stanford.edu/entries/peirce-semiotics/. Zugriff: 12. Januar 2016.

AUGUSTYN, P. 2009. „Uexküll, Peirce, and Other Affinities Between Biosemiotics and Biolinguistics." *Biosemiotics* 2 (1): 1–17.

AUMANN, P. 2009. *Mode und Methode: Die Kybernetik in der Bundesrepublik Deutschland.* Göttingen: Wallstein Verl.

AVERY, O. T., MACLEOD, C. M. UND MCCARTY, M. 1944. „Studies on the Chemical Nature of the Substance Inducing Transformation of Pneumococcal Types: Induction of Transformation by a Desoxyribonucleic Acid Fraction Isolated from Pneumococcus Type III." *Journal of Experimental Medicine* 79 (2): 137–158.

AYALA, F. J. 1968. „Biology as an Autonomous Science." *American Scientist* 56 (3): 207–221.

AYALA, F. J. UND DOBZHANSKY, T., (HG.). 1974. *Studies in the philosophy of biology: Reduction and related problems.* Berkeley and Los Angeles: University of California Press.

BARBIERI, M. 2003. *The organic codes: An introduction to semantic biology.* Cambridge: Cambridge Univ. Press.

————, (Hg.). 2007. *Introduction to biosemiotics: The new biological synthesis.* Dordrecht: Springer.

————. 2008a. „Biosemiotics: a new understanding of life." *Naturwissenschaften* 95 (7): 577–599.

————. 2008b. „Life is Semiosis - The Biosemiotic View of the Nature." *Cosmos and History: The Journal of Natural and Social Philosophy* 4 (1-2): 29–51.

————. 2009a. „A Short History of Biosemiotics." *Biosemiotics* 2 (2): 221–245.

————. 2009b. „Three Types of Semiosis." *Biosemiotics* 2 (1): 19–30.

BARR, N. 2000. „The history of the Phillips Machine." In *A. W. H. Phillips: Collected works in contemporary perspective,* hg. v. Leeson, R., 89–114. Cambridge: Cambridge Univ. Press.

BARRELL, B. G., AIR, G. M. UND HUTCHISON, C. A. 1976. „Overlapping Genes in Bacteriophage PhiX174." *Nature* 264 (5581): 34–41.

BARTELS, A., (HG.). 2007. *Wissenschaftstheorie: Ein Studienbuch.* Paderborn: mentis.

BATESON, G. 1972. *Steps to an Ecology of Mind.* Chicago: University of Chicago Press.

BATESON, W. 1906. „The progress of genetic research." Anlass des Vortrags: *Third International Conference 1906 on Genetics: hybridisation (the cross-breeding of genera or species), the cross-breeding of varieties, and general plant-breeding,* London.

————. 1913. *Problems of genetics.* New Haven: Yale University Press.

————. 1916. „The Mechanism of Mendelian Heredity." *Science* 44 (1137): 536–543.

BENI, M. D. 2016. „The Code Model of Biosemiotics and the Fate of the Structuralist Theory of Mental Representation." *Biosemiotics* 1 (4): 3.

BENSON, K. R. 2001. „T. H. Morgan's Resistance to the Chromosome Theory." *Nat. Rev. Genet.* 2 (6): 469–474.

BENTELE, G. 1982. *Zeichen und Entwicklung: Vorüberlegung zu einer genetischen Semiotik.* Tübingen: Narr.

BERNAL, J. D. 1946 [1939]. *The Social Function of Science.* 6. Aufl. London: Routledge.

————. 1963. „William Thomas Astbury. 1898-1961." *Biographical Memoirs of Fellows of the Royal Society* 9:1–35.

BEURTON, P. J. 2005. „Genbegriffe." In *Philosophie der Biologie: Eine Einführung,* hg. v. Krohs, U. und Toepfer, G., 195–211. Frankfurt a. M. Suhrkamp.

BEURTON, P. J., FALK, R. UND RHEINBERGER, H.-J., (HG.). 2000. *The concept of the gene in development and evolution: Historial and epistemological perspectives.* New York: Cambridge Univ. Press.

BIOBRICKS FOUNDATION. 2008. „Synthetic Biology 4.0." Zugriff: 25. Februar 2015. bmi.ym.edu.tw/wp/wp-content/.../synthetic-biology_40_flyer.pdf.

BLACK, M. 1955. „Metaphor." *Proceedings of the Aristotelian Society* 55 (1): 273–294.

————. 1962. *Models and metaphors: Studies in language and philosophy*. Ithaca: Cornell University Press.

————. 1977. „More about metaphor." *Dialectica* 31 (3-4): 431–457.

BLUM, A., KROIS, J. M. UND RHEINBERGER, H.-J., (HG.). 2012. *Verkörperungen:* De Gruyter.

BOCK, W. J. UND VON WAHLERT, G. 1965. „Adaptation and the Form-Function Complex." *Evolution* 19 (3): 269–299.

BÖHLER, D. UND HOPPE, I., (HG.). 1994. *Ethik für die Zukunft: Im Diskurs mit Hans Jonas.* München: C.H. Beck.

BOHR, N. 1987. „Licht und Leben." In *Leben = Physik + Chemie? Das Lebendige aus der Sicht bedeutender Physiker*, hg. v. Küppers, B.-O., 35–47. München: Piper.

BÖLKER, M. 2015. „Complexity in Synthetic Biology: Unnecessary or Essential?". In *Synthetic Biology: Character and Impact*, hg. v. Giese, B., Pade, C., Wigger, H. und von Gleich, A., 59–69. Risk Engineering. Heidelberg: Springer.

BÖLKER, M., GUTMANN, M. UND HESSE, W., (HG.). 2010. *Information und Menschenbild.* Heidelberg: Springer.

BOORSE, C. 1976. „Wright on Functions." *The Philosophical Review* 85 (1): 70.

BRAGA, L. S. 1999. „A new causality for the understanding of the living." *Semiotica* 127 (1-4): 497–520.

BRANDT, C. 2004. *Metapher und Experiment: Von der Virusforschung zum genetischen Code.* Göttingen: Wallstein.

BRAUN, D. 2012. „Der lange Weg zum Makromolekül." *Chemie in unserer Zeit* 46 (5): 310–320.

BREIDBACH, O. 2010. „Relationale Identitäten: Analogisches Denken in der zoologischen Systematik." In *Analogien in Naturwissenschaften, Medizin und Technik*, hg. v. Hentschel, K., 359–82. Stuttgart: Wiss. Verl.-Ges.

BRENNER, S. 1957. „On the Impossibility of All Overlapping Triplet Codes in Information Transfer from Nucleic Acid to Proteins." *Proceedings of the National Academy of Sciences of the United States of America* 43 (8): 687–694.

———. 1974. „New directions in molecular biology." *Nature* 248 (5451): 785–787.

BRENNER, S., JACOB, F. UND MESELSON, M. 1961. „An unstable intermediate carrying information from genes to ribosomes for protein synthesis." *Nature* 190 (4776): 576–581.

BRENTARI, C. 2015. *Jakob von Uexküll: The discovery of the umwelt between biosemiotics and theoretical biology.* Dordrecht: Springer.

BRIGANDT, I. und LOVE, A. C. 2012. „Reductionism in Biology." In *Stanford Encyclopedia of Philosophy*, hg. v. Zalta, E. N. http://plato.stanford.edu/archives/sum2012/entries/reduction-biology/. Zugriff: 30. Juli 2013.

BRODY, B. A. 1972. „Towards an Aristotelean Theory of Scientific Explanation." *Philosophy of Science* 39 (1): 20–31.

BROMBERGER, S. 1966. „Why-Questions." In *Mind and cosmos: Essays in contemporary science and philosophy*, hg. v. Colodny, R. G., 86–111. Pittsburgh: University of Pittsburgh Press.

BUBNER, R., CRAMER, K. UND WIEHL, R., (HG.). 1981. *Teleologie: Sonderdruck aus Neue Hefte für Philosophie* 20. Göttingen: Vandenhoeck & Ruprecht.

BÜHLER, K. 1926. „Die Krise der Psychologie." *Kant-Studien* 31 (1-3): 455–526.

BULLER, D. J., (HG.). 1999. *Function, selection, and design.* New York NY: State Univ. of New York.

BUNKE, S. 2001. „Das Subjekt und die Naturpartitur: Möglichkeit und Grenzen einer Biosemiotik am Beispiel Jakob v. Uexkülls." In *Bewußtsein – Kommunikation – Zeichen: Wechselwirkungen zwischen Luhmannscher Systemtheorie und Peircescher Zeichentheorie*, hg. v. Jahraus, O. und Ort, N., 129–51. Berlin: De Gruyter.

CAIRNS, J., STENT, G. S. UND WATSON, J. D., (HG.). 1992 [1966]. *Phage and the origins of molecular biology.* Expanded Edition. Plainview, NY: Cold Spring Harbor Laboratory Press.

CANGUILHEM, G. 1979. „Die Herausbildung des Konzeptes der biologischen Regulation im 18. und 19. Jahrhundert." In *Wissenschaftsgeschichte und Epistemologie - Gesammelte Aufsätze*, hg. v. Lepenies, W., 110–33. Frankfurt am Main: Suhrkamp.

————. 1979. *Wissenschaftsgeschichte und Epistemologie - Gesammelte Aufsätze*, hg. v. Lepenies, W. Frankfurt am Main: Suhrkamp.

CAPURRO, R. 1978. *Information: Ein Beitrag zur etymologischen und ideengeschichtlichen Begründung des Informationsbegriffs.* München: Saur.

CARLSON, E. A. 1966. *The Gene: A Critical History.* Philadelphia: Saunders.

————. 1981. *Genes, radiation, and society: The life and work of H.J. Muller.* Ithaca: Cornell University Press.

CARNEY, J. 2008. „Advertising and the Predation Loop: a Biosemiotic Model." *Biosemiotics* 1 (3): 313–327.

CHADAREVIAN, S. D. 2002. *Designs for life: Molecular biology after World War II.* Cambridge: Cambridge Univ. Press.

CHANDRAN, D., COPELAND, W. B., SLEIGHT, S. C. UND SAURO, H. M. 2008. „Mathematical Modeling and Synthetic Biology." *Drug discovery today. Disease models* 5 (4): 299–309.

CHARGAFF, E. 1984 [1979]. *Das Feuer des Heraklit: Skizzen aus einem Leben vor der Natur.* Ungekürzte Ausg *DTV* 10336. München: Klett Cotta.

————. 1997. „In Dispraise of Reductionism." *BioScience* 47 (11): 795–797.

CHEBANOV, S. V. 1994. „Man as Participant to Natural Creation. Enlogue and Ideas of Hermeneutics in Biology." *Rivista di Biologia* 87 (1): 39–55.

————. 1999. „Biohermeneutics and hermeneutics of biology." *Semiotica* 127 (1-4): 215–226.

CHOMSKY, N. 2007. „Of Minds and Language." *Biolinguistics* 1 (0): 9–27.

CHURCH, G. M. und REGIS, E. 2014 [2012]. *Regenesis: How synthetic biology will reinvent nature and ourselves.*

COBB, M. 2015a. *Life's Greatest Secret: The Race to Crack the Genetic Code.* New York: Basic Books.

————. 2015b. „Who discovered messenger RNA?". *Current Biology* 25 (13): R526-R532.

COBLEY, P. 2016. *Cultural implications of biosemiotics Biosemiotics* volume 15. Dordrecht: Springer.

COLODNY, R. G., (HG.). 1966. *Mind and cosmos: Essays in contemporary science and philosophy.* Pittsburgh: University of Pittsburgh Press.

CONG, L., RAN, F. A., COX, D., LIN, S., BARRETTO, R., HABIB, N., HSU, P. D. et al. 2013. „Multiplex Genome Engineering Using CRISPR/Cas Systems." *Science* 339 (6121): 819–823.

CREATH, R. UND MAIENSCHEIN, J., (HG.). 2000. *Biology and Epistemology.* Cambridge: Cambridge Univ. Press.

CRICK, F. H. C. 1958. „On protein synthesis." *Symposia of the Society for Experimental Biology* 12: 138–163.

————. 1968. „The origin of the genetic code." *Journal of Molecular Biology* 38 (3): 367–379.

————. 2004 [1966]. *Of molecules and men Great minds series.* Amherst, N.Y: Prometheus Books.

————. 2014. „Brief von Francis Crick an seinen Sohn Michael Crick am 19. März 1953." In *Letters of Note: Volume 1: An Eclectic Collection of Correspondence Deserving of a Wider Audience,* hg. v. Usher, S. San Francisco: Chronicle Books.

CRICK, F. H. C., GRIFFITH, J. S. UND ORGEL, L. E. 1957. „Codes Without Commas." *Proceedings of the National Academy of Sciences of the United States of America* 43 (5): 416–421.

CROCE, B. 1922. *La filosofia di Giambattista Vico.* Bari: G. Laterza & figli.

CUMMINS, R. 1975. „Functional Analysis." *The Journal of Philosophy* 72 (20): 741–765.

DAVIES, P. C. W. UND GREGERSEN, N. H., (HG.). 2010. *Information and the Nature of Reality: From Physics to Metaphysics.* Cambridge: Cambridge Univ. Press.

DAWKINS, R. 1976. *The selfish gene.* Oxford u.a. Oxford Univ. Press.

————. 2006. *The blind watchmaker.* [New ed.] *Penguin science.* London: Penguin.

DEICHMANN, U. 2007. „'Molecular' versus ‚Colloidal': Controversies in Biology and Biochemistry, 1900–1940." *Bulletin for the History of Chemistry* 32 (2): 105–118.

DESSAUER, F. 1949. *Die Teleologie in der Natur.* Basel: Ernst Reinhardt Verlag.

DILTHEY, W. 1883. *Einleitung in die Geisteswissenschaften.* 1. Aufl. Leipzig: Duncker & Humblot.

————. 1970 [1910]. *Der Aufbau der geschichtlichen Welt in den Geisteswissenschaften,* hg. v. Riedel, M. Frankfurt a. M. Suhrkamp.

DOBZHANSKY, T. 1972. „A Biologist's World View - Review on ‚Chance and Necessity' by Jacques Monod 1970." *Sciene* 175 (4017): 49–50.

DOUNCE, A. L. 1952. „Duplicating mechanism for peptide chain and nucleic acid synthesis." *Enzymologia* 15 (5): 251–258.

DROYSEN, J. G. 1868. *Grundriss der Historik.* Leipzig: Veit.

DRUBIN, D. A., WAY, J. C. UND SILVER, P. A. 2007. „Designing Biological Systems." *Genes & development* 21 (3): 242–254.

DUHEM, P. 1991 [1914]. *The Aim and Structure of Physical Theory.* Princeton, NJ: Princeton University Press.

ECO, U. 2002 [1972]. *Einführung in die Semiotik.* München: Fink.

EDER, J. UND REMBOLD, H. 1992. „Biosemiotics – a paradigm of biology." *Naturwissenschaften* 79 (2): 60–67.

EDITORIAL. 2014. „Synthetic biology: Back to the basics." *Nature methods* 11 (5): 463.

EL-HANI, C. N., QUEIROZ, J. und EMMECHE, C. 2009. *Genes, information, and semiosis.* Tartu: Tartu University Press.

ELOWITZ, M. B. UND LIM, W. A. 2010. „Build Life to Understand It." *Nature* 468 (7326): 889–890.

ELSTER, J. 1979. *Ulysses and the sirens: Studies in rationality and irrationality.* Cambridge u.a. Cambridge Univ. Press.

EMMECHE, C. 1992. „Modeling life: a note on the semiotics of emergence and computation in artificial and natural living systems." In *The Semiotic Web 1991: Biosemiotics,* hg. v. Sebeok, T. A. und Umiker-Sebeok, J., 77–99. Berlin: De Gruyter.

———. 1999. „The Sarkar challenge to biosemiotics: Is there any information in a cell?". *Semiotica* 127 (1-4): 273–294.

————. 2012. „On semiotic causality, levels of life, and the reification of resification." In *Semiotics in the wild: Essays in honour of Kalevi Kull on the occasion of his 60th birthday*, hg. v. Maran, T., 131-137. Tartu: Tartu University Press.

EMMECHE, C. UND HOFFMEYER, J. N. 1991. „From language to nature: The semiotic metaphor in biology." *Semiotica* 84 (1-2): 1–42.

ENGELS, E.-M. 1982. *Die Teleologie des Lebendigen: Kritische Überlegungen zur Neuformulierung des Teleologieproblems in der angloamerikanischen Wissenschaftstheorie : eine historisch-systematische Untersuchung*. Berlin: Duncker & Humblot.

EPHRUSSI, B., LEOPOLD, U., WATSON, J. D. UND WEIGLE, J. J. 1953. „Terminology in bacterial genetics." *Nature* 171 (4355): 701.

ESCHBACH, A. UND TRABANT, J., (HG.). 1983. *History of semiotics*. Amsterdam: John Benjamins Publishing.

ESVELT, K. M. UND WANG, H. H. 2013. „Genome-Scale Engineering for Systems and Synthetic Biology." *Molecular systems biology* 9:641.

FALK, R. 2001. „Can the Norm of Reaction Save the Gene Concept?". In *Thinking about evolution: Historical, philosophical, and political perspectives*, hg. v. Singh, R. S., 119–40. New York: Cambridge Univ. Press.

FALKENBURG, B. 2012. *Mythos Determinismus: Wieviel erklärt uns die Hirnforschung?* Berlin: Springer.

FANGERAU, H. 2010. *Spinning the scientific web: Jacques Loeb (1859-1924) und sein Programm einer internationalen biomedizinischen Grundlagenforschung*. Berlin: Akademie-Verlag.

FANGERAU, H. UND MÜLLER, I. 2005. „National Styles? Jacques Loeb's Analysis of German and American Science Around 1900 in his Correspondence with Ernst Mach." *Centaurus* 47 (3): 207–225.

FASOL-BOLTZMANN, I. UND FASOL, G., (HG.). 2006. *Ludwig Boltzmann (1844–1906)*. Wien: Springer.

FAVAREAU, D., (HG.). 2010. *Essential readings in biosemiotics: Anthology and commentary.* Dordrecht: Springer.

—————. 2010. „Introduction: An Evolutionary History of Biosemiotics." In *Essential readings in biosemiotics: Anthology and commentary*, hg. v. Favareau, D., 1–77. Dordrecht: Springer.

FEIGL, H. UND MAXWELL, G., (HG.). 1970. *Minnesota Studies in the Philosophy of Science, Bd. III.* Minneapolis: Minnesota Press.

FISCHER, E. P. 1988. *Das Atom der Biologen: Max Delbrück und der Ursprung der Molekulargenetik.* München: Piper.

—————. 1989 [1944]. „'Was ist Leben?' - mehr als vierzig Jahre später: Einführung in Erwin Schrödingers ‚Was ist Leben?'." In *Was ist Leben? Die lebende Zelle mit den Augen des Physikers betrachtet*, hg. v. Fischer, E. P., 5–17. München: Piper.

—————. 2007. „Max Delbrück." *Genetics* 177 (2): 673–676.

FISCHER, E. P. und LIPSON, C. 1988. *Thinking about science: Max Delbrück and the origins of molecular biology.* New York: Norton.

FLORKIN, M. 1974. *Concepts of Molecular Biosemiotics and of Molecular Evolution Comprehensive biochemistry.* Amsterdam: Elsevier.

FRANK, D. 2014. „Vom Handwerkszeug der Gentechnik und der Synthetischen Biologie." In *TTN edition. 1/2015 Leben konstruieren? Deutungsmuster Synthetischer Biologie*, hg. v. Graßmann, T. und Herresthal, S. www.ttn-institut.de/TTNedition. Zugriff: 3. Juni 2016.

FRANK, H., (HG.). 1964. *Kybernetik: Brücke zwischen den Wissenschaften.* Frankfurt a.M. Umschau Verlag.

FRANK, M. 1984. *Was ist Neostrukturalismus?* Frankfurt a. M. Suhrkamp.

FRANKLIN, R. E. UND GOSLING, R. G. 1953. „Molecular configuration in sodium thymonucleate." *Nature* 171: 740–741.

FREGE, G. 1892. „Über Sinn und Bedeutung." *Zeitschrift für Philosophie und philosophische Kritik* 100 (1): 25–50.

FRIEDLAND, A. E., LU, T. K., WANG, X., SHI, D., CHURCH, G. M. UND COLLINS, J. J. 2009. „Synthetic Gene Networks That Count." *Science* 324 (5931): 1199–1202.

FRIEDMAN, M. 1974. „Explanation and Scientific Understanding." *The Journal of Philosophy* 71 (1): 5.

FUCHS-KITTOWSKI, K. 1969. *Probleme des Determinismus und der Kybernetik in der molekularen Biologie: Tatsachen und Hypothesen über das Verhältnis des technischen Automaten zum lebenden Organismus Philosophie und Biowissenschaften.* Jena: Fischer.

FUERST, J. A. 1982. „The Role of Reductionism in the Development of Molecular Biology: Peripheral or Central?". *Social Studies of Science* 12 (2): 241–278.

GAMOW, G. 1954. „Possible Relation between Deoxyribonucleic Acid and Protein Structures." *Nature* 173 (4398): 318.

GANNETT, L. 1999. „What's in a Cause? The Pragmatic Dimensions of Genetic Explanations." *Biology and Philosophy* 14 (3): 349–373.

GERSTEIN, M. B., BRUCE, C., ROZOWSKY, J. S., ZHENG, D., DU, J., KORBEL, J. O., EMANUELSSON, O., ZHANG, Z. D., WEISSMAN, S. UND SNYDER, M. 2007. „What is a gene, post-ENCODE? History and updated definition." *Genome Research* 17 (6): 669–681.

GETHMANN, C. F. UND LINGNER, S., (HG.). 2002. *Integrative Modellierung zum Globalen Wandel Wissenschaftsethik und Technikfolgenbeurteilung.* Berlin: Springer.

GIBSON, D. G., BENDERS, G. A., ANDREWS-PFANNKOCH, C., DENISOVA, E. A., BADEN-TILLSON, H., ZAVERI, J., STOCKWELL, T. B. et al. 2008. „Complete Chemical Synthesis, Assembly, and Cloning of a Mycoplasma Genitalium Genome." *Science* 319 (5867): 1215–1220.

GIBSON, D. G., GLASS, J. I., LARTIGUE, C., NOSKOV, V. N., CHUANG, R.-Y., ALGIRE, M. A., BENDERS, G. A. et al. 2010. „Creation of a Bacterial Cell Controlled by a Chemically Synthesized Genome." *Science* 329 (5987): 52–56.

GIESE, B., PADE, C., WIGGER, H. UND VON GLEICH, A., (HG.). 2015. *Synthetic Biology: Character and Impact Risk Engineering*. Heidelberg: Springer.

GIJSBERS, V. 2013. „Understanding, explanation, and unification." *Studies in History and Philosophy of Science Part A* 44 (3): 516–522.

GILBERT, W. 1978. „Why genes in pieces?". *Nature* 271 (5645): 501.

GLENNAN, S. S. 1996. „Mechanisms and the nature of causation." *Erkenntnis* 44 (1): 49–71.

———. 2002. „Rethinking Mechanistic Explanation." *Philosophy of Science* 69 (3): 342–353.

———. 2010. „Ephemeral Mechanisms and Historical Explanation." *Erkenntnis* 72 (2): 251–266.

GLOY, K. 1995. *Die Geschichte des wissenschaftlichen Denkens: Verständnis der Natur*. München: Komet.

GODFREY-SMITH, P. 1999. „Genes and Codes: Lessons from the Philosophy of Mind?". In *Where biology meets psychology: Philosophical essays*, hg. v. Hardcastle, V. G., 305–31. Cambridge: MIT Press.

———. 2004. „Genes Do Not Encode Information for Phenotypic Traits." In *Contemporary debates in philosophy of science*, hg. v. Hitchcock, C., 275–89. Malden: Blackwell.

GOODMAN, N. 1968. *Languages of Art: An Approach to a Theory of Symbols:* Bobbs-Merrill.

GOULD, S. J. UND VRBA, E. S. 1982. „Exaptation—a Missing Term in the Science of Form." *Paleobiology* 8 (01): 4–15.

GRASSI, E. 1968. „G. B. Vico und das Problem des Beginns des modernen Denkens." *Zeitschrift für Philosophische Forschung* 22 (4): 491.

GRIFFITHS, P. E. 1993. „Functional Analysis and Proper Functions." *The British Journal for the Philosophy of Science* 44 (3): 409–422.

———. 2001. „Genetic Information: A Metaphor in Search of a Theory." *PHILOS SCI* 68 (3): 394.

GRIFFITHS, P. E. UND TABERY, J. 2013. „Developmental Systems Theory: What Does It Explain, and How Does It Explain It?". *Advances in child development and behavior* 44: 65–94.

GUTMANN, M. 1996. *Die Evolutionstheorie und ihr Gegenstand: Beitrag der methodischen Philosophie zu einer konstruktiven Theorie der Evolution.* Berlin: VWB Verl. für Wiss. und Bildung.

———. 2002. „Funktion und Modell: Zum methodologischen Status der Rede über Funktion und ihre Bedeutung for evolutionäre Rekonstruktionen." In *Formen der Erklärung in der Biologie*, hg. v. Schlosser, G. und Weingarten, M., 17–46. Berlin: VWB Verl. für Wiss. und Bildung.

———. 2004. „Uexküll and contemporary biology: Some methodological reconsiderations." *Sign systems studies* 32 (1/2): 169–186.

———. 2005. „Biologie und Lebenswelt." In *Philosophie der Biologie: Eine Einführung*, hg. v. Krohs, U. und Toepfer, G., 400–417. Frankfurt a. M. Suhrkamp.

———. 2014. „Lebewesen verstehen." *Deutsche Zeitschrift für Philosophie* 62 (1).

———. 2015. „Über „Funktion"." *Deutsche Zeitschrift für Philosophie* 63 (2).

GUTMANN, M. UND HERTLER, C. 1999. „Modell und Metapher. Exemplarische Rekonstruktionen zum Hydraulikmodell und seinem Mißverständnis." *Jahrbuch für Geschichte und Theorie der Biologie* 6: 43–76.

GUTMANN, M. UND RATHGEBER, B. 2008. „Information as metaphorical and allegorical construction: some methodological preludes." *Poiesis Prax* 5 (3-4): 211–232.

––––––. 2010. „Notwendige Metaphern?". In *Information und Menschenbild.* Bd. 37, hg. v. Bölker, M., Gutmann, M. und Hesse, W., 173–97. Heidelberg: Springer.

HACKENBERG, T. D. 1995. „Jacques Loeb, B. F. Skinner, and the legacy of prediction and control." *The Behavior Analyst* 18 (2): 225–236.

HAGENGRUBER, R., (HG.). 2002. *Philosophie und Wissenschaft: Tagungsakten zum 70. Geburtstag von Wolfgang H. Müller.* Würzburg: Königshausen & Neumann.

HALBACH, U. 1974. „Modelle in der Biologie." *Naturwissenschaftliche Rundschau* 27 (8): 293–305.

HARDCASTLE, V. G., (HG.). 1999. *Where Biology Meets Psychology: Philosophical Essays.* Cambridge: MIT Press.

HASSENSTEIN, B. 1973. *Biologische Kybernetik: Eine elementare Einführung.* 4. Aufl. Heidelberg: Quelle & Meyer.

––––––. 1981. „Biologische Teleonomie." In *Teleologie: Sonderdruck aus Neue Hefte für Philosophie*, hg. v. Bubner, R., Cramer, K. und Wiehl, R., 61–71 20. Göttingen: Vandenhoeck & Ruprecht.

––––––. 2010. „Entwicklung der Verhaltensbiologie und biologischen Kybernetik im 20. Jahrhundert: Zur 100. Wiederkehr des Geburtstags von Erich von Holst (1908-1962)." In *Disziplingenese im 20. Jahrhundert: Beiträge zur 17. Jahrestagung der DGGTB in Jena 2008*, hg. v. Kaasch, M., 11–26. Berlin: VWB Verl. für Wiss. und Bildung.

HAUSMANN, R. 1995. *... und wollten versuchen, das Leben zu verstehen: Betrachtungen zur Geschichte der Molekularbiologie.* Darmstadt: Wiss. Buchgesellschaft.

HAUSSMANN, T. 1991. *Erklären und Verstehen: Zur Theorie und Pragmatik der Geschichtswissenschaft; mit einer Fallstudie über die Geschichtsschreibung zum deutschen Kaiserreich von 1871 - 1918.* Frankfurt am Main: Suhrkamp.

HEISENBERG, W. 1927. „Über den anschaulichen Inhalt der quantentheoretischen Kinematik und Mechanik." *Zeitschrift für Physik* 43 (3-4): 172–198.

HEMPEL, C. G. 1965a. „Aspects of scientific explanation." In *Aspects of scientific explanation and other essays in the philosophy of science*, hg. v. Hempel, C. G., 331–496. New York: Free Press.

———. 1965. *Aspects of scientific explanation and other essays in the philosophy of science*, hg. v. Hempel, C. G. New York: Free Press.

———. 1965b. „The Logic of Functional Analysis." In *Aspects of scientific explanation and other essays in the philosophy of science*, hg. v. Hempel, C. G., 297–330. New York: Free Press.

———. 1966. *Philosophy of natural science.* Upper Saddle River, N.J. Prentice-Hall.

HEMPEL, C. G. UND OPPENHEIM, P. 1948. „Studies in the Logic of Explanation." *Philosophy of Science* 15 (2): 135–175.

HENTSCHEL, K. 1988. „Die Korrespondenz Duhem-Mach: Zur ‚Modellbeladenheit‘ von Wissenschaftsgeschichte." *Annals of Science* 45 (1): 73–91.

———, (Hg.). 2010. *Analogien in Naturwissenschaften, Medizin und Technik.* Stuttgart: Wiss. Verl.-Ges.

———. 2010. „Die Funktion von Analogien in den Naturwissenschaften, auch in Abgrenzung zu Metaphern und Modellen." In *Analogien in Naturwissenschaften, Medizin und Technik*, hg. v. Hentschel, K., 13–66. Stuttgart: Wiss. Verl.-Ges.

HERAI, R. H. UND YAMAGISHI, M. E. B. 2010. „Detection of Human Interchromosomal Trans-Splicing in Sequence Databanks." *Briefings in bioinformatics* 11 (2): 198–209.

HERBIG, J. 1978. *Die Gen-Ingenieure: Durch Revolutionierung der Natur zum neuen Menschen?* München: Carl Hanser.

HERBIG, J. UND HOHLFELD, R., (HG.). 1990. *Die zweite Schöpfung: Geist und Ungeist in der Biologie des 20. Jahrhunderts.* München: Hanser.

HESS, E. L. 1970. „Origins of Molecular Biology." *Science* 168 (3932): 664–669.

HESSE, M. B. 1966. *Models and Analogies in Science.* Notre Dame, Indiana: University of Notre Dame Press.

————. 1987. „Keynes and the method of analogy." *Topoi* 6 (1): 65–74.

HITCHCOCK, C., (HG.). 2004. *Contemporary Debates in Philosophy of Science.* Malden: Blackwell.

HOAGLAND, M. B. 1959. „Biochemical Activities of Nucleic Acids. The Present Status of the Adaptor Hypothesis." *Brookhaven symposia in biology* 12: 40–46.

HOAGLAND, M. B., ZAMECNIK, P. C. UND STEPHENSON, M. L. 1959. „A hypothesis concerning the roles of particulate and soluble ribonucleic acids in protein synthesis." In *A Symposium on Molecular Biology*, hg. v. Zirkle, R. E., 105–14. Chicago: University of Chicago Press.

HOFFMEYER, J. N. 1992. „Some semiotic aspects of the psycho-physical relation: The endo-exosemiotic boundary." In *The Semiotic Web 1991: Biosemiotics*, hg. v. Sebeok, T. A. und Umiker-Sebeok, J., 101–23. Berlin: De Gruyter.

————. 1996a. „Für eine semiotisch reformulierte Naturwissenschaft." *Zeitschrift für Semiotik* 18 (1): 31–34.

————. 1996b. *Signs of meaning in the universe.* Bloomington: Indiana University Press.

————. 2002. „Code-Duality Revisited." *SEED* 2 (1): 98–117.

————. 2006. „Genes, Development and Semiosis." In *Genes in Development: Rereading the Molecular Paradigm*, hg. v. Neumann-Held, E. M., Rehmann-Sutter, C., Smith, B. H. und Weintraub, E. R., 152–74. Durham: Duke University Press.

————. 2007. „Semiotic Scaffolding of Living Systems." In *Introduction to biosemiotics: The new biological synthesis*, hg. v. Barbieri, M., 149–66. Dordrecht: Springer.

————. 2008. *Biosemiotics: An Examination into the Signs of Life and the Life of Signs.* Scranton: University of Scranton Press.

————. 2010. „Semiotic Freedom: an Emerging Force." In *Information and the Nature of Reality: From Physics to Metaphysics*, hg. v. Davies, P. C. W. und Gregersen, N. H., 185–204. Cambridge: Cambridge Univ. Press.

————. 2015. „Introduction: Semiotic Scaffolding." *Biosemiotics* 8 (2): 153–158.

HOFFMEYER, J. N. UND EMMECHE, C. 1991. „Code-Duality and the Semiotics of Nature." In *On semiotic modeling*, hg. v. Anderson, M. und Merrell, F., 117–66. Approaches to semiotics 97. Berlin: Mouton de Gruyter.

HOFFMEYER, J. N. UND STJERNFELT, F. 2015. „The Great Chain of Semiosis. Investigating the Steps in the Evolution of Semiotic Competence." *Biosemiotics*, 1–23.

HONERKAMP, J. 2013. *Was können wir wissen?* Spektrum Akademischer Verlag.

HONNEFELDER, L. UND SCHMIDT, M. C., (HG.). 2007. *Naturalismus als Paradigma: Wie weit reicht die naturwissenschaftliche Erklärung des Menschen?* Berlin: Berlin University Press.

HOYNINGEN-HUENE, P. 1985. „Zu Problemen des Reduktionismus der Biologie." *Philosophia Naturalis* 22 (2): 271–286.

HUME, D. 1998 [1748]. „A Enquiry Concerning Human Understanding." In *Enquiries: Concerning human understanding and concerning the principles of morals*, hg. v. Nidditch, P. H. und Selby-Bigge, L. A., 5–165. Oxford: Clarendon Press.

————. 1998 [1748]. *Enquiries: Concerning human understanding and concerning the principles of morals*, hg. v. Nidditch, P. H. und Selby-Bigge, L. A. Oxford: Clarendon Press.

————. 2003 [1739/40]. *A treatise of human nature*. Oxford: Clarendon Press.

JABLONKA, E. 2002. „Information: Its Interpretation, Its Inheritance, and Its Sharing." In   : http://www.jstor.org/stable/pdfplus/10.1086/344621.pdf?acceptTC=true. Zugriff: 20. Februar 2013.

JACOB, F. 1972. *Die Logik des Lebenden: Von der Urzeugung zum genentischen Code*. Frankfurt am Main: Fischer.

JACOB, F. UND MONOD, J. 1961. „Genetic Regulatory Mechanisms in the Synthesis of Proteins." *Journal of Molecular Biology* 3: 318–356.

JAHRAUS, O. UND ORT, N., (HG.). 2001. *Bewußtsein – Kommunikation – Zeichen: Wechselwirkungen zwischen Luhmannscher Systemtheorie und Peircescher Zeichentheorie*. Berlin: De Gruyter.

JAMMER, M. 1965. „Die Entwicklung des Modellbegriffs in den physikalischen Wissenschaften." *Studium Generale* 18 (3): 166–173.

JANICH, P. 1992. *Grenzen der Naturwissenschaft: Erkennen als Handeln*. München: C.H. Beck.

————. 1996. „Biologischer versus physikalischer Naturbegriff." In *Konstruktivismus und Naturerkenntnis: Auf dem Weg zum Kulturalismus*, 216–23. Frankfurt am Main: Suhrkamp.

————. 1996. *Konstruktivismus und Naturerkenntnis: Auf dem Weg zum Kulturalismus*. Frankfurt am Main: Suhrkamp.

————. 1997. *Kleine Philosophie der Naturwissenschaften*. Orig.-Ausg *Beck'sche Reihe* 1203. München: C.H. Beck.

————. 1998. „Informationsbegriff und methodisch-kulturalistische Philosophie." *Ethik Und Sozialwissenschaften* 9 (2): 169–182.

————. 1999. „Die Naturalisierung der Information." Anlass des Vortrags: *Sitzungsberichte der Wissenschaftlichen Gesellschaft an der Johann-Wolfgang-Goethe-Universität Frankfurt am Main*, Stuttgart: Steiner.

————. 2000. „Szientismus und Naturalismus. Irrwege der Naturwissenschaft als philosophisches Programm?". In *Naturalismus: Philosophische Beiträge*, hg. v. Keil, G. und Schnädelbach, H., 289–309. Frankfurt am Main: Suhrkamp.

————. 2002. „Modell und Modelliertes. Zwecke und Methoden." In *Integrative Modellierung zum Globalen Wandel*, hg. v. Gethmann, C. F. und Lingner, S., 15–31. Wissenschaftsethik und Technikfolgenbeurteilung. Berlin: Springer.

————. 2005. *Was ist Wahrheit? Eine philosophische Einführung*. München: C.H. Beck.

————. 2006. *Was ist Information? Kritik einer Legende*. Frankfurt am Main: Suhrkamp.

————. 2015. *Handwerk und Mundwerk: Über das Herstellen von Wissen*. München: C.H. Beck.

JANICH, P. und WEINGARTEN, M. 1999. *Wissenschaftstheorie der Biologie: Methodische Wissenschaftstheorie und die Begründung der Wissenschaften*. München: Fink.

JASPERS, K. 1913. „Kausale und „verständliche" Zusammenhänge zwischen Schicksal und Psychose bei der Dementia praecox (Schizophrenie)." *Zeitschrift für die gesamte Neurologie und Psychiatrie* 14 (1): 158–263.

JERNE, N. K. 1985. „The generative grammar of the immune system." *The EMBO Journal* 4 (4): 847–852.

JOHANNSEN, W. 1909. *Elemente der exakten Erblichkeitslehre: Deutsche wesentlich erweiterte Ausgabe in fünfundzwanzig Vorlesungen*. Jena: Gustav Fischer.

JONAS, H. 1985. *Technik, Medizin und Ethik: Zur Praxis des Prinzips Verantwortung*. Frankfurt am Main: Insel Verl.

JUDSON, H. F. 1979. *The eighth day of creation: Makers of the revolution in biology*. New York: Simon and Schuster.

KAASCH, M., (HG.). 2010. *Disziplingenese im 20. Jahrhundert: Beiträge zur 17. Jahrestagung der DGGTB in Jena 2008*. Berlin: VWB Verl. für Wiss. und Bildung.

KAISER, D. 1992. „More roots of complementarity: Kantian aspects and influences." *Studies in History and Philosophy of Science Part A* 23 (2).

KAISER, M. I., (HG.). 2014. *Explanation in the special sciences: The case of biology and history*. Dordrecht: Springer.

KALMUS, H. 1950. „A Cybernetical Aspect of Genetics." *Journal of Heredity* 41 (1): 19–22.

KARAFYLLIS, N. C., (HG.). 2014. *Das Leben führen? Lebensführung zwischen Technikphilosophie und Lebensphilosophie; für Günter Ropohl zum 75. Geburtstag*. Berlin: Ed. Sigma.

KAWADE, Y. 1996. „Molecular biosemiotics: Molecules carry out semiosis in living systems." *Semiotica* 111 (3-4).

KAY, L. E. 1995. „Who Wrote the Book of Life? Information and the Transformation of Molecular Biology, 1945–55." *Science in Context* 8 (4): 609–634.

———. 2005. *Das Buch des Lebens: Wer schrieb den genetischen Code?* Frankfurt a. M. Suhrkamp.

KAZNESSIS, Y. N. 2007. „Models for Synthetic Biology." *BMC systems biology* 1:47.

KEIL, G. 1993. *Kritik des Naturalismus*. Berlin: De Gruyter.

———. 2000. „Naturalismus und Intentionalität." In *Naturalismus: Philosophische Beiträge*, hg. v. Keil, G. und Schnädelbach, H., 187–204. Frankfurt am Main: Suhrkamp.

————. 2007. „Biologische Funktionen und das Teleologieproblem." In *Naturalismus als Paradigma: Wie weit reicht die naturwissenschaftliche Erklärung des Menschen?* hg. v. Honnefelder, L. und Schmidt, M. C., 76–85. Berlin: Berlin University Press.

KEIL, G. UND SCHNÄDELBACH, H., (HG.). 2000. *Naturalismus: Philosophische Beiträge.* Frankfurt am Main: Suhrkamp.

KELLER, E. F. 1998. *Das Leben neu denken: Metaphern der Biologie im 20. Jahrhundert.* München: Kunstmann.

————. 2000. „Decoding the Genetic Program Or, Some Circular Logic in the Logic of Circularity." In *The concept of the gene in development and evolution: Historial and epistemological perspectives*, hg. v. Beurton, P. J., Falk, R. und Rheinberger, H.-J., 159–78. New York: Cambridge Univ. Press.

KELLERT, S. H., LONGINO, H. E. UND WATERS, C. K., (HG.). 2006. *Scientific pluralism Minnesota studies in the philosophy of science* v. 19. Minneapolis: University of Minnesota Press.

KEYNES, J. M. 1921. *A treatise on probability.* London: Macmillan.

KHALIL, A. S. UND COLLINS, J. J. 2010. „Synthetic Biology: Applications Come of Age." *Nature reviews. Genetics* 11 (5): 367–379.

KIM, J. 1971. „Causes and Events: Mackie on Causation." *The Journal of Philosophy* 68 (14): 426.

KITCHER, P. 1981. „Explanatory Unification." *Philosophy of Science* 48 (4): 507–531.

————. 1989. „Explanatory unification and the causal structure of the world." *Scientific explanation* 13: 410–505.

————. 1993. „Function and Design." *Midwest Stud Philos* 18 (1): 379–397.

KLÄRNER, H. 2003. *Der Schluß auf die beste Erklärung.* Berlin: De Gruyter.

KÖCHY, K. 2012. „Was ist Synthetische Biologie?". In *Synthetische Biologie - Entwicklung einer neuen Ingenieurbiologie? Themenband der Interdisziplinären Arbeitsgruppe Gentechnologiebericht*, hg. v. Köchy, K. und Hümpel, A., 31–49. Dornburg: Forum W, Wissenschaftlicher Verlag.

KÖCHY, K. UND HÜMPEL, A., (HG.). 2012. *Synthetische Biologie - Entwicklung einer neuen Ingenieurbiologie? Themenband der Interdisziplinären Arbeitsgruppe Gentechnologiebericht.* Dornburg: Forum W, Wissenschaftlicher Verlag.

KÖNIG, H., FRANK, D., HEIL, R. UND COENEN, C. 2013. „Synthetic Genomics and Synthetic Biology Applications Between Hopes and Concerns." *Current genomics* 14 (1): 11–24.

KÖTTER, R. 1984. „Kausalitat, Teleologie und Evolution: Methodologische Grundprobeme der Moderne Biologie." *Philosophia Naturalis* 21 (1).

KRAMPEN, M. 1981. „Phytosemiotics." *Semiotica* 36 (3-4): 187–210.

KROHS, U. 2004. *Eine Theorie biologischer Theorien: Status und Gehalt von Funktionsaussagen und informationstheoretischen Modellen.* Berlin: Springer.

————. 2005. „Biologisches Design." In *Philosophie der Biologie: Eine Einführung*, hg. v. Krohs, U. und Toepfer, G., 53–70. Frankfurt a. M. Suhrkamp.

————. 2007. „Der Funktionsbegriff in der Biologie." In *Wissenschaftstheorie: Ein Studienbuch*, hg. v. Bartels, A., 287–306. Paderborn: mentis.

————. 2014. „Semiotic Explanation in the Biological Sciences." In *Explanation in the special sciences: The case of biology and history*, hg. v. Kaiser, M. I., 87–98. Dordrecht: Springer.

KROHS, U. UND TOEPFER, G., (HG.). 2005. *Philosophie der Biologie: Eine Einführung.* Frankfurt a. M. Suhrkamp.

KUHN, T. S. 1962. *The Structure of Scientific Revolutions.* Chicago: University of Chicago Press.

KULL, K. 1999a. „Biosemiotics in the twentieth century: A view from biology: Semiotica." *Semiotica* 127 (1-4): 385–414.

————. 1999b. „'Umwelt' and Evolution: From Uexküll to Post-Darwinism." In *Semiosis, Evolution, Energy: Towards a reconceptualization of the sign*, hg. v. Taborsky, E., 53–70. Aachen: Shaker.

————. 2001. „Jakob von Uexküll: An introduction." *Semiotica* 134 (1/4).

————. 2009. „Vegetative, Animal, and Cultural Semiosis: The semiotic threshold zones." *Cognitive Semiotics* 4 (Supplement).

————. 2015. „Introduction to Biosemiotics." In *International handbook of semiotics*, hg. v. Trifonas, P. P., 521–33. Dordrecht: Springer.

KULL, K., DEACON, T. W., EMMECHE, C., HOFFMEYER, J. N. UND STJERNFELT, F. 2009. „Theses on Biosemiotics: Prolegomena to a Theoretical Biology: Biological Theory." *Biological Theory* 4 (2): 167–173.

KULL, K., EMMECHE, C. UND FAVAREAU, D. 2008. „Biosemiotic Questions." *Biosemiotics* 1 (1): 41–55.

KÜPPERS, B.-O. 1986. *Der Ursprung biologischer Information: Zur Naturphilosophie der Lebensentstehung.* München: Piper.

————, (Hg.). 1987. *Leben = Physik + Chemie? Das Lebendige aus der Sicht bedeutender Physiker.* München: Piper.

————. 2008. *Nur Wissen kann Wissen beherrschen: Macht und Verantwortung der Wissenschaft.* Köln: Fackelträger.

LACKOVÁ, Ľ., MATLACH, V. UND FALTÝNEK, D. 2017. „Arbitrariness Is Not Enough: Towards a Functional Approach to the Genetic Code." *Theory in biosciences = Theorie in den Biowissenschaften*, First Online: 9. Mai 2017.

LARTIGUE, C., GLASS, J. I., ALPEROVICH, N., PIEPER, R., PARMAR, P. P., HUTCHISON, C. A., SMITH, H. O. UND VENTER, J. C. 2007. „Genome Transplantation in Bacteria: Changing One Species to Another." *Science (New York, N.Y.)* 317 (5838): 632–638.

LASDA, E. L. UND BLUMENTHAL, T. 2011. „Trans-Splicing." *Wiley interdisciplinary reviews. RNA* 2 (3): 417–434.

LEATHERDALE, W. H. 1974. *The Role of Analogy, Model, and Metaphor in Science*. New York: American Elsevier Pub. Co.

LEDERBERG, J. 1994. „The Transformation of Genetics by DNA: An Anniversary Celebration of Avery, Macleod and Mccarty (1944)." *Genetics* 136 (2): 423–426.

LEDUC, S. 1912. *La biologie synthétique*. Paris: A. Poinat.

LEFÈVRE, W. 2009. *Die Entstehung der biologischen Evolutionstheorie*. Frankfurt am Main: Suhrkamp.

LENK, H. 1971. „Kybernetik - Provokation der Philosophie." In *Philosophie im technologischen Zeitalter*, hg. v. Lenk, H., 72–107. Stuttgart: Kohlhammer.

———, (Hg.). 1971. *Philosophie im technologischen Zeitalter*. Stuttgart: Kohlhammer.

LESTEL, D. 2002. „The Biosemiotics and Phylogenesis of Culture." *Social Science Information* 41 (1): 35–68.

LEWENS, T. 2004. *Organisms and Artifacts: Design in Nature and Elsewhere*. Cambridge: MIT Press.

LEWIS, D. K. 1973. „Causation." *The Journal of Philosophy* 70 (17): 556–567.

———. 1986. „Causal explanation." In *Philosophical Papers Vol. II*, 214–40. Oxford: Oxford Univ. Press.

———. 1986. *Philosophical Papers Vol. II*. Oxford: Oxford Univ. Press.

LINDERSTROM-LANG, K. U. 1953. „How is a Protein made?". *Scientific American* 189 (3): 100–106.

LIPTON, P. 2009. „Understanding without explanation." In *Scientific Understanding: Philosophical Perspectives*, hg. v. Regt, H. W. de, Leonelli, S. und Eigner, K. Pittsburgh: University of Pittsburgh Press.

LISZKA, J. J. 1996. *A general introduction to the semeiotic of Charles Sanders Peirce.* Bloomington: Indiana University Press.

LIU, H. UND LU, T. 2015. „Autonomous Production of 1,4-Butanediol via a De Novo Biosynthesis Pathway in Engineered Escherichia Coli." *Metabolic Engineering* 29:135–41.

LOEB, J. 1900. *Comparative physiology of the brain and comparative psychology.* New York: G.P. Putman's Sons.

———. 1904. „The Recent Development of Biology." *Science* 20 (519): 777–786.

———. 1906. *The Dynamics of Living Matter.* New York: Columbia University Press.

———. 1909. „Die Bedeutung der Tropismen für die Psychologie." Anlass des Vortrags: *VI. Internationalen Psychologenkongreß zu Genf,* Leipzig: Johann Ambrosius Barth.

———. 1911. „Das Leben." Anlass des Vortrags: *Erster Monisten-Kongreß am 10. September 1911 in Hamburg,* Leipzig: Alfred Kröner Verlag.

———. 1912. *The Mechanistic Conception of Life - Biological Essays.* Chicago: University of Chicago Press.

———. 1915. „Mechanistic Science and Metaphysical Romance." *Yale Review* 4: 766–785.

LORENZ, K. 1973. „Analogy as a Source of Knowledge." Anlass des Vortrags: *Nobel Lecture 12. Dezember 1973.* https://www.nobelprize.org/nobel_prizes/medicine/laureates/1973/lorenz-lecture.pdf. Zugriff: 27. Juli 2017.

————. 1978. *Vergleichende Verhaltensforschung: Grundlagen der Ethologie.* Wien: Springer.

LOTMAN, Y. L. 1990. *Universe of the Mind: A Semiotic Theory of Culture.* Bloomington: Indiana University Press.

LÖWITH, K. 1968. „Vicos Grundsatz: verum et factum convertuntur: Seine theologische Prämisse u. deren säkulare Konsequenzen." Anlass des Vortrags: *vorgetragen am 18. November 1967 i. d. Heidelberger Akademie der Wissenschaften,* Heidelberg: Winter.

LUISI, P. L. UND CHIARABELLI, C., (HG.). 2011. *Chemical synthetic biology.* Chichester: Wiley.

MACH, E. 1886. *Beiträge zur Analyse der Empfindungen.* Jena: Fischer.

MACHAMER, P. K., DARDEN, L. UND CRAVER, C. F. 2000. „Thinking about mechanisms." *Philosophy of Science* 67 (1): 1–25.

MACKIE, J. L. 1965. „Causes and Conditions." *American Philosophical Quarterly* 2 (4): 245–264.

————. 1980 [1974]. *The cement of the universe.* Oxford: Clarendon Press.

MAHNER, M. und BUNGE, M. 1997. *Foundations of biophilosophy.* Berlin: Springer.

MAIENSCHEIN, J. 2000. „Competing Epistemologies and Developmental Biology." In *Biology and Epistemology,* hg. v. Creath, R. und Maienschein, J., 122–37. Cambridge: Cambridge Univ. Press.

MAIER, W. UND ZOGLAUER, T., (HG.). 1994. *Technomorphe Organismuskonzepte: Modellübertragungen zwischen Biologie und Technik.* Stuttgart-Bad Cannstatt: Frommann-Holzboog.

MANZONI, R., URRIOS, A., VELAZQUEZ-GARCIA, S., NADAL, E. de und POSAS, F. 2016. „Synthetic biology: insights into biological computation." *Integr. Biol.* 8 (4): 518–532.

MARAN, T., (HG.). 2012. *Semiotics in the wild: Essays in honour of Kalevi Kull on the occasion of his 60th birthday.* Tartu: Tartu University Press.

MARAN, T. UND KULL, K. 2014. „Ecosemiotics: Main principles and current developments." *Geografiska Annaler, Series B: Human Geography* 96 (1): 41–50.

MARKO, H. 1965. „Physikalische und biologische Grenzen der Informationsübermittlung." *Kybernetik* 2 (6): 274–284.

MATTHAEI, J. H. UND NIRENBERG, M. W. 1961. „The Dependence of Cell-Free Protein Synthesis in E. Coli Upon RNA Prepared from Ribosomes." *Biochemical and biophysical research communications* 4: 404–408.

MAYNARD SMITH, J. 1990. „Explanation in Biology." *Royal Institute of Philosophy Supplement* 27:65–72.

MAYNTZ, R., (HG.). 2002. *Akteure – Mechanismen – Modelle: Zur Theoriefähigkeit Makro-Sozialer Analysen.* Frankfurt a.M. Campus-Verlag.

MAYR, E. 1961. „Cause and Effect in Biology: Kinds of causes, predictability, and teleology are viewed by a practicing biologist." *Science* 134 (3489): 1501–1506.

———. 1982. *The growth of biological thought: Diversity, evolution, and inheritance.* Cambridge: Belknap Press.

———, (Hg.). 1991. *Eine neue Philosophie der Biologie.* München: Piper.

———. 1991a. „Ist die Biologie eine autonome Wissenschaft?". In *Eine neue Philosophie der Biologie*, hg. v. Mayr, E., 15–35. München: Piper.

————. 1991b. „Teleologisch und teleonomisch: eine neue Analyse." In *Eine neue Philosophie der Biologie*, hg. v. Mayr, E., 51–86. München: Piper.

————. 2002 [1982]. *Die Entwicklung der biologischen Gedankenwelt: Vielfalt, Evolution und Vererbung.* Berlin: Springer.

MAZZOCCHI, F. 2012. „Complexity and the Reductionism-Holism Debate in Systems Biology." *Wiley interdisciplinary reviews. Systems biology and medicine* 4 (5): 413–427.

MCCARTY, M. UND AVERY, O. T. 1946a. „Studies on the Chemical Nature of the Substance Inducing Transformation of Pneumococcal Types: II. Effect of Desoxyribonuclease on the Biological Activity of the Transforming Substance." *Journal of Experimental Medicine* 83 (2): 89–96.

————. 1946b. „Studies on the Chemical Nature of the Substance Inducing Transformation of Pneumococcal Types: III. An Improved Method for the Isolation of the Transforming Substance and Its Application to Pneumococcus Types II, III, and VI." *The Journal of Experimental Medicine* 83 (2): 97–104.

MCLAUGHLIN, P. 2002. „Functional Explanation." In *Akteure – Mechanismen – Modelle: Zur Theoriefähigkeit makro-sozialer Analysen*, hg. v. Mayntz, R., 196–212. Frankfurt a.M. Campus-Verlag.

————. 2005. „Funktion." In *Philosophie der Biologie: Eine Einführung*, hg. v. Krohs, U. und Toepfer, G., 19–35. Frankfurt a. M. Suhrkamp.

MEIRI, S. UND DAYAN, T. 2003. „On the validity of Bergmann's rule." *Journal of Biogeography* 30 (3): 331–351.

MELLOR, D. H. 1968. „Models and Analogies in Science: Duhem versus Campbell?". *Isis* 59 (3): 282–290.

MEYENN, K. 1982. „Pauli, das Neutrino und die Entdeckung des Neutrons vor 50 Jahren." *Naturwissenschaften* 69 (12): 564–573.

MILL, J. S. 1872 [1842]. *A System of Logic, Ratiocinative and Inductive: Being a Connected View of the Principles of Evidence, and the Methods of Scientific Investigation.* 8th Edition. London: Longmans, Green Reader and Dryer.

MILLIKAN, R. G. 1984. *Language, Thought, and Other Biological Categories: New Foundations for Realism.* Cambridge: Bradford Book.

————. 1989. „Biosemantics." *Journal of Philosophy* 86 (6): 281–297.

MONOD, J. 1971. *Zufall und Notwendigkeit: Philosophische Fragen der modernen Biologie.* München: Piper.

MORANGE, M. 2000. *A history of molecular biology.* Cambridge: Harvard University Press.

————. 2008. *Life explained.* New Haven: Yale University Press.

————. 2009. „A new revolution?". *EMBO Rep* 10 (S1): S50-S53.

MORGAN, T. H. 1910. „Chromosomes and Heredity." *The American Naturalist* 44 (524): 449–496.

————. 1919. *The Physical Basis of Heredity.* Philadelphia: J. B. Lippincott Company.

————. 1934. „The Relation of Genetics to Physiology and Medicine." Anlass des Vortrags: *Nobel Lecture am 4. Juni 1934.* http://www.nobelprize.org/nobel_prizes/medicine/laureates/1933/morgan-lecture.pdf. Zugriff: 27. Juli 2017.

MORGAN, T. H., STURTEVANT, A. H., MULLER, H. J. und BRIDGES, C. B. 1915. *The Mechanism of Mendelian Heredity.* New York: Henry Holt.

MORRIS, C. 1946. *Signs, Language and Behavior.* New York: Braziller.

MOSS, L. 2001. „Deconstructing the Gene and Reconstructing Molecular Developmental Systems." In *Cycles of contingency: Developmental systems and evolution,* hg. v. Oyama, S., Griffiths, P. E. und Gray, R. D., 85–98. Cambridge: MIT Press.

————. 2003. *What genes can't do Basic bioethics series.* Cambridge Mass. u.a: MIT Press.

MOULINES, C. U. 2008. *Die Entwicklung der modernen Wissenschaftstheorie (1890 - 2000): Eine historische Einführung.* Hamburg: Lit.

MÜLLER-WILLE, S. und RHEINBERGER, H.-J. 2009. *Das Gen im Zeitalter der Postgenomik: Eine wissenschaftshistorische Bestandsaufnahme.* Frankfurt a. M. Suhrkamp.

NACHTIGALL, W. 2010a. „Analogien und Analogieforschung in der Technischen Biologie und Bionik." In *Analogien in Naturwissenschaften, Medizin und Technik*, hg. v. Hentschel, K., 383–97. Stuttgart: Wiss. Verl.-Ges.

————. 2010b. *Bionik als Wissenschaft: Erkennen – Abstrahieren – Umsetzen.* Berlin: Springer.

NAGEL, E. 1961. *The structure of science: Problems in the logic of scientific explanation.* London: Routledge.

NÄGELI, C. 1928. *Die Micellartheorie: Auszüge aus den grundlegenden Originalarbeiten Nägelis, Zusammenfassung und kurze Geschichte der Micellartheorie.* Leipzig: Akad. Verlagsges.

NAGL, L. 1992. *Charles Sanders Peirce.* Frankfurt a. M. Campus-Verlag.

————. 1998. *Pragmatismus.* Frankfurt a. M. Campus-Verlag.

NEEDHAM, J. 1968. *Order and Life.* Cambridge: MIT Press.

NEUMANN-HELD, E. M., REHMANN-SUTTER, C., SMITH, B. H. UND WEINTRAUB, E. R., (HG.). 2006. *Genes in Development: Re-reading the Molecular Paradigm.* Durham: Duke University Press.

NIDA-RÜMELIN, J., (HG.). 1999. *Rationalität, Realismus, Revision: Vorträge des 3. internationalen Kongresses der Gesellschaft für Analytische Philosophie vom 15. bis zum 18. September 1997 in München.* Berlin: De Gruyter.

NIRENBERG, M. 2004. „Historical Review: Deciphering the Genetic Code - a Personal Account." *Trends in Biochemical Sciences* 29 (1): 46–54.

NIRENBERG, M. W., JONES, O. W., LEDER, P., CLARK, B. F. C., SLY, W. S. UND PESTKA, S. 1963. „On the Coding of Genetic Information." *Cold Spring Harbor Symposia on Quantitative Biology* 28 (0): 549–557.

NIRENBERG, M. W. UND MATTHAEI, J. H. 1961. „The Dependence of Cell-Free Protein Synthesis in E. Coli Upon Naturally Occurring or Synthetic Polyribonucleotides." *Proceedings of the National Academy of Sciences of the United States of America* 47 (10): 1588–1602.

NISSEN, L. A. 1997. *Teleological language in the life sciences.* Lanham: Rowman & Littlefield Publishers.

NOBLE, D. 2008. „Genes and causation." *Philosophical Transactions of the Royal Society A: Mathematical, Physical and Engineering Sciences* 366 (1878): 3001–3015.

NORDMANN, A. 2015. „Synthetic Biology at the Limits of Science." In *Synthetic Biology: Character and Impact*, hg. v. Giese, B., Pade, C., Wigger, H. und von Gleich, A., 31–58. Risk Engineering. Heidelberg: Springer.

NÖTH, W. 2000. *Handbuch der Semiotik.* Stuttgart: Metzler.

———. 2004. „Semiotik für Biologen." In *Biosemiotik: Praktische Anwendung und Konsequenzen für die Einzelwissenschaften*, hg. v. Schult, J., 11–25. Berlin: VWB Verl. für Wiss. und Bildung.

———. 2014. „The Life of Symbols and Other Legisigns: More than a Mere Metaphor?". In *Peirce and biosemiotics: A guess at the riddle of life*, hg. v. Romanini, V. und Fernández, E., 171–81. Dordrecht: Springer.

O'MALLEY, M. A., POWELL, A., DAVIES, J. F. UND CALVERT, J. 2008. „Knowledge-Making Distinctions in Synthetic Biology." *Bioessays* 30 (1): 57–65.

OEHLER, K. 1998. „Semiotischer Pragmatismus und der Begriff der Realität: Ch. S. Peirce." 46 (1): 69–78.

————. 2000. „Einführung in den semiotischen Pragmatismus." In *Die Welt als Zeichen und Hypothese: Perspektiven des semiotischen Pragmatismus von Charles Sanders Peirce*, hg. v. Wirth, U., 13–30. Frankfurt am Main: Suhrkamp.

OFTEDAL, G. UND PARKKINEN, V.-P. 2013. „Synthetic biology and genetic causation." *Philosophical Perspectives on Synthetic Biology* 44 (2): 208–216.

OGRYZKO, V. V. 1994. „Physics and Biosemiotics." In *Semiotics around the world: Synthesis in diversity: proceedings of the fifth congress of the International Association for Semiotic Studies, Berkeley 1994*, hg. v. Rauch, I. und Carr, G. F., 965–67. Berlin: De Gruyter.

OLBY, R. C. 1974. *The Path to the Double Helix: The Discovery of DNA*. London: Macmillan.

————. 1996. „The molecular revolution in biology." In *Companion to the history of modern science*, hg. v. Olby, R. C., Cantor, G. N., Christie, J. R. R. und Hodge, M. J. S., 503–20. London: Routledge.

OLBY, R. C., CANTOR, G. N., CHRISTIE, J. R. R. UND HODGE, M. J. S., (HG.). 1996. *Companion to the history of modern science*. London: Routledge.

OYAMA, S., GRIFFITHS, P. E. UND GRAY, R. D., (HG.). 2001. *Cycles of contingency: Developmental systems and evolution*. Cambridge: MIT Press.

PAULY, P. J. 1987. *Controlling life: Jacques Loeb and the engineering ideal in biology Monographs on the history and philosophy of biology*. New York: Oxford Univ. Press.

PEIRCE, C. S. 1994. „The Collected Papers of Charles Sanders Peirce (Electronic Edition)." In, hg. v. Hartshorne, C., Weiss, P. und Burks, A. W. http://www.nlx.com/collections/95.

————. 1998. *The essential Peirce: Selected philosophical writings* 2: Indiana University Press.

PENZLIN, H. 1994. „Der Reduktionismus und das Lebensproblem." In *Technomorphe Organismuskonzepte: Modellübertragungen zwischen Biologie und Technik*, hg. v. Maier, W. und Zoglauer, T., 47-66. Stuttgart-Bad Cannstatt: Frommann-Holzboog.

————. 2007. „Biologie auf der Suche nach ihrer Identität. 200 Jahre Theoriengeschichte – Teil 1." *Biologie in unserer Zeit* 37 (5): 300–309.

PETRILLI, S. UND PONZIO, A. 2008. „A Tribute to Thomas A. Sebeok." *Biosemiotics* 1 (1): 25–39.

PHILLIPS, A. W. H. 2000. *A. W. H. Phillips: Collected works in contemporary perspective*, hg. v. Leeson, R. Cambridge: Cambridge Univ. Press.

PITTENDRIGH, C. S. 1958. „Adaptation, natural selection, and behavior." In *Behavior and Evolution*, hg. v. Roe, A. und Simpson, G. G., 390–416. New Haven: Yale University Press.

POBOJEWSKA, A. 2002. „Biologie und Philosophie am Beispiel der Konzeption Jakob von Uexexternal. " In *Philosophie und Wissenschaft: Tagungsakten zum 70. Geburtstag von Wolfgang H. Müller*, hg. v. Hagengruber, R., 27–34. Würzburg: Königshausen & Neumann.

PORTIN, P. 1993. „The Concept of the Gene: Short History and Present Status." *The Quarterly Review of Biology* 68 (2): 173–223.

PORTMANN, A. 1956. „Vorwort: Ein Wegbereiter der neuen Biologie." In *Streifzüge durch die Umwelten von Tieren und Menschen: Ein Bilderbuch unsichtbarer Welten : Bedeutungslehre*, hg. v. von Uexküll, J. und Kriszat, 7–17. Hamburg: Rowohlt Taschenbuch Verlag GmbH.

POSNER, R., ROBERING, K. UND SEBEOK, T. A., (HG.). 2003. *Semiotik: Ein Handbuch zu den zeichentheoretischen Grundlagen von Natur und Kultur*. Berlin: De Gruyter.

POTTHAST, T. 2014. „Lebensführung (in) der Dialektik von Innenwelt und Umwelt - Jakob von Uexküll, seine philosophische Rezeption und die Transformation des Begriffs ‚Funktionskreis' in der Ökologie." In *Das Leben führen? Lebensführung zwischen Technikphilosophie und Lebensphilosophie; für Günter Ropohl zum 75. Geburtstag*, hg. v. Karafyllis, N. C., 197–218. Berlin: Ed. Sigma.

PRINDLE, A., SAMAYOA, P., RAZINKOV, I., DANINO, T., TSIMRING, L. S. UND HASTY, J. 2011. „A Sensing Array of Radically Coupled Genetic ‚biopixels‘." *Nature* 481 (7379): 39–44.

PROHASKA, S. J. UND STADLER, P. F. 2008. „Genes." *Theory in Biosciences* 127 (3): 215–221.

PURNICK, P. E. M. UND WEISS, R. 2009. „The Second Wave of Synthetic Biology: from Modules to Systems." *Nature reviews. Molecular cell biology* 10 (6): 410–422.

QUINE, W. V. 1982 [1950]. *Methods of logic.* 4. ed. Cambridge Mass. Harvard University Press.

RAILTON, P. 1978. „A Deductive-Nomological Model of Probabilistic Explanation." *Philosophy of Science* 45 (2): 206–226.

RAUCH, I. UND CARR, G. F., (HG.). 1994. *Semiotics around the world: Synthesis in diversity: proceedings of the fifth congress of the International Association for Semiotic Studies, Berkeley 1994.* Berlin: De Gruyter.

READ, R. J. UND RICHMAN, K. A., (HG.). 2007. *The New Hume Debate.* London: Routledge.

REGT, H. W. de, LEONELLI, S. UND EIGNER, K., (HG.). 2009. *Scientific Understanding: Philosophical Perspectives.* Pittsburgh: University of Pittsburgh Press.

RESCHER, N. 1996. *Process Metaphysics: An Introduction to Process Philosophy.* Albany: State University of New York Press.

RHEINBERGER, H.-J. 2008. „Heredity and Its Entities Around 1900." *Science and the Changing Senses of Reality CIRCA 1900* 39 (3): 370–374.

———. 2012. „Epistemisches Ding und Verkörperung." In *Verkörperungen,* hg. v. Blum, A., Krois, J. M. und Rheinberger, H.-J. De Gruyter.

RHEINBERGER, H.-J. und MÜLLER-WILLE, S. 2009. *Vererbung: Geschichte und Kultur eines biologischen Konzepts.* Frankfurt a. M. Fischer.

RICKERT, H. 1912. *Lebenswerte und Kulturwerte.* Tübingen: Mohr.

―――. 1920. *Die Philosophie des Lebens.* Tübingen: Mohr.

―――. 1926 [1899]. *Kulturwissenschaft und Naturwissenschaft.* Tübingen: J.C.B. Mohr.

ROBERT, J. S. 2004. *Embryology, epigenesis, and evolution: Taking development seriously.* Cambridge: Cambridge Univ. Press.

ROE, A. UND SIMPSON, G. G., (HG.). 1958. *Behavior and Evolution.* New Haven: Yale University Press.

ROE, S. A. 2002. *Matter, life, and generation: Eighteenth-century embryology and the Haller-Wolff debate.* Cambridge: Cambridge Univ. Press.

ROMANINI, V. UND FERNÁNDEZ, E., (HG.). 2014. *Peirce and biosemiotics: A guess at the riddle of life.* Dordrecht: Springer.

ROSENBERG, A. 2006. *Darwinian Reductionism, Or, How to Stop Worrying and Love Molecular Biology.* Chicago: University of Chicago Press.

ROSENBLUETH, A., WIENER, N. UND BIGELOW, J. 1943. „Behavior, Purpose and Teleology." *Philosophy of Science* 10 (1): 18–24.

ROTHSCHILD, F. S. 1989. „Die Biosemiotik des menschlichen Gehirns." *Dynamische Psychiatrie* 22 (3/4): 191–206.

ROUX, W. 1883. *Über die Bedeutung der Kerntheilungsfiguren: Eine hypothetische Erörterung.* Leipzig: Verlag von Wilhelm Engelmann.

RUSE, M. E. 1971. „Functional Statements in Biology." *Philosophy of Science* 38 (1): 87–95.

―――. 1973. „The Value of Analogical Models in Science." *Dialogue* 12 (2).

―――. 1982. „Teleology Redux." In *Scientific philosophy today: Essays in honor of Mario Bunge.* Bd. 67, hg. v. Agassi, Y. und Cohen, R. S., 299–309. Dordrecht: Reidel.

RUSK, N. 2014. „Synthetic Biology: CRISPR Circuits." *Nature methods* 11 (7): 710–711.

SACHSSE, H. 1971. *Einführung in die Kybernetik: unter besonderer Berücksichtigung von technischen und biologischen Wirkungsgefügen.* Braunschweig: Vieweg.

SALMON, W. C. 1989. *Four Decades of Scientific Explanation.* Minneapolis: University of Minnesota Press.

SALTHE, S. N. 1985. *Evolving hierarchical systems: Their structure and representation.* New York: Columbia University Press.

SANGER, F. UND THOMPSON, E. O. P. 1953. „The amino-acid sequence in the glycyl chain of insulin. 2. The investigation of peptides from enzymic hydrolysates." *Biochemical Journal* 53 (3): 366–374.

SARKAR, S. 1991. „What is life? Revisited." *BioScience* 41 (9): 631–634.

―――. 1992. „Models of Reduction and Categories of Reductionism." *Synthese* 91 (3): 167–194.

―――. 1996. „Decoding ‚Coding': Information and DNA." *BioScience* 46 (11): 857–864.

―――. 2005. *Molecular Models of Life: Philosophical Papers on Molecular Biology.* Cambridge: MIT Press.

SAVAN, D. 1988. *An Introduction to C.S. Peirce's Full System of Semeiotic.* Toronto: Toronto Semiotic Circle.

SCHAFFNER, K. F. 1993. *Discovery and explanation in biology and medicine.* Chicago: University of Chicago Press.

SCHIEMANN, G. 1999. „Historische Reflexion als Kritik naturwissenschaftlicher Ontologie. Ernst Machs Kritik an der mechanistischen Auffassung des Energieerhaltungssatzes und ihre Aktualität." In *Rationalität, Realismus, Revision: Vorträge des 3. internationalen Kongresses der Gesellschaft für Analytische Philosophie vom 15. bis zum 18. September 1997 in München*, hg. v. Nida-Rümelin, J., 842–49. Berlin: De Gruyter.

SCHLOSSER, G. UND WEINGARTEN, M., (HG.). 2002. *Formen der Erklärung in der Biologie*. Berlin: VWB Verl. für Wiss. und Bildung.

SCHÖNRICH, G. 1990. *Zeichenhandeln: Untersuchungen zum Begriff einer semiotischen Vernunft im Ausgang von Ch. S. Peirce*. Frankfurt am Main: Suhrkamp.

SCHRÖDINGER, E. 1955 [1944]. *What is life? The physical aspect of the living cell; based on lectures delivered under the auspices of the Institute at Trinity College, Dublin, in February 1943*. Cambridge: Cambridge Univ. Press.

————. 1989 [1944]. *Was ist Leben? Die lebende Zelle mit den Augen des Physikers betrachtet*, hg. v. Fischer, E. P. München: Piper.

SCHULT, J., (HG.). 2004. *Biosemiotik: Praktische Anwendung und Konsequenzen für die Einzelwissenschaften*. Berlin: VWB Verl. für Wiss. und Bildung.

SCHULTE, P. 2010. „Plädoyer für einen physikalistischen Naturalismus." *Zeitschrift für Philosophische Forschung* 64 (2): 165–189.

SCHUMMER, J. 2014. *Wozu Wissenschaft? Neun Antworten auf eine alte Frage*. Berlin: Kulturverl. Kadmos.

SCRIVEN, M. 1970. „Explanations, Predictions, and Laws." In *Minnesota Studies in the Philosophy of Science, Bd. III*, hg. v. Feigl, H. und Maxwell, G., 170–230. Minneapolis: Minnesota Press.

SEBEOK, T. A. 1965. „Animal Communication: A communication network model for languages is applied to signaling behavior in animals." *Science* 147 (3661): 1006–1014.

————. 1979. *The Sign & Its Masters.* Austin: University of Texas Press.

————. 2001a. „Biosemiotics: Its roots, proliferation, and prospects." *Semiotica* 2001 (134).

————. 2001b. *Global semiotics Advances in semiotics.* Bloomington: Indiana University Press.

SEBEOK, T. A. UND UMIKER-SEBEOK, J., (HG.). 1992. *The Semiotic Web 1991: Biosemiotics.* Berlin: De Gruyter.

SERCARZ, E. E., (HG.). 1988. *The Semiotics of Cellular Communication in the Immune System.* Berlin: Springer.

SHANNON, C. E. und WEAVER, W. 1964 [1949]. *The mathematical theory of communication.* Urbana: The University of Illinois Press.

SHAROV, A. A. 2010. „Functional Information: Towards Synthesis of Biosemiotics and Cybernetics." *Entropy* 12 (5): 1050–1070.

SHETTY, R. P., ENDY, D. UND KNIGHT, T. F. 2008. „Engineering BioBrick Vectors from BioBrick Parts." *Journal of biological engineering* 2:5.

SHORT, T. L. 2007. *Peirce's Theory of Signs.* Cambridge: Cambridge Univ. Press.

SINGH, R. S., (HG.). 2001. *Thinking about evolution: Historical, philosophical, and political perspectives.* New York: Cambridge Univ. Press.

SPAEMANN, R. und LÖW, R. 1985. *Die Frage wozu? Geschichte und Wiederentdeckung des teleologischen Denkens.* München: Piper.

SPRINZAK, D. UND ELOWITZ, M. B. 2005. „Reconstruction of Genetic Circuits." *Nature* 438 (7067): 443–448.

STACHOWIAK, H. 1973. *Allgemeine Modelltheorie.* Wien: Springer.

STANLEY, W. M. 1935. „Isolation of a Crystalline Protein Possessing the Properties of Tobacco-Mosaic Virus." *Science* 81 (2113): 644–645.

STEGMÜLLER, W. 1969. *Probleme und Resultate der Wissenschaftstheorie und Analytischen Philosophie - Band 1: Wissenschaftliche Erklärung und Begründung.* Berlin: Springer.

―――――. 1983. *Probleme und Resultate der Wissenschaftstheorie und Analytischen Philosophie - Band 1: Erklärung Begründung Kausalität.* 2. verbesserte und erweiterte Auflage. Berlin: Springer.

STEINBUCH, K. 1965 [1961]. *Automat und Mensch: Kybernetische Tatsachen und Hypothesen.* Berlin: Springer.

STENT, G. S. 1968. „That Was the Molecular Biology That Was." *Science* 160 (3826): 390–395.

―――――. 1970. „DNA." Daedalus 99 (4): 909–937.

ŠTOFF, V. A. 1969. *Modellierung und Philosophie.* Berlin: Akademie-Verl.

STOTZ, K., GRIFFITHS, P. E. UND KNIGHT, R. D. 2004. „How biologists conceptualize genes: an empirical study." *Studies in History and Philosophy of Science Part C: Studies in History and Philosophy of Biological and Biomedical Sciences* 35 (4): 647–673.

SUTTER, A. 1988. *Göttliche Maschinen: Die Automaten für Lebendiges bei Descartes, Leibniz, La Mettrie und Kant.* Frankfurt am Main: Athenäum.

TABORSKY, E., (HG.). 1999. *Semiosis, Evolution, Energy: Towards a reconceptualization of the sign.* Aachen: Shaker.

TEMBROCK, G. 1971. *Biokommunikation: Informationsübertragung im biologischen Bereich.* Berlin: Akad.-Verl.

TIMOFÉEFF-RESSOVSKY, N. W., ZIMMER, K. G. UND DELBRÜCK, M. 1935. „Über die Natur der Genmutation und der Genstruktur." *Nachrichten von der Gesellschaft der Wissenschaften zu Göttingen* 1 (13): 190–245.

TOEPFER, G. 2004. *Zweckbegriff und Organismus: Über die teleologische Beurteilung biologischer Systeme*. Würzburg: Königshausen & Neumann.

————. 2011a. „Gen." In *Historisches Wörterbuch der Biologie*. Bd 2, hg. v. Toepfer, G., 15–48. Stuttgart, Weimar: Metzler.

————, (Hg.). 2011. *Historisches Wörterbuch der Biologie*. Stuttgart, Weimar: Metzler.

————. 2011b. „Molekularbiologie." In *Historisches Wörterbuch der Biologie*. Bd. 2, hg. v. Toepfer, G., 611–23. Stuttgart, Weimar: Metzler.

————. 2011c. „Zweckmäßigkeit." In *Historisches Wörterbuch der Biologie*. Bd 3, hg. v. Toepfer, G., 786–834. Stuttgart, Weimar: Metzler.

TOPITSCH, E. 1958. *Vom Ursprung und Ende der Metaphysik: Eine Studie zur Weltanschauungskritik*. Wien: Springer.

TOULMIN, S. E. 1953. *The Philosophy of Science an Introduction*. London: Hutchinson Univ. Library.

————. 1968 [1961]. *Voraussicht und Verstehen: Ein Versuch über die Ziele der Wissenschaft*. 1. - 8. Tsd *Edition Suhrkamp* 292. Frankfurt am Main: Suhrkamp.

TRABANT, J. 1989. *Zeichen des Menschen: Elemente der Semiotik*. Frankfurt am Main: Fischer.

TRIFONAS, P. P., (HG.). 2015. *International Handbook of Semiotics*. Dordrecht: Springer.

USHER, S., (HG.). 2014. *Letters of Note: Volume 1: An Eclectic Collection of Correspondence Deserving of a Wider Audience*. San Francisco: Chronicle Books.

VENTER, J. C. 2013. *Life at the Speed of Light: From the Double Helix to the Dawn of Digital Life*. London: Little, Brown.

VICO, G. 1924 [1725]. *Die neue Wissenschaft über die gemeinschaftliche Natur der Völker*. München: Allgemeine Verl.-Anst.

————. 1988 [1710]. *De Antiquissima Italorum Sapientia Ex Linguae Latinae Originibus Eruenda.* Ithaca: Cornell University Press.

VON UEXKÜLL, J. 1905. *Leitfaden in das Studium der experimentellen Biologie der Wassertiere.* Wiesbaden: Verlag von J. F. Bergmann.

————. 1909. *Umwelt und Innenwelt der Tiere.* Berlin: Springer.

————. 1931. „Die Rolle des Subjekts in der Biologie." *Naturwissenschaften* 19 (19): 385–391.

————. 1937. „Die neue Umweltlehre." *Die Erziehung* 13 (5): 185–199.

————. 1956 [1940]. „Bedeutungslehre." In *Streifzüge durch die Umwelten von Tieren und Menschen: Ein Bilderbuch unsichtbarer Welten : Bedeutungslehre*, hg. v. von Uexküll, J. und Kriszat, 103–61. Hamburg: Rowohlt Taschenbuch Verlag GmbH.

————. 1956. *Streifzüge durch die Umwelten von Tieren und Menschen: Ein Bilderbuch unsichtbarer Welten : Bedeutungslehre*, hg. v. von Uexküll, J. und Kriszat. Hamburg: Rowohlt Taschenbuch Verlag GmbH.

————. 1973 [1928]. *Theoretische Biologie.* Frankfurt am Main: Suhrkamp.

————. 1980 [1931]. „Der Organismus und die Umwelt." In *Kompositionslehre der Natur: Biologie als undogmatische Naturwissenschaft; ausgewählte Schriften*, hg. v. von Uexküll, T., 305–43. Frankfurt am Main: Ullstein.

————. 1980 [1935]. „Die Bedeutung der Umweltforschung für die Erkenntnis des Lebens." In *Kompositionslehre der Natur: Biologie als undogmatische Naturwissenschaft; ausgewählte Schriften*, hg. v. von Uexküll, T., 363–81. Frankfurt am Main: Ullstein.

————. 1980. *Kompositionslehre der Natur: Biologie als undogmatische Naturwissenschaft; ausgewählte Schriften*, hg. v. von Uexküll, T. Frankfurt am Main: Ullstein.

VON UEXKÜLL, J. UND KRISZAT, G. 1956. „Streifzüge durch die Umwelten von Tieren und Menschen." In *Streifzüge durch die Umwelten von Tieren und Menschen: Ein Bilderbuch unsichtbarer Welten : Bedeutungslehre*, hg. v. von Uexküll, J. und Kriszat, 20–101. Hamburg: Rowohlt Taschenbuch Verlag GmbH.

VON UEXKÜLL, J. und VON UEXKÜLL, T. 1980. *Kompositionslehre der Natur: Biologie als undogmatische Naturwissenschaft; ausgewählte Schriften.* Frankfurt am Main: Ullstein.

VON UEXKÜLL, T. 1979. „Die Zeichenlehre Jakob von Uexkülls." *Zeitschrift für Semiotik* 1: 37–47.

———. 1986. „Medicine and semiotics." *Semiotica* 61 (3-4).

VON WRIGHT, G. H. 2000 [1971]. *Erklären und Verstehen.* Berlin: Philo.

VRIES, H. D. 1889. *Intracellulare Pangenesis.* Jena: Gustav Fischer.

WAGNER, R. H. UND DANCHIN, É. 2010. „A taxonomy of biological information." *Oikos* 119 (2): 203–209.

WATERS, C. K. 1994. „Genes Made Molecular." *Philosophy of Science* 61 (2): 163–185.

———. 2006. „A Pluralistic Interpretation Of Gene-Centered Biology." In *Scientific pluralism*, hg. v. Kellert, S. H., Longino, H. E. und Waters, C. K., 190–214. Minnesota studies in the philosophy of science v. 19. Minneapolis: University of Minnesota Press.

———. 2007. „Causes That Make a Difference." *Journal of Philosophy* 104 (11): 551–579.

WATSON, J. D. UND CRICK, F. H. C. 1953a. „Genetical Implications of the Structure of Deoxyribonucleic Acid." *Nature* 171 (4361): 964–967.

———. 1953b. „Molecular Structure of Nucleic Acids: A structure for deoxyribose nucleic acid." *Nature* 171 (4356): 737–738.

WEAVER, W. 1970. „Molecular Biology: Origin of the Term." *Science* 170 (3958): 581–582.

WEBER, M. 1998. *Die Architektur der Synthese: Entstehung und Philosophie der modernen Evolutionstheorie* 45. Berlin: De Gruyter.

WEINGARTEN, M. 1992. *Organismuslehre und Evolutionstheorie.* Hamburg: Kovac.

———. 1993. *Organismen - Objekte oder Subjekte der Evolution? Philosophische Studien zum Paradigmawechsel in der Evolutionsbiologie Wissenschaft im 20. Jahrhundert.* Darmstadt: Wiss. Buchgesellschaft.

WEISMANN, A. 1885. *Die Continuität des Keimplasma's als Grundlage einer Theorie der Vererbung.* Jena: Verlag von Gustav Fischer.

———. 1899. „Thatsachen und Auslegungen in Bezug auf Regeneration." *Anatomischer Anzeiger* 15 (23): 445–474.

WERNECKE, J. 2007. *Handeln und Bedeutung: L. Wittgenstein, Ch. S. Peirce und M. Heidegger zu einer Propädeutik einer hermeneutischen Pragmatik.* Berlin: Duncker & Humblot.

WIENER, N. 1965 [1948]. *Cybernetics; Or, Control and Communication in the Animal and the Machine.* New York: MIT Press.

WILKINS, M. H. F., STOKES, A. R. UND WILSON, H. R. 1953. „Molecular Structure of Nucleic Acids: Molecular Structure of Deoxypentose Nucleic Acids." *Nature* 171 (4356): 738–740.

WILSON, E. O. 2000. *Die Einheit des Wissens.* München: Goldmann.

WINDELBAND, W. 1984. „Geschichte und Naturwissenschaft." Anlass des Vortrags: *Rede zum Antritt des Rektorats der Kaiser-Wilhelms-Universität Straßburg am 1. Mai 1894,* Straßburg: Heitz.

WINNACKER, E.-L. 1990. „Synthetische Biologie." In *Die zweite Schöpfung: Geist und Ungeist in der Biologie des 20. Jahrhunderts*, hg. v. Herbig, J. und Hohlfeld, R., 369–85. München: Hanser.

WIRTH, U., (HG.). 2000. *Die Welt als Zeichen und Hypothese: Perspektiven des semiotischen Pragmatismus von Charles Sanders Peirce*. Frankfurt am Main: Suhrkamp.

WISTOW, G. J., LIETMAN, T., WILLIAMS, L. A., STAPEL, S. O., JONG, W. W. de, HORWITZ, J. UND PIATIGORSKY, J. 1988. „Tau-Crystallin/alpha-Enolase: One Gene Encodes Both an Enzyme and a Lens Structural Protein." *The Journal of cell biology* 107 (6 Pt 2): 2729–2736.

WITT, E. 2012. *Konzepte und Konstruktionen des Lebenden: Philosophische und biologische Aspekte einer künstlichen Herstellung von Mikroorganismen*. Freiburg im Breisgau: Alber.

WOODFIELD, A. 2010 [1976]. *Teleology*. Cambridge: Cambridge Univ. Press.

WOODWARD, J. 2003. *Making Things Happen: A Theory of Causal Explanation*. Oxford: Oxford Univ. Press.

WOUTERS, A. G. 2005. „The Function Debate in Philosophy." *Acta Biotheoretica* 53 (2): 123–151.

WRIGHT, L. 1973. „Functions." *Philosophical Review* 82 (2): 139–168.

———. 1976. *Teleological explanations: An etiological analysis of goals and functions*. Berkeley: University of California Press.

WUKETITS, F. M. 1981. *Biologie und Kausalität: Biologische Ansätze zur Kausalität, Determination und Freiheit*. Berlin: Parey.

———. 2003. „Zeichenkonzeptionen in der Biologie vom 18. Jahrhundert bis zur Gegenwart." In *Semiotik: Ein Handbuch zu den zeichentheoretischen Grundlagen von Natur und Kultur*. Bd. 2, hg. v. Posner, R., Robering, K. und Sebeok, T. A., 1723–32. Berlin: De Gruyter.

YANG, Y.-X., QIAN, Z.-G., ZHONG, J.-J. UND XIA, X.-X. 2016. „Hyper-Production of Large Proteins of Spider Dragline Silk MaSp2 by Escherichia Coli via Synthetic Biology Approach." *Process Biochemistry* 51 (4): 484–490.

ZILL, R. 2008. „Modell Metapher - Zur Genese philosophischer Theorien." *Sic et Non* (9): 1–32.

ZIRKLE, R. E., (HG.). 1959. *A Symposium on Molecular Biology.* Chicago: University of Chicago Press.